Wahl
MINISPIONE SCHALTUNGSTECHNIK

Bibliografische Information der Deutschen Bibliothek

Die Deutsche Bibliothek verzeichnet diese Publikation in der Deutschen Nationalbibliografie; detaillierte Daten sind im Internet über **http://dnb.ddb.de** abrufbar.

Wichtiger Hinweis

Alle Angaben in diesem Buch wurden vom Autor mit größter Sorgfalt erarbeitet bzw. zusammengestellt und unter Einschaltung wirksamer Kontrollmaßnahmen reproduziert. Trotzdem sind Fehler nicht ganz auszuschließen. Der Verlag und der Autor sehen sich deshalb gezwungen, darauf hinzuweisen, dass sie weder eine Garantie noch die juristische Verantwortung oder irgendeine Haftung für Folgen, die auf fehlerhafte Angaben zurückgehen, übernehmen können. Für die Mitteilung etwaiger Fehler sind Verlag und Autor jederzeit dankbar. Internetadressen oder Versionsnummern stellen den bei Redaktionsschluss verfügbaren Informationsstand dar. Verlag und Autor übernehmen keinerlei Verantwortung oder Haftung für Veränderungen, die sich aus nicht von ihnen zu vertretenden Umständen ergeben.

Evtl. beigefügte oder zum Download angebotene Dateien und Informationen dienen ausschließlich der nicht gewerblichen Nutzung. Eine gewerbliche Nutzung ist nur mit Zustimmung des Lizenzinhabers möglich.

© 2006 Franzis Verlag GmbH, 85586 Poing

Alle Rechte vorbehalten, auch die der fotomechanischen Wiedergabe und der Speicherung in elektronischen Medien. Das Erstellen und Verbreiten von Kopien auf Papier, auf Datenträgern oder im Internet, insbesondere als PDF, ist nur mit ausdrücklicher Genehmigung des Verlags gestattet und wird widrigenfalls strafrechtlich verfolgt.

Die meisten Produktbezeichnungen von Hard- und Software sowie Firmennamen und Firmenlogos, die in diesem Werk genannt werden, sind in der Regel gleichzeitig auch eingetragene Warenzeichen und sollten als solche betrachtet werden. Der Verlag folgt bei den Produktbezeichnungen im Wesentlichen den Schreibweisen der Hersteller.

art & design: www.ideehoch2.de
Satz: Fotosatz Pfeifer, 82166 Gräfelfing
Druck: Legoprint S.p.A., Lavis (Italia)
Printed in Italy

ISBN 3-7723-**5299**-5

Minispione-Schaltungstechnik Teil 1

– Laser-Abhöranlage
– VHF/UHF-Minispione
– Telefon-Minispione
– Micro-Fernsteuersender und -empfänger
– Minispion-Aufspürgeräte
– Plasma- und Laserguns

Inhaltsverzeichnis

Vorwort 11

VHF/UHF-Minispione, freischwingend 15
   VHF-FET-Minispion (90–140 MHz) 15
   UKW-FET-Minispion mit Kohle-Körperschall-Mikrofon 17
   UKW-Minispion, zweistufig (80–110 MHz) 17
   UKW-Minispion in Gegentaktschaltung 18
   UHF-Minispion (900 MHz) 19
   UKW-Minisender-Bausatz von Smart Kit (0,2 Watt) 19
   UKW-Minisender-Bausatz von Smart Kit (1–2 Watt) 19
   Spreizspektrum-Abhörsysteme 24

UHF/VHF-Minispione, quarzstabilisiert 28
   VHF-Minispion, quarzstabilisiert mit Verdoppler und Verdreifacher 29
   VHF-Minispion, quarzstabilisiert mit Verdreifacher (153 MHz) 29
   VHF-Minispion, quarzstabilisiert mit Verdoppler (160 MHz) 31
   VHF-Minispion, quarzstabilisert mit drei Verdopplerstufen (160 MHz) . 31
   VHF-Minispion, quarz- und sprachgesteuert (170 MHz) 33
   VHF-Oszillator, quarzstabilisiert mit Verdreifacher (450 MHz) 33
   UHF-Oszillator (300–500 MHz) 33

Telefon-Minispione 36
    UKW-Telefon-Minispion in Erbsengröße 36
    UKW-Telefonkapsel-Minispion in Gegentaktschaltung 37
    Moderne Sprechmuschelschaltungen 37
    Infrarot-Telefon-Minispion.. 39
    Infrarot-Telefon-Abhörempfänger 41
    Mafia-Harmoniumwanze 41
    Telefon-Tonbandsteuerung.. 44
    Bidirektionaler Telefonverstärker 46
    Telefonleitungs-Überwachungsschaltung 46

TV-Minispione 49
    Einfacher Video-Modulator 49
    VHF-Video- und Audio-Modulator 51

Funkrufempfänger, Fernsteuersender und -empfänger
Peilsender und -empfänger 54
    Funkrufsender und -empfänger (50 MHz) 54
    Fünfton-Funkrufempfänger (2-m-Band) 57
    Applikationen zum Fünftonfolgeruf.. 60
    VIP-Raumüberwachung 60
    Container-Überwachung 62
    Zutritts-Überwachung 62
    KFZ-Überwachung 62
    Kunstschätze-Überwachung 62
    Türschloß-Überwachung 62
    Fensterbruch-Überwachung 63
    Tresor-Überwachung.. 63
    27-MHz-CB-Schmalband-FM-Sender (10 mW) 66
    27-MHz-FM-CB-Sender (0,5 Watt) 68
    27-MHz-CB-Gegentakt-Quarzoszillator (400 mW) 68

27-MHz-Fernsteuersender (2,5 Watt) 70
UKW-Mini-Peilsender 70
Mini und Micro-Fernsteuersender und -empfänger 74
Micro-Fernsteuersender HX 1000 74
HF-Micro-Fernsteuersender MX 1005 75
Micro-Fernsteuerempfänger RX 1000 75
Mini-Fernsteuersender mit Encoder TMS 3637 77
Pendelempfänger mit Decoder TMS 3637 78
UKW-Pendelempfänger 79
Mini-Fernsteuersender und -empfänger 83

Minispion-Aufspürgeräte 87
Aufspürgerät mit Tunneldiode 87
Aufspürgerät (1,8–150 MHz) 87
HF-Breitband-Vorverstärker MAR 6 für Aufspürgeräte 88
Aufspürgerät (10 MHz–2 GHz) 88
Aufspürgerät mit Operationsverstärker TLC 271 88
Aufspürgerät mit LED-Leuchtbalkenanzeige 89
Aufspürgerät mit chopperstabilisiertem
Operationsverstärker ICL 7650 92
Aufspürgerät mit Zero Biased Schottky Diode HSCH 3486 92
Aufspürgerät (1 MHz–2 GHz) 92

Optoelektronische Abhöranlagen 96
Laserabhöranlage 96
Die Laserstrahlquelle 98
Der Laserempfänger 99
Optische Filter 101
Praktischer Test 102
Reflexionsflächen 103

Größere Zielentfernungen 105
　　Infrarot-Minispion, FM-moduliert 105
　　Infrarot-Abhörempfänger für FM-Demodulation 106
　　Infrarot-Minispion, AM-moduliert 107
　　Infrarot-Abhörempfänger für AM-Demodulation 107

Sprachverfremder und -scrambler 109
　　Einfacher Sprachverfremder 109
　　Sprachverfremder mit Ringmischer 110
　　Professioneller Sprachverfremder 110
　　Sprachscrambler und Descrambler 115
　　Scrambler- und Descrambler-IC FX118 118

Annäherungs-, Erschütterungs- und Bewegungssensoren 119
　　Annäherungssensor mit CMOS-Inverter 4049 119
　　Annäherungssensor mit Langwellenoszillator 120
　　Annäherungssensor mit großer Schleifenantenne 120
　　Statischer Annäherungssensor mit FET 122
　　UHF-Annäherungssensor 122
　　Infrarot-Reflexions-Annäherungssensor 122
　　Kapazitiver Annäherungssensor 125
　　Erschütterungssensor 125
　　Akustischer Doppler-Bewegungssensor 125
　　Lichtspion 128

Spezialapplikationen 129
　　1-MHz-Mittelwellensender mit Operationsverstärkern 129
　　Quarzoszillator 100 MHz mit TTL-Ausgang 129
　　Verstärker für Muskelspannungen 129
　　Biosender zur drahtlosen EKG-Übertragung 131

Universal-Ultraschallempfänger 134
Universal-Modulationsverstärker 134
Hochohmiger, rauscharmer NF-Leistungsverstärker 137
Extrem rauscharmer Mikrofonvorverstärker 137
Anschlußschemen von Elektret-Mikrofonen 137
Körperschall-Abhörgerät (Stethoskop-Mikrofon) 141
Elektronische Ladendiebfalle 144
HF-Trägersteuerung für Kassettenrecorder 145
Squelch-Steuerung für Funkscanner 150
Antennenverstärker (10–1.000 MHz) 150
Verstärkungsmeßgerät für HF-Transistoren 150
Einfacher Rauschgenerator 151

Elektronische Star-War-Projekte 153
Plasma-Guns 153
Plasma-Generator 159
Electromagnetic Launcher (EML) 161
Explosive Flux Compression Railgun 162
High Frequency Guns 162
Laser-Guns 168

Vorwort

Wer sich über Technik und Abwehr moderner Minispione, die der Öffentlichkeit normalerweise nicht zugänglich sind, orientieren will, bekommt auch im ersten Teil des Sammelbandes „Minispione-Schaltungstechnik" wieder interessante Einblicke hinter die Kulissen. In der modernen Minispion-Technik steht heute das ganze Produktspektrum der SMD-Bauteile zur Verfügung. SMD bedeutet „Surface Mounted Device" und heißt auf deutsch so viel wie oberflächenmontiertes Bauelement. Diese Bauelemente sind so klein, daß man sie meist nur mit Pinzette und Lupe verarbeiten kann. Dies bedeutet, daß auch relativ komplexe Schaltungen auf kleinstem Raum untergebracht werden können. Viele der in diesem Buch vorgestellten Schaltungen sind in SMD-Technik ausführbar.

Das erste Kapitel ist den freischwingenden Minispionen gewidmet, die trotz modernster Scannertechnik ihre Daseinsberechtigung nicht verloren haben. Quarzstabilisierte Minispione, die bevorzugt mit Scannern empfangen werden, sind im zweiten Kapitel aufgeführt. Neues und Bewährtes aus der Telefonabhörtechnik findet sich im dritten Kapitel des Buches, und im vierten wird das Thema TV-Minispione nochmals gestreift. Dann folgt ein Ausflug in die Thematik Funkruf, Fernsteuer- und Peilsender. Im sechsten Kapitel wird die Technik moderner Minispion-Aufspürgeräte erörtert. Optoelektronische Abhöranlagen einschließlich einer raffinierten Laserstrahlabhöranlage sind Gegenstand von Kapitel sieben. Im achten Kapitel werden einige interessante Sprachverfremder- und Scramblerschaltungen aufgeführt. Das nächste Kapitel befaßt sich dann mit einigen Applikationen aus dem unerschöpflichen Bereich Sensoren in der Sicherheitstechnik. Weitere Informationen bietet das zehnte Kapitel mit einer Auswahl interessanter Spezialapplikationen verwandter Themengebiete. Den Abschluß bilden schließlich einige geheimnisumwitterte elektronische Projekte und Applikationen aus den Star-War-Labors.

Geräteauswahl eines gut ausgerüsteten Spions:

(1)
Videokamera und Videorecorder im Aktenkoffer

(2)
Minispion-Aufspürgerät der Firma Scanlock

(3)
Video- und Audio-Mikrowellenempfänger im Aktenkoffer mit 1,4-GHz-Vorverstärker

(4)
Funkscanner

(5)
1,3-GHz-Faltdipolantenne

(6)
Moderner Video- und Audioempfänger unter Verwendung des „Sony Watchman" und einem in der Bandbreite einstellbaren PLL-Tuner von 950 bis 1.750 MHz

(7)
Infraschallmikrofon

(8)
Einkanal-VHF-Empfänger

(9)
SSB-Peilempfänger

(10)
Einkanal-VHF-Empfänger

(11)
Starker Peilsender mit sechs Befestigungsmagneten für den KFZ-Einsatz

(12)
Infraschallmikrofon

(13)
Mikrofon für Einsatz in der Kleidung

(14)
FM-Minispion

(15)
Miniaturpeilempfänger für Nahbetrieb

(16)
Videosender im Mikrowellenbereich

(17)
Kommerzielles Knopflochmikrofon

(18)
Kommerzielles Knopflochmikrofon

(19)
Telefon-Minispion für Parallelschaltung

(20)
Telefon-Minispion für Serienschaltung

(21)
Canon-Kamera mit M 911 A-Nachtsichtaufsatz

(22)
Kommerzielles Knopflochmikrofon

(23)
Kommerzielles Knopflochmikrofon

(24)
100-mW-VHF-Minisender für verdeckten Einsatz in der Kleidung

(25)
Telefonsaugnapfspule

(26)
Telefonleitungsvorverstärker mit Telefonstromspeisung

(27)
Telefonleitungsverstärker

(28)
Kugelschreiber-Peilsender

(29)
VHF-1,1-GHz-100-mW-Minispion für verdeckten Einsatz in der Kleidung sowie für Raum- und Telefoneinsatz

(30)
VHF-1,1-GHz-30-mW-Minispion für verdeckten Einsatz in der Kleidung sowie für Raum- und Telefoneinsatz

(31)
Infrarot-Peilsender

(32)
VHF-Minispion im Kreditkartenformat

(33)
VHF-Kugelschreiber-Minispion

(34)
Infrarot-Peilsender im Kreditkartenformat

(35)
Videokamera mit automatischer Scharfeinstellung

(36)
Scrambler-Modul

(37)
Videoverstärker für Kabelübertragung

(38)
Videoüberwachungseinrichtung in der KFZ-Antenne

VHF/UHF-Minispione, freischwingend

UKW-Minispion mit Electret-Mikrofon als Basisvorwiderstand

In Bild 1 ist dargestellt, wie ein zweipoliges Electret-Mikrofon die Funktion des Basisvorwiderstands in einem UKW-Oszillator übernimmt und für ausreichende FM-Modulation sorgt. Auf der rechten Seite der Bild wird das Innenschaltbild eines zweipoligen Electret-Mikrofons gezeigt. Bei einer Batteriespannung von 9 V sollte in Reihe zu Pin 1 noch ein Vorwiderstand von 1–10 kΩ eingefügt werden, um das Mikrofon vor Überlastung zu schützen. Etwas störend an der Schaltung ist die extreme Anhebung tiefer Audiofrequenzen.

VHF-FET-Minispion (90–140 MHz)

Eine anschwingfreudige Minispion-Schaltung in SMD-Technik sieht man in Bild 2. Die FM-Modulation wird durch die Doppelkapazitätsdiode BB 804 bewerkstelligt. Ein passender Modulationsverstärker findet sich im Kapitel „Spezialapplikationen".

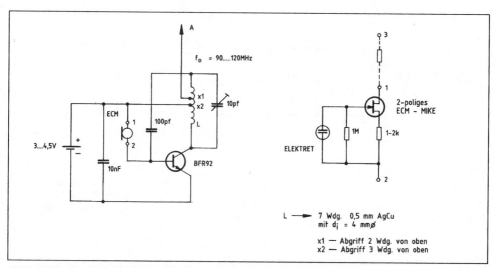

Bild 1: UKW-Minispion mit Electret-Mikrofon als Basiswiderstand

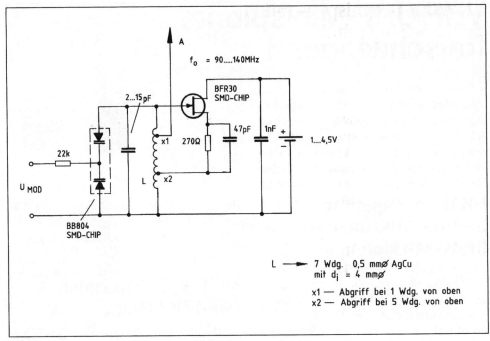

Bild 2: *VHF-FET-Minispion (90–140 MHz)*

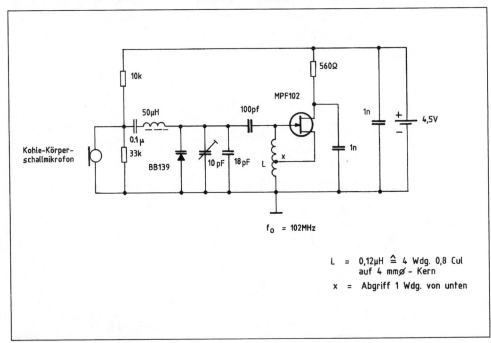

Bild 3: *UKW-FET-Minispion mit Kohle-Körperschall-Mikrofon*

UKW-FET-Minispion mit Kohle-Körperschall-Mikrofon

Eine Schaltungsapplikation (Bild 3) aus den USA zeigt die gleiche Oszillatorgrundschaltung, welche mit einem Kohle-Körperschall-Mikrofon frequenzmoduliert wird. Kohle-Körperschall-Mikrofonkapseln können aus Piloten-Kehlkopfmikrofon-Sets ausgebaut werden. Für höhere Mikrofonempfindlichkeit empfiehlt sich der Einsatz eines Mikrofonverstärkers.

UKW-Minispion, zweistufig (80–110 MHz)

Ein freischwingender UKW-Minispion mit angekoppelter HF-Verstärkerstufe ist in Bild 4 angegeben. Der Vorteil eines HF-Verstärkers liegt nicht nur in der größeren Sendeleistung, sondern auch in der geringeren Frequenzver-

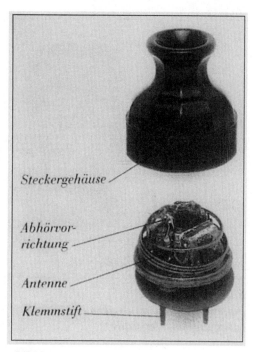

Bild 5:
USA-Netzstecker mit eingebautem Minispion aus den 60er Jahren

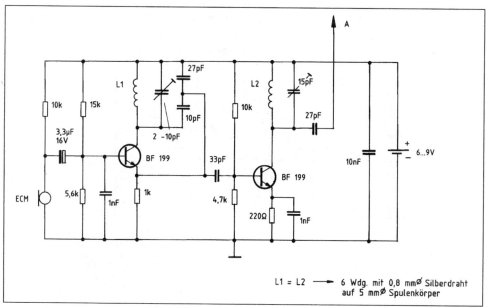

Bild 4: UKW-Minispion, zweistufig (80–110 MHz)

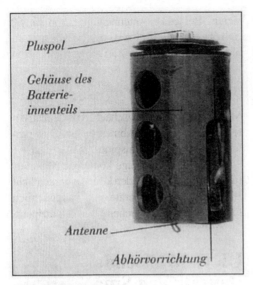

Bild 6:
Batterie-Dummy mit eingebautem Minispion aus den 60er Jahren

stimmung bei Handkapazitätseinfluß auf die Sendeantenne. Wenn diese Schaltung in ein kleines Metallgehäuse eingebaut wird, ist die Antennenrückwirkung auf die Schwingfrequenz so gering, daß der Sender auch am Körper getragen werden kann. Die beiden Fotos (Bild 5 und 6) zeigen zwei amerikanische Minispione aus den 60er Jahren. In Bild 5 ist der Minispion in einen 110-V-Netzstecker und in Bild 6 in eine trojanische Batterie eingebaut worden.

UKW-Minispion in Gegentaktschaltung

Die Schaltung eines leistungsfähigen UKW-Gegentakt-Minispions geht aus Bild 7 hervor. Laut Herstellerangaben kann die Schaltung 100 mW abstrahlen. Die Frequenzabstimmung wird

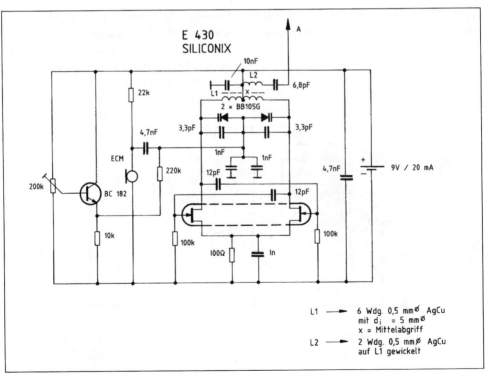

Bild 7: UKW-Minispion in Gegentaktschaltung

mittels des 200-kΩ-Trimmers vorgenommen. Die Mikrofon-Wechselspannung wird ohne Vorverstärker direkt auf die Kapazitätsdioden gegeben. Gegentaktschaltungen zeichnen sich durch hohen Wirkungsgrad, gute Frequenzstabilität und geringe Antennenrückwirkung aus. Nicht zuletzt zeigen sie hohe Anschwingfreudigkeit.

UHF-Minispion (900 MHz)

Ein UHF-Minispion, der mit Scannern oder CT1-Schnurlos-Telefonen im 900-MHz-Frequenzbereich empfangen werden kann, wird in Bild 8 gezeigt. Bei der hohen Schwingfrequenz muß auf äußerst gedrängten Aufbau geachtet werden. Um die Frequenz stabil zu halten, empfiehlt es sich, die Betriebsspannung zu stabilisieren. Bei einer Antennenlänge von ca. 50 mm lassen sich mit einem empfindlichen Scanner bis zu 200 m überbrücken. Um zu kleinen Abmaßen zu kommen, ist die gesamte Schaltung in SMD-Technik aufgebaut. Bei Verwendung von Miniaturbatterien läßt sich der UHF-Minispion in Zündholzschachtelgröße realisieren. Bild 9 zeigt die Abmessungen eines professionellen UHF-Minispions.

Wie klein heutzutage komplette Miniaturfunkgeräte gebaut werden können, verdeutlicht Bild 10. Derartige Geräte sind hauptsächlich für den geheimdienstlichen Einsatz konzipiert.

UKW-Minisender-Bausatz von Smart Kit (0,2 Watt)

In Bild 11 wird die typische Schaltung eines UKW-Prüf- bzw. Minisenders dargestellt. Experten bezeichnen diese Universalschaltung als Feld-, Wald- und Wiesenschaltung, die auf Anhieb funktioniert. In Bild 12 wird der Schaltungsaufbau mit einer Luftspule gezeigt. Wer es ein bißchen kräftiger haben will, dafür allerdings große Batterien in Kauf nehmen muß, findet im folgenden Abschnitt eine geeignete Schaltung.

UKW-Minisender-Bausatz von Smart Kit (1–2 Watt)

Durch einen stärkeren Oszillatortransistor ist die Schaltung in Bild 13 in der Lage, bei 30 V Batteriespannung 2 W abzustrahlen. Statt eines Electret-Mikrofons wird in dieser Applikation ein dynamisches Mikrofon eingesetzt. Aus dem Aufbau in Bild 14 ist zu ersehen, daß die Schwingkreisspule wendelförmig aufgeätzt ist und der Transistor zur Wärmeabfuhr über einen Kühlstern verfügt. Eine interessante Mi-

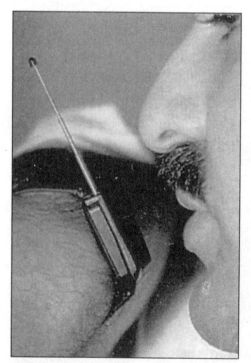

Bild 10:
Armbanduhr-Minifunkgerät

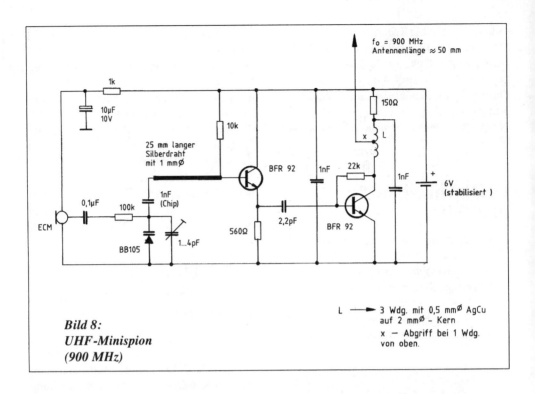

Bild 8:
UHF-Minispion
(900 MHz)

Bild 9: Minispion aus den USA

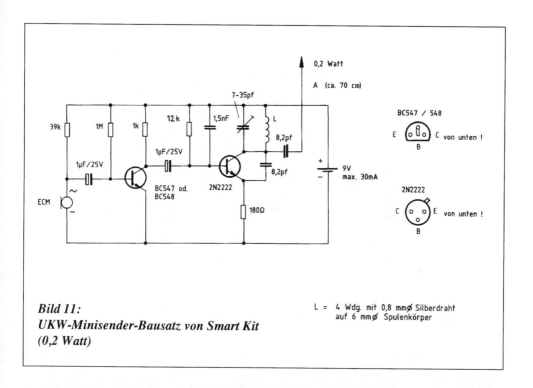

Bild 11:
UKW-Minisender-Bausatz von Smart Kit
(0,2 Watt)

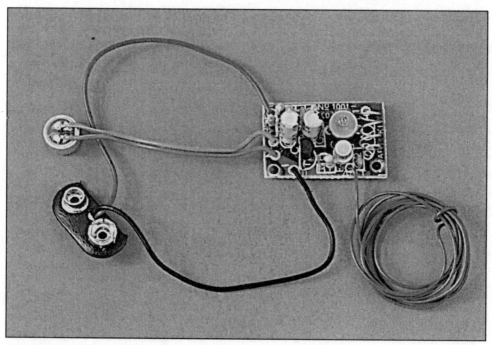

Bild 12: Aufbau des UKW-Minisenders (0,2 Watt) von Smart Kit

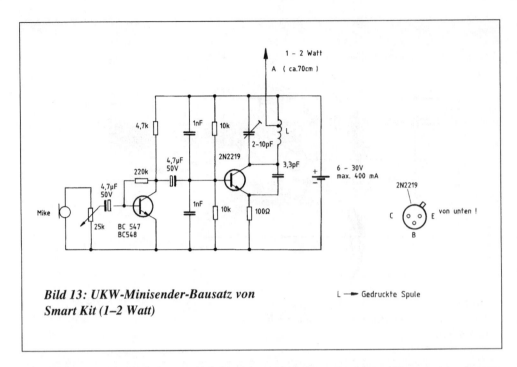

Bild 13: *UKW-Minisender-Bausatz von Smart Kit (1–2 Watt)*

Bild 14: *Aufbau des UKW-Minisenders (1–2 Watt) von Smart Kit*

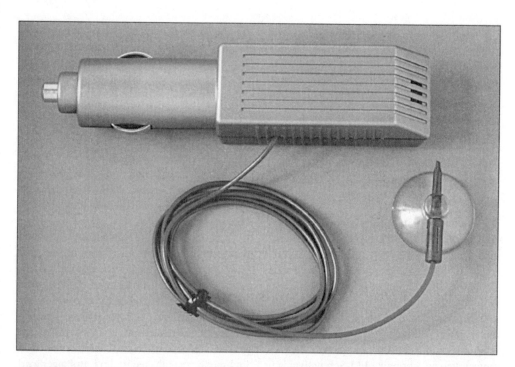
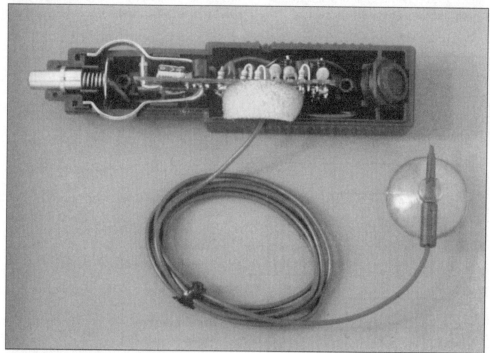

Bild 15: KFZ-UKW-Minisender-Gegensprechanlage für den Anschluß am Zigarettenanzünder

nisender-Applikation zur Kommunikation zwischen zwei Autos zeigt die Bild 15. Die auf unterschiedlichen UKW-Frequenzen arbeitenden Minisender werden in den Zigarettenanzünder gesteckt und die Wurfantennen an den Frontscheiben befestigt.

Spreizspektrum-Abhörsysteme

Während bei normalen Sende/Empfangsanlagen die Übertragungsbandbreite möglichst gering gehalten wird, strebt man bei der Spreizspektrumtechnik das Gegenteil an. Die großen Bandbreiten der Spreizspektrumtechnik können damit zwangsläufig nur mit UHF, VHF und Mikrowellen übertragen werden. Durch die äußerst niedrige spektrale Energiedichte kann ein Spreizspektrum-Abhörsender nicht so einfach wie bei normalen FM-Schmalbandsystemen entdeckt und lokalisiert werden.

Durch die komplexe digitale Modulation der Spreizspektrumtechnik ist eine weitgehende Geheimhaltung der übertragenen Informationen gewährleistet. Erst durch Digitalschaltungen mit hohen Schaltgeschwindigkeiten und hoher Integrationsdichte hat diese Technik hauptsächlich im militärischen Bereich Fuß gefaßt. Zur Zeit werden Versuche angestellt, diese Technik auch zum Betrieb von Mobilfunknetzen einzusetzen. Ausschlaggebend ist dabei wohl die Tatsache, daß sich durch Bandverbreiterung die Störsicherheit einer Funkverbindung erhöhen läßt.

Spreizspektrum-Abhöranlagen arbeiten hauptsächlich im Frequenzbereich von 1–2 GHz. Gleichzeitig kann ein separater UHF-Kanal übertragen werden, der ständig seine Frequenz wechselt und den Synchronisiercode übermittelt. Beim Spreizspektrum-Übertragungsverfahren wechselt die Phase in Abhängigkeit von einem Code-Generator, der auch im Empfänger enthalten ist. Im Empfänger wird das Originalsignal durch einen spannungsge-

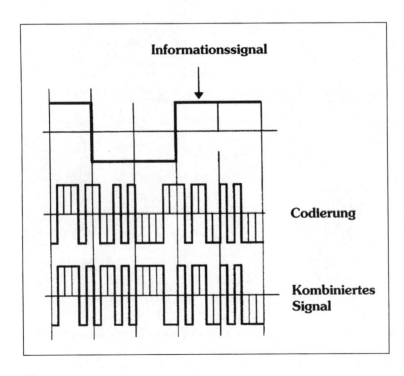

Bild 16: Codierung des Informationssignals

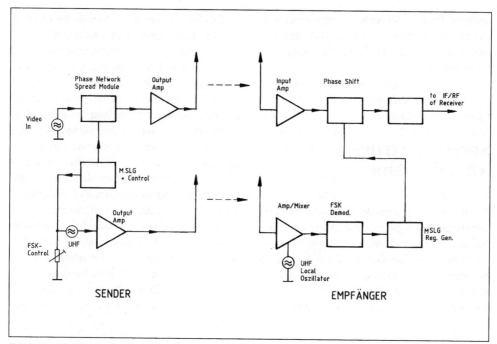

Bild 17: Blockschaltbild eines Spread-Spectrum-Senders und -Empfängers (der Synchronisationscode wird hier separat übertragen)

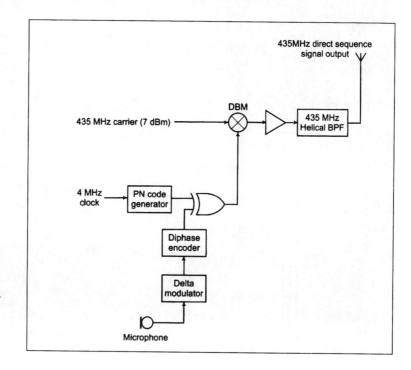

Bild 18: Blockschaltbild eines 435-MHz- "Digital Voice Direct Sequence Spread Spectrum Transmitters"

steuerten Phasenschieber zurückgewonnen. Ein Synchronisiersignal sorgt dafür, daß der Empfänger am richtigen Punkt der Übertragungsfolge einrastet.

Das hört sich alles ziemlich komplex an und kann tatsächlich nur mathematisch exakt beschrieben werden. Am einfachsten ist das Prinzip so vorstellbar: Ein digitales Signal bestimmter Frequenz wird mit einem zweiten digitalen Signal moduliert, das eine wesentlich höhere Frequenz aufweist. Die Bandbreite, die das so modulierte Signal nun beansprucht, ist damit erheblich größer als die Bandbreite des ursprünglichen Signals. Dieses Aufspreizen des Signals über einen weiten Frequenzbereich nennt man „spread spectrum technique". Bild 16 zeigt den Modulationsvorgang anhand von Impulsdiagrammen. Zwischen dem Sender und dem Empfänger wird eine Grundfrequenz vereinbart, der dieses modulierte Signal überlagert ist. Sender und Empfänger beanspruchen bei der Spreizspektrumtechnik eine Bandbreite von bis zu 10 MHz, in der sie codierte Signale empfangen können. Der Abstand der Grundfrequenzen ist kleiner als die Bandbreite des nichtmodulierten Signals. Schutzabstände sind nicht vorgesehen. Die modulierten Signale überdecken sich dabei teilweise. Durch ihre jeweils typische Modulationsform können sie jedoch aus dem Gemisch von Signalen erkannt und beim Empfänger ausgefiltert und demoduliert werden. Die modulierenden Signale haben eine gewisse Ähnlichkeit mit Rauschsignalen. Man bezeichnet diese Signale deshalb auch als Pseudorauschen. In Bild 17 ist das Blockschaltbild eines Spreizspektrum-Video-Senders und -Empfängers dargestellt. Der Synchronisiercode wird getrennt auf UHF übertragen. Der schal-

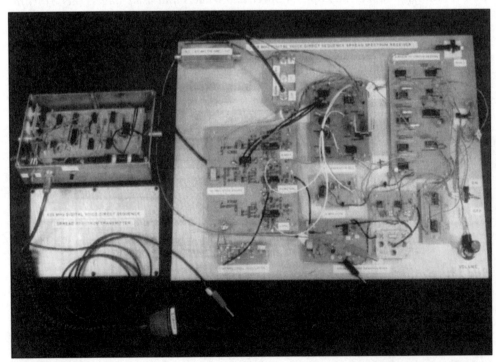

Bild 19: Aufbau eines 435-MHz-"Digital Voice Direct Sequence Spread Spectrum Transmitters" (links) und eines Receivers (rechts)

tungstechnische Aufwand, um ein digitalisiertes Mikrofonsignal zu übertragen, ist erheblich und für Abhörzwecke wohl nur in Ausnahmefällen zweckmäßig.

In Bild 18 sieht man das Blockschaltbild eines Spreizspektrumsenders für Sprachübertragung. Aus Bild 19 läßt sich erkennen, welcher Schaltungsaufwand bei diskretem Aufbau erforderlich ist. Auf der linken Seite des Fotos ist der 435-MHz-Spreizspektrumsender mit geöffnetem Gehäusedeckel zu sehen.

Auf der rechten Seite des Bildes sind auf einer Metallplatte die Empfängerbausteine montiert. Falls diese Technik in naher Zukunft bei den Mobilfunknetzen Einzug hält, wird die Industrie den Raumbedarf für Sender und Empfänger rasch auf Streichholzschachtelgröße herunter integrieren.

UHF/VHF-Minispione, quarzstabilisiert

VHF-Minispion, quarzstabilisiert mit Verdoppler (110–150 MHz)

Der Oszillator der in Bild 20 gezeigten Schaltung schwingt auf der 3. Oberwelle der Quarzfrequenz. Bei f_Q = 25 MHz ist der Schwingkreis am Kollektor auf 75 MHz abgestimmt. Die Oszillatorfrequenz von 75 MHz wird dann in der folgenden Stufe verdoppelt. Dies bedeutet, daß der Schwingkreis der Verdopplerstufe auf 150 MHz abgestimmt werden muß.

Der Oszillator wird über die Kapazitätsdiode frequenzmoduliert. Mit dem 100-kΩ-Trimmer kann die Quarzfrequenz in engen Grenzen (2–3 kHz) variiert werden. Als Mikrofonverstärker eignet sich die im Kapitel „Spezialapplikationen" für den Universal-Modulationsverstärker gezeigte Schaltung.

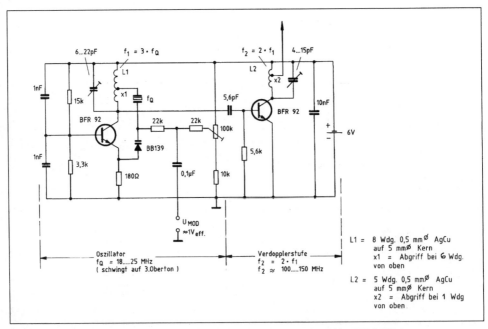

Bild 20: VHF-Minispion, quarzstabilisiert mit Verdoppler (110–150 MHz)

VHF-Minispion, quarzstabilisiert mit Verdoppler und Verdreifacher (120 MHz)

In Bild 21 arbeitet das integrierte Oszillator/Mixer-IC NE 602/612 gleichzeitig als Frequenzverdoppler. Die Quarzfrequenz von 20 MHz wird somit auf 40 MHz verdoppelt. Eine darauf folgende Verdreifacherstufe erzeugt die Sendefrequenz von 120 MHz. Mit einer Art Bandfilter soll vermieden werden, daß noch andere Frequenzanteile auf die Sendeantenne gelangen können. In Serie zum Quarz liegt die Doppelkapazitätsdiode BB 804 von Telefunken, deren Arbeitspunkt mit dem Spannungsteiler 100 kΩ und der LED fest eingestellt ist. Der Temperaturgang der LED ist der Kapazitätsdiode entgegengerichtet, so daß die Frequenz in Abhängigkeit von der Umgebungstemperatur weitgehend stabil bleibt. Auf ein Ziehen der Quarzgrundfrequenz mittels veränderlichem Arbeitspunkt wurde in dieser Schaltung verzichtet. Durch die Verdopplung und Verdreifachung der Quarzfrequenz wird eine Versechsfachung des Frequenzhubes erzielt. So reicht bereits ein Mikrofonverstärker mit einem Verstärkungsfaktor von 100 für höchste Sprachempfindlichkeit aus.

VHF-Minispion, quarzstabilisiert mit Verdreifacher (153 MHz)

Der Oszillator des VHF-Minispions in Bild 22 arbeitet in Kollektor-Basis-Schaltung, das heißt, der Kollektor liegt HF-mäßig auf Masse. Der nun im Emitter liegende Resonanzkreis ist auf die dreifache Quarzoberwelle abgestimmt ($f_o = 3 \times f_Q$). Anschließend wird das Oszillator-

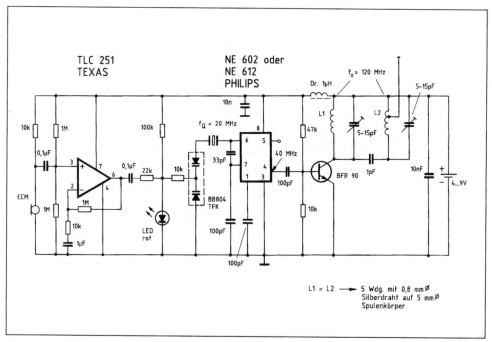

Bild 21: VHF-Minispion, quarzstabilisiert mit Verdoppler und Verdreifacher (120 MHz)

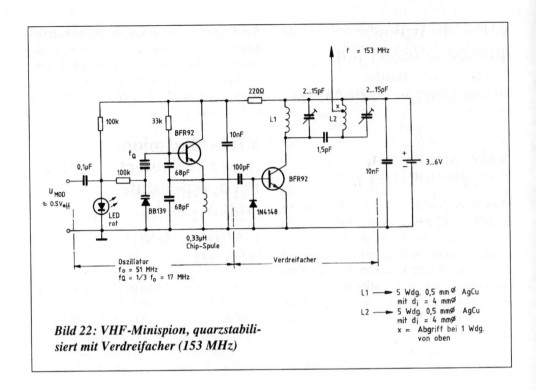

Bild 22: *VHF-Minispion, quarzstabilisiert mit Verdreifacher (153 MHz)*

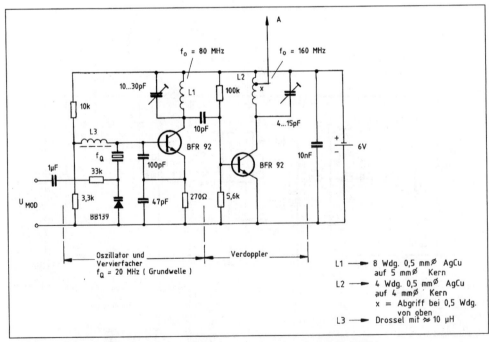

Bild 23: *VHF-Minispion, quarzstabilisiert mit Verdoppler (160 MHz)*

signal auf eine Verdreifacherstufe im C-Betrieb geführt. Durch das Bandfilter im Ausgangskreis sollen unerwünschte Frequenzanteile unterdrückt werden. Für einen brauchbaren Frequenzhub sind am Modulationseingang ca. 0,5 V_{eff} NF-Wechselspannung erforderlich.

VHF-Minispion, quarzstabilisiert mit Verdoppler (160 MHz)

Die Schaltung in Bild 23 unterscheidet sich optisch nur unwesentlich von der zuletzt beschriebenen. Hier ist der Kollektorkreis auf die vierfache Schwingfrequenz des Quarzes abgestimmt. Darauf folgt eine Verdopplerstufe mit einem auf 160 MHz abgestimmten Resonanzkreis. Durch die Verachtfachung der Oszillatorfrequenz wird auch der Frequenzhub des Sendesignals verachtfacht, so daß auch geringe Frequenzhübe am Quarz zu einer brauchbaren Frequenzmodulation am Ausgang führen. Bild 24 zeigt eine Anzahl Minispione aus amerikanischer Produktion.

VHF-Minispion, quarzstabilisiert mit drei Verdopplerstufen (160 MHz)

Die Schaltung in Bild 25 arbeitet mit einer Batteriespannung von 3V. Jede Stufe einschließlich des Oszillators arbeitet als Verdoppler. Die gesamte Schaltung kann in SMD-Technik aufgebaut werden. Bild 26 zeigt einen relativ großen Minispion aus den 60er Jahren. Das Gerät wurde in eine ausgefräste Holzleiste eingebaut und sollte das Büro des Staatssekretärs im Handelsministerium abhören.

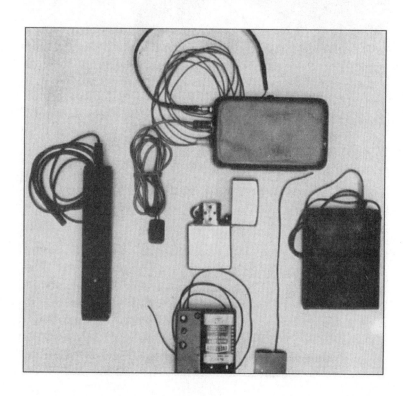

Bild 24: Verschiedene mehrstufige Minispione größerer Reichweite aus den USA

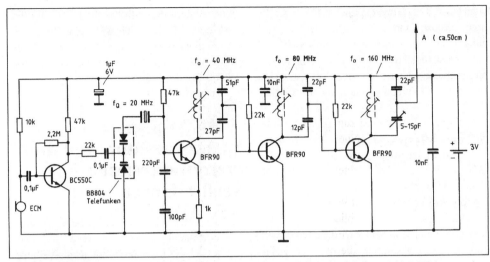

Bild 25: VHF-Minispion, quarzstabilisiert mit drei Verdopplerstufen (160 MHz)

*Bild 26:
In Furnierholz eingebauter Minispion hoher Lebensdauer aus dem Büro eines Staatssekretärs im US-Handelsministerium*

VHF-Minispion, quarz- und sprachgesteuert (170 MHz)

Ein spanischer Beitrag zum Thema Minispione aus der Zeitschrift „Nueva Electronica" ist in Bild 27 wiedergegeben. In SMD-Technik kann Spreichholzschachtelgröße erreicht werden.

Obwohl Verdoppler- und Verdreifacherstufen fehlen, lassen sich angeblich ±5 kHz Frequenzhub erzielen. Erkauft wird dieser relativ große Hub offenbar durch die mit V = 2.200 extrem hohe NF-Verstärkung des Mikrofonverstärkers. Ebenso wie in den zuvor genannten Schaltungen schwingt der Quarz in Parallelresonanz. Der Resonanzkreis in der Kollektorleitung des Transistors ist auf die 5. Oberwelle der Quarzfrequenz von 34 MHz abgestimmt.

Im Anschluß an den Oszillator folgt eine Endstufe im C-Betrieb. Am Basiseingang des Endstufentransistors liegt gegen Masse ein weiterer 170-MHz-Resonanzkreis. Bei HF-mäßig ungünstigem Aufbau kann dies zur Selbsterregung der Endstufe führen. Die Sendeenergie wird auf eine $\lambda/4$-Antenne mit 50 cm Länge geführt.

Die Sprachsteuerung des Minisenders wird auf gewohnte Weise bewerkstelligt. Die verstärkte Mikrofonwechselspannung wird mit der 1 N 4148-Diode gleichgerichtet und dem (–)-Eingang eines Komparators zugeführt. Hier wird die gleichgerichtete Wechselspannung mit einer am (+)-Eingang des Komparators anliegenden, einstellbaren Schwellspannung verglichen.

Überschreitet die verstärkte Mikrofonwechselspannung die Schwellspannung, schaltet der Komparator den darauffolgenden Transistor durch. Auf diese Weise gelangt die Batteriespannung von +3 V an das HF-Teil des Minisenders. Für eine längere Lebensdauer des Minisenders muß aufgrund der hohen Stromaufnahme von ca. 23 mA eine leistungsfähige Batterie verwendet werden. Knopfzellen sind hierfür nicht geeignet. Längere Sprachpausen können durch Erhöhen des 2,2-µF-Kondensators überbrückt werden.

VHF-Oszillator, quarzstabilisiert mit Verdreifacher (450 MHz)

In Bild 28 ist eine Oszillatorschaltung der Firma Plessey angegeben, die mittels einer Verdreifacherstufe eine Signalfrequenz von 450 MHz abgibt.

Das Besondere an der Schaltung ist offenbar ihre Funktionsfähigkeit bei 1,4 V. Der Quarz schwingt anscheinend auf seiner 5. Oberwelle (5 × 30 MHz). Mit der dem Quarz parallelgeschalteten Induktivität von 0,22 µH wird die Halterkapazität des Quarzes kompensiert, so daß die Rückkopplung nur über den Quarz selbst möglich ist.

UHF-Oszillator (300–500 MHz)

Die in Bild 29 gezeigte UHF-Oszillatorschaltung stammt aus der englischen Fachzeitschrift „Electronics World + Wireless World" vom Mai 1995. Sie schwingt im Bereich zwischen 300 und 500 MHz. Bei derart hohen Schwingfrequenzen müssen die Bauelementeabstände auf Millimeter reduziert werden. Die Verwendung von SMD-Bauelementen ist dabei zwingend vorgeschrieben. Durch Anlegen einer Gleichspannung von 0 bis –15 V soll die Frequenz von 300 bis 500 MHz durchstimmbar sein.

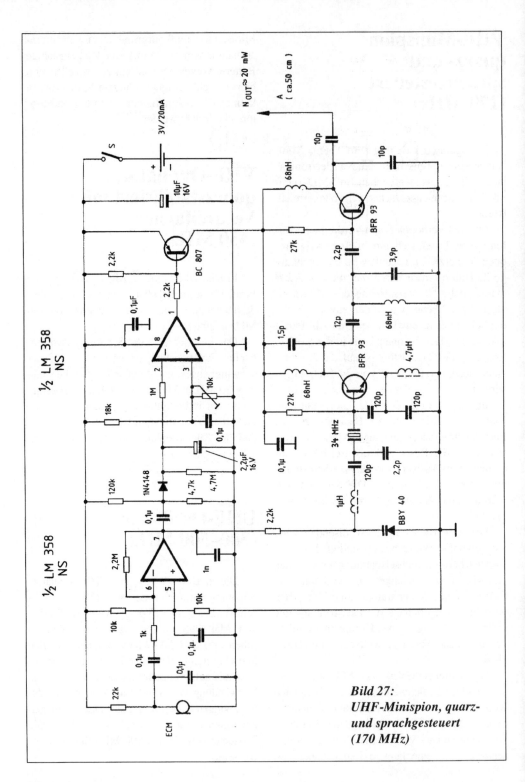

Bild 27:
UHF-Minispion, quarz- und sprachgesteuert (170 MHz)

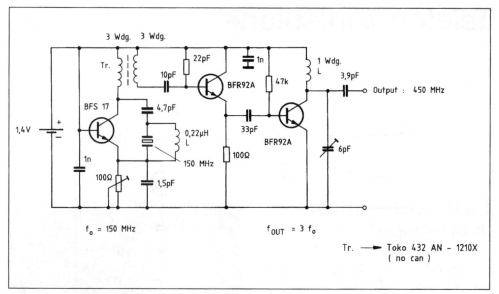

Bild 28: VHF-Oszillator, quarzstabilisert mit Verdreifacher (450 MHz)

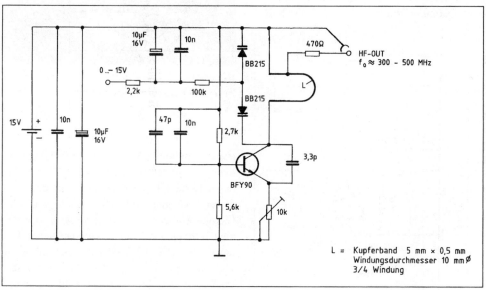

Bild 29: UHF-Oszillator (300–500 MHz)

Telefon-Minispione

UKW-Telefon-Minispion in Erbsengröße

In Bild 30 ist eine bekannte FET-Standard-Oszillatorschaltung angegeben, die auch mit anderen FET-Transistoren, wie z.B. dem BF 245 oder 2 N 4416 funktioniert. Bei abgehobenem Telefonhörer fällt am 150-Ω-Widerstand eine Spannung von ca. 4,5 V ab, die als Be-

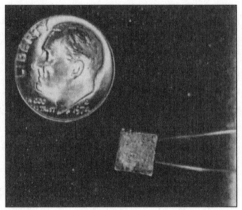

Bild 31:
Telefon-Minispion aus den USA

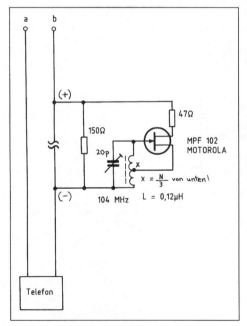

Bild 30:
UKW-Telefon-Minispion in Erbsengröße

triebsspannung für den Telefon-Minispion dient. Gleichzeitig liegt an diesem Serienwiderstand die Gesprächswechselspannung. Mit diesen Spannungsänderungen wird der UKW-Oszillator über seine internen Transistorkapazitäten frequenzmoduliert. Wenn in Nebenstellenanlagen der 4,5-V-Spannungsabfall nicht voll erreicht wird, muß der Widerstandswert erhöht werden. Bei der Auswahl optimaler FETs ist die Schaltung allerdings bis zu 1,5 V schwingfähig – natürlich auf Kosten der Reichweite. Zur weiteren Vereinfachung kann dann noch der 47-Ω-Widerstand weggelassen werden. Der optimale Spulenabgriff sollte experimentell ermittelt werden – er liegt meist 1/3 vom unteren Spulenende. Nach Einstellen der

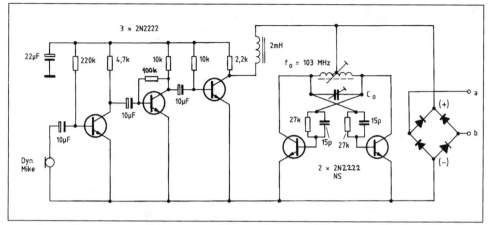

Bild 32: UKW-Telefonkapsel-Minispion in Gegentaktschaltung

gewünschten Schwingfrequenz wird der 20-pf-Trimmkondensator ausgemessen und durch einen Festkondensator ersetzt. Die Abstrahlung der Sendeenergie erfolgt durch vagabundierende Hochfrequenz auf der Telefonleitung. Ohne kleine Sendeantenne darf nicht mehr als 20 m Reichweite erwartet werden. Bild 31 zeigt die vergossene Mini-Ausgabe eines Telefonabhörsenders aus den USA.

UKW-Telefonkapsel-Minispion in Gegentaktschaltung

Aus den USA stammt die Telefonkapsel-Minispion-Schaltung aus Bild 32. Diese Senderschaltung kann man in die Sprechmuschel des Telefonhörers einbauen. Vorher müssen natürlich die Innereien entfernt werden.

Bild 33: UKW-Telefonkapsel-Minispion

Moderne Sprechmuschelschaltungen

Seit der Liberalisierung im Telefonbereich mit einer Flut exotischer Telefone haben sich die Innenschaltbilder von Telefonapparaten und Hörergarnituren nahezu unüberschaubar geändert, so daß die bewährte alte Kohlegrießmuschel nur noch selten anzutreffen ist. Dies bedeutet, daß die alten Telefonkapsel-Minispione in den modernen Telefonapparaten mitunter

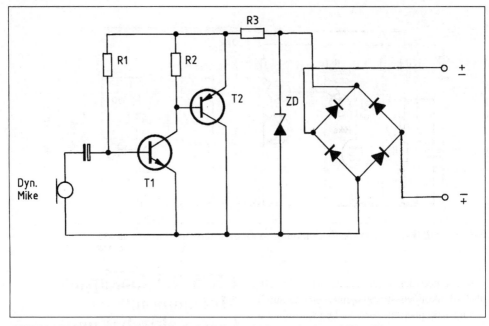

Bild 34: *Telefon-Sprechmuschelschaltung mit dynamischem Mikrofon (Version 1)*

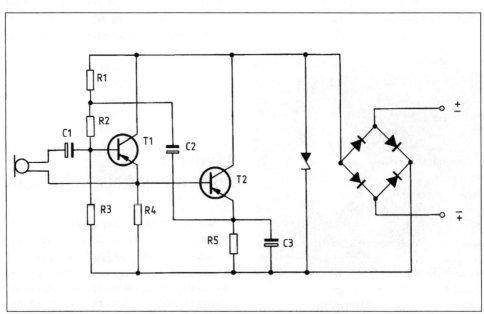

Bild 35: *Telefon-Sprechmuschelschaltung mit dynamischem Mikrofon (Version 2)*

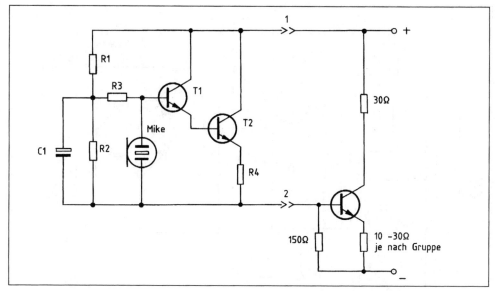

Bild 36: Telefon-Sprechmuschelschaltung mit piezoelektrischem Mikrofon (Version 3)

nicht mehr arbeiten. Wer eine Unterscheidung zwischen Kohlegrießkapseln und modernen Kapseln treffen will, muß die betreffende Kapsel am Ohr schütteln. Wenn sich geräuschmäßig kein Kohlengrieß bemerkbar macht, handelt es sich um eine moderne Version mit dynamischem Mikrofon oder Kristallmikrofon.

Die Kapselschaltungen in Bild 34, 35 und 36 sind mit Kohlemikrofonen noch kompatibel. Sie arbeiten mit dynamischen Mikrofonen oder Kristallmikrofonen und integrierten Mikrofonverstärkern. Diese Kapselschaltungen können durch konventionelle Telefonkapsel-Minispione ersetzt werden, da eine Versorgungsspannung zum Betrieb des Oszillators vorhanden ist. Es gibt jedoch auch Telefonkapseln, in denen nur ein Kristallmikrofon eingebaut ist. Durch Einbau einer Batterie, eines Mikrofonverstärkers und eines UKW-Oszillators sind auch diese Kapseln für Abhörzwecke manipulierbar. Durch stromsparende NF-Verstärker, sprachgesteuerte Oszillatoren und leistungsfähige Lithiumbatterien ist die Kapsel durchaus in der Lage, drei Monate lang ihre Aufgabe zu erfüllen. Dies gilt natürlich nur unter der Voraussetzung, daß der Lauschangriff keinem Dauerredner gilt. Bei modernen Kapselversionen mit integriertem Mikrofonverstärker findet sich mit einiger Mühe immer noch Platz für einen erbsengroßen UKW-Oszillator, der über die der Versorgungsspannung überlagerte NF-Wechselspannung frequenzmoduliert wird.

Infrarot-Telefon-Minispion

Bei der in Bild 37 gezeigten Telefon-Minispion-Schaltung wird als Übertragungsmedium nicht Hochfrequenz, sondern Infrarotstrahlung verwendet. Mit konventionellen Feldstärkemeßgeräten kann dieser Minispion deshalb nicht aufgespürt werden. Die aus den USA stammende Schaltung bezieht ihren Betriebsstrom aus dem Telefonnetz. Das Gespräch bei-

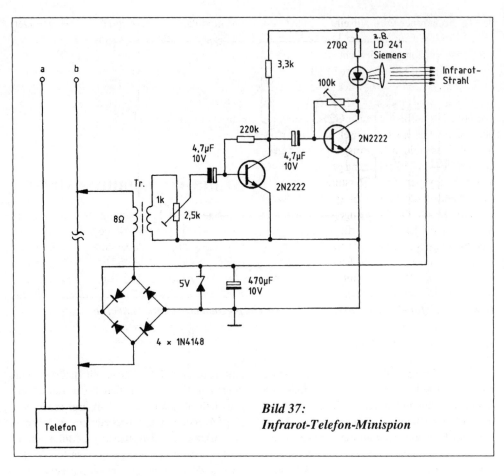

Bild 37:
Infrarot-Telefon-Minispion

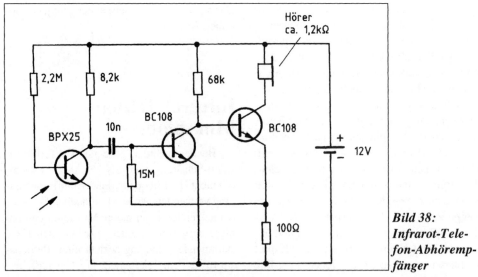

Bild 38:
Infrarot-Telefon-Abhörempfänger

der Telefonpartner wird auf eine Distanz von ca. 10 m ohne Linsenvorsatz übertragen. Bei aufgelegtem Hörer verbraucht die Schaltung keinen Strom. Bei abgehobenem Hörer fließt Strom durch die Graetz-Brücke, so daß sich am 470-µF-Kondensator eine Betriebsspannung von etwa 5 V aufbaut. Die der Gleichspannung überlagerte Gesprächswechselspannung wird mittels eines kleinen NF-Ausgangsübertragers auf den NF-Verstärkereingang geführt. Im Kollektor der zweiten Transistorstufe liegt die Infrarot-Sendediode. In der US-Applikation wurde keine bestimmte Type angegeben. Mit der Siemensdiode LD 241 dürften jedoch gute Übertragungseigenschaften zu erzielen sein. Der 2,5-kΩ-Trimmer dient als Empfindlichkeitsregler und der 100-kΩ-Trimmer für die Arbeitspunkteinstellung der Sendediode.

Infrarot-Telefon-Abhörempfänger

Um das Infrarotsignal des Telefon-Minispions aufzufangen, eignen sich die beiden in Bild 38 und 39 angegebenen Schaltungen. In Bild 38 detektiert der Fototransistor BPX 25 das modulierte Infrarotsignal. Ein zweistufiger Transistorverstärker steuert dann z.B. eine Telefonhörerkapsel oder einen 2 × 600-Ω-Kopfhörer an. Wer bereits über einen empfindlichen NF-Verstärker verfügt, kann den in Bild 39 gezeigten Infrarot-Vorverstärker als Eingangsstufe verwenden.

Mafia-Harmoniumwanze

Eine weitere Schaltung amerikanischen Ursprungs wird in Bild 40 gezeigt. Diese Harmoniumwanze, die innerhalb des Telefonapparats parallel zu der a- und b-Ader angeschlossen wird, kann von jedem beliebigen Telefon in der Welt mittels eines Pfeiftons aktiviert werden. Die Wanze überträgt dann die im Umfeld des Telefons geführten Raumgespräche zum Anrufenden. Die dargestellte Schaltung verwendete die Mafia bereits vor 40 Jahren in den USA. Technisch ist die Schaltung längst überholt, außerdem fehlen einige Bauelementeangaben.

Bild 41 zeigt die Installation einer Harmoniumwanze in einem amerikanischen Telefon.

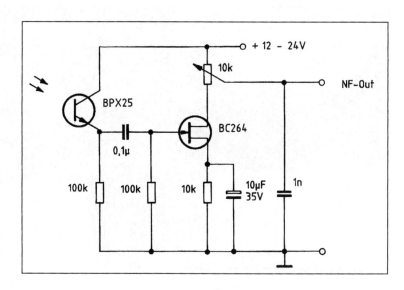

Bild 39: Infrarot-Telefon-Abhörvorverstärker

Das Anzapfen einer freihängenden Telefonleitung mit einem seriell geschalteten Telefon-Minispion geht aus Bild 42 hervor. Eine ganze Anzahl Telefon-Minispione amerikanischer Herkunft ist aus Bild 43 zu ersehen. Außer dem Gerät unter dem Sturmfeuerzeug sind alle anderen batteriebetrieben. Das Gerät im oberen Teil des Bildes wurde in eine US-Telefondose eingebaut.

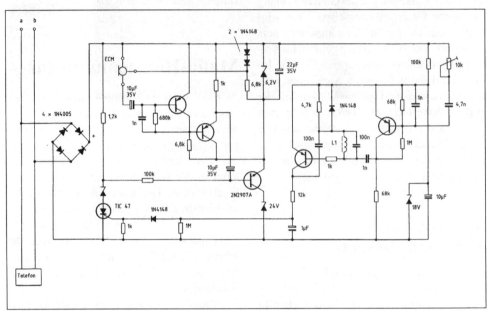

Bild 40: Mafia-Harmoniumwanze

Bild 41: Anschluß einer Harmoniumwanze (USA)

Bild 42: Freihängender Telefon-Minispion (USA)

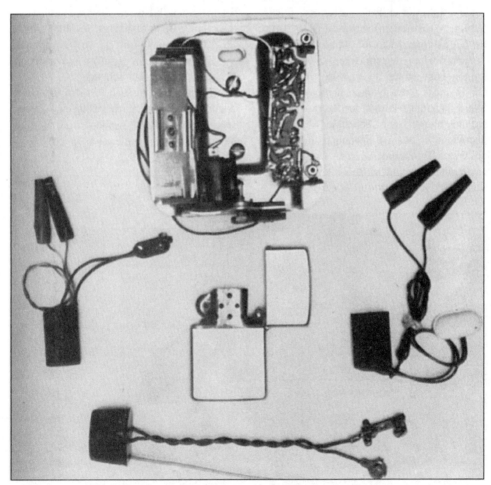

Bild 43: Verschiedene Telefon-Minispione aus den USA

Telefon-Tonbandsteuerung

Zwei einfache Telefon-Tonbandsteuerschaltungen aus den USA werden in Bild 44 und 45 vorgestellt. Zuerst zur Schaltung in Bild 44: Bei aufgelegtem Telefonhörer liegt an den a- und b-Adern 50–60 V (in Nebenstellennetzen allerdings manchmal nur 30 V). Nach dem Abheben des Hörers fällt die Spannung auf etwa 8–12 V zusammen. Diese Potentialänderung wird bei Tonbandsteuerschaltungen zum Ein- und Ausschalten von Kassettenrecordern benutzt. Zur Fernsteuerung des Kassettenrecorders sollte dieser über eine Remote-Buchse (remote = fernsteuern) verfügen. Eine Buchse für ein externes Mikrofon ist ebenfalls erforderlich. Bei aufgelegtem Hörer liegen die Darlington-Transistoren an einer durch 270 kΩ, 68 kΩ und 1,5 kΩ heruntergeteilten negativen Steuerspannung, so daß der Recorder ausgeschaltet bleibt. Nach Abnehmen des Hörers überwiegt die positive Spannung an der Basis des ersten Transistors. Die Transistoren schalten damit durch, und der Recorder läuft an. Der Remote-Befehl kann natürlich nur wirksam werden, wenn der Recorder mit der Record-Taste eingeschaltet ist.

Eine weitere Tonbandsteuerschaltung mit FET-Eingang wird in Bild 45 gezeigt. Die Funktion ist prinzipiell die gleiche wie in der vorherigen Schaltung. Allerdings findet hier ein Relais Verwendung, das kontaktmäßig den Einschaltstromstoß des Recorders verkraften muß. Kleine Reed-Relais sind hierfür ungeeignet, da die Schaltzungen oft kleben bleiben. Bei abgehobenem Hörer liegen in den USA 48 V an den a- und b-Adern. Der FET bleibt damit ausgeschaltet.

Durch die hochohmige Ankopplung an die Telefonleitung bleibt die Steuerschaltung undetektierbar. Beim Abnehmen des Hörers bricht die Adernspannung auf ca. 10V zusammen, so daß der FET durchschaltet und über den 2 N 2222 das Relais einschaltet.

Um die Polaritätssuche an den a- und b-Adern einzusparen, kann auch hier eine Graetz-Brücke vorgeschaltet werden. Bild 46 zeigt einen postzugelassenen Kassettenrecorder.

Bild 46: Postzugelassene Telefon-Tonbandsteuerung

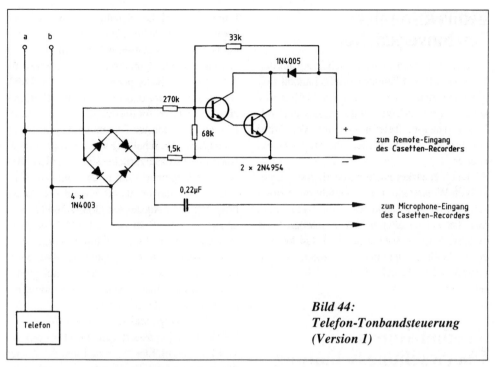

Bild 44:
Telefon-Tonbandsteuerung
(Version 1)

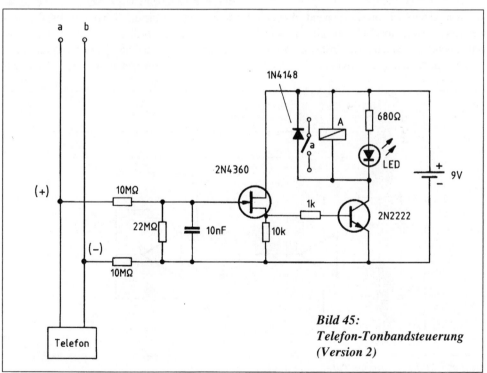

Bild 45:
Telefon-Tonbandsteuerung
(Version 2)

Bidirektionaler Telefonverstärker

Eine weitere interessante Schaltung aus den USA ist in Bild 47 angegeben. Es handelt sich um einen trickreichen bidirektionalen Verstärker bzw. Duplex-Line-Amplifier. Dieser parallel zur Telefonleitung geschaltete Verstärker verstärkt die Signale beider Telefongesprächspartner.

Der Verstärker erzeugt künstlich einen negativen Widerstand. Da die Gefahr der Selbsterregung besteht, kann mit dem 1-kΩ-Trimmer die Verstärkung auf einen stabilen Wert eingestellt werden. Statt des LM 324 können auch „stabilere" Operationsverstärker, wie z.B. LM 1558, LF 412, LF 353 oder LF 442, eingesetzt werden.

Telefonleitungs-Überwachungsschaltung

Wer wissen will, ob sich jemand an seinem Telefon oder an seiner Telefonleitung zu schaffen macht, sei es nun zur Installation einer Wanze oder einfach nur, um kostenlos zu telefonieren, ist mit der Schaltung in Bild 48 gut bedient. Die Schaltung wurde von Dipl. Ing. Gregor Kleine veröffentlicht. Beim Abheben des Hörers oder Unterbrechen der a- oder b-Ader sinkt die Basisspannung des ersten Transistors soweit ab, daß dieser sperrt. Dadurch zündet der Thyristor und die LED leuchtet auf. Mit dem Drucktaster T kann der Thyristor gelöscht bzw. die Schaltung wieder in den Überwachungszustand zurückgesetzt werden. Bei Nebenstellenanlagen mit niedrigeren Telefonbetriebsspannungen als 60 V muß der Basis-Eingangsspannungsteiler (220 kΩ/10 kΩ) verändert werden. Statt des 220-kΩ-Festwiderstandes kann ein 500-kΩ-Trimmer vorgesehen werden, dessen Wert langsam vergrößert wird, bis die LED bei wiederholtem Drücken der Taste T dunkel bleibt. Beim Abheben des Hörers muß die LED aufleuchten.

Bild 49 zeigt, was spannungsmäßig an der Telefonleitung passiert (gilt nur für Impuls-Wahlverfahren). Eine amerikanische Schaltung, die dem gleichen Zweck dient, ist in Bild 50 dargestellt. Bevor die Schaltung ans Telefonnetz geschaltet wird, muß der Trimmer R1 so justiert werden, daß der Thyristor durchschaltet und das Lämpchen aufleuchtet. Nach dem

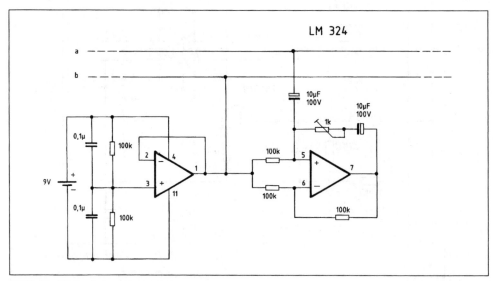

Bild 47: Bidirektionaler Telefonverstärker

Anklemmen muß R2 vom Widerstandswert Null ausgehend langsam erhöht werden, bis der Thyristor sperrt und die Lampe verlöscht. Wenn nun beim Einbau eines Telefon-Minispions die Telefonleitung kurz unterbrochen wird, leuchtet die Lampe auf und signalisiert eine Manipulation. Durch Drücken der Reset-Taste kann der Ausgangszustand wiederhergestellt werden. Auch in dieser Schaltung dürfte es zweckmäßig sein, mittels eines Graetz-Gleichrichters die lästige Polaritätsbestimmung an den Telefonadern zu vermeiden.

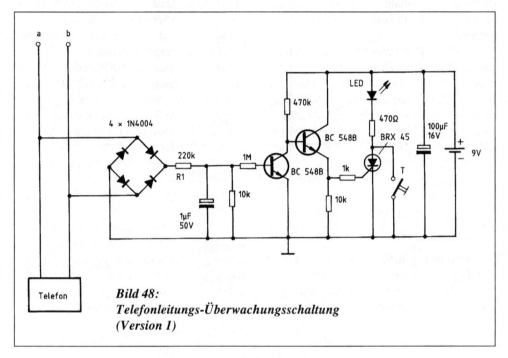

Bild 48:
Telefonleitungs-Überwachungsschaltung
(Version 1)

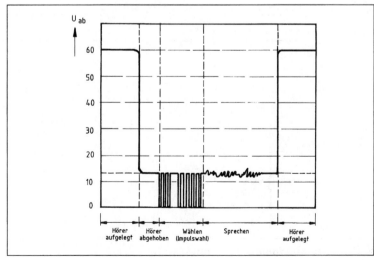

Bild 49:
Spannungsverlauf auf der Telefonleitung beim Impulswahlverfahren

47

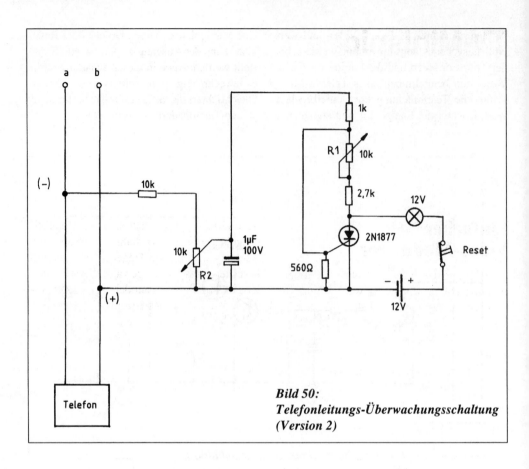

Bild 50:
Telefonleitungs-Überwachungsschaltung
(Version 2)

TV-Minispione

Einfacher Video-Modulator

Falls nur das Bildsignal ohne NF-Signal auf kurze Distanz übertragen werden muß, genügt bereits die einfache Schaltung in Bild 51. Die Amplitudenmodulation des Video-Signals wird in Bild 52 dargestellt. Der in Bild 51 gezeigte amplitudenmodulierte VHF-Oszillator kann mit dem 30-pf-Trimmer auf Kanal 6 des VHF-Fernsehbandes eingestellt werden. Mit dem 470-Ω-Trimmer läßt sich der Modulationsgrad variieren. Zur drahtlosen Videoüberwachung wird für die Trägerfrequenz ein unbesetzter Fernsehkanal gewählt. Nach Einstellen des Fernsehgeräts auf den unbesetzten Kanal wird die Oszillatorfrequenz solange justiert, bis das Bild am Schirm erscheint. Brauchbare Ergebnisse sind nur bei sorgfältigem Schaltungsaufbau und Einbau in ein Metallgehäuse zu erzielen. Durch den einfachen Aufbau beinhaltet die Schaltung einige Nachteile: Der

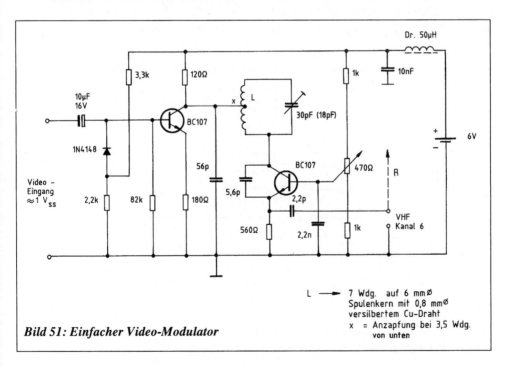

Bild 51: Einfacher Video-Modulator

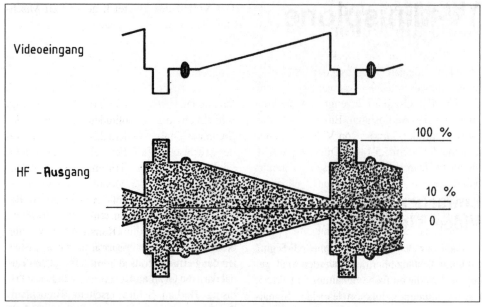

Bild 52: Spannungsverlauf am Videoeingang und HF-Ausgang

Modulator erzeugt unerwünschte Oberwellen im UHF-Bereich, so daß sich auch dort das Bild mehrmals wiederfindet. Dies kann zu recht unangenehmen Überraschungen führen, wenn an der Überwachung auch andere Zuschauer beteiligt sind. Wie bei jedem freischwingenden Oszillator gibt es Antennenrückwirkungen auf die Sendefrequenz.

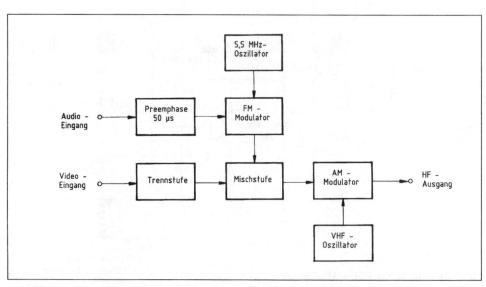

Bild 53: Blockschaltbild VHF-Video- und Audio-Modulator

VHF-Video- und Audio-Modulator

In Bild 53 wird das Blockschaltbild eines kompletten kleinen Fernsehsenders gezeigt. Er besteht im wesentlichen aus zwei Oszillatoren. Ein 5,5-MHz-Oszillator erzeugt die Trägerfrequenz für das Audiosignal. Ein VHF-Oszillator wird mit der Summe von Videosignal und audiomoduliertem 5,5-MHz-Trägersignal AM-moduliert. Durch die Preemphase (= Voranhebung) werden die höheren Audiofrequenzen angehoben, um die Übertragungsqualität zu verbessern. Aus Bild 54 ist das vollständige Schaltbild zu ersehen. Die Anhebung hoher Audiofrequenzen wird durch das RC-Glied im Emitter des ersten Audio-Verstärkertransistors bewerkstelligt. Im Anschluß an die Kapazitätsdiode (möglichst mit gelbem Punkt: 24–30 pf) folgt der Audio-Trägerfrequenzoszillator mit einer Schwingfrequenz von 5,5 MHz. Mit dem 40-pf-Trimmer kann die Frequenz auf ihren Sollwert justiert werden. Über den 3,3-pf-Kondensator wird die FM-modulierte Trägerfrequenz auf die Mischstufe geführt. Gleichzeitig wird von der Video-Trennstufe das Videosignal über 390 Ω auf die Mischstufe gegeben.

Der Vorteil der trickreich gestalteten Mischstufe liegt in der guten gegenseitigen Entkopplung der Eingänge. Das Mischprodukt wird auf einen Eingang des Dual-Gate-MOS-Transistors geführt.

Am anderen Eingang liegt das VHF-Oszillatorsignal. Der MOS-Transistor erzeugt schließlich die Amplitudenmodulation des Summensignals. Mit dem 22-pf-Trimmer wird der gewünschte VHF-Fernsehkanal eingestellt.

Mit dem 2,5-kΩ-Trimmer in der Video-Trennstufe kann die Modulationstiefe eingestellt werden. Der 40-pf-Trimmer im Audio-Trägerfrequenzoszillator wird so abgestimmt, daß der Ton sauber im Kanal liegt. Zwischen Kamera und Modulator ist auf gute Masseverbindung zu achten. Wie immer sind kurze Verbindungen und gute Abschirmung wichtig. Der Audio-Eingang muß vor HF-Einstreuungen besonders geschützt werden (eventuell noch Abblock-Kondensatoren und Drosseln vorsehen). Mit dem 10-kΩ-Trimmer am Audio-Verstärkereingang kann die Modulationstiefe des Tonsignals eingestellt werden. Hier empfiehlt sich der Vergleich mit einem normalen Fernsehsender. Der Modulator läßt sich auch für Farbfernsehsignale einsetzen.

Bild 55: Ultra-Miniatur-Kameramodul von Conrad-Electronic

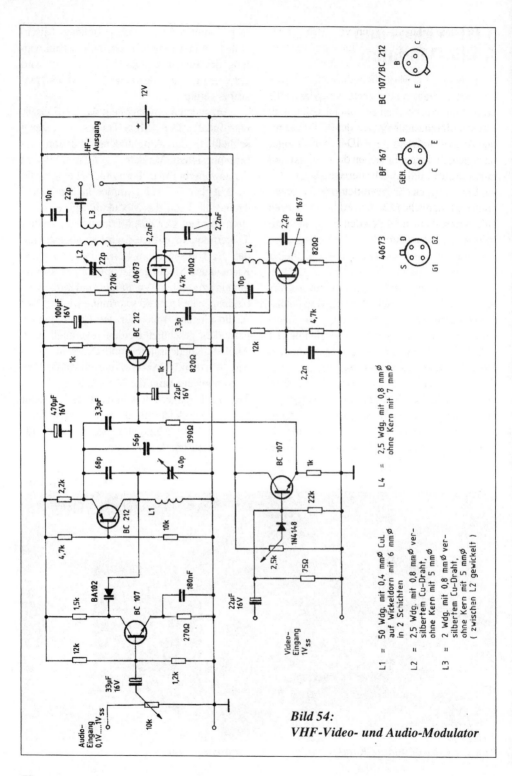

Bild 54:
VHF-Video- und Audio-Modulator

Bei den Billigangeboten von Mini-CCD-Videokameras lassen sich Videoüberwachungen leicht und relativ billig durchführen. In Bild 55 wird ein Kameramodul von Conrad-Electronic in Hirschau gezeigt, welches in eine Streichholzschachtel paßt. In eine weitere Streichholzschachtel könnte der VHF-Video- und Audio-Modulator in SMD-Technik eingebaut werden. Leider brauchen die CCD-Kameramodule ca. 100 mA Batteriestrom, so daß zur Erzielung einer längeren Betriebsdauer doch recht umfangreiche Batterien erforderlich sind. Bild 56 zeigt einen kompletten Fernseh-Minispion ohne Batterieteil.

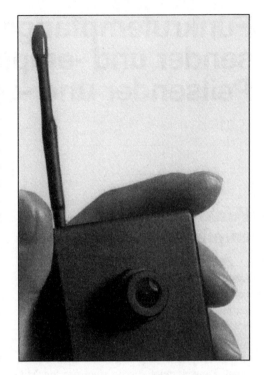

Bild 56:
Kompletter Mini-Fernsehsender ▶

Funkrufempfänger, Fernsteuersender und -empfänger, Peilsender und -empfänger

Funkrufsender und -empfänger (50 MHz)

Funkrufempfänger werden im neudeutschen Sprachgebrauch meist als Pager bezeichnet. Vorbild für den Begriff ist der Hotelpage, der mit einem Schild durch die Halle läuft und damit Gäste ausruft. Der einfachste Pager, der sogenannte Ton-Pager, übermittelt nur ein akustisches Signal. Dies genügt dem Pager-Besitzer als Hinweis, telefonisch zurückzurufen. Mit einem Pager-Sender und einem Pager-Empfänger können jedoch auch einfache Fernsteuerfunktionen ausgeführt werden.

In Bild 57 wird der senderseitige Aufbau eines „Personal Pocket Pager" aus den USA gezeigt. Im Grunde handelt es sich dabei um nichts anderes als einen einfachen tonmodulierten Fernsteuersender. Der Tongenerator arbeitet mit dem Baustein 555, dessen Frequenz mit dem 20-kΩ-Trimmer einstellbar ist. Über Pin 3 des 555 wird der Oszillator über den

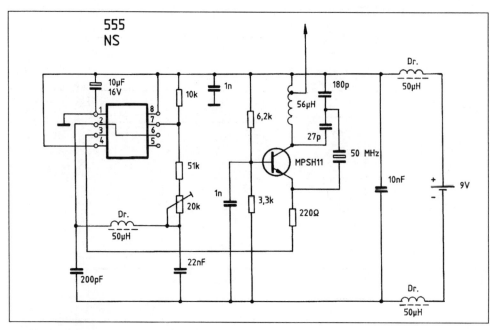

Bild 57: Funkrufsender (50 MHz)

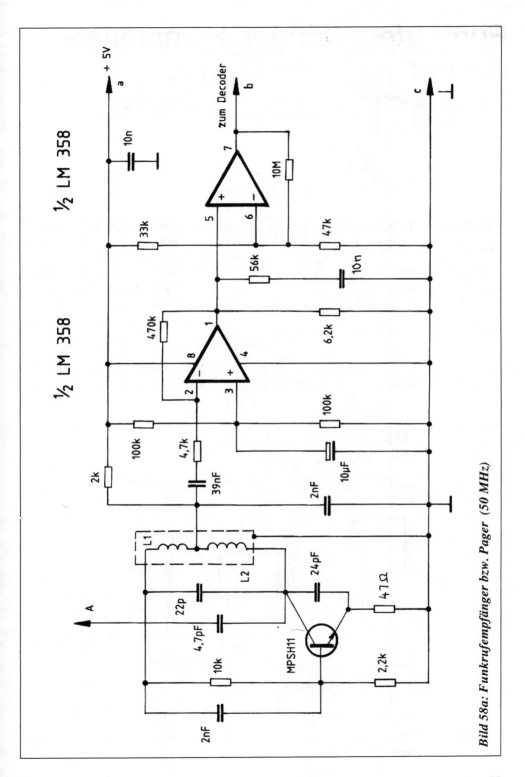

Bild 58a: *Funkrufempfänger bzw. Pager (50 MHz)*

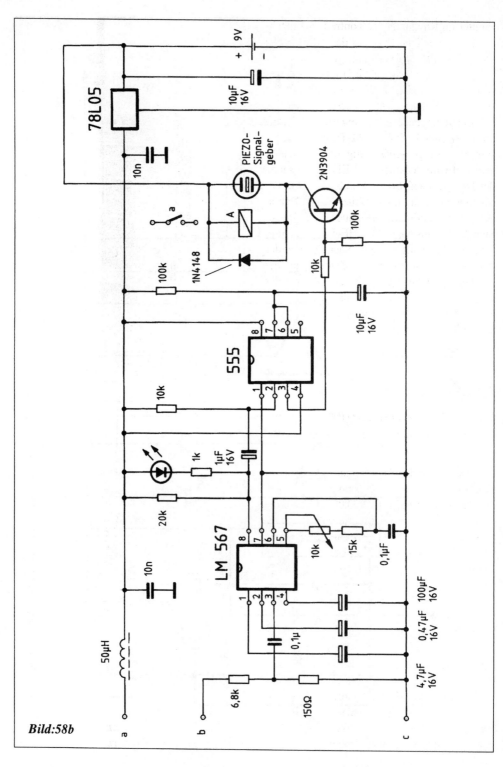

Bild: 58b

Emitter im Rhythmus der Tonfrequenz getaktet. Der eigentliche Pager in den Bildern 58a und 58b empfängt das Sendesignal und demoduliert es. Das Tonsignal wird mittels des Operationsverstärkers LM 358 verstärkt und mit dem PLL-Decoder LM 567 decodiert. Der LM 567 ist auf die senderseitig eingestellte Tonruf-Frequenz mittels des 10-kΩ-Trimmers abgestimmt. Solange senderseitig die Sendetaste gedrückt wird, leuchtet die LED am Ausgang des Decoders auf. Im Anschluß an den Decoder folgt noch ein monostabiler Multivibrator, der für eine definierte Zeitdauer einen Piezo-Signalgeber ansteuert. Der HF-Teil des Empfängers arbeitet als Pendler. Nach Ansicht des Autors bestehen erhebliche Zweifel, ob der Pendler so funktioniert. Wer am Aufbau des Empfängers interessiert ist, sollte den Pendlerteil besser durch die Schaltung mit auf 50 MHz abgeänderter Dimensionierung in Bild 95 ersetzen.

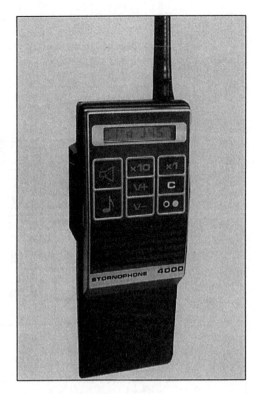

Fünfton-Funkrufempfänger (2-m-Band)

Mit einfachen Tonruf-Pagern läßt sich nur eine begrenzte Anzahl Teilnehmer ansprechen. Um die Vielfalt auf über 100.000 Teilnehmer zu erweitern, werden definierte Fünftonfolgen ausgesendet, welche in den Pagern decodiert werden. Jedem Pager-Besitzer ist eine bestimmte Fünftonfolge zugeordnet, so daß er senderseitig gezielt angesprochen werden kann.

Heute ist fast in jedem modernen Funkgerät ein Fünftonfolgegenerator eingebaut, so daß der Funkgerätebesitzer gezielt einen bestimmten Funkpartner mit dessen Fünftonfolge ansprechen kann. So strahlt z.B. das in den Bildern 59 gezeigte Funkgerät „Storno Phone 4000" beim Drücken der Tonruftaste eine voreinstellbare Fünftonfolge, den sogenannten Selektivruf, ab. Mittels eines Funkgeräts mit Fünftonfolgezusatz können in einem Industriebe-

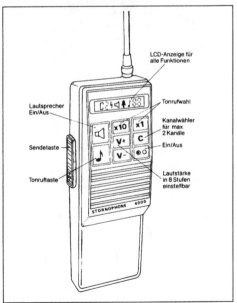

Bild 59:
Funksprechgerät mit eingebautem Fünftonfolgegeber und -auswerter

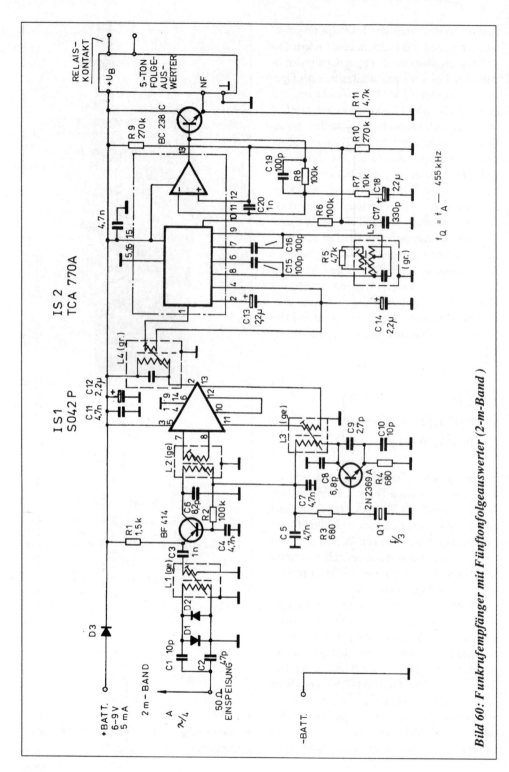

Bild 60: Funkrufempfänger mit Fünftonfolgeauswerter (2-m-Band)

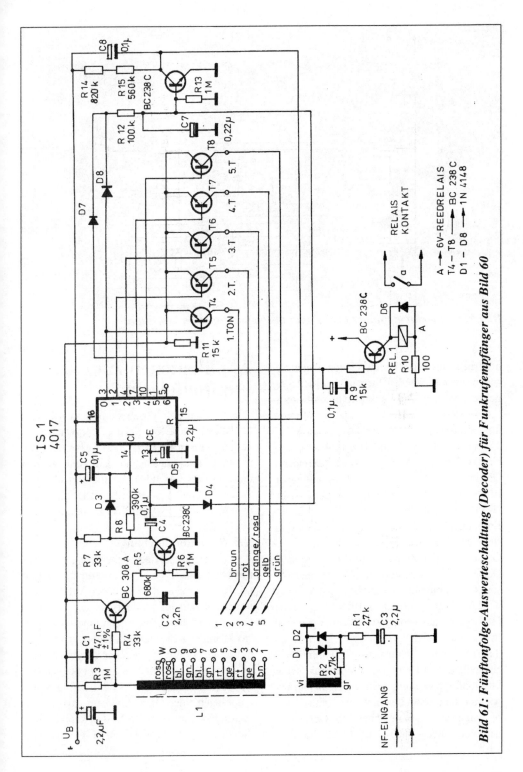

Bild 61: Fünftonfolge-Auswerteschaltung (Decoder) für Funkrufempfänger aus Bild 60

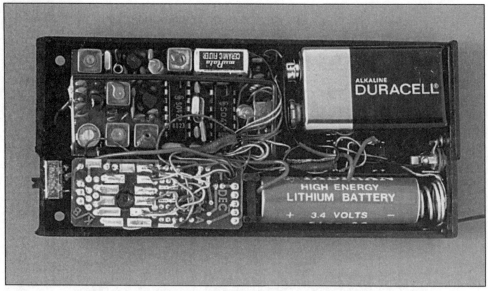

Bild 62: Funkrufempfänger bzw. Pager als Doppelsuper im 2-m-Band

trieb beispielsweise Hunderte von Pager-Besitzern gezielt angesprochen und um Rückruf gebeten werden. Die Funkrufteilnehmer müssen den Pager natürlich stets bei sich führen, um jederzeit erreichbar zu sein.

Wie die Bilder 60 und 61 offenbaren, birgt das Innenleben eines Pagers keine besonderen Geheimnisse. Die gezeigte Pager-Schaltung arbeitet im 2-m-Band als Einfach-Superhet. Eine HF-Vorstufe in Basisschaltung verstärkt das Empfangssignal. Anschließend wird es im Baustein S042 P mit dem Oszillatorsignal zur Gewinnung der Zwischenfrequenz gemischt. Der TCA 770 A demoduliert die ZF und verstärkt die demodulierte Fünftonfolge. Von dort wird das Signal auf den in Bild 61 gezeigten Fünftonfolgeauswerter bzw. Decoder gegeben. Im Decoder ist die zugewiesene Tonruffolge durch farblich gekennzeichnete Drahtbrücken einstellbar. Wird der Teilnehmer mit seiner Fünftonfolge gerufen, zieht das Relais an und betätigt mit seinem Kontakt einen akustischen Signalgeber. Bild 62 zeigt den gedrängten Aufbau eines Pagers nach Doppel-Superhet-Prinzip.

Applikationen zum Fünftonfolgeruf

Mit Fünftonfolgegebern und -auswertern lassen sich viele interessante Überwachungsaufgaben lösen. Da Geber und Auswerter nicht in allen Funkgeräten eingebaut sind, werden diese in den folgenden Applikationen extern zugeschaltet. Unter anderem dient dies auch dem besseren Verständnis der Funktionsweise.

VIP-Raumüberwachung

Zur Überwachung sicherheitsgefährdeter Personen eignet sich die Anordnung in Bild 63. Im Raum, in dem sich der VIP (= very important person, zu deutsch: sehr wichtige Person) aufhält, befindet sich eine meist versteckt angebrachte Notruftaste, bei deren Betätigung ein Fünftonfolgegeber ausgelöst wird. Gleichzeitig wird das Funkgerät hochgetastet. Im Auswerteraum wird das Fünftonfolgesignal empfangen, decodiert und ein akustischer Alarmgeber aktiviert. Im Notfall kann nun die Aufsichtsperson dem VIP zu Hilfe eilen. Auf diese Weise könnte z.B. ein Staatsgast in ei-

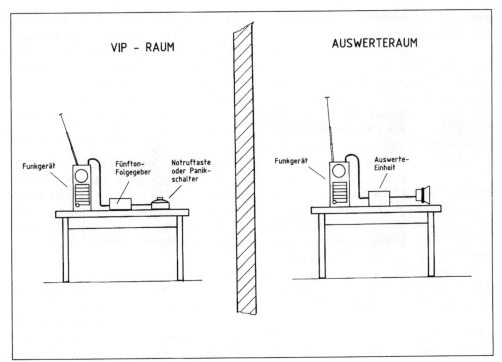

Bild 63: VIP-Raumüberwachung

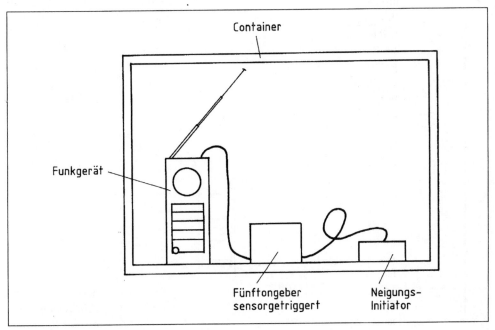

Bild 64: Neigungsmelder für Container

nem Hotel vor unliebsamen Überraschungen geschützt werden.

Container-Überwachung

Bild 64 gibt Aufschluß, wie mittels eines Neigungsinitiators der Diebstahl eines Containers signalisiert werden kann. Als Neigungsinitiator eignet sich z.B. ein Quecksilberschalter, der bei Änderung seiner Ruhelage einen Kontakt schließt.

Zutritts-Überwachung

Die gleiche Funktionsweise zeigt die Applikation in Bild 65. Bei Herunterdrücken der Türklinke wird ebenfalls ein Alarmruf ausgesendet. Da der Neigungsinitiator an der Türklinke etwas auffällig ist, kann entsprechend Bild 66 mit einem Magnet- bzw. Reed-Kontakt am Türrahmen gearbeitet werden.

KFZ-Überwachung

Was nützt in der Tiefgarage nachts um 3 Uhr die beste KFZ-Alarmanlage, wenn sie niemand hört? Hier eignet sich die Problemlösung aus Bild 67. Zusätzlich zur Alarmanlage wird ein Fünftonfolgegeber einschließlich eines Funkgerätes aktiviert. Der Funkruf löst dann z.B. im Hotelzimmer einen akustischen Alarm aus. Bei Sabotage- und Diebstahlsgefahr schützt diese Applikation vor unerfreulichen Überraschungen.

Kunstschätze-Überwachung

Durch eine entsprechende Ansteuerschaltung kann ein Fünftonfolgegeber auch mit einem Körperschallmikrofon ausgelöst werden. In Bild 68 wird ein wertvolles Gemälde drahtlos gegen Diebstahl geschützt.

Türschloß-Überwachung

Eine drahtlose Türschloßüberwachung mittels Körperschallmikrofon wird in Bild 69 gezeigt. Wer hier mit Nachschlüsseln oder Pick-Up-Öffnungspistolen versucht, die verschlossene Türe zu öffnen, wird plötzlich sehr unangenehm überrascht werden.

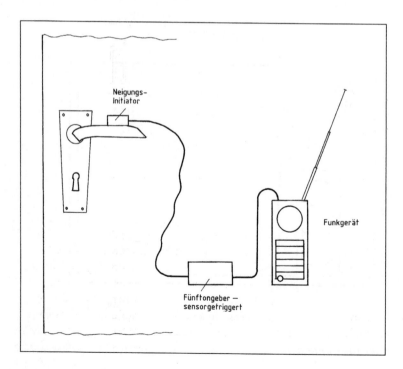

Bild 65: Türöffnungsmelder (Version 1)

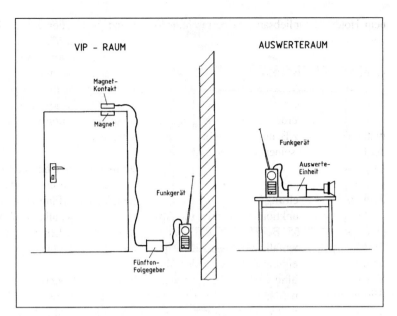

Bild 66:
Türöffnungs-
melder
(Version 2)

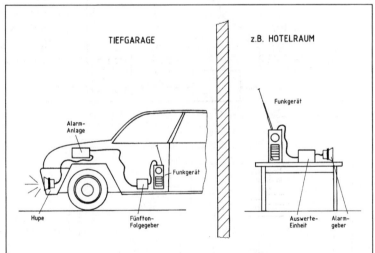

Bild 67:
KFZ-Alarmge-
ber

Fensterbruch-Überwachung

Mit Körperschallmikrofonen lassen sich noch eine ganze Anzahl Objekte absichern. In Bild 70 wird mittels Körperschallmikrofon und Fünftonfolgegeber ein Fenster gegen Einbruch abgesichert.

Im Bild 71 werden Einbruchsversuche an einer verschlossenen Schublade drahtlos signalisiert.

Tresor-Überwachung

Auf die gleiche Weise läßt sich ein Tresor in Bild 72 überwachen. Obwohl sich das Funkgerät im Innern des Tresors befindet und das Metallgehäuse des Tresors eine Abstrahlung des Funksignals verhindern müßte, ist dies nicht der Fall. Der Tresor wird quasi zur kapazitiv gekoppelten Sekundärantenne. Mehr als ein paar hundert Meter lassen sich mit dieser An-

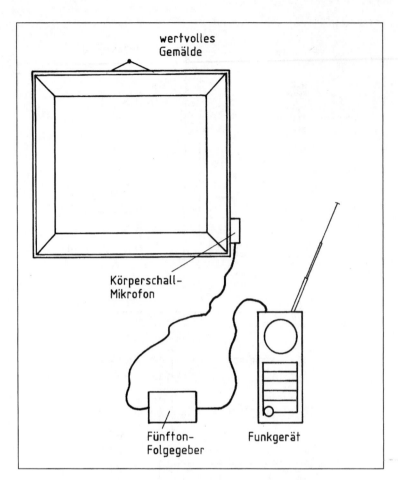

Bild 68: Körperschallmelder zur Sicherung von Kunstgegenständen

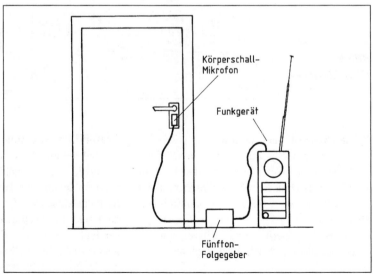

Bild 69: Türschloßüberwachung

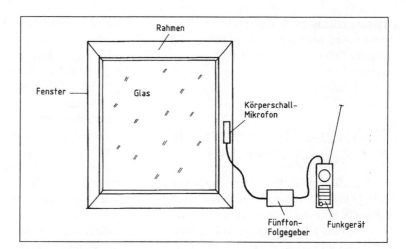

Bild 70:
Körperschallmelder zur Fenstersicherung

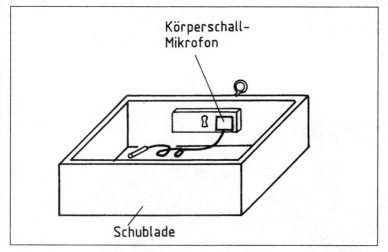

Bild 71:
Körperschallmelder zur Sicherung einer Schublade

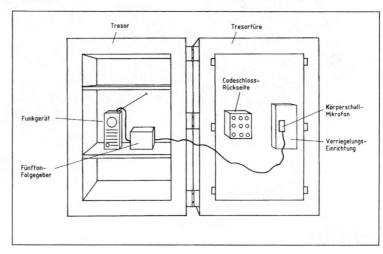

Bild 72:
Körperschallmelder zur Tresorüberwachung

ordnung allerdings nicht überbrücken. Wer es nicht glaubt, wird erstaunt sein, daß er in den meisten Fällen mit einem Handy aus einem metallisch geschlossenen Aufzug heraus telefonieren kann.

27-MHz-CB-Schmalband-FM-Sender (10 mW)

Das Motorola-IC MC 2833 P entsprechend Bild 73 eignet sich hervorragend zum Aufbau kleiner Schmalband-FM-Sender. Unter anderem kann das IC für drahtlose Mikrofone und Fernsteueranwendungen eingesetzt werden. Normalerweise wird das IC im VHF-Bereich betrieben. Es eignet sich jedoch auch für den CB-Frequenzbereich. In Bild 73 liefert der Baustein eine Ausgangsleistung von ca. 10 mW. Bei schlecht angepaßter Antenne sind damit etwa 100 m Reichweite zu erzielen. Mit dem unteren 100-kΩ-Trimmer kann die Mikrofonempfindlichkeit, mit dem oberen 100-kΩ-Trimmer der Frequenzhub eingestellt werden. Der Frequenzhub sollte für Schmalbandanwendungen nicht höher als 5 kHz eingestellt werden.

Zum Empfang eignet sich jedes FM-CB-Funkgerät. Der Quarz schwingt auf seiner Grundwelle von 9 MHz in Parallelresonanz. Die Ausgangsfrequenz wird durch Verdreifachung erzeugt.

Zum Abgleich werden alle veränderlichen Kapazitätstrimmer auf maximale HF-Ausgangsspannung an einem 50-Ω-Ausgangswiderstand einjustiert. Zum Abgleich eignet sich auch das Feldstärkemeßgerät eines Kontroll-

Bild 74: Aufbau des 27-MHz-CB-Schmalband-FM-Minisenders

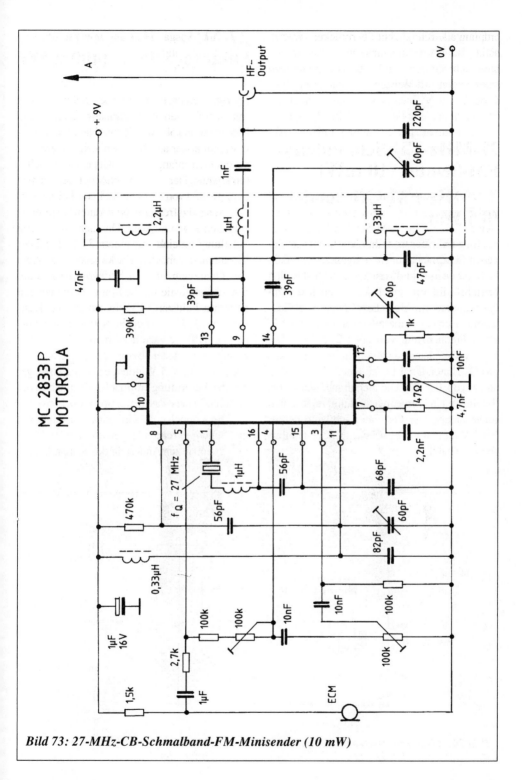

Bild 73: 27-MHz-CB-Schmalband-FM-Minisender (10 mW)

empfängers. Klingt die Übertragung verzerrt, sollte die Mikrofonverstärkung etwas heruntergedreht werden. Für kurze Übertragungsdistanz genügt eine Wurfantennenlänge von etwa 1 m. Bei 9 V Batteriespannung beträgt die Stromaufnahme etwa 7 mA. Bild 74 zeigt den Versuchsaufbau der Schaltung mit den Abschirmblechen.

27-MHz-FM-CB-Sender (0,5 Watt)

Eine frei, aber trotzdem sehr stabil schwingende Senderschaltung im Bereich von 26,5–28 MHz ist in Bild 75 angegeben. Die Oszillatorstufe wird mit einer Kapazitätsdiode frequenzmoduliert. Bei aufgedrehtem 10-kΩ-Trimmer erzeugt eine NF-Spannung von 1 V einen Frequenzhub von etwa 21,5 kHz. Die beiden Geradeausverstärkerstufen verstärken das Oszillatorsignal bis zu einer Ausgangsleistung von 0,5 W. Die Schaltung wurde bei Telefunken in Ulm entwickelt und funktioniert idiotensicher. Der Oszillator schwingt bereits bei 5 V an und bleibt bis ca. 13 V erstaunlich frequenzstabil.

27-MHz-CB-Gegentakt-Quarzoszillator (400 mW)

Ein moderner Gegentakt-Quarzoszillator mit Dual-Gate-Feldeffekttransistoren und AM-Modulation ist in Bild 76 zu sehen. Die Schaltung stammt von Dr. Ulrich Kunz. Zu den besonderen Vorteilen der Gegentakt-Oszillatorschaltungen zählen hohe Anschwingsicherheit, große Frequenzstabilität und hoher Wirkungsgrad. Normalerweise arbeiten Gegentaktoszillatoren ohne Quarz. Die hier angegebene Schaltung arbeitet mit einem 27-MHz-Quarz in einem der beiden Rückkopplungszweige. Der Quarz schwingt in Serienresonanz. Laut Entwickler sollen für die Spule 20 Windungen Kupferlackdraht (CuL) oder versilberter Kupferdraht (AgCu) auf einen Neosid-Spulenkörper (7 TIS) gewickelt werden. Für die Ankopplung der Antenne empfiehlt sich eine Koppelspule von 3–5 Windungen. Zur Leistungsabgabeüberprüfung empfiehlt sich zunächst der Anschluß eines Taschenlampenbirnchens.

Die Koppelspule wird entweder direkt auf die Schwingkreisspule gewickelt oder leicht verschiebbar zur Änderung des Koppelfaktors

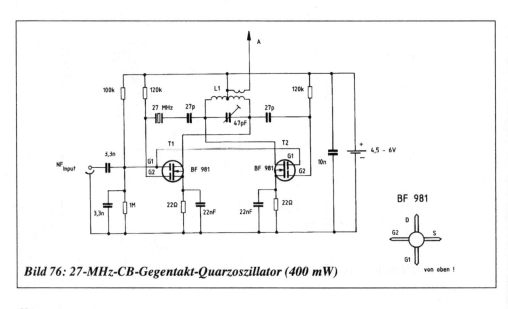

Bild 76: 27-MHz-CB-Gegentakt-Quarzoszillator (400 mW)

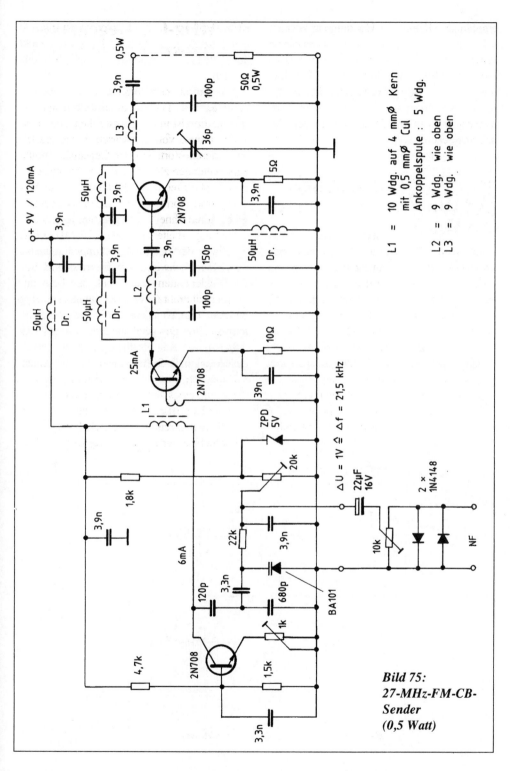

Bild 75:
27-MHz-FM-CB-Sender
(0,5 Watt)

angeordnet. Mit einer Taschenlampenflachbatterie von 4,5 V, einer Stromaufnahme von 150 mA und einem geschätzten Wirkungsgrad von 60% dürfte etwa 400 mW HF-Leistung erzielbar sein. Bei höheren Batteriespannungen als 6V müssen die Gegenkopplungswiderstände (2 × 22 Ω) in den Sourceleitungen entsprechend erhöht werden, damit die FETs nicht überlastet werden.

27-MHz-Fernsteuersender (2,5 Watt)

In Bild 77 wird eine leistungsfähige 27-MHz-Senderschaltung gezeigt, welche bei 18 V eine Ausgangsleistung von ca. 1,5 W erzeugt. Wird die Betriebsspannung durch eine weitere 9-V-Batterie auf 27 V erhöht, gibt die Schaltung etwa 2,5 W Strahlungsleistung ab. Für den Oszillator und die HF-Verstärkerstufe finden die beliebten 2 N 3553-Transistoren von RCA Verwendung. Zur Leistungskontrolle und Antennenabstimmung kann in den Fußpunkt der Antenne ein Fahrradlämpchen geschaltet werden.

Wer diese Schaltung in ihrer Amplitude modulieren will, findet in Bild 78 einen entsprechenden Schaltungsvorschlag. Der Kollektorstrom des Endstufentransistors wird mittels des Transistors BD 136 im Takt der NF moduliert.

UKW-Mini-Peilsender

Ein einfacher, schnell zusammengeschalteter UKW-Mini-Peilsender findet sich in Bild 79. Die Schaltung stammt aus den USA und arbeitet mit zwei Zeitgeberbausteinen vom Typ 555. Der Taktzeitgenerator moduliert den Pfeiftongenerator. Das getaktete Pfeiftonsignal moduliert den UKW-Oszillator. Die Reichweite des Piepsignals dürfte ohne besondere Anten-

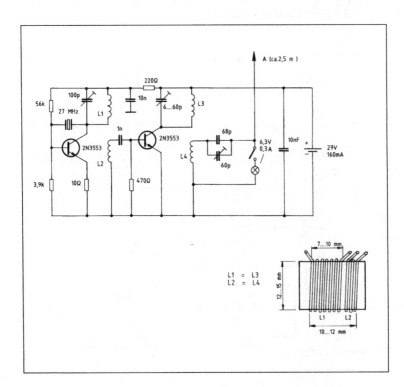

Bild 77: 27-MHz-Fernsteuersender (2,5 Watt)

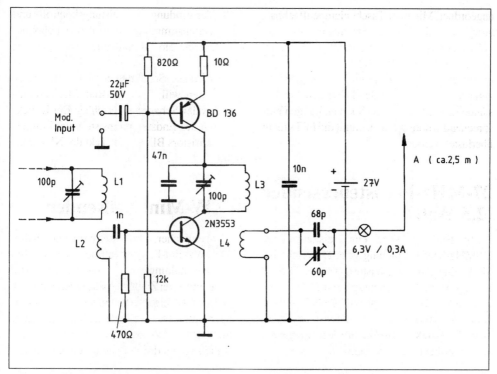

Bild 78: AM-Modulator für 27-MHz-Fernsteuersender

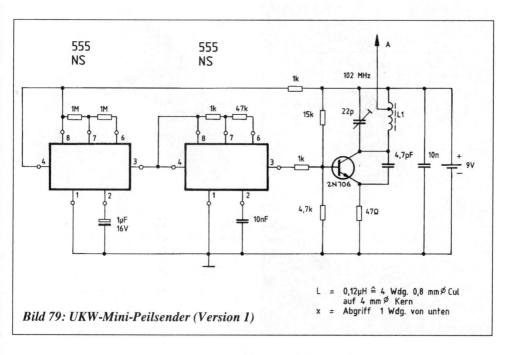

Bild 79: UKW-Mini-Peilsender (Version 1)

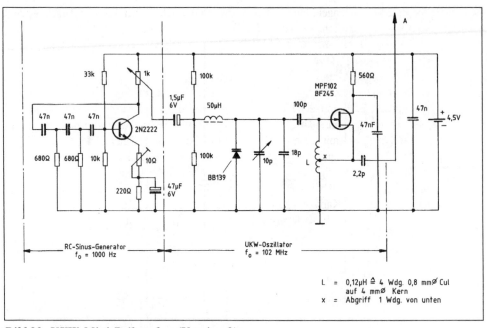

Bild 80: UKW-Mini-Peilsender (Version 2)

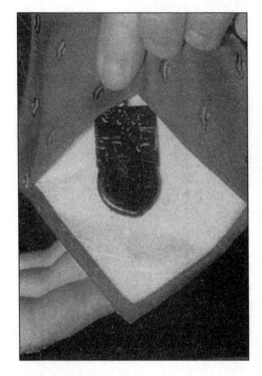

Bild 82:
Mini-Peilsender im Schuhabsatz

◀

Bild 81:
Mini-Peilsender in der Krawatte

ne nicht mehr als 200 m betragen. Durch Verkleinerung der Schwingkreiskomponenten läßt sich der Oszillator auch im 2-m-Band betreiben.

Ein weiterer UKW-Mini-Peilsender, der mit einem 1.000-Hz-Pfeifton moduliert wird, ist in Bild 80 dargestellt. Ein RC-Sinusgenerator erzeugt die 1.000-Hz-Modulationsspannung. Der UKW-FET-Oszillator wird mit einer UKW-Kapazitätsdiode in seiner Frequenz moduliert. Die Kapazitätsdiode (in der Originalschaltung aus den USA die TCG-610) soll bei einer Sperrspannung von 4 V etwa 6 pf Kapazität aufweisen. Ohne Antenne dürfte eine Reichweite von ca. 50 m möglich sein. Werden derartige Mini-Peilsender in SMD-Technik aufgebaut, passen sie durchaus in Gebrauchsgegenstände des täglichen Lebens, wie aus Bild 81 und 82 zu ersehen ist.

In Bild 81 kann die Sendeantenne genauso lang wie die Krawatte gemacht werden. Dadurch werden mit einem empfindlichen Empfänger durchaus Reichweiten von 500 – 1000 m erreicht. Der gezeigte Krawattenpeilsender hat eine Lebensdauer von 1.600 Stunden. Die Antenne des Schuhabsatzpeilsenders ist in der Sohle verlegt. Da die meisten Absätze ohnehin hohl sind, ist es kein besonderes Pro-

Bild 83: Spionageausrüstung eines US-Detektivs (Teil 1)

Bild 84: Spionageausrüstung und Schloßöffnungswerkzeug eines US-Detektivs (Teil 2)

blem, diese bei Mister Minit mit Peilsendern auszurüsten. Die Abdecksohle in Bild 82 ist drehbar gelagert, so daß sowohl die Batterie als auch die Frequenz gewechselt werden kann. Bei Bestellungen muß die Schuhgröße angegeben werden. Die Lieferung erfolgt nur in der Einheitsfarbe schwarz. Der Preis: 479,– $.

Die beiden folgenden Fotos (Bilder 83 und 84) zeigen die Spionageausrüstung eines amerikanischen Detektivs. Es würde zu weit führen, die Geräte einzeln durchzusprechen.

Mini und Micro-Fernsteuersender und -empfänger

Micro-Fernsteuersender HX 1000

Kleine Fernsteuersender auf der zugelassenen UHF-Frequenz von 433,92 MHz werden heute vielseitig eingesetzt. Besonders bekannt ist in diesem Zusammenhang der elektronische Autoschlüssel, mit dem die Autotüren per Funksignal aufgeschlossen werden können. Bild 85 zeigt den HF-Teil eines Micro-Fernsteuersenders, während Bild 86 die Gehäusebauform des Hybrid-Bausteins wiedergibt. Der Hybrid-Baustein sendet auf der Frequenz 433,92 MHz und wird mit einem Datensignal amplitudenmoduliert. Das IC stammt von der Firma RF-Monolithics aus den USA.

HF-Micro-Fernsteuersender MX 1005

Von derselben US-Firma stammt das MX 1005-IC, welches auf der gleichen Frequenz sendet. Dieser Baustein arbeitet von 6V bis 10V und bringt ein etwas stärkeres Ausgangssignal. Er hat mit 18 mA bei 9 V allerdings eine mehr als doppelt so hohe Stromaufnahme. Im Stand-by-Betrieb liegt die Stromaufnahme nur bei 10 µA. In Bild 87 ist die Grundschaltung angegeben.

Micro-Fernsteuerempfänger RX 1000

Das Gegenstück zu den Fernsteuersendern, der RX 1000-Empfänger, wird in Bild 88 gezeigt. Der Hybrid-Empfänger arbeitet nicht nach dem Superhet-Prinzip, das heißt, er ist passiv und enthält keinen HF-Oszillator. Die Versorgung erfolgt wie bei den Sendern mit einer 3V-Lithium-Batterie. Die externe Beschaltung des

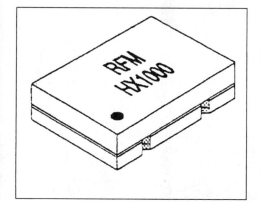

◄
Bild 86:
Gehäusebauform des Micro-Fernsteuersenders HX 1000

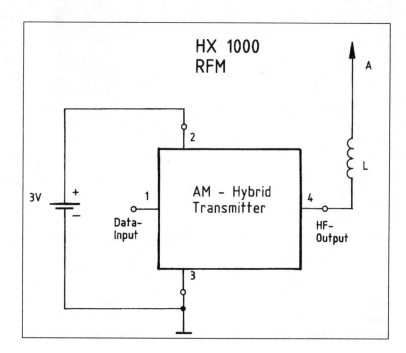

Bild 85:
Hybrid-Fernsteuersender HX 1000

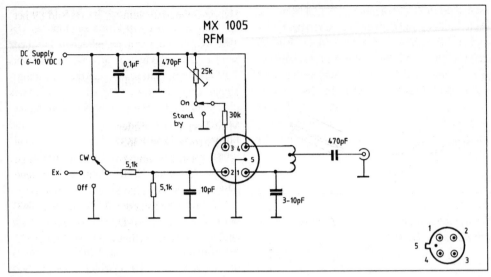

Bild 87: Micro-Fernsteuersender MX 1005

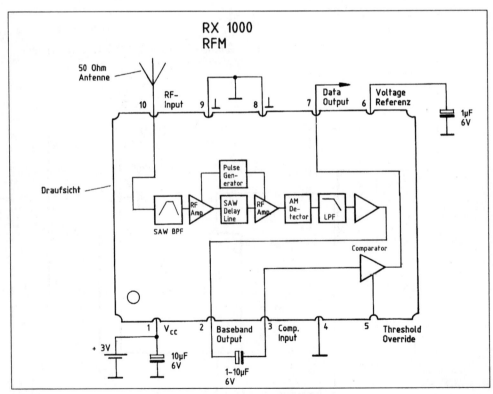

Bild 89:
Blockschaltbild und äußere Beschaltung des Micro-Fernsteuerempfängers RX 1000

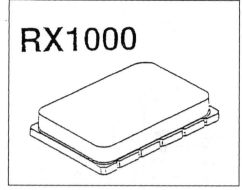

Bild 88:
Gehäusebauform des Micro-Fernsteuerempfängers RX 1000

Hybrid-Senderbausteins geht aus Bild 89 hervor. Die komplette Empfängerschaltung mit dem Decoder-Schaltkreis MC 145028 ist in Bild 90 wiedergegeben. In der gezeigten Applikation wird der Empfänger zu Alarmzwecken verwendet.

Mini-Fernsteuersender mit Encoder TMS 3637

Hauptanwendungszweck der in Bild 91 gezeigten Schaltung ist die drahtlose Fernsteuerung von Autotürschlössern (Zentralverriegelung). Mit dem Encoder-Baustein TMS 3637 wird ein kleiner UHF-Dreipunktsender getaktet. Der Encoder verfügt über 4 Millionen Co-

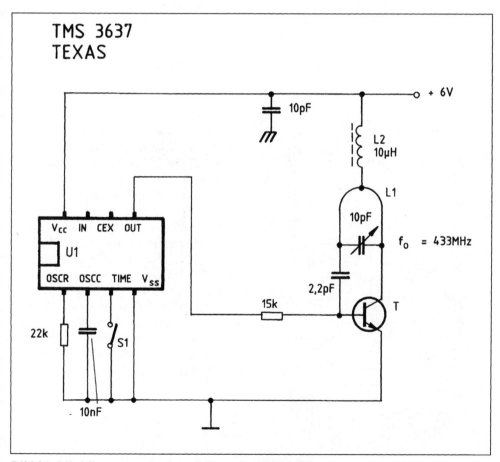

Bild 91: Mini-Fernsteuersender mit Encoder TMS 3637

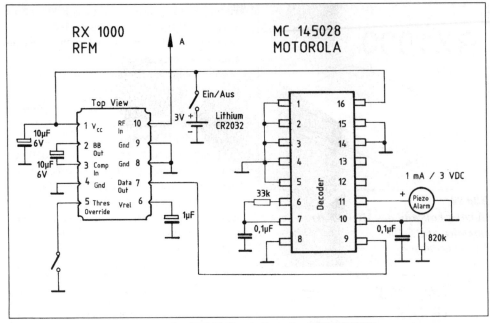

Bild 90: Micro-Fernsteuersender RX 1000 mit Decoder MC 145028

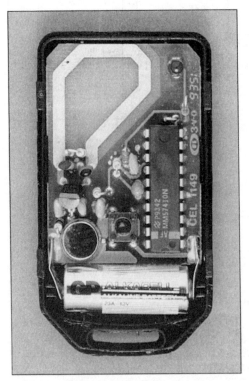

dierungsmöglichkeiten. In Bild 92 wird die praktische Ausführung und in Bild 93 das Innenleben eines Schlüsselbundsenders (Conrad Electronic) gezeigt. Die Innenschaltung dieses Fernsteuersenders ist allerdings nicht mit der Schaltung in Bild 91 identisch.

Pendelempfänger mit Decoder TMS 3637

Aus Bild 94 geht hervor, daß sich der Baustein TMS 3637 auch als Decoder einsetzen läßt. Die Applikation stammt von der Firma Texas Instruments. Trotzdem bestehen hinsichtlich der Pendlerschaltung erhebliche Zweifel, ob diese so funktionieren kann. Wer die Schaltung hobbymäßig aufbauen möchte, sollte sich lieber an der Pendlerschaltung in Bild 95 orientieren und diese auf 433 MHz umdimensionieren.

◀

Bild 93:
Innenleben des Fernsteuersenders zur Türentriegelung am Auto

Bild 92:
Micro-Fernsteuersender zur KFZ-Türentriegelung

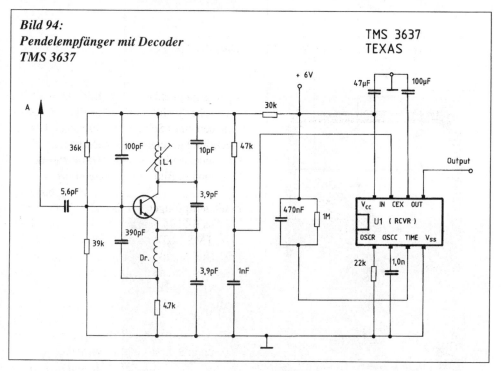

Bild 94:
Pendelempfänger mit Decoder TMS 3637

UKW-Pendelempfänger

In Bild 96 ist eine erprobte UKW-Pendelempfängerschaltung angegeben. Wie bei allen VHF- und UHF-Schaltungen ist auch hier wieder auf extrem kurze Leitungsführung zwischen den einzelnen Bauelementen zu achten. Der zweite Transistor im Anschluß an die reine Pendlerschaltung dient ausschließlich zur NF-

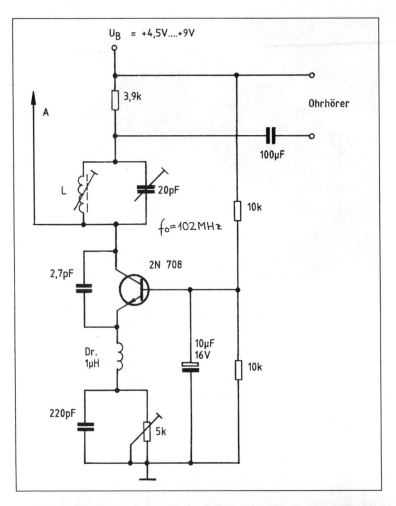

Bild 95:
UKW-Pendel-
empfänger-
Grundschaltung

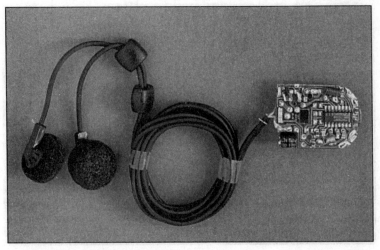

Bild 98:
Innenansicht
des Mini-UKW-
Empfängers von
Westfalia Electronica in Hagen

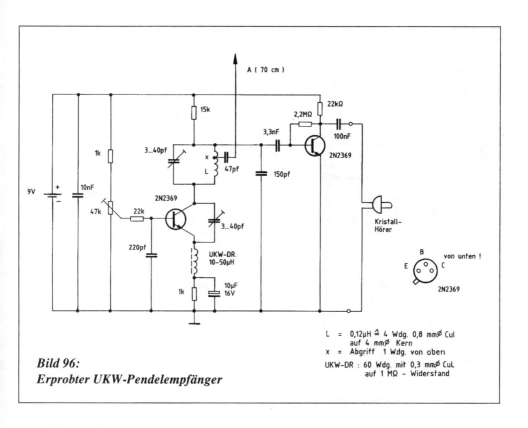

Bild 96:
Erprobter UKW-Pendelempfänger

◄
Bild 97:
Mini-UKW-Empfänger von Westfalia Electronica

Verstärkung des demodulierten Signals. Durch die Fortschritte in der IC-Technik ist es heute möglich, extrem kleine, hochempfindliche und billige FM-Empfänger herzustellen, so daß es sich auch hinsichtlich des Miniaturisierungseffektes nicht mehr lohnt, Miniaturempfänger selbst zu bauen. Ein typisches Beispiel ist der UKW-Miniaturempfänger des Typs „Funny" in Bild 97. Er kann über Westfalia Electronica bezogen werden. Das erstaunlich empfindliche Gerät verfügt sogar über einen Sendersuchlauf (Seek). Bild 98 zeigt einen Blick auf die Platine im Innern des Mini-Empfängers.

81

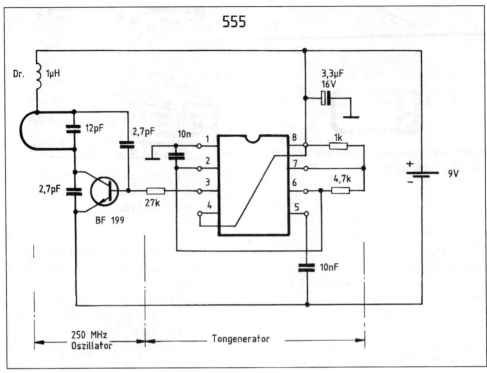

Bild 99: Mini-Fernsteuersender

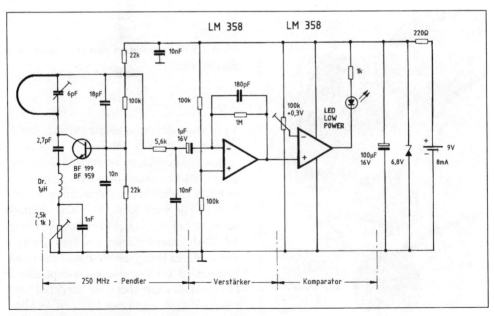

Bild 101: Mini-Fernsteuerempfänger mit Komparator

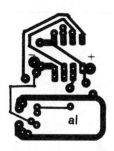

Platinen-Layout zum Mini-Fernsteuersender entsprechend Bild 99

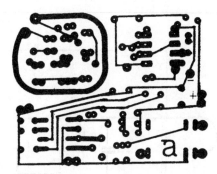

Platinen-Layout zum Mini-Fernsteuerempfänger mit tonselektiver Schaltstufe entsprechend Bild 102

Mini-Fernsteuersender und -empfänger

Wer Ambitionen hat, sich eine Mini-Fernsteuerung mit etwa 50 m Reichweite selbst zu bauen, kann sich an den Schaltungen der Abbildungen 99 bis 103 orientieren. Bild 99 zeigt die Senderschaltung. Für 50 m Reichweite ist keine Sendeantenne erforderlich. Der senderseitige Schaltungsaufbau ist aus Bild 100 zu entnehmen.

Die einfachste Schaltung, mit der das Sendesignal empfangen werden kann, ist in Bild 101 angegeben. Da diese Empfangssschaltung mitunter auch auf Störsignale reagiert, emp-

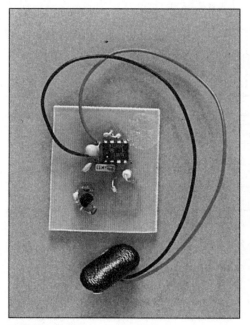

Bild 100: ▲▶
Aufbau des Mini-Fernsteuersenders

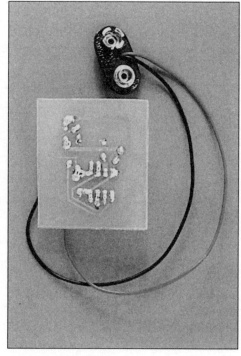

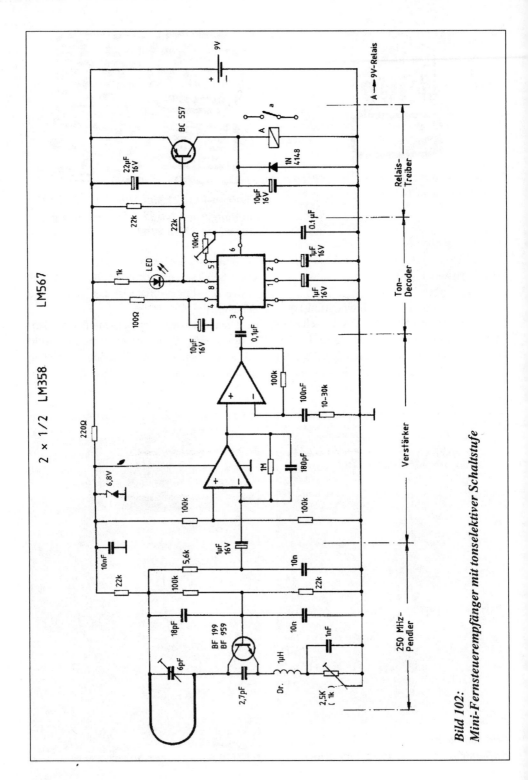

Bild 102:
Mini-Fernsteuerempfänger mit tonselektiver Schaltstufe

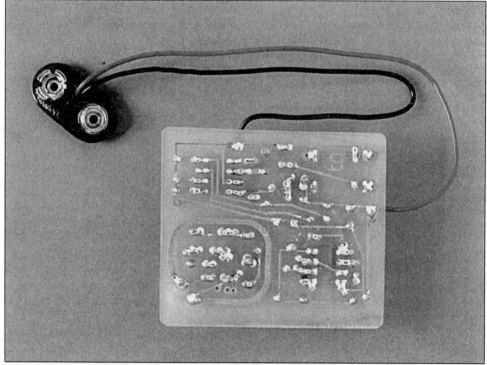

Bild 103: Aufbau des Mini-Fernsteuerempfängers mit tonselektiver Schaltstufe

Bild 104: Garagentoröffner im Kugelschreiberformat

fiehlt sich die Verwendung eines Empfängers mit tonselektiver Schaltstufe, wie er in Bild 102 gezeigt wird.

Bild 103 stellt den Aufbau des Mini-Fernsteuerempfängers mit Ton-Decoder vor. Mit den gezeigten Schaltungen lassen sich viele interessante Fernsteueraufgaben in Haus und Garten lösen. In Bild 104 ist ein Garagentoröffner im Kugelschreiberformat aus den USA zu sehen.

Minispion-Aufspürgeräte

Aufspürgerät mit Tunneldiode

In Bild 105 ist eine USA-Applikation zum Thema Aufspürgeräte zu sehen. Das Gerät soll sehr empfindlich sein. Es arbeitet nach dem Rückkopplungsprinzip. In der Nähe eines verborgenen Minispions reagiert das Gerät mit einem Heulton. Die Spule in Reihenschaltung mit der Tunneldiode sollte in ihrer Eigenresonanz in der Mitte des zu überprüfenden Frequenzbandes liegen. Einfache Aufspürgeräte wie z.B. der in Bild 106 gezeigte „Spy-Killer" (20–1.000 MHz) sind über den Fachhandel beziehbar.

Aufspürgerät (1,8–150 MHz)

Die Schaltung aus Bild 107 stammt aus der früheren DDR und soll von 1,8 MHz bis 150 MHz arbeiten. Die Schaltung enthält zwei Breitband-Vorverstärkerstufen. Statt des FETs BF 245 kann auch die Motorolatype MPF 102 verwendet werden. In der Originalversion des Aufspürgeräts wurden statt der 2 N 708-Typen die Transistoren 2 N 5179 eingesetzt, die bis 1.000 MHz arbeiten. Etwas undurchsichtig erscheint die Funktion des Doppellochkern-HF-Trafos. Wer sich unter einem Doppellochkern nichts vorstellen kann, findet in Bild 108 ein

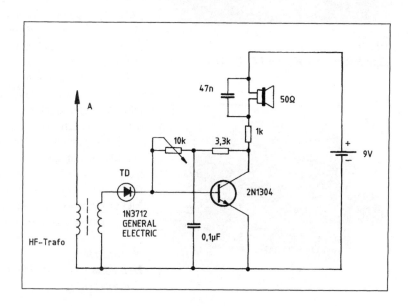

Bild 105: Minispion-Aufspürgerät mit Tunneldiode

Foto. Mit den Germaniumdioden wird die detektierte Hochfrequenz gleichgerichtet und zur Anzeige auf ein empfindliches µA-Meßgerät gegeben.

HF-Breitband-Vorverstärker MAR 6 für Aufspürgeräte

Die zuvor beschriebenen diskret aufgebauten HF-Breitband-Verstärkerstufen sind nicht mehr aktuell. In Bild 109 wird das Breitbandverstärker-IC vom Typ MAR 6 von der Firma Mini-Circuits gezeigt. Das IC hat eine Verstärkung von 20 dB von Gleichspannung bis 1.000 MHz. Die Dimensionierung der Drossel ist unkritisch. Sie kann im Bereich von 10–100 µH liegen.

Aufspürgerät (10 MHz–2 GHz)

Aufspürgerät mit Operationsverstärker TLC 271

Die erprobte Schaltung eines Aufspürgeräts mit einem MAR 6 als HF-Verstärkervorstufe und einem Operationsverstärker als Gleichspannungsverstärker wird in Bild 110 gezeigt. Nach Gleichrichtung des verstärkten HF-Signals folgt ein maximal 1.000fach verstärkender Operationsverstärker. Mit dem 100-kΩ-Trimmer kann die Gleichspannungsverstärkung den Erfordernissen angepaßt werden. Mit dem 25-kΩ-Offset-Trimmer kann die Ausgangsspannung bzw. der Ausgangsstrom bei auf Masse kurzgeschlossenem Antenneneingang auf Null justiert werden. Zur weiteren Einstellung der Empfindlichkeit kann man den Meßinstrumentvorwiderstand von 10 kΩ durch einen Trimmer ersetzen.

Bild 106:
„Spy-Killer" der Firma LC-Elektronik

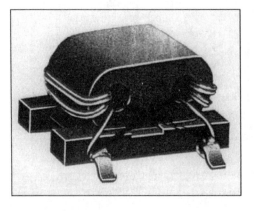

◀ *Bild 108:*
Doppellochkern als HF-Übertrager (Balun-Trafo)

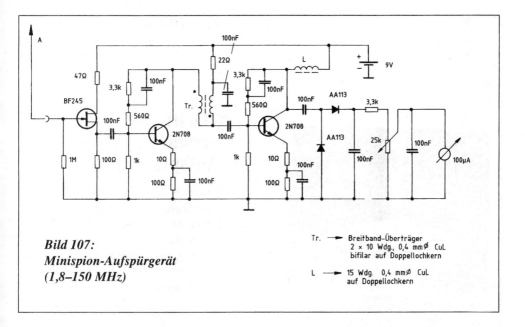

Bild 107:
Minispion-Aufspürgerät
(1,8–150 MHz)

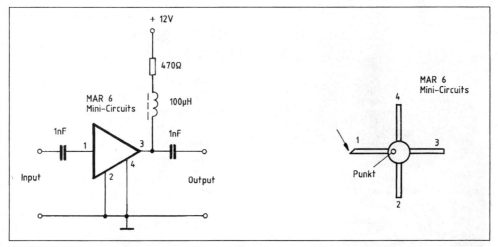

Bild 109: HF-Vorverstärker MAR 6 für Minispion-Aufspürgeräte

Aufspürgerät mit LED-Leuchtbalkenanzeige

Die Schaltung eines anspruchsvollen Aufspürgerätes ist aus Bild 111 zu ersehen. Das Gerät verfügt über zwei HF-Vorverstärkerstufen, eine HF-Detektordiode FH 1100 (Forward-Biased Hot Carrier Diode) und eine LED-Leuchtbalkenanzeige-IC vom Typ LM 3915 N.

Das Gerät kann auf 60 cm Entfernung einen 1-mW-Minispion detektieren. Je näher die Suchantenne dem Minispion kommt, desto mehr LEDs der Leuchtbalkenanzeige leuchten auf. Dies erleichtert die genau Lokalisierung. Das LM 3915 N-Leuchtbalkentreiber-IC hat einen logarithmischen Ausgang. Jedes LED-Segment stellt einen 3-dB-Schritt dar. Ein pro-

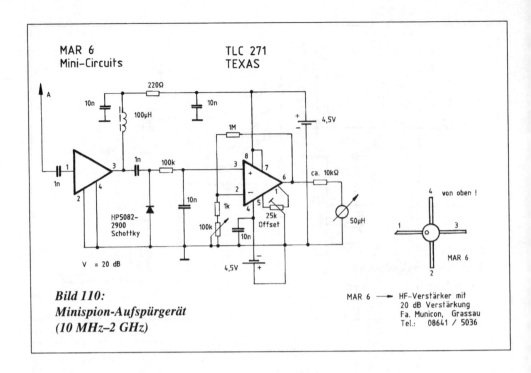

Bild 110:
Minispion-Aufspürgerät
(10 MHz–2 GHz)

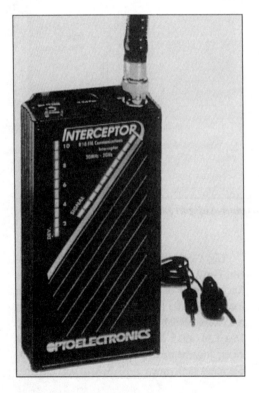

◄

Bild 112:
Minispion-Aufspürgerät der US-Firma Optoelectronics

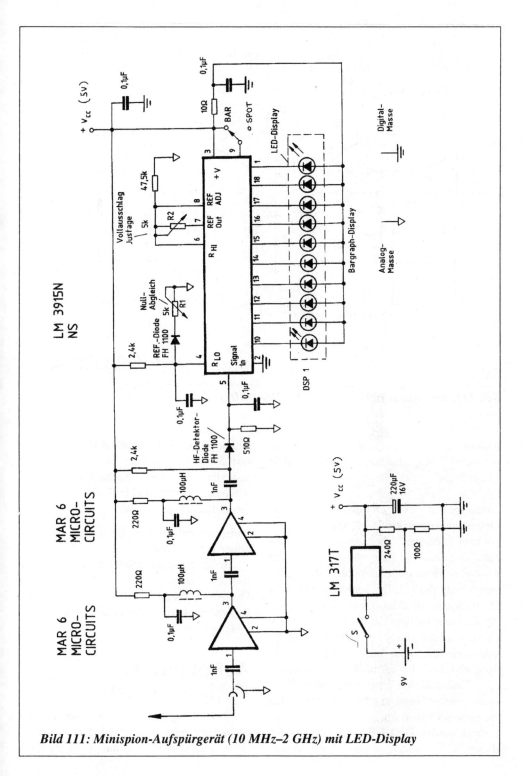

Bild 111: Minispion-Aufspürgerät (10 MHz–2 GHz) mit LED-Display

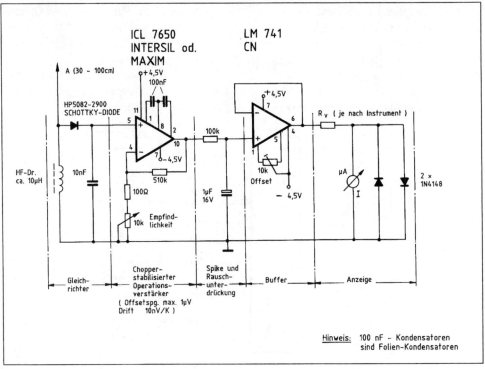

Bild 113: Minispion-Aufspürgerät (10 MHz–2 GHz)

fessionell ausgeführtes Gerät dieser Bauart mit der Bezeichnung „Interceptor" wird in Bild 112 gezeigt.

Aufspürgerät mit chopperstabilisiertem Operationsverstärker ICL 7650

Eine einfache, aber hochempfindliche Schaltung eines Aufspürgerätes ist in Bild 113 angegeben. Durch die ultrahohe Spannungsverstärkung des ICL 7650 können auch sehr leistungsschwache Minispione noch zuverlässig detektiert werden. Ein RC-Glied zwischen Gleichspannungsverstärker und Buffer sorgt für eine wirksame Spike- und Rauschunterdrückung und damit für einen stabilen Meßinstrument-Nullpunkt. Mit dem 10-kΩ-Offset-Trimmer kann die Nadel des Meßinstruments bei kurzgeschlossenem Antenneneingang auf Null gedreht werden. Die beiden 1 N 4148-Dioden dienen als Überlastungsschutz für das Meßinstrument. Der Vorwiderstand R_v liegt bei einem 50-µA-Meßwerk bei ca. 10 kΩ. Er sollte justierbar sein. Um die Suche nach Minispionen zu erleichtern, sind in Bild 114 Versteckmöglichkeiten angegeben.

Aufspürgerät mit Zero Biased Schottky Diode HSCH 3486

Hohe Aufspürempfindlichkeit wird auch mit der Schaltung in Bild 115 erreicht. Der Operationsverstärker OPA 111 von Burr-Brown erlaubt hohe Verstärkung ohne Offset-Nullabgleich.

Aufspürgerät (1 MHz–2 GHz)

In Bild 116 wird ein etwas aufwendiger Selbstbauvorschlag vorgestellt. Das Antennensignal wird vom BFR 90 mit 10 dB verstärkt, anschließend gleichgerichtet und mit dem ersten Operationsverstärker verstärkt. Die Spannung an Pin 1 wird auf einen spannungsgesteuerten NF-Oszillator gegeben. Dessen Ausgangsspannung führt über einen Buffer (v = 1) auf die Transistorendstufe. Bei Annäherung der Antenne an einen Minispion erhöht sich die Ausgangsspannung am Pin 1 des ersten Operationsverstärkers. Diese Spannungserhöhung moduliert den NF-Oszillator in seiner Tonhöhe, das heißt, je näher man dem Minispion kommt, um so höher wird der Alarmton am Lautsprecher. Bild 117 zeigt das fertige Suchgerät, Bild 118 den Innenaufbau.

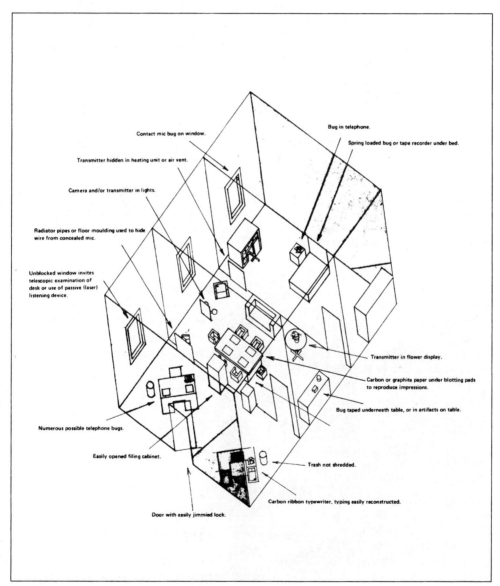

Bild 114: So kann man Minispione verstecken.

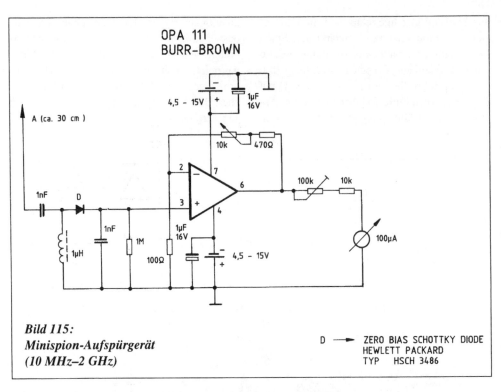

Bild 115:
*Minispion-Aufspürgerät
(10 MHz–2 GHz)*

D ⟶ ZERO BIAS SCHOTTKY DIODE
HEWLETT PACKARD
TYP   HSCH 3486

Bild 118:
*Blick ins Innere des Minispion-
Aufspürgeräts (1 MHz–2 GHz)*

Bild 117:
Minispion-Aufspürgerät (1 MHz–2 GHz)

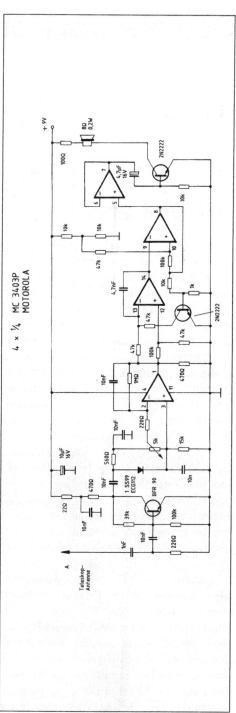

Bild 116: Schaltung des Minispion-Aufspürgeräts (1 MHz–2 GHz)

Optoelektronische Abhöranlagen

Laserabhöranlage

Im folgenden Abschnitt wird gezeigt, daß es neben der Wanzeninstallation auch elegantere Wege gibt, einen Raum abzuhören. Dazu wird entsprechend Bild 119 ein Laserstrahl auf das Fenster des „heißen Raumes" gerichtet und der reflektierte Strahl mit einem Laserempfänger ausgewertet. Die Schallwellen im Innern des Raumes regen die Fensterscheiben zu schwachen Vibrationen an. Der reflektierte Laserstrahl wird von diesen Vibrationen moduliert und im Empfänger wieder demoduliert. Normalerweise wird diese Technik nur von High-Tech-Abhörexperten eingesetzt.

Wie aus Bild 119 ersichtlich ist, kann eine Laserabhöranlage auch von Hobby-Elektronikern mit einem Helium-Neon-Laser oder einem Halbleiter-Laser und einem billigen Laserempfänger, zusammengebaut werden. Anspruchsvolle Anwender können das System entsprechend Bild 120 mit einem Zielfernrohr ergänzen.

Grundsätzlich ist die Kommunikation mittels modulierter Lichtstrahlen keine sonderlich neue Idee. Bereits in den 80er Jahren des 19. Jahrhunderts experimentierte Graham Bell mit einem Versuchsgerät mit der Bezeichnung „Photophone". Dieses Gerät eignete sich zur Modulation eines Sonnenstrahls. Dazu hat das Gerät eine Art Mundstück mit verspiegelter Membrane. Beim Besprechen wurde der auf die Membrane gelenkte Sonnenlichtstrahl im Rhythmus der Sprachfrequenz ausgelenkt. Am Empfangsort des reflektierten Strahls konnte mittels einer Solarzelle und eines empfindlichen Kopfhörers die Stimme wieder hörbar gemacht werden. Die kommerzielle Nutzung dieses Kommunikationsverfahrens wurde jedoch durch den Einfluß der Sonnen- und Wolkenbewegung verhindert.

An Graham Bells Grundprinzip hat sich auch in modernen Zeiten nichts geändert. Die Aufgabe des Sonnenstrahls übernimmt nun ein Laserstrahl mit kohärentem Licht. Beim Empfang des an der Fensterscheibe reflektierten Laserstrahls können fremde Lichtquellen, wie z.B. Neonlampen, Quecksilberdampflampen, Natriumdampflampen, den Fototransistor im Empfänger übersteuern. Weiterhin können Luftbewegungen an windigen Tagen zu Geräuschüberlagerungen führen, die sich anhören, wie wenn man in ein Mikrofon bläst. Unabhängig von diesen möglichen Störeinflüssen können Laserabhörsysteme durch geschlossene Fenster hindurchhören – und das auf Entfernungen von einigen hundert Metern.

Professionelle Laserabhörgeräte enthalten Infrarot-Laserquellen. Infrarotlicht kann vom menschlichen Auge nicht wahrgenommen werden. Um auch auf große Entfernungen noch gute Abhörergebnisse zu erzielen, wird mit bis zu 35 mW Strahlungsleistung gearbeitet. Wer bei dieser Strahlungsleistung zufällig aus dem abgehörten Fenster in den Strahl schaut, kann schwere Augenschäden davontragen. Laserlicht, ob sichtbar oder unsichtbar, unterscheidet sich erheblich von normalem Licht. Das

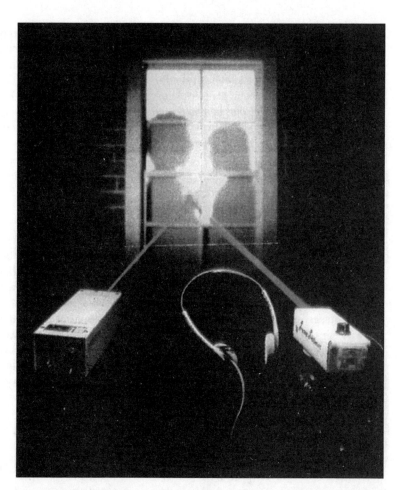

Bild 119:
Laserabhöranlage

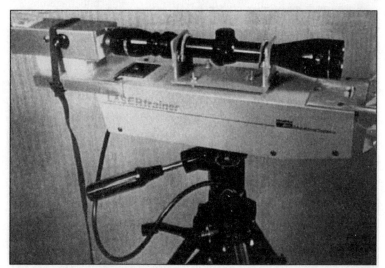

Bild 120:
Für große Entfernungen werden der Laser und der Empfänger zu einer Einheit kombiniert. Dies erleichtert die Handhabung. Das Zielfernrohr erlaubt eine genaue Ausrichtung auf das Zielobjekt.

Licht einer Glüh- oder Leuchtstofflampe enthält ein weites Spektrum verschiedener Wellenlängen, wobei die Ausstrahlung spontan und zufällig in alle möglichen Richtungen stattfindet. Bei einer Laserlichtquelle geht die Strahlung nur in eine Richtung und beinhaltet nur eine einzige Wellenlänge. Dies gibt dem Strahl eine scharfe Bündelung und eine typische Farbe.

Wenn sich zwei Laserstrahlen gleicher Wellenlänge treffen, können sie sich entsprechend Bild 121 entweder auslöschen oder verstärken. Dieser Auslöschungs- oder Verstärkereffekt kann bei der Bewegung einer reflektierenden Oberfläche mittels eines Interferometers ausgewertet werden.

Die Funktionsweise eines Interferometers wird in Bild 122 gezeigt. An einem halbdurchlässigen Spiegel, dem sogenannten Beam-Splitter, wird ein Teil des auftreffenden Strahls umgelenkt. In einem Empfänger kann der Strahl aus der Quelle mit dem vom Zielreflektor kommenden Strahl phasen- bzw. amplitudenmäßig verglichen werden. Die Hauptprobleme bei diesem Interferenz-Abhörverfahren liegen in der Tatsache, daß durch den Strahlsplitter nur ein Teil der Laserenergie auf das Ziel gerichtet wird. Dies führt zu einer Begrenzung der Reichweite. Des weiteren reagiert das Interferometer nicht nur auf die Fenstervibrationen, sondern auch auf Vibrationen der Laserstrahlquelle und des Interferometers selbst. Aus diesem Grund wird bei professionellen Geräten die direkte Reflexion nach Graham Bells Photophone-Prinzip vorgezogen.

Die Laserstrahlquelle

Unabhängig vom Funktionsprinzip ist in jedem Fall eine Laserstrahlquelle erforderlich. Der Einfachheit halber wird in dieser Applikation ein Helium-Neon-Laser vom Typ ETS-4200 der Firma Heathkit verwendet. Ähnliche Laser können sehr preiswert bei der Firma ELV beschafft werden. Die Ausgangsleistung beträgt etwa 0,9 mW. In 70 m Entfernung projiziert der Laser einen Leuchtfleck von 35 mm

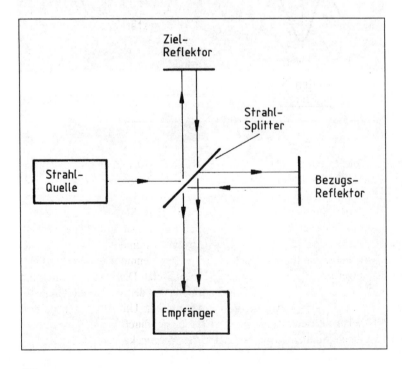

Bild 122: Der Nachteil des Interferometerprinzips ist, daß Erschütterungen des Interferometers und des Lasers zu Störsignalen führen.

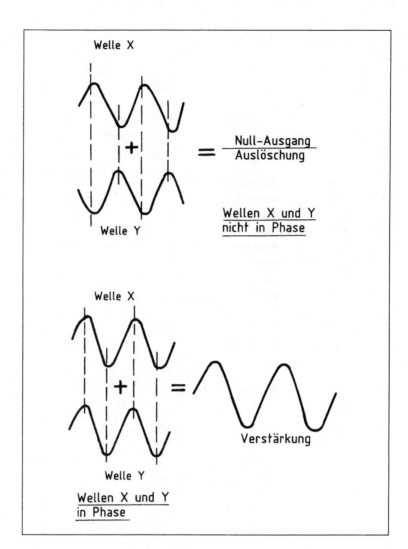

Bild 121:
Bei kohärentem Laserlicht kann sowohl Auslöschung als auch Verstärkung eintreten.

Durchmesser auf ein Zielobjekt. Auch bei der geringen Strahlleistung von 0,9 mW sollte der Strahl nicht ins Auge treffen. Dies gilt auch für die Beobachtung des reflektierten Strahls mittels Zielfernrohr oder Fernglas. Nur wenn der Strahl auf einer nichtreflektierenden Fläche, wie z.B. einem weißen Blatt Papier, auftrifft, kann er gefahrlos beobachtet werden.

Der Laserempfänger
Der im folgenden beschriebene Laserempfänger ist relativ einfach zu bauen und einzustellen. Er ist zur Ansteuerung eines Kopfhörers von 4–20 Ω Impedanz konzipiert. Die Schaltung wird in Bild 123 gezeigt. Zum Empfang des reflektierten Strahls wird ein Fototransistor verwendet. Der Empfänger verfügt über ein Anzeigeinstrument, welches nur die Stärke der Amplitudenmodulation des reflektierten Strahls anzeigt. Die Anzeige wird vom Umgebungslicht und der relativen Strahlintensität nicht beeinflußt. Um den Fototransistor vor Übersteuerung durch zu starkes Umgebungslicht zu schützen, kann ein drehbares Po-

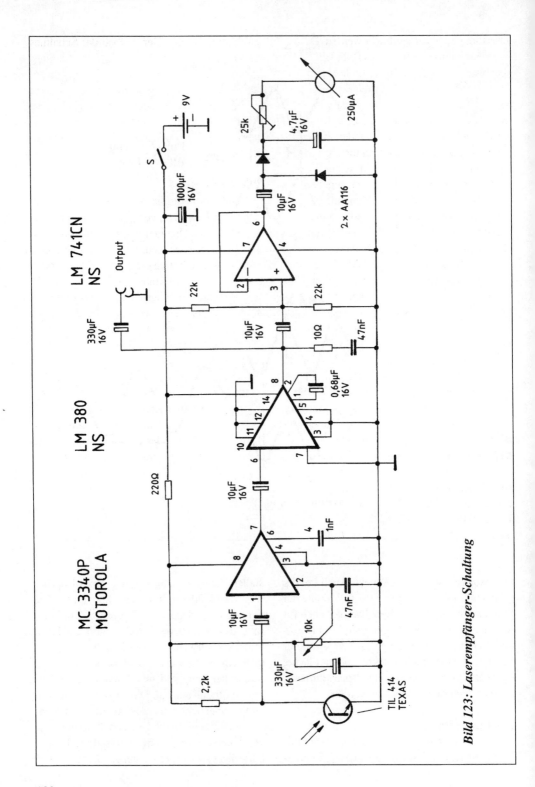

Bild 123: Laserempfänger-Schaltung

larisationsfilter vorgeschaltet werden. Der verwendete Fototransistor ist ein Billigbauteil, das normalerweise als Infrarot-Detektor zum Einsatz kommt. Versuche mit teureren Exemplaren ergaben keine besseren Ergebnisse. Die Basis des Fototransistors bleibt unbeschaltet, da das reflektierte Laserlicht den Kollektorstrom steuert. Das am Kollektor abgegriffene NF-Signal wird auf einen in seiner Verstärkung regelbaren NF-Verstärker gegeben. Mit dem 10-kΩ-Potentiometer kann die Verstärkung des MC 3340 P variiert werden. Der Verstärkerausgang des MC 3340 P führt auf den Eingang des Leistungsverstärkers LM 380. Der Verstärkerausgang des LM 380 geht einerseits zum Kopfhöreranschluß und andererseits auf einen Spannungsfolger mit der Verstärkung v = 1. Die NF-Wechselspannung am Ausgang des Spannungsfolgers wird mittels der Dioden gleichgerichtet und auf das Anzeigeinstrument gegeben. Das RC-Glied am Anzeigeinstrument soll die Vibrationen der Anzeigenadel etwas bedämpfen. Der Wert des 4,7-µF-Kondensators kann gegebenenfalls etwas erhöht oder verringert werden. Eine Erhöhung bringt eine ruhigere Anzeige, eine Verringerung eine flackernde Anzeige der Laserstrahlmodulation. Der Aufbau der Schaltung ist ziemlich unkritisch, solange Eingänge und Ausgänge nicht nahe nebeneinander geführt werden. Zur Befestigung des Fototransistors sollte kein Schnellkleber (Cyanoacrylat-3 Sekundenkleber) verwendet werden, da die Plastiklinse des Fototransistors dadurch matt werden könnte.

Optische Filter

Die mechanische Konstruktion der optischen Filter, welche vor den Fototransistor gesteckt werden können, ist der Phantasie des Hobbyisten überlassen. In Bild 124 wird eine mögliche Ausführung gezeigt. Im inneren Röhrchen sitzt der Fototransistor. Durch Aufstecken des dünnen Filterröhrchens wird ein gewisser Dämpfungsgrad erzeugt, der durch Aufstecken des dicken Filterröhrchens weiter verstärkt werden kann. Die dem reflektierten Laserstrahl zugewandte Frontseite des Gehäuses sollte mattweiß lackiert werden, so daß der Auftreff-Fleck des Strahls beobachtet werden kann. Beide Filterröhrchen werden mit Polarisationsfiltern ausgestattet. Die Filterscheibchen kann ein Optiker oder Glaser aus einer alten Sonnenbrille mit polarisierten Gläsern heraus-

Bild 124: Filtereinsätze

Bild 125: Aufbau des Laserempfängers

schneiden. Wenn beide Filterröhrchen aufgesteckt sind, kann durch Drehung am äußeren Röhrchen der Lichteintritt bis zur totalen Blockade bedämpft werden. Diese Justiermöglichkeit ermöglicht die Verwendung des Laserempfängers für unterschiedliche Lichtintensitäten, so daß eine Übersteuerung des Fototransistors vermieden wird. Bild 125 zeigt den aufgeklappten Laserempfänger.

Praktischer Test

Falls keine Fehler in der Schaltung enthalten sind, hört man im Kopfhörer ein brutzelndes Geräusch, welches sich sofort verringert, wenn das auf den Fototransistor treffende Licht abgedeckt wird. Das 25-kΩ-Potentiometer am Anzeigeinstrument muß dann so justiert werden, daß sich die Anzeigenadel gerade aus der Nullage herausbewegt. Nachdem die Verstärkung des MC 3340 P zurückgedreht wurde, wird der Fototransistor auf eine 220-V-Glüh- oder Leuchtstofflampe gerichtet. Für die ersten Versuche eignet sich auch der im Kapitel „Telefon-Minispione" angegebene Infrarot-Telefon-Minispion, welcher zu diesem Zweck mit einem NF-Ton moduliert werden kann.

Derartige Lichtquellen erzeugen entweder ein starkes Brummgeräusch oder geben den aufmodulierten NF-Ton wieder. Wird der Infrarot-Telefon-Minispion mit einem Telefongespräch oder einer anderen NF-Quelle moduliert, muß diese Modulation im Kopfhörer deutlich und klar hörbar sein. Als nächster Schritt wird der Laser in Position gebracht und der Strahl entsprechend Bild 126 auf einen passenden vibrierenden Reflektor gerichtet. Der Laserempfänger muß dabei so ausgerichtet werden, daß der reflektierte Strahl auf den Fototransistor fällt. Als vibrierender Reflektor, der im Takt eines NF-Signals vibriert, eignet sich am besten die Membrane eines Lautsprechers, auf die ein kleiner Spiegel geklebt wird. Die Membranschwingungen des Lautsprechers übertragen sich somit auf den Spiegel und modulieren den reflektierten Laserstrahl.

Aufgrund der unterschiedlichen Reflexionseigenschaften und Abstände der Zielfenster kann die Intensität des reflektierten Laserstrahls sehr unterschiedlich sein. Deutlich wird dies bei der Messung der Kollektorspannung am Fototransistor. Beim Überschreiten eines bestimmten Helligkeitswertes fällt die Kollektorspannung stark ab, und das NF-Signal am Kopfhörer verschwindet. Um dies zu verhindern, wird das kleine Filterröhrchen auf den Fototransistor gesteckt. Falls noch mehr Lichtdämpfung erforderlich ist, wird auch noch das große Filterröhrchen auf den Fototransistor gesteckt und solange gedreht, bis sich optimale Wiedergabequalität am Kopfhörer einstellt.

Reflexionsflächen

Je dünner das Reflexionsmedium ist, um so sensibler reagiert es auf die Schallwellen und um so besser sind die Abhörergebnisse. Die meisten Fensterscheiben arbeiten zufriedenstellend. Dabei kann es nützlich sein, unterschiedliche Reflexionspunkte auf der Fensterscheibe abzutasten, um den Punkt mit der optimalen Übertragungsqualität zu finden. Für Testzwecke wird keine zusätzliche Optik für den Laserempfänger benötigt. Kleine Spiegel im Zentrum eines Lautsprechers oder kreisförmig aufgehängte silber- oder goldglänzende Folien wie in Bild 127 gezeigt sind für die ersten Versuche völlig ausreichend. Wird ein Radio oder Kassettenrecorder im gleichen Raum betrieben, muß das Sprach- oder Musiksignal im Kopfhörer deutlich hörbar sein. Zu weiteren Testzwecken kann der Laser mit einem 1-kHz-Ton moduliert werden.

Ein Assistent muß dann den Zielreflektor in die Position mit dem besten Empfangsergebnis bringen. Je größer der Ausschlag des Anzeigeinstruments, desto besser das Empfangsergebnis. In der rauhen Wirklichkeit ist die anvisierte Fensterscheibe natürlich kein justierbares Zielobjekt. Der Operator ist nach Art eines Heckenschützen gezwungen, sich in eine so günstige Zielposition zu begeben, daß der reflektierte Strahl mit dem Laserempfänger empfangen werden kann. Wenn die Bedingungen gut sind, kann dies aus Hunderten von Metern Entfernung bewerkstelligt werden. Es ist dabei empfehlenswert, die Grundeinstellungen mit einem modulierten Strahl vorzunehmen. Anschließend wird die

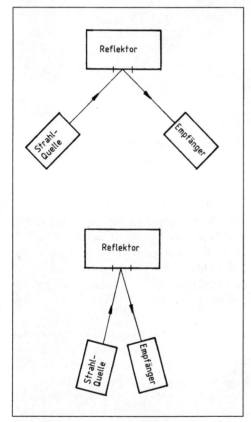

Bild 126:
Möglich sind verschiedene Reflexionswinkel, so daß Strahlquelle und Empfänger auch zu einer kompakten Einheit zusammengefaßt werden können.

Modulation abgeschaltet und der Raum abgehört. Doppelscheibenfenster und sturmsichere dicke Fensterscheiben verschlechtern zwangsläufig das Abhörergebnis. In derartigen Fällen kann es sinnvoll sein, ein spiegelndes Objekt im Innern des Raumes anzuvisieren. Hier eignet sich beispielsweise das Abdeckglas eines Wandbildes oder eine Glasvitrine. Der reflektierte Laserstrahl wird von derart schwingfähigen Gebilden normalerweise moduliert.

Bild 127: Für Experimentierzwecke kann ein kleiner Spiegel auf den Membranmittelpunkt eines Lautsprechers geklebt werden (Mitte). Links ist ein Reflektor aus Mylar-Metallfolie und rechts einer aus Glas zu sehen.

Bild 128: Bei großen Entfernungen erlaubt ein Zielfernrohr das genaue Ausrichten des Empfängers auf den Leuchtfleck am Fenster. Der gezeigte Empfänger wird später mit dem Laser zu einer Einheit entsprechend Bild 120 kombiniert.

Größere Zielentfernungen

Bei größeren Entfernungen als 30 m zum Zielfenster oder wenn das Umgebungslicht den reflektierten Strahl überlagert, muß der Laserempfänger mit besonderer Sorgfalt auf den reflektierten Strahl ausgerichtet werden. Wie Bild 128 zeigt, kann der Leuchtfleck auf der Fensterscheibe mit einem Zielfernrohr anvisiert werden.

Die mechanische Kombination von Laserempfänger und Laserstrahlquelle auf einem Dreibeinstativ ergibt ein kompaktes Abhörsystem entsprechend Bild 120. Die Montage der Laserstrahlquelle muß extrem stabil sein. Außerdem sollten Justierschrauben zur Höhen- und Seitenausrichtung des Laserstrahls am Dreibeinstativ vorhanden sein. Zielfernrohre haben serienmäßig Rändelschrauben zur Höhen- und Seitenkorrektur. Die Ausrichtung des Lasers auf das Zielfernrohr geschieht in zwei Stufen. Als erster Schritt wird der Abstand des Laserstrahl-Austrittspunktes zur optischen Achse des Zielfernrohrs gemessen und als Abstand A auf die Zielscheibe in Bild 129 übertragen. Die Zielscheibe sollte aus mattem weißem Karton angefertigt werden, wobei die Maße B und C nach praktischen Gesichtspunkten gewählt werden können. Als nächster Schritt wird die Zielscheibe in einer Entfernung von ca. 15 m an eine Wand geklebt. Nun richtet man den Laserstrahl auf das untere Markierungskreuz. Beim Blick durch das Zielfernrohr muß dessen Fadenkreuz mit dem oberen Markierungskreuz zur Deckung gebracht werden. Dabei muß sichergestellt sein, daß der Laserstrahl-Auftreffpunkt stabil auf dem unteren Markierungskreuz stehen bleibt. Anschließend wird die Einstellung fixiert. Durch die diffuse Reflexion des Laserstrahls am Karton kann die Visierung mittels Zielfernrohr nicht zu Augenschäden führen.

Mit dieser Eichung können Fensterscheiben aus mehr als 100 m Entfernung abgehört werden. Bei kürzeren Entfernungen muß der Achsenfehler zwischen Laserstrahl und der optischen Achse des Zielfernrohrs korrigiert werden. An dieser Stelle sei ausdrücklich davor gewarnt, den reflektierten Laserstrahl mit dem Zielfernrohr zu beobachten. Dies kann zu Augenschäden führen!

Wer mit unsichtbaren Infrarot-Laserstrahlquellen arbeiten will, findet in Bild 130 eine passende Laserempfangsschaltung. Statt eines Infrarotfilters kann der Fotodiode auch ein Interferenzfilter vorgeschaltet werden. Interferenzfilter sind schmalbandige optische Filter, die nur die Wellenlänge des Laserquelle passieren lassen und Störlicht anderer Wellenlänge ausfiltern. Interferenzfilter gibt es von 50 Euro aufwärts, z.B. bei der Firma Laser Components, München.

Infrarot-Minispion, FM-moduliert

Ein einfacher frequenzmodulierter Infrarot-Minispion ist in Bild 131 angegeben. Eine Mikrofonverstärkerstufe moduliert einen auf 80 kHz schwingenden astabilen Multivibrator. Eine Emitterfolgerstufe steuert schließlich zwei parallelgeschaltete BC 550 C an, in deren Kollektorkreis sich eine Infrarot-LED befindet.

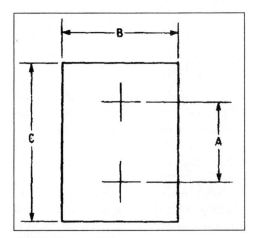

Bild 129:
Die Zielkreuze für die Justierung des kombinierten Aufbaus aus Bild 120.

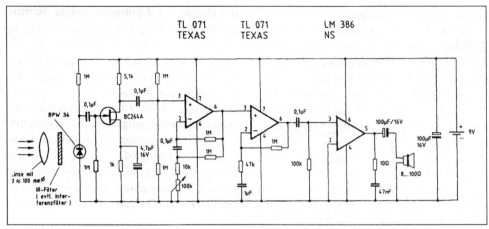

Bild 130: Ausführung eines Laserempfängers für Infrarot-Laserquellen

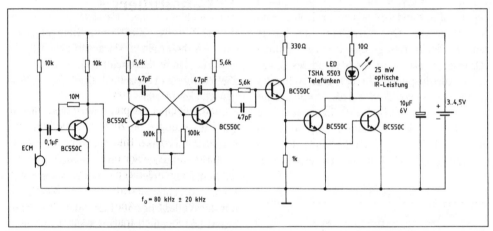

Bild 131: Infrarot-Minispion, FM-moduliert

Wird das Gerät an einer Vorhangschiene mit freier Sicht zum Fenster hinaus befestigt, lassen sich problemlos Entfernungen von einigen hundert Metern überbrücken.

Infrarot-Abhörempfänger für FM-Demodulation

In Bild 132 wird gleich das Gegenstück zum Infrarot-Minispion gezeigt. Mit der Fotodiode (FD) wird das Infrarotsignal empfangen, mehrstufig verstärkt und zur Demodulation auf einen monostabilden Multivibrator mit anschließendem Integrator gegeben. Das zurückgewonnene NF-Signal wird mit dem NF-Leistungsverstärker LM 386 auf Lautsprecherpegel weiter verstärkt.

Nun zu den schaltungstechnischen Details: Die Drossel L am Eingang des Feldeffekttransistors soll die Schaltung für Gleichlichteinflüsse weitgehend unempfindlich machen. Für die Wechsellichtschwankungen des Sendesignals ist die Drossel hochohmig. Um 50 Hz/

100-Hz-Störsignal-Einstreuungen zu vermeiden, sollte die Drossel gut geschirmt werden. Die einzelnen Verstärkerstufen sind mit jeweils nur 22 nF gekoppelt. Dadurch werden niederfrequente Störsignale zusätzlich unterdrückt. Der monostabile Mulitvibrator mit den beiden Transistoren 2 N 2369 macht aus den frequenzmodulierten Impulsfolgen Rechtecksignale mit konstanter Impulsdauer. Im Anschluß daran sorgt ein Integrierglied (18 kΩ/3,3 nF) für die Wiedergewinnung des NF-Signals. Der integrierte NF-Leistungsverstärker LM 386 macht das Signal schließlich am Lautsprecher hörbar.

Infrarot-Minispion, AM-moduliert

Die im folgenden beschriebene Applikation wurde der Fachzeitschrift „Mega" entnommen. Bei der in Bild 133 gezeigten Schaltung handelt es sich um einen kleinen AM-modulierten Infrarotsender bzw. einen Infrarot-Minispion. Mit einer entsprechenden Optik lassen sich Entfernungen bis zu 300 m überbrücken. Im rechten Teil von Bild 133 wird mit einem astabilen Multivibrator ein 30-kHz-Rechtecksignal erzeugt und über einen Treibertransistor auf eine Infrarot-Sendediode wie z.B. die LD 241 gegeben. In der Anodenleitung der Diode liegt der Modulationstransistor, dessen Emitter im unmodulierten Zustand mittels des 2,2-kΩ-Trimmers auf 4,5 V gegen Masse eingestellt wird. Mit einem 2,5-kΩ-Trimmer kann der für verzerrungsfreie Modulation notwendige NF-Pegel abgegriffen werden. Der 10-nF-Kondensator soll hochfrequente Störsignale kurzschließen.

Infrarot-Abhörempfänger für AM-Demodulation

Die zum AM-modulierten IR-Minispion zugehörige Abhörempfängerschaltung wird in Bild 134 gezeigt. Im Empfänger wandelt die

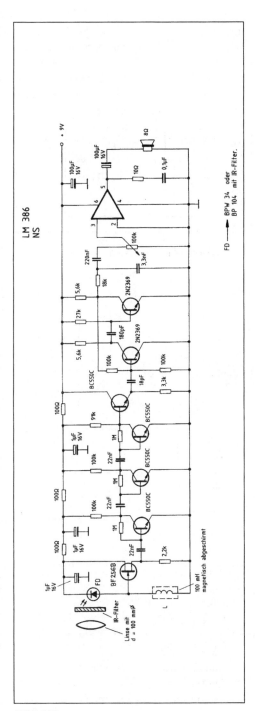

Bild 132:
Infrarot-Abhörempfänger für FM-Demodulation

wieder in Sperrichtung betriebene Infrarot-Fotodiode die Infrarotlichtimpulse in elektrische Impulse um, die von zwei Verstärkerstufen verstärkt werden.

Mit einer Germaniumdiode werden die amplitudenmodulierten Impulsfolgen gleichgerichtet und das aufmodulierte NF-Signal zurückgewonnen. Nach Verstärkung des NF-Signals und Ausfilterung des 30-kHz-Trägersignals mittels des 0,1-µF-Kondensators wird das verbliebene NF-Signal wieder auf Lautsprecherpegel weiterverstärkt. Starkes Tageslicht oder gar Sonnenlicht kann die Empfindlichkeit der Fotodiode stark herabsetzen, so daß der Vorsatz eines Infrarotfilters empfehlenswert ist. Im übrigen gibt es Fotodioden, die ein eingebautes Filter besitzen.

Bei starkem Sonnenlicht hilft nur der Einbau in eine Röhre, die seitliches Licht abschirmt. Angeblich läßt sich durch sende- und empfangsseitige Sammellinsen die Reichweite auf bis zu 300 m steigern.

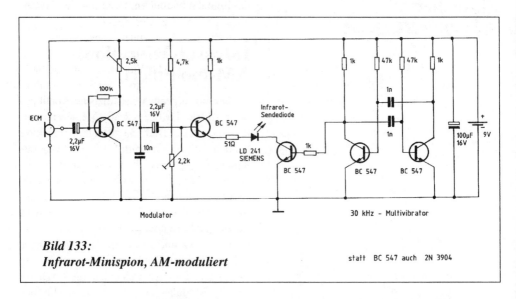

Bild 133:
Infrarot-Minispion, AM-moduliert

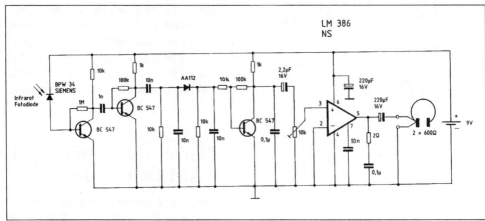

Bild 134: Infrarot-Abhörempfänger für AM-Demodulation

Sprachverfremder und -scrambler

Einfacher Sprachverfremder

Bild 135 zeigt eine einfache Schaltung aus den USA, mit der es möglich ist, die eigene Stimme zu verfremden. Dies kann z.B. bei anonymen Anrufern nützlich sein, die dann irritiert den Telefonhörer wieder auflegen, wenn sie ihr spezielles Opfer am anderen Ende der Leitung nicht antreffen. Doch nun zur Funktion der Schaltung: Der Zeitgeberbaustein 555 arbeitet hier als astabiler Tongenerator. Das Rechtecksignal am Ausgang von Pin 3 wird mittels des 100-kΩ-Widerstands und des 0,1-µF-Kondensators in ein Dreiecksignal umgeformt. Die Stimmlage, also die Tonhöhe der Stimme, kann mit dem 270-kΩ-Trimmer verändert werden. Als Transistor kann irgendeine Germanium-Kleinleistungstype, z.B. auch der

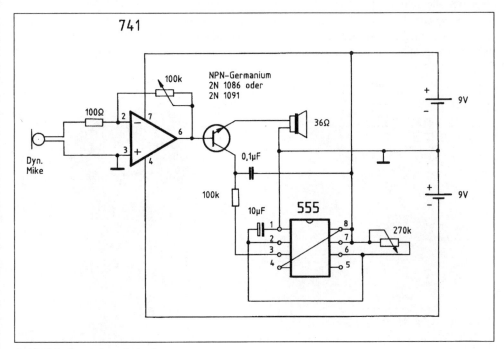

Bild 135: Sprachverfremder

Uralt-Typ AC 122, verwendet werden. Der Operationsverstärker 741 verstärkt das Mikrofonsignal, wobei der 555-Baustein den Transistor in die Sättigung treibt. Wenn der Transistor im Sättigungszustand ist, kann das Dreiecksignal den Lautsprecher erreichen, wodurch die „neue" Stimme gehört wird.

In Bild 136 ist ein im Handel erhältlicher Telefon-Stimmverfremder gezeigt. Das Gerät wird mit der Gummiringöffnung auf die Sprechmuschel gedrückt und dann ganz normal besprochen. Mittels Drucktasten stehen zwei Verfremdungskanäle zur Verfügung.

Sprachverfremder mit Ringmischer

Eine anspruchsvollere Sprachverfremderschaltung ist in Bild 137 angegeben. Die Schaltung beinhaltet zwei Ringmischer, mit denen ein trägerloses Zweiseitenbandsignal erzeugt wird. Anschließend wird der Träger wieder eingefügt, allerdings mit einer nun unterschiedlichen Frequenz. Dies führt zu einer künstlichen Verfremdung des Audioeingangssignals. Das Sprachsignal bleibt zwar verständlich, die Originalstimme des Sprechers ist jedoch auch mit entsprechenden Einstellungen nicht mehr zu identifizieren. Die beiden Operationsverstärker 1/4 LM 324 arbeiten als Wienbrücken-Oszillatoren und können im Frequenzbereich von 2 bis 3,5 kHz abgestimmt werden. Dies geschieht mit den beiden 10-kΩ-Potentiometern.

Professioneller Sprachverfremder

In Bild 138 wird das Blockschaltbild eines professionellen Sprachverfremders gezeigt, der ohne die Ringmischer der vorigen Schaltung arbeitet und damit ohne die lästigen Tontransformatoren auskommt. Auch diese Schaltung verschiebt das ganze Sprachfrequenzspektrum zu höheren oder niedrigeren Werten. Sie eignet sich ebensogut zum Verfremden von Telefonstimmen. Gespräche mit derart verfremdeten Stimmen bleiben vertraulich, das heißt, die Originalstimme ist auf einfache Weise nicht mehr zu restaurieren. So kann man u.a. mit einer veränderten Stimme viele Späße mit Freunden treiben. Des weiteren ist es möglich, eingehen-

Bild 136: Einfacher Sprachverfremder für das Telefon (Voice Changer)

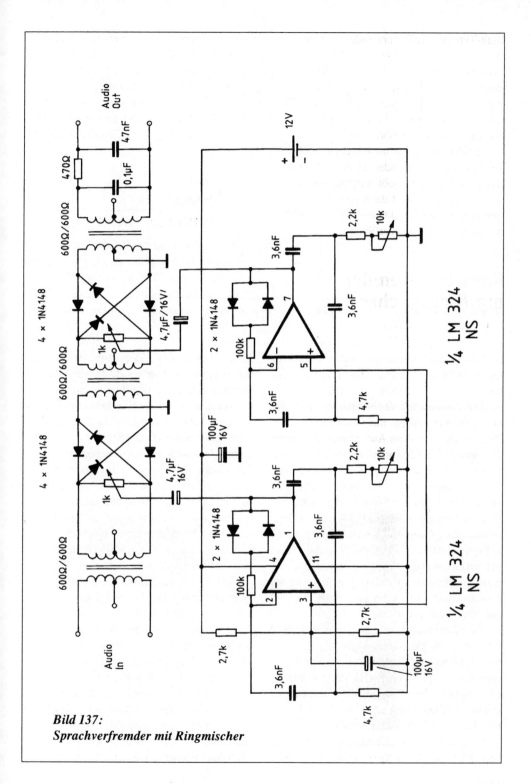

Bild 137:
Sprachverfremder mit Ringmischer

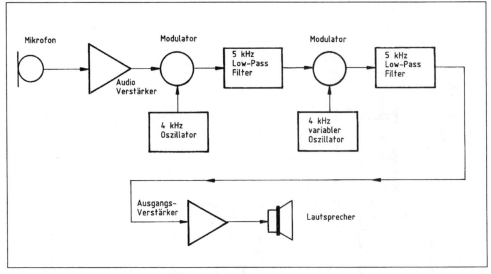

Bild 138: Blockschaltbild eines professionellen Sprachverfremders

de Telefonanrufe mit einer fremden Stimme zu beantworten, um so seine Anonymität zu wahren.

Das Audiosignal des Mikrofons wird von einem Audioverstärker auf einen brauchbaren Pegel angehoben. Von dort gelangt das Signal zum ersten Modulator, wo es mit dem Ausgangssignal des ersten 4-kHz-Oszillators frequenzmoduliert wird. Das Mischsignal wird anschließend über ein 5-kHz-Tiefpaßfilter geführt, so daß die über 5 kHz liegenden Frequenzanteile ausgefiltert werden. Das gefilterte Signal wird nun im zweiten Modulator wieder mit einem in der Frequenz variablen Oszillatorsignal frequenzmoduliert. Der Ausgang des zweiten Modulators führt über einen Tiefpaß auf den Ausgangsverstärker.

Doch nun zu den Schaltungsdetails in Bild 139 und 140. Der zweistufige Mikrofonverstärker ist so ausgelegt, daß er die Sprachfrequenzen oberhalb von 5 kHz stark abdämpft. Das verstärkte Sprachsignal führt dann auf den ersten Modulator, bestehend aus 2 × 1/4 4016 und 2 × 1/4 MC 3403. Das Ausgangssignal des mit 2 × 1/6 4069 aufgebauten 4-kHz-Oszillators wird auf den Trägereingang des ersten Modulators geführt. Die erste Oszillatorfrequenz kann mit dem 10-kΩ-Potentiometer in Bild 139 justiert werden. Das Modulator-Ausgangssignal – ein Zweiseitenbandsignal mit unterdrücktem Träger auf 4 kHz – wird dann über den 5-kHz-Tiefpaß mit dem 1/4 MC 3403 geführt, wodurch das obere Seitenband ausgefiltert wird. Das Sprachfrequenzspektrum ist nun invertiert, das heißt, die niedrigen Frequenzen sind nach oben und die hohen Frequenzen nach unten verschoben. Dies bedeutet, daß der Modulationsprozeß umgekehrt wird und das Sprachsignal nun wiedergewonnen und verständlich gemacht werden muß.

Um dies zu bewerkstelligen, wird der Ausgang des ersten Tiefpasses auf einen zweiten Modulator, bestehend aus 2 × 1/4 4016 und 1/6 4069, geführt, wo das Signal mit dem zweiten Trägeroszillatorsignal frequenzmoduliert wird. Der zweite Trägeroszillator enthält 3 × 1/6 4069 und kann wieder mittels eines 10-kΩ-Potentiometers abgestimmt werden. Der Ausgang des zweiten Modulators wird auf den Eingang des zweiten Tiefpasses, bestehend aus 1/4 MC 3403 und einigen Zusatzkomponenten, geführt. Nach der Filterung wird das Signal mit dem

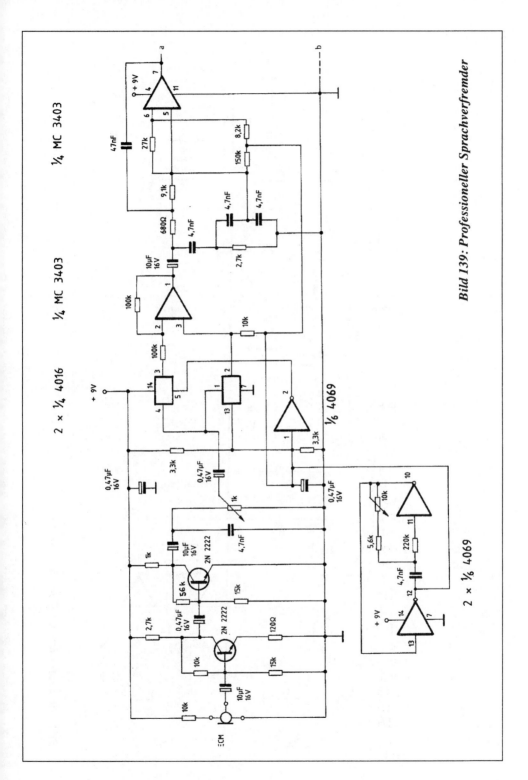

Bild 139: *Professioneller Sprachverfremder*

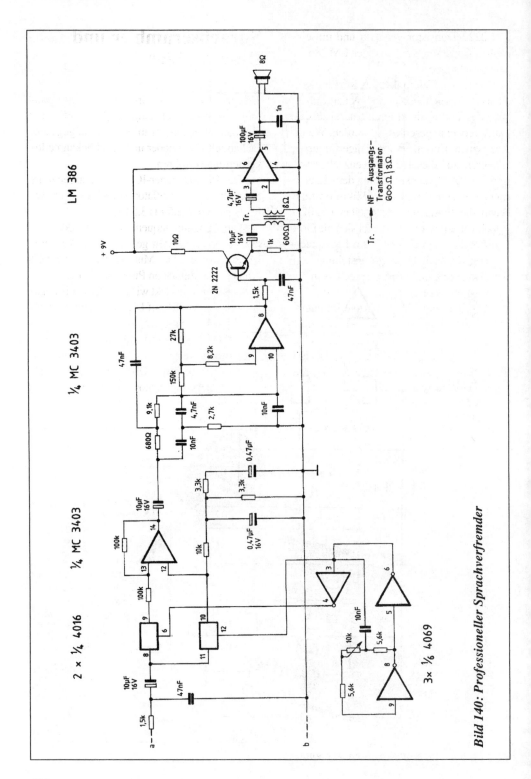

Bild 140: Professioneller Sprachverfremder

2 N 2222-Transistor verstärkt und mit einem kleinen Anpassungstrafo auf den LM 386-Endverstärker gegeben.

Für reinen Telefonbetrieb ist der LM 386 nicht erforderlich. In diesem Fall kann am Ausgang des Trafos direkt ein kleiner 4- bis 8-Ω-Lautsprecher angeschlossen werden. Wenn im praktischen Einsatz beide Trägerfrequenzoszillatoren auf dieselbe Frequenz abgestimmt sind, ist das Sprachsignal aus dem Lautsprecher das exakte Duplikat der Mikrofonstimme. Wenn die Frequenz des zweiten Oszillators jedoch variiert wird, verschiebt sich die Grundfrequenz des Sprachsignals am Lautsprecherausgang. Je nach Frequenzeinstellung ändert sich also die Stimmlage des Sprechers in höhere oder niedrigere Tonlagen.

Bild 141 zeigt den Sprachverfremder mit abgesetztem Mikrofon. Für Telefonbetrieb ist es jedoch wesentlich sinnvoller, Mikrofon und Lautsprecher mit geringstmöglicher akustischer Rückkopplung entsprechend Bild 136 gemeinsam im Gehäuse einzubauen.

Sprachscrambler und Descrambler

Eine interessante Sprachscrambler-Schaltung, die sich gleichzeitig als Descrambler für Funkgeräte eignet, ist in Bild 142 angegeben. Es handelt sich wieder um das altbekannte Invertierungsverfahren.

Der PLL-Decoder-IC LM 567 arbeitet als Spiegelfrequenzoszillator und schwingt im Bereich zwischen 2,5 bis 3,5 kHz.

Die Oszilatorfrequenz kann mit dem 25-kΩ-Trimmer auf den gewünschten Wert eingestellt werden. Der Mischerbaustein NE 602 erhält seine Signale an Pin 6 und Pin 1.

Das Mischprodukt wird mit dem Leistungsverstärker LM 386 auf Lautsprecherpegel verstärkt.

Das Mischer-IC NE 602 wird von Philips in Hamburg vertrieben. Das Gerät kann auch als Descrambler am Ohrhörerausgang eines Funkscanners angeschlossen werden.

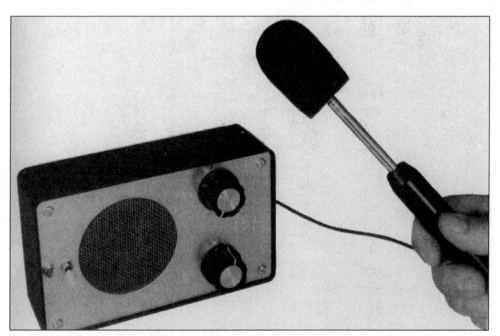

Bild 141: Gehäuse des Sprachverfremders

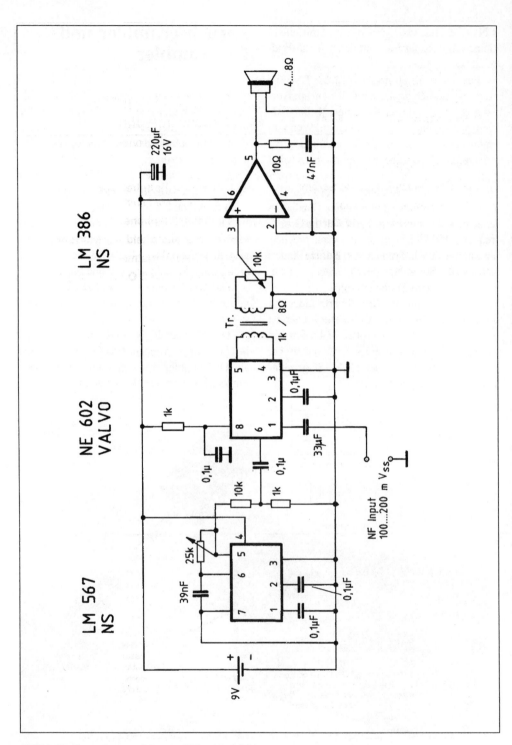

Bild 142: Sprachscrambler und Descrambler

CML Semiconductor Products
PRODUCT INFORMATION

FX118 Duplex Frequency Inverter for Cordless Telephones

Publication D/118/2 February 1993
Provisional Issue

Features/Applications

- Frequency Inversion Scrambling
- Full-Duplex Operation
- High Baseband and Carrier Rejection
- Audio Lowpass and Bandpass Filtering On-Chip
- Xtal Oscillator Stabilty

- Low Power Requirement
  (3.0 Volt Minimum)
- Cordless Telephones
- Base and Handheld Applications
- Input Gain Adjustment
- Plastic DIL and S.O.I.C. Package Styles

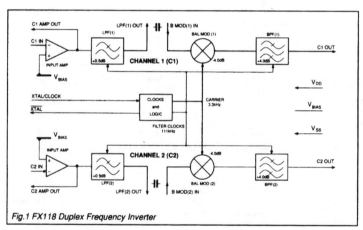

Fig.1 FX118 Duplex Frequency Inverter

Brief Description

The FX118 is a low-power, full-duplex frequency inverter available to provide voice privacy for cordless telephone systems by mixing the incoming audio with an internally produced carrier frequency (3.3kHz).

This chip contains two completely separate audio channels (C1 and C2) each comprising a "component-adjustable" input amplifier, a 10th-order lowpass filter, a balanced modulator and a 14th-order bandpass filter output.

The on-chip modulation process has the properties of high baseband and carrier frequency rejection which when combined with high-order output filtering, produces a high-quality recovered voiceband audio.

The frequency stability of the FX118 is achieved by an on-chip oscillator employing an external 4.433619MHz Xtal or clock input to produce the common carrier frequency and the sampling clocks for the switched capacitor low and bandpass filters.

This microcircuit has a low power requirement of 3.0 volts (min.) and is encapsulated in either 16-pin DIL or small outline SMD (S.O.I.C.) plastic packages both of which are of a physical size suitable for either base or handset type telephone instruments as well as battery-portable and mobile communications systems.

Bild 143: Eigenschaften des Sprachscramblers FX118

Scrambler- und Descrambler-IC FX118

Die Firma CML Semiconductor Products hat in ihrem IC-Programm ein interessantes Scrambler- und Descrambler-IC, das ebenfalls nach dem Invertierungsprinzip arbeitet. Es wurde hauptsächlich für schnurlose Telefone entwickelt und arbeitet in beiden Richtungen (Duplex). Bild 143 zeigt die erste Seite des Datenblattes und Bild 144 die Zweikanalschaltung mit den Bauteilangaben. Die vom Quarz heruntergeteilte Spiegelfrequenz liegt bei 3,3 kHz. Aufgrund der geringen Stromaufnahme und Versorgungsspannung eignet sich der FX118 hervorragend für tragbare Geräte mit Batteriebetrieb.

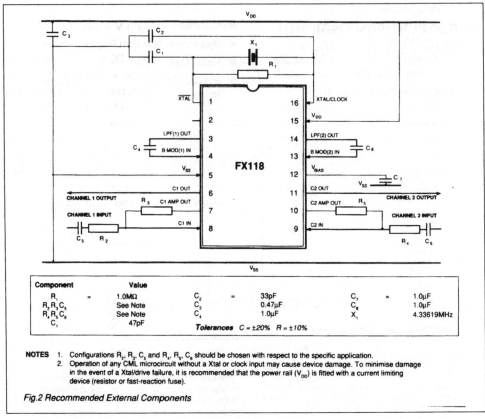

Bild 144: Schaltung und Dimensionierung des FX118

Annäherungs-, Erschütterungs- und Bewegungssensoren

Annäherungssensor mit CMOS-Inverter 4049

In Bild 145 wird eine einfache Annäherungssensorschaltung gezeigt. Zwei 1/6 4049-Inverter sind zu einem RC-Oszillator zusammengeschaltet. Die frequenzbestimmenden Bauelemente sind die beiden 60-pf-Trimmer und der 47-kΩ-Widerstand. Solange der Oszillator schwingt, steht eine Gleichspannung am 100-kΩ-Widerstand bzw. am Eingang des dritten Inverters. Durch die Invertierung ist die Ausgangsspannung 0 V am Pin 6. Der Piezo-Tongeber gibt also kein Alarmsignal. Nun werden die beiden 60-pf-Trimmer so justiert, daß die als Sensorantenne wirkende Metallfläche auf eine Handannäherung mit 8–13 cm Abstand reagiert und der Alarmton ausgelöst wird. Vor dem Einschalten und Justieren des Gerätes sollen die Kapazitätstrimmer auf Mitte stehen. Nach dem Einschalten sollte der Oszillator schwingen und kein Alarmton zu hören sein. Unter Verwendung eines Kunststoffschraubenziehers werden dann nacheinander die bei-

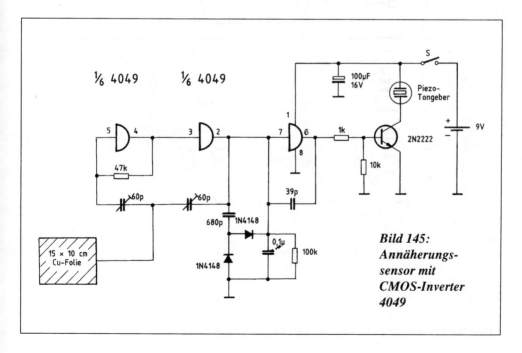

Bild 145: Annäherungssensor mit CMOS-Inverter 4049

den Trimmer immer mehr zu niedrigeren Kapazitätswerten gedreht, bis die Schwingung abreißt und der Piezo-Tongeber Alarm gibt. Nun wird die Kapazität beider Trimmer wieder ein kleines Stück hochgedreht, bis der Oszillator wieder anschwingt – dies ist die empfindlichste Einstellung des Sensors.

Annäherungssensor mit Langwellenoszillator

In der Schaltung in Bild 146 wird nicht die kapazitive Verstimmung eines Oszillators ausgenutzt, sondern der Energieentzug eines Oszillators über eine Antenne. Der Oszillator schwingt auf etwa 300 kHz. Der 5-kΩ-Trimmer wird so eingestellt, daß der Oszillator gerade anschwingt. Ein Objekt wie beispielsweise eine Hand oder ein Schraubenzieher in Antennennähe entzieht dem Oszillator Energie und stoppt die Schwingungen. Dadurch verschwindet die gleichgerichtete HF-Spannung am Gleichrichter, so daß der Relaistreibertransistor durchschaltet und das Relais anzieht. Mit dem a-Kontakt kann dann ein beliebiger Alarmsignalgeber aktiviert werden.

Annäherungssensor mit großer Schleifenantenne

Eine banale Schaltung zur Detektion von Personen ist in Bild 147 dargestellt. Mit den angegebenen Spulenwerten schwingt der emittergekoppelte Oszillator irgendwo zwischen 7 und 30 MHz.

Sobald eine Person in die Nähe der Schleife kommt, führt dies zu starken Frequenzschwankungen. Wenn diese Schwankungen mit einem Resonanzdetektor ausgewertet werden, verfügt man über eine hervorragende Annäherungskontrolle für Personen. In der Praxis bietet es sich an, die Spule im Türrahmen zu verlegen, um so bereits im Vorfeld vor Einbrechern zu warnen.

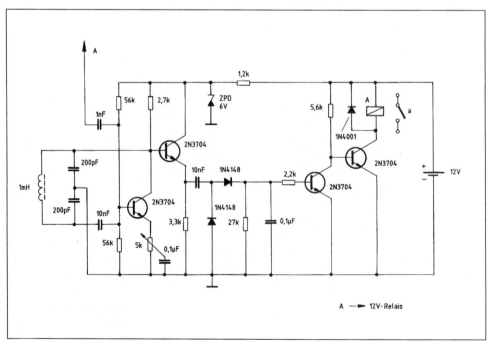

Bild 146: Annäherungssensor mit Langwellenoszillator

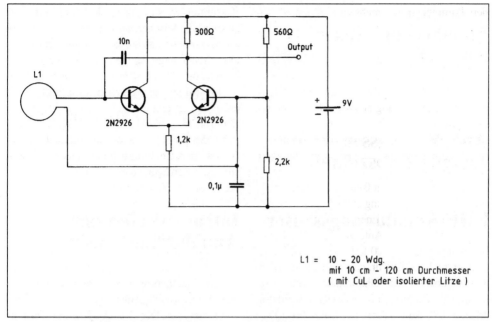

Bild 147: Annäherungssensor mit großer Schleifenantenne

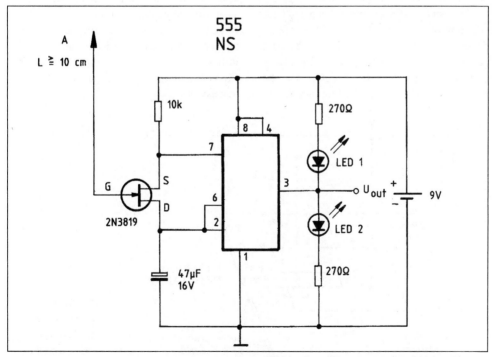

Bild 148: Statischer Annäherungssensor mit FET

Statischer Annäherungssensor mit FET

Die Schaltung in Bild 148 arbeitet mit dem hochohmigen Eingang eines Feldeffekttransistors. Das Gate des FETs reagiert auf elektrostatische Felder. Als Ergebnis der Spannungsänderungen ändert sich die Blinkrate der zwei Leuchtdioden.

UHF-Annäherungssensor

Der in Bild 149 und 150 gezeigte UHF-Annäherungssensor funktioniert nach dem Doppler-Radar-Prinzip. Der UHF-Oszillator arbeitet mit dem Transistor MRF 961. Das UHF-Signal wird über die Antenne abgestrahlt, ein Objekt in der Nähe des HF-Feldes reflektiert einen Teil der Energie zurück zum Detektor. Falls sich das Objekt bewegt, unterscheidet sich aufgrund des Dopplereffekts die Frequenz des reflektierten Signals von der Oszillatorfrequenz. Zur Aussendung des HF-Signals genügt eine etwa 8 cm lange Antenne. Die Antenne dient gleichzeitig zum Empfang des reflektierten UHF-Signals. Die Schottky-Diode arbeitet als Mischer, an der die Differenzfrequenz zwischen ausgesandtem und reflektiertem Signal abgenommen werden kann. Der Transistor BC 548 verstärkt die Differenzfrequenz. Mittels eines in der Empfindlichkeit einstellbaren Komparators wird der Pegel der Differenzfrequenz ausgewertet, so daß am Ausgang des LM 339 N ein logisches Ja/Nein-Signal zur Ansteuerung einer Transistorschaltstufe zur Verfügung steht.

Infrarot-Reflexions-Annäherungssensor

Ein Annäherungssensor, der auf Reflexion einer Infrarotlichtquelle reagiert, ist in Bild 151 wiedergegeben. Der PLL-Ton-Decoderbaustein arbeitet sendeseitig als 1-kHz-Rechtecksignalgenerator, der über Pin 5 einen LED-Treibertransistor ansteuert. Wird das von der LED 2 ausgestrahlte gepulste Infrarotlicht von einem Gegenstand reflektiert und trifft auf den Fototransistor, leuchtet die LED 1 auf, und das Relais zieht an. Der Transistor 2 N 3904 dient zur Verstärkung der Signalspannung des Fototransistors.

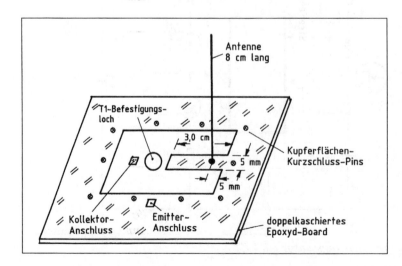

Bild 150: Mechanischer Aufbau des UHF-Annäherungssensors

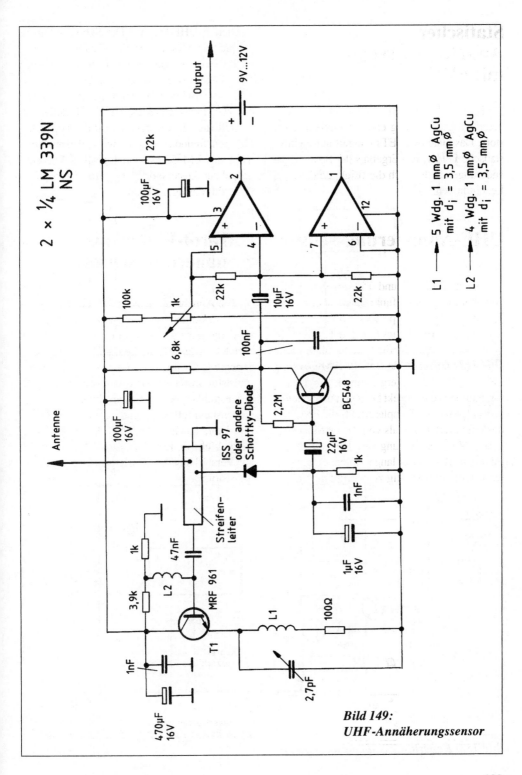

Bild 149:
UHF-Annäherungssensor

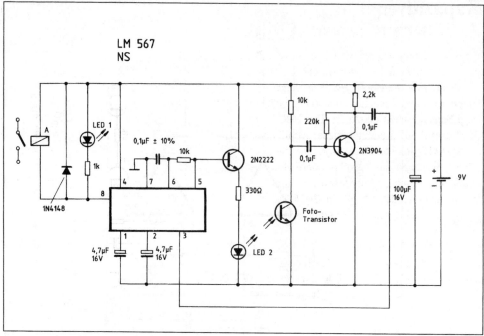

Bild 151: Infrarot-Reflexions-Annäherungssensor

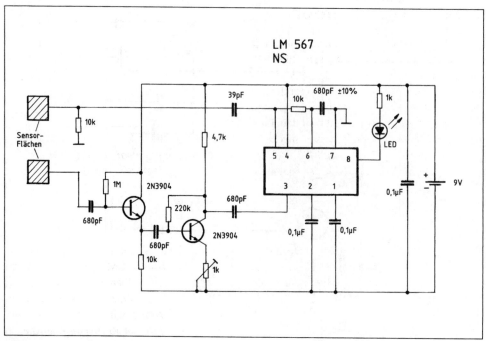

Bild 152: Kapazitiver Annäherungssensor

Kapazitiver Annäherungssensor

Nach der prinzipiell gleichen Funktionsweise wie beim Infrarot-Reflexionssensor arbeitet auch die Sensorschaltung in Bild 152. Hier wird eine Kapazitätszunahme zwischen zwei Sensorflächen detektiert. Der PLL-Tondecoder LM 567 arbeitet in dieser Applikation als 100-kHz-Rechteckoszillator. Die Sensorflächen bestehen aus Kupfer- oder Aluminiumplatten, gegebenenfalls auch aus Drähten. Wenn ein leitendes Objekt in die Nähe der Sensorflächen kommt, bewirkt dies eine Kapazitätszunahme.

Die beiden Transistoren 2 N 3904 verstärken das kapazitiv gekoppelte Rechtecksignal. Vom Kollektor des zweiten Transistors wird das verstärkte Signal auf den Decodierungseingang Pin 3 des LM 567 geführt.

Erschütterungssensor

Wem schon mal auf einem Parkplatz das Auto angefahren wurde und nach Rückkehr keinen Zettel mit Namen und Adresse des Übeltäters an seiner Windschutzscheibe fand, wird die in Bild 153 gezeigte Schaltung vielleicht in sein Auto einbauen. Es handelt sich dabei um einen Erschütterungssensor, dessen mechanischer Teil in Bild 154 dargestellt ist. Bei Erschütterung schwingt der Stahldraht innerhalb der Schraubenmutter und gibt vorübergehend Kontakt, der von der Schaltung ausgewertet wird.

Bei jedem Kontakt wird der Alarmsender für 5 Sekunden eingeschaltet. Statt des Alarmsenders kann natürlich auch die Hupe eingeschaltet werden – aber wer achtet heutzutage noch darauf.

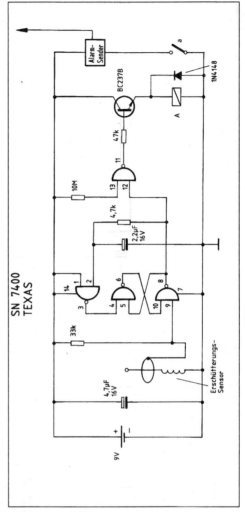

Bild 153:
Erschütterungssensor

Akustischer Doppler-Bewegungssensor

In der Sensorschaltung in Bild 155 erzeugt das PLL-Decoder-IC LM 567 ein mit dem 25-kΩ-Trimmer einstellbares NF-Signal (15–25 kHz), welches mit einem kleinen 8-Ω-Lautsprecher abgestrahlt wird. Ein Teil des NF-Signals wird vom LM 567 abgegriffen und auf den Mischerbaustein LM 1496 gegeben. Das

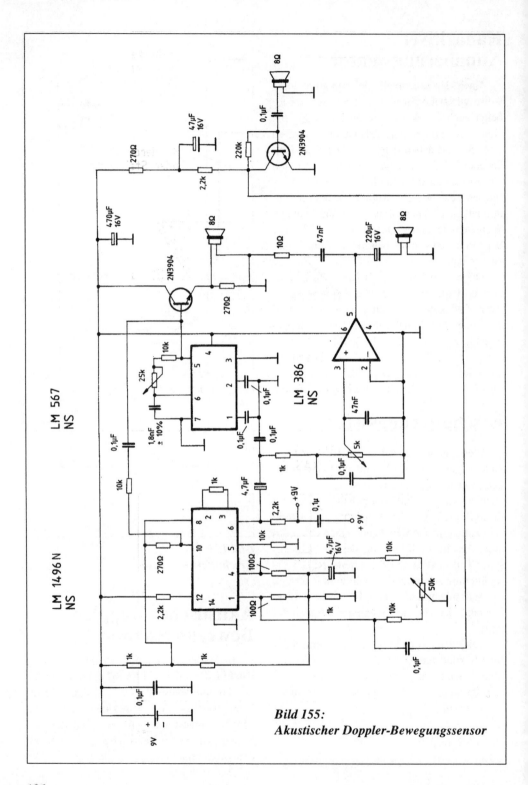

Bild 155:
Akustischer Doppler-Bewegungssensor

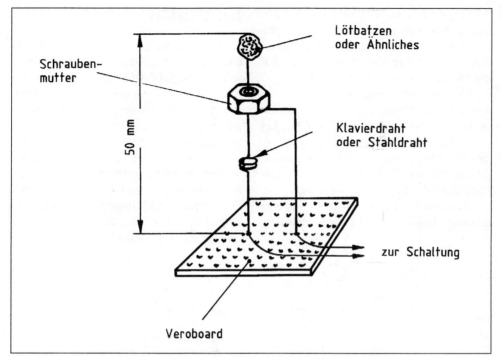

Bild 154: Mechanischer Aufbau des Erschütterungs-Kontaktgebers

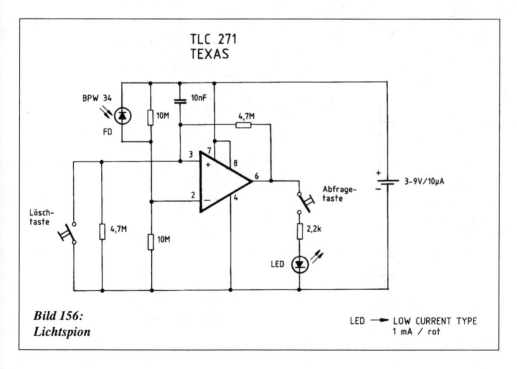

Bild 156:
Lichtspion

reflektierte NF-Signal trifft auf den ganz äußeren, als Mikrofon geschalteten Minilautsprecher. Ein 2 N 3904 verstärkt das Mikrofonsignal. Von dort wird das verstärkte Signal auf den Mischerbaustein LM 1496 geführt.

Wenn das reflektierte NF-Signal von einem bewegten Objekt stammt, tritt aufgrund des Dopplereffekts eine Frequenzverschiebung des reflektierten Signals ein. Der Mischerbaustein LM 1496 erzeugt die Differenzfrequenz, die von Pin 6 des LM 1496 auf den NF-Leistungsverstärker LM 386 geführt wird.

Die verstärkte Differenzfrequenz wird über den angeschlossenen Lautsprecher hörbar gemacht.

Lichtspion

Eine interessante Schaltung zur Überwachung abgeschlossener dunkler Räume, Tresore und Schubladen ist in Bild 156 angegeben. Bei Lichteinfall kippt die mitgekoppelte Operationsverstärkerschaltung am Pin 6 in den logisch 1-Zustand. Zur Überprüfung des Schaltzustands wird die Abfragetaste gedrückt. Ein Aufleuchten der Stromspar-LED zeigt an, daß sich ein Unbefugter in den abgedunkelten Räumen oder Behältnissen zu schaffen machte. Durch Drücken der Löschtaste kann die Schaltung erneut „scharf" gemacht werden. Die BPW 34 ist eine Fotodiode der Firma Siemens.

Spezialapplikationen

1-MHz-Mittelwellensender mit Operationsverstärkern

Die in Bid 157 gezeigte Mittelwellensenderschaltung stammt von der Firma Linear Technology mit deutscher Niederlassung in Eching bei München. Mit einem quarzstabilisierten Oszillator wird die 1-MHz-Sendefrequenz erzeugt. Das Lämpchen La im Brückenkreis trägt die amerikanische Bezeichnung Nr. 345. Wer über die Daten dieses Lämpchens Genaueres wissen will, muß wohl bei Linear Technology anrufen oder verschiedene Lämpchentypen ausprobieren. Der Mikrofonverstärker LT 1007 moduliert den LT 1194-Endverstärker in seiner Ausgangsamplitude. Zur Abstimmung des 1-MHz-Oszillators muß der 100-Ω-Trimmer so justiert werden, daß am Ausgangs-Pin 6 des LT 1190 eine HF-Spannung von 1 V ansteht.

Bild 158 zeigt das AM-modulierte Ausgangssignal an der Sendeantenne. Das Oszillogramm wurde mit Chuck Berry's „Johney B Goode" aufgenommen.

Quarzoszillator 100 MHz mit TTL-Ausgang

Daß Computer mit ihren Taktfrequenzen bereits in den UKW-Bereich hereinreichen, ist eigentlich nichts Ungewöhnliches mehr. Die Schaltung in Bild 159 schwingt auf dem 5. Oberton des Quarzes (f_Q = 20 MHz), das heißt, der Resonanzkreis im Emitterzweig des BF 495 D wird auf f_0 = 100 MHz abgestimmt. Über den 15-pf-Kondensator erfolgt die Rückkopplung.

Um die Oszillatorstufe nicht zu belasten, folgt ein hochohmiger Impedanzwandler mit dem BF 982. Mit der Reihenschaltung aus dem 470-Ω-Widerstand und der 1 N 4148-Diode wird der Pegel des 100-MHz-Signals bis über die Schaltschwelle der TTL-Gatter angehoben. Am Gatterausgang kann ein stabiles TTL-Signal abgenommen werden.

Verstärker für Muskelspannungen

In Bild 160 wird die Schaltung eines Muskelspannungsverstärkers gezeigt. Auslösesignale der Umwelt, ob optisch, akustisch oder taktil, lösen im Zentralnervensystem Reflexe aus. Die Steuerimpulse zur motorischen Antwort werden über Nervenfasern zu den einzelnen Muskeln geleitet. Erkennbar wird dies an einem elektromyografischen Signal, kurz EMG-Signal genannt. Die Amplituden der EMG-Signale betragen 40...50 µV. Die Impulsdauer beträgt etwa eine Millisekunde. Man erhält so eine maximale Impulsfrequenz von 1 kHz. Liegen die Impulse dichter, so addieren sie sich. Zur exakten Übertragung ist also eine Bandbreite von 100 Hz bis 10 kHz notwendig. Durch Abtasten der Haut über einem Muskel kann die

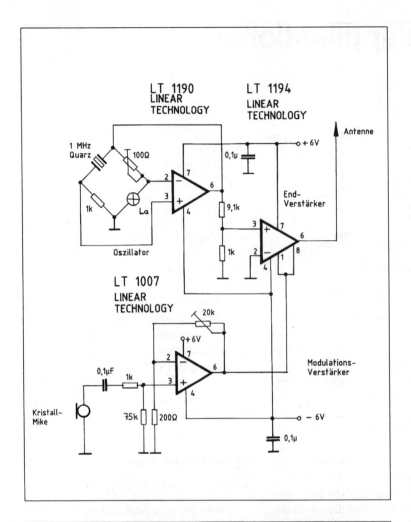

Bild 157:
1-MHz-Mittel-
wellensender
mit Operations-
verstärkern

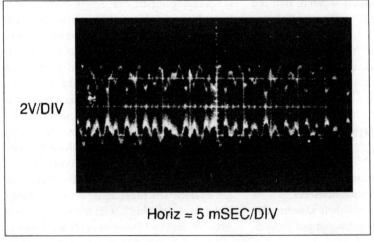

Bild 158:
Amplitudenmo-
duliertes HF-
Ausgangssignal

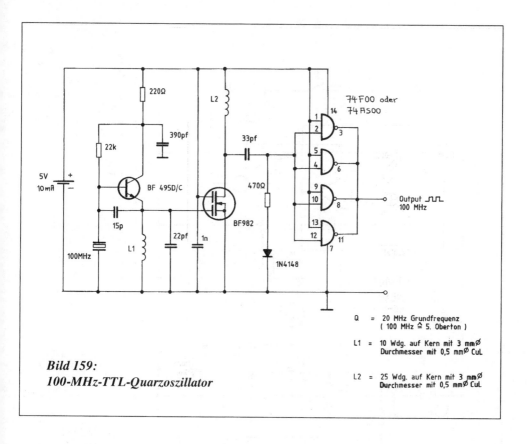

Bild 159:
100-MHz-TTL-Quarzoszillator

Stelle ausfindig gemacht werden, an welcher die größte Spannung auftritt. Die Empfindlichkeit ist bei Vollausschlag 50 µV. Der Eingangswiderstand der erforderlichen Differenzeingangsstufe ist größer als 5 MΩ pro Kanal.

Biosender zur drahtlosen EKG-Übertragung

Die in Bild 161 angegebene Biosenderschaltung stammt von Tierarzt Ferdinand Brunner aus Wien. Laut seinen Angaben soll sein „Herzfrequenz-Telemetriegerät" außer bei Menschen auch bei Hunden und Katzen funktionieren, wenn die Elektroden vor dem Brustbein und an der Innenseite eines der beiden Oberschenkel befestigt werden. Die Signale können mit jedem UKW-Empfänger wiedergegeben werden. Beim Menschen befestigt man die Elektroden mit Klebestreifen auf der Brust. Mittels eines Kassettenrecorders lassen sich die Signale auch aufzeichnen.

Wie weit die heutige Technik ist, verdeutlicht Bild 162. Der Heuschreckenrucksack wiegt ganze 0,5 Gramm, steckt voller Elektronik und gilt bereits als Weltsensation. „Gepäckträger" ist eine afrikanische Wüstenheuschrecke mit Geburtsort Universität Konstanz am Bodensee. Den Minisender hat ihr der Neurobiologe Professor Wolfram Kutsch auf den Buckel geschnallt. Der Biosender mißt kleinste Nervenimpulse und gibt diese zur Auswertung an einen Computer weiter. Mit dem Gerät können selbst das kleinste Muskelspiel und geringste Bewegungen registriert und mit Hilfe des Senders rund 20 m weit übertragen werden.

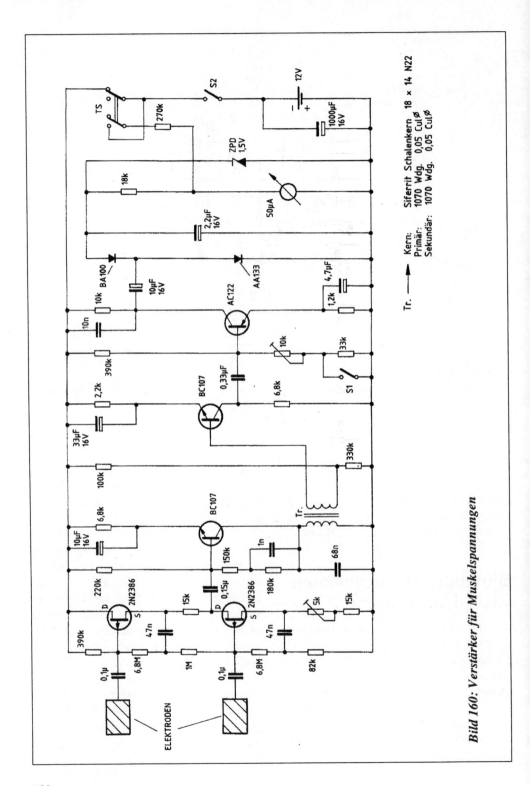

Bild 160: Verstärker für Muskelspannungen

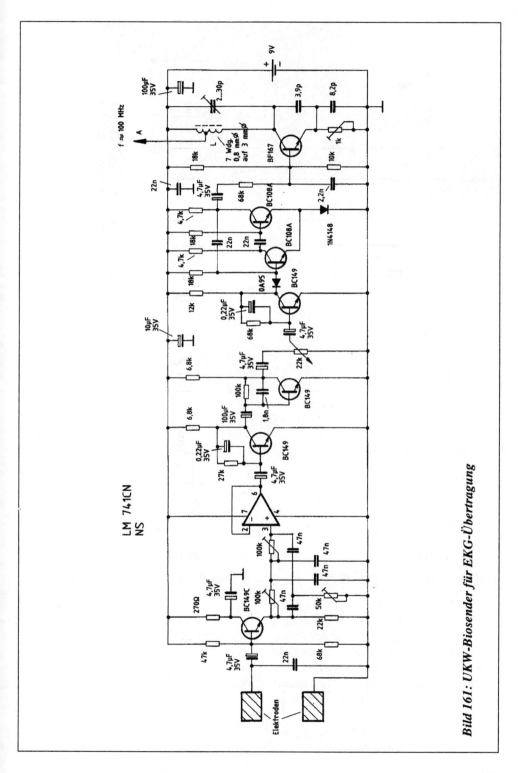

Bild 161: UKW-Biosender für EKG-Übertragung

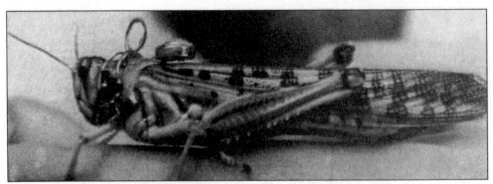

Bild 162: Heuschrecke mit Biosender

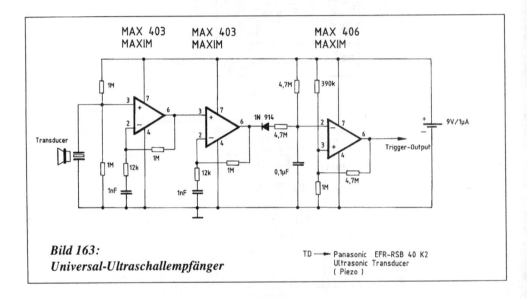

*Bild 163:
Universal-Ultraschallempfänger*

Universal-Ultraschallempfänger

Das Vorhandensein von Ultraschallsignalen kann die Schaltung in Bild 163 detektieren. Der beiden Operationsverstärker verstärken das vom Piezo-Transducer aufgenommene Ultraschallsignal jeweils etwa 80fach. Nach Gleichrichtung des verstärkten Signals wird es auf einen Komparator gegeben. Der Logikausgang des Komparators signalisiert dann das Vorhandensein eines Ultraschallsignals.

Universal-Modulationsverstärker

Ein universell einsetzbarer NF-Verstärker ist aus Bild 164 zu ersehen. Er verfügt über einen weiten Speisespannungsbereich und zeichnet sich durch geringe Stromaufnahme aus. Mit dem 100-kΩ-Trimmer kann die Verstärkung von 10- bis 100fach geregelt werden.

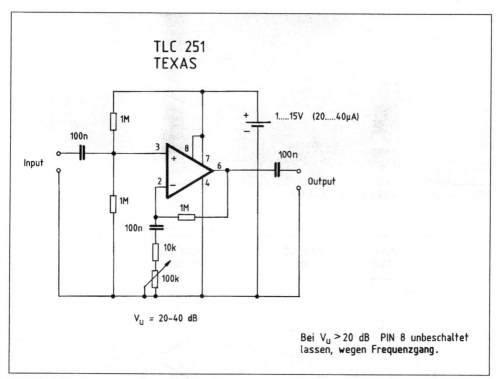

Bild 164: Universal-Modulationsverstärker

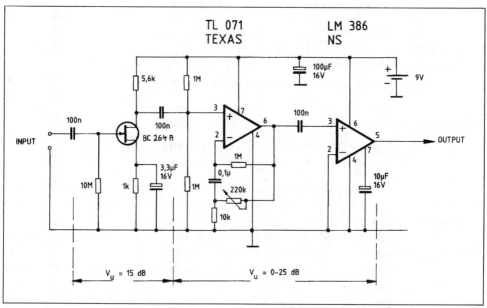

Bild 165: Hochohmiger, rauscharmer Verstärker

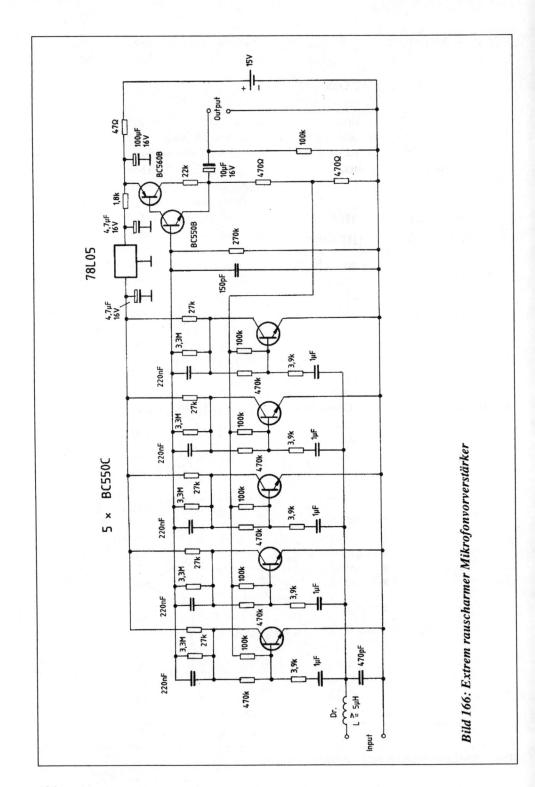

Bild 166: Extrem rauscharmer Mikrofonvorverstärker

Hochohmiger, rauscharmer NF-Leistungsverstärker

Ein rauscharmer NF-Leistungsverstärker mit maximal 100facher Verstärkung wird in Bild 165 gezeigt. Der Ausgang kann mit einem 4- bis 8-Ω-Lautsprecher belastet werden. Der Eingang ist hochohmig ausgelegt.

Extrem rauscharmer Mikrofonvorverstärker

Wer schon mal versuchte, aus einem Parabol- oder Resonanzröhren-Richtmikrofon das Letzte herauszuholen, hat sicher bald bemerkt, daß er mit seinem Mikrofonverstärker hinsichtlich dessen Rauscheigenschaften rasch an Grenzen stößt. Ein rauscharmer Mikrofonvorverstärker entsprechend Bild 166 kann die Ergebnisse beträchtlich verbessern. Im Bild sind fünf gleiche Verstärkerstufen parallelgeschaltet. Diese Schaltungstechnik (Moving-Coil-Technik) reduziert den Rauschanteil der einzelnen Stufen um den Faktor n, wobei n die Anzahl der Stufen ist. Bei fünf parallelen Stufen ergibt sich gegenüber einer einzelnen Stufe eine Verbesserung von 7 dB. Die Stromaufnahme beträgt knapp 1 mA.

Nachteilig ist der etwas höhere Klirrfaktor von etwa 1% und eine geringere Aussteuerbarkeit, die bei schwachen Signalen jedoch nicht ins Gewicht fällt. Bei einer NF-Eingangsspannung von 0,13 mV ergibt sich eine Ausgangsspannung von 60 mV. Bei Tonbandaufnahmen ist dies völlig ausreichend. Bei etwa 500facher Verstärkung können NF-Eingangssignale bis zu 8 mV verstärkt werden. Der Frequenzgang geht von 20 Hz bis 45 kHz. Der 150-pf-Kondensator begrenzt die Bandbreite nach oben. Die Drossel und der 470-pf-Kondensator am Eingang sollen Rundfunkeinstreuungen verhindern. Als Drossel kann eine Ferritperle mit einigen Windungen Kupferlackdraht verwendet werden. Mit 12 dB ist der Rauschabstand mit diesem Vorverstärker wesentlich besser als der eines hochwertigen Mikrofonverstärkers in einem qualitativ hochwertigen Tonbandgerät. Wer den Vorverstärker vor einen billigen Kassettenrecorder schaltet, wirft Perlen vor die Säue. Die Verstärkung läßt sich durch Verringern des 22-kΩ-Widerstandes in der Kollektorleitung des BC 560 B und Erhöhung des 270-kΩ-Widerstandes an der Basis des BC 550 B variieren. Für eine Verstärkung von 200fach wird der 22-kΩ-Widerstand durch einen 10-kΩ-Widerstand und der 270-kΩ-Widerstand durch einen 680-kΩ-Widerstand ersetzt.

Der normal vorhandene Eingangswiderstand des Vorverstärkers mit 1 kΩ läßt sich durch Einfügen eines Widerstands in Reihe zur Drossel erhöhen. Für rauscharme Verstärker sollten statt Kohleschichtwiderständen ausschließlich Metallfilmwiderstände eingesetzt werden.

Anschlußschemen von Elektret-Mikrofonen

Die Anschlußschemen von Elektret-Mikrofonen führen immer wieder zu Mißverständnissen. Grundsätzlich gibt es die zwei- und dreipoligen Elektret-Mikrofone. Bild 167 zeigt die Innenschaltung und das Anschlußschema eines zweipoligen Elektret-Mikrofons. Wie zu sehen ist, muß von Anschluß 1 zur Inbetriebnahme ein 2- bis 10-kΩ-Widerstand auf die (+)-Versorgungsspannung gelegt werden. Am Anschluß 1 kann dann die Mikrofonwechselspannung über einen Kondensator abgegriffen werden. In Bild 168 sind die Innenschaltung und die verschiedenen auf dem Markt befindlichen Anschlußschemen von dreipoligen Elektret-Mikrofonen angegeben. Hier ist kein externer Widerstand erforderlich.

Wer sein Mikrofonsignal über Entfernungen von ca. 3 m weiterleiten will, kann dies mit dem Aufbau in Bild 169 bewerkstelligen. Die Betriebsspannung wird dabei über einen Klin-

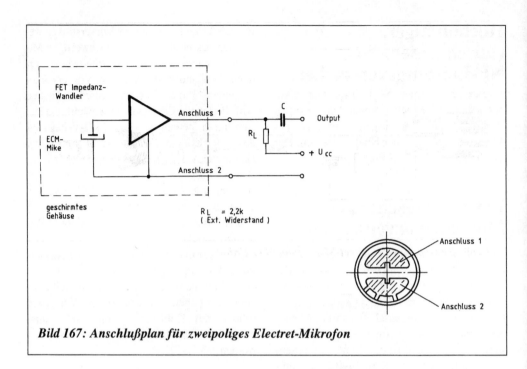

Bild 167: Anschlußplan für zweipoliges Electret-Mikrofon

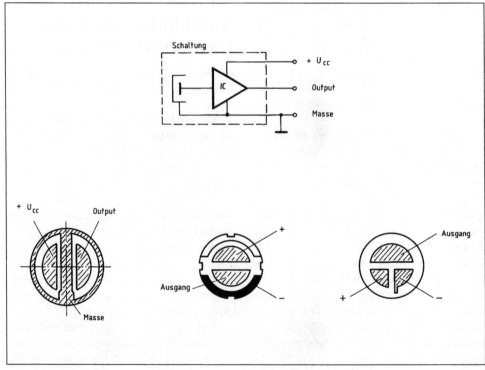

Bild 168: Anschlußplan für dreipolige Electret-Mikrofone

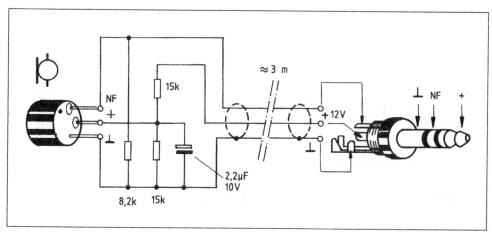

Bild 169: Betrieb eines Electret-Mikrofons über Kabel

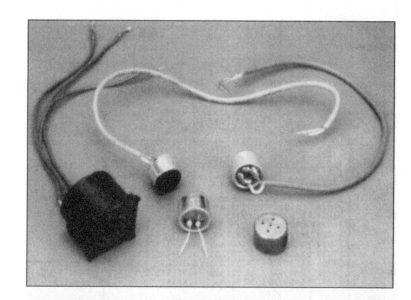

Bild 170: Verschiedene Electret-Mikrofone

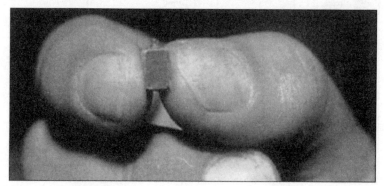

Bild 171: Electret-Mikrofon aus einem Hörgerät

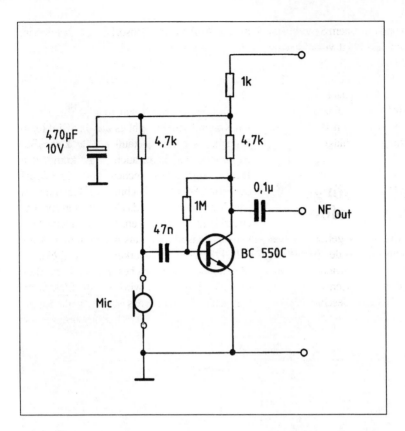

Bild 172: Vorverstärker für zweipoliges Electret-Mikrofon

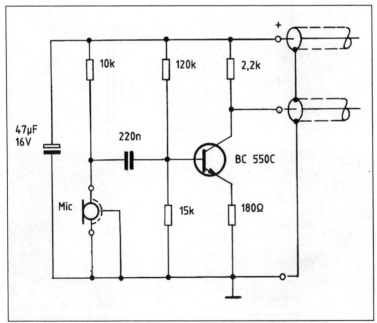

Bild 173: Vorverstärker für zweipoliges Electret-Mikrofon mit Koax-Kabeln für Betriebsspannung und NF-Ausgang

kenstecker zugeführt und mit einem Spannungsteiler entkoppelt. Bild 170 zeigt verschiedene handelsübliche Elektret-Kapseln, während in Bild 171 ein typisches Hörgeräte-Elektret-Mikrofon zu sehen ist. Wer die Absicht hat, zweipolige Elektret-Mikrofone mit einem Vorverstärker auszurüsten, findet in den Bildern 172 und 173 zwei Schaltungsvorschläge.

Körperschall-Abhörgerät (Stethoskop-Mikrofon)

Abhören durch die Wand gehört zu den ältesten Spionagetechniken. In der modernen Zeit wird nicht das Ohr an die Wand gedrückt, sondern ein Piezo-Körperschallsensor, der sich mit etwas handwerklichem Geschick leicht selbst bauen läßt. Aus Bild 174 ist der mechanische Aufbau des Sensorkopfes zu ersehen. Der Schallwandler selbst besteht aus einer piezokeramischen Scheibe, wie sie normalerweise in Tongebern für Warnanlagen eingebaut ist.

Das Metallscheibchen mit der aufgeklebten Keramikscheibe gibt es z.B. bei Bürklin in München separat zu kaufen. Wer keine Bezugsquelle hat, kann auch einen kompletten Piezo-Tongeber entsprechend Bild 175 z.B. bei der Firma Westfalia Technica in Hagen für ein paar Mark kaufen und das Scheibchen entsprechend Bild 176 ausbauen. Der komplette Aufbau des Sensorkopfes aus Aluminium geht aus Bild 177 hervor. Man erkennt das aufgeklebte Messingklötzchen, welches als seismische Masse wirkt. Das Kabel wird an den Elektroden angeschlossen, wobei das Metallscheibchen auf Masse gelegt wird. Das Schaltbild des zugehö-

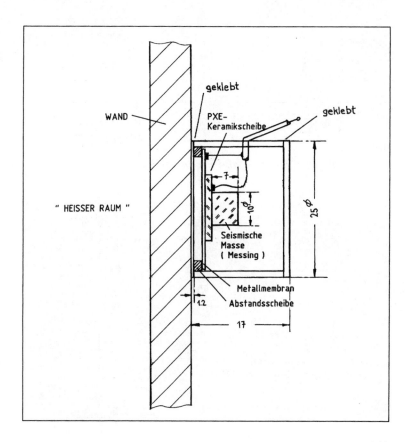

Bild 174: Wandabhör-Sensorkopf

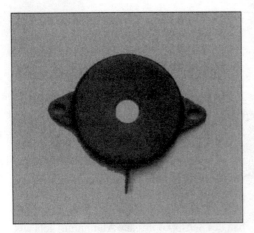

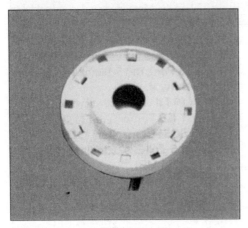

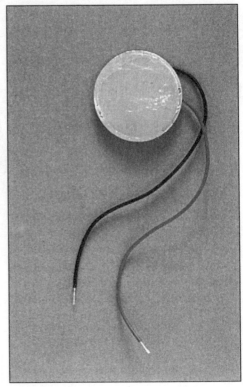

Bild 175:
Piezo-Schallgeber von Westfalia Technica

▲
Bild 176:
Piezo-Sensorscheibchen
▼

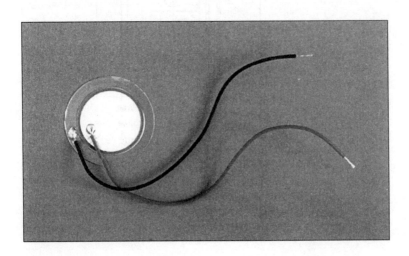

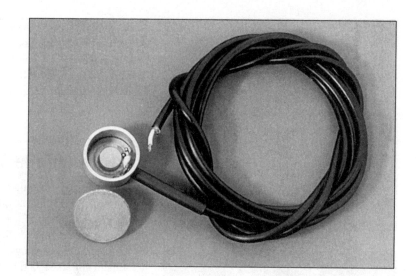

Bild 177: Mechanischer Aufbau des Wandabhör-Sensorkopfes

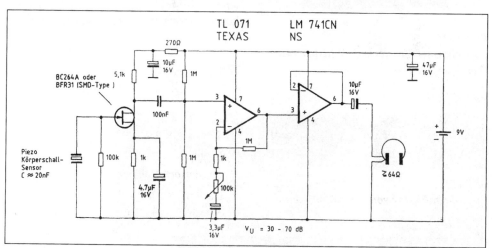

Bild 178: Schaltung des Wandabhörverstärkers

rigen Verstärkers wird in Bild 178 gezeigt. Der Eingang ist hochohmig und die Verstärkung regelbar. Am Ausgang des als Spannungsfolger geschalteten LM 741 CN wird ein handelsüblicher Stereokopfhörer angeschaltet, dessen 32-Ω-Systeme hintereinander geschaltet werden. Wer den Arbeitsaufwand für den Verstärkeraufbau scheut, kann sich ebenfalls bei Westfalia Technica einen kleinen, hochempfindlichen NF-Verstärker entsprechend Bild 179 kaufen. Allerdings muß das eingebaute Elektret-Mikrofon entfernt und eine FET-Transistorvorstufe entsprechend Bild 178 vorgesehen werden. Der kleine NF-Verstärker von Westfalia Technica ist im Katalog unter dem Begriff „Whisper 2000" aufgeführt.

Noch ein Hinweis zum Sensorkopf: Die Klebeflächen müssen mit Uhu-Plus und beigemengten Eisenfeilspänen bestrichen werden, um eine hermetische Schirmung zu gewährlei-

sten. Bild 180 zeigt eine ältere Version eines Körperschall-Abhörgeräts, bei der Tastkopf und Verstärker in einem gemeinsamen Gehäuse integriert sind. Im Bild 181 ist eine moderne japanische Ausführung zu sehen.

Elektronische Ladendiebfalle

Die folgende Schaltung einer elektronischen Ladendiebfalle stammt aus der holländischen Elektronik-Zeitschrift „Elex". Wie in Bild 182 dargestellt, funktioniert die Schaltung nach dem Prinzip des Energieentzugs.

Einem auf 10 MHz frei schwingenden Oszillator wird mittels eines der Ware angehefteten Saugkreises Energie entzogen. Das Absinken der Oszillatorausgangsspannung wird mit-

Bild 179:
Rauscharmer Verstärker „Whisper" von Westfalia Technica

Bild 180:
Wandabhör-Sensorkopf mit integriertem Verstärker

Bild 181:
Modernes Wandabhörgerät

tels eines Komparators mit einstellbarer Schaltschwelle ausgewertet und ein Alarmsignal ausgelöst. Zur sicheren Funktion müssen beide Schwingkreise die exakt gleiche Resonanzfrequenz aufweisen.

Aus Bild 183 ist der Versuchsaufbau des Saugkreissensors zu sehen. Die Spule ist auf ein Kunststoffröhrchen gewickelt, in dessen Innern der 82-pf-Festkondensator und der 22-pf-Trimmer untergebracht sind. In Bild 184 ist die professionelle Ausführung eines Saugkreises dargestellt. Bild 185 zeigt den Komplettaufbau des Auswertegeräts mit dem ebenfalls kreisförmig ausgeführten Oszillator- bzw. Dipperkreis.

HF-Trägersteuerung für Kassettenrecorder

Zur automatischen Aufzeichnung von drahtlos abgehörten Raum- oder Telefongesprächen ist bei sprachgesteuerten Raum-Minispionen und telefonstromgesteuerten Telefon-Minispionen empfängerseitig eine Steuerschaltung erforderlich, welche den Kassettenrecorder dann anlaufen läßt, wenn der Minispion „On the air" ist.

Bei vorhandenem HF-Träger wird in jedem Superhet-Empfänger im Demodulator eine Regelspannung erzeugt, welche zur Ansteuerung eines Schaltverstärkers benutzt werden kann. Das Blockschaltbild in Bild 186 verdeutlicht die Zusammenhänge, während die Schaltung in Bild 187 die Dimensionierung des Schaltverstärkers für positive Regelspannun-

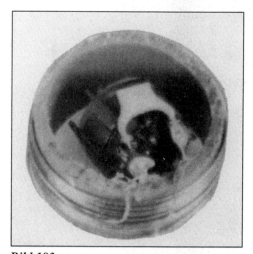

Bild 183:
Mechanische Ausführung des Experimentier-Saugkreises

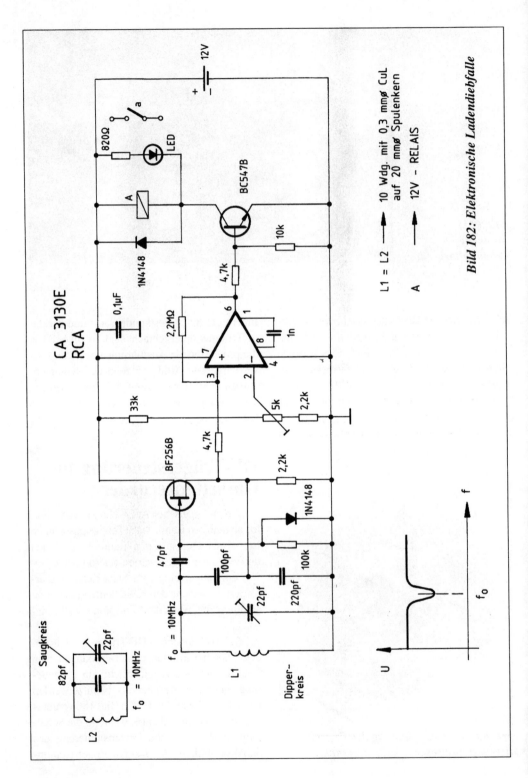

Bild 182: Elektronische Ladendiebfalle

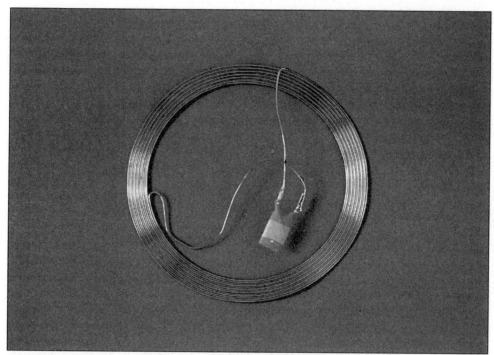

Bild 184: Professionelle Ausführung eines Saugkreises im realen Einsatz

Bild 185: Komplette Auswerteeinheit

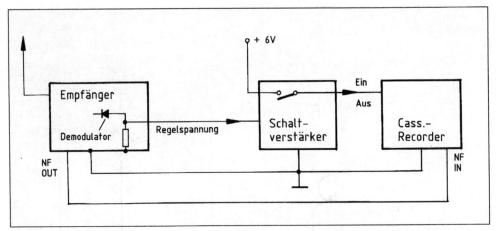

Bild 186: Blockschaltbild der HF-Trägersteuerung für Kassettenrecorder

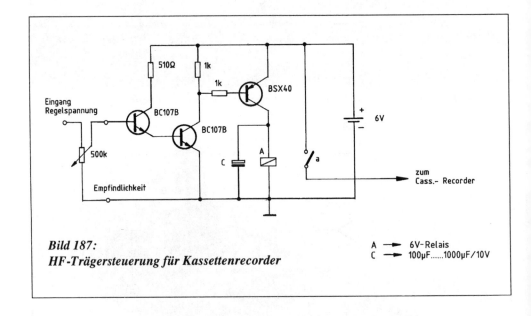

Bild 187:
HF-Trägersteuerung für Kassettenrecorder

gen angibt. Bei negativen Regelspannungen müssen die ersten beiden NPN-Transistoren durch PNP-Transistoren (z.B. BC 307 B) und der PNP-Schalttransistor durch einen NPN-Transistor (z.B. BSX 45) ersetzt werden. Natürlich muß dann auch die Betriebsspannung umgepolt werden.

Der Kondensator C dient zur Abfallverzögerung des Relais. Damit wird verhindert, daß der Kassettenrecorder bei kurzen Gesprächspausen anhält. In Bild 188 wird eine HF-Trägersteuerung aus den USA gezeigt. Im amerikanischen Sprachgebrauch wird eine HF-Trägersteuerung mit Relaisausgang mit „Carrier Operated Relay" bezeichnet. Mit dem 25-kΩ-Trimmer kann die Abfallzeit des Relais eingestellt werden. Die HF-Trägersteuerung ist für negative Regelspannungen ausgelegt.

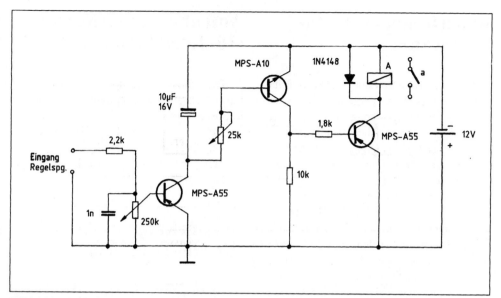

Bild 188: HF-Trägersteuerung für Kassettenrecorder für negative Regelspannungen

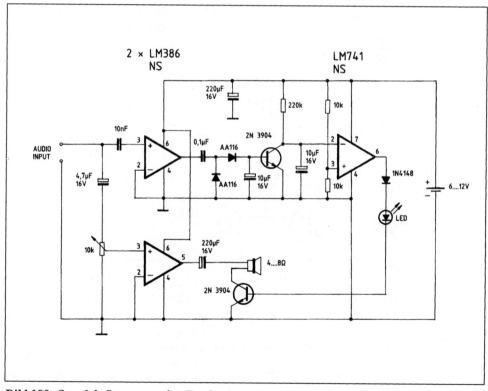

Bild 189: Squelch-Steuerung für Funkscanner

Squelch-Steuerung für Funkscanner

Eine interessante Lautsprecher-Totschaltung wird in Bild 189 dargestellt. Die Schaltung wird am NF-Ausgang eines Funkscanners angeschlossen und detektiert das Vorhandensein einer NF-Spannung. Wenn der Scanner auf einem „toten Träger" oder bei Störsignalen stoppt, wird der Lautsprecher abgeschaltet, so daß keine Störgeräusche hörbar sind. Der obere LM 386 verstärkt die NF- bzw. Audiospannung. Mit den beiden AA 116-Dioden wird die NF-Spannung gleichgerichtet. Der folgende Transistor 2 N 3904 verstärkt und filtert die gleichgerichtete Spannung. Der Ausgang des folgenden LM 741 schaltet bei einwandfreiem Scanner-NF-Signal über den Transistor 2 N 3904 den Lautsprecher ein, der sein Signal direkt vom Schaltungseingang abnimmt. Mit dem 10-kΩ-Trimmer kann die Lautstärke justiert werden.

Antennenverstärker (10–1.000 MHz)

Eine einfache Antennenverstärkerschaltung mit vielseitigen Verwendungsmöglichkeiten ist in Bild 190 angegeben. Die Aktivantenne eignet sich besonders als Vorsatz für Funkscanner. Für die in SMD-Technik konzipierte Schaltung reicht bereits eine 10 cm lange Empfangsantenne aus.

Verstärkungsmeßgerät für HF-Transistoren

Im Frequenzbereich von 100 MHz arbeitet nicht jeder Transistor mit ausreichender Verstärkung, um damit beispielsweise einen UKW-Oszillator oder einen UKW-Verstärker aufzubauen. Die Schaltung in Bild 191 zeigt einen Weg, die HF-Verstärkung von HF-Transisto-

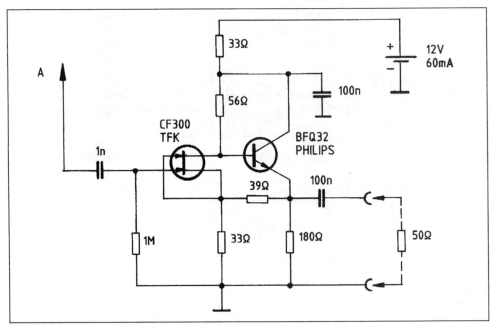

Bild 190: Antennenverstärker für Funkscanner (10–1.000 MHz)

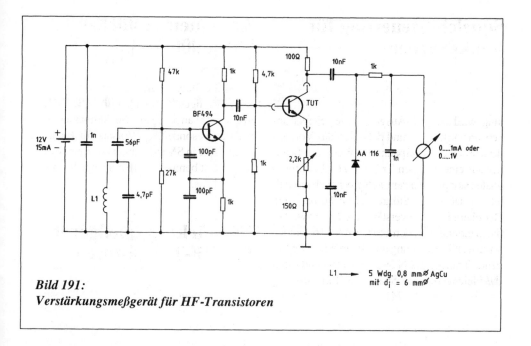

Bild 191:
Verstärkungsmeßgerät für HF-Transistoren

ren zu prüfen. Mit dem 2,2-kΩ-Trimmer kann der Kollektorstrom von etwa 1 bis 10 mA vorgegeben werden. Dies bedeutet, daß der optimale Arbeitspunkt mit der größten HF-Verstärkung leicht zu finden ist. Der „TUT" (Transistor under test) wird zum Testen in eine dreipolige Transistorfassung gesteckt. Die mit dem Transistor BF 494 erzeugte 100-MHz-Oszillatorspannung wird auf den zu testenden Transistor geführt. Mit der Diode wird das verstärkte HF-Signal gleichgerichtet und mit einem mA- oder Voltmeter angezeigt. Wenn am 2,2-kΩ-Potentiometer eine Skala von 1 mA bis 10 mA angebracht wird, ist der günstigste Arbeitspunkt mit der größten HF-Verstärkung leicht zu finden.

Einfacher Rauschgenerator

Wer vertrauliche Gespräche führen und die Gefahr des Abhörens ausschließen will, kann dies mit einem einfachen Rauschgenerator realisieren. Eine derartige Schaltung ist in Bild 192 angegeben. Um zum Lautsprecherbetrieb zu kommen, muß die Ausgangsspannung auf einen NF-Leistungsverstärker wie z.B. den LM 386 geführt werden.

Bevor es nun schaltungstechnisch langweilig wird, soll das folgende Kapitel auf einen Themenbereich aufmerksam machen, dem Geheimdienste größtes Augenmerk schenken.

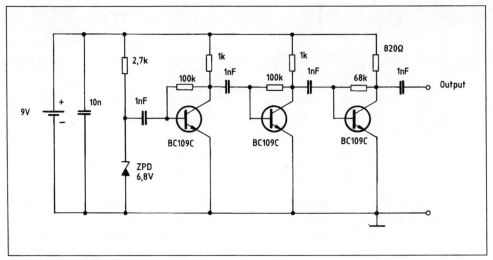

Bild 192: Einfacher Rauschgenerator

Elektronische Star-War-Projekte

Im folgenden werden einige geheimnisumwitterte elektronische Projekte und Applikationen aus den Star-War-Labors beschrieben.

Plasma-Guns

Der Bruchteil einer vorhandenen Wärmemenge W, der bei Wärmekraftmaschinen in Arbeit verwandelt werden kann, ist im Idealfall

$$\frac{T_1 - T_2}{T_1} \cdot W$$

Der andere Teil geht als Wärme in den kälteren Körper über. Für alle Wärmekraftmaschinen bedeutet also

$$\frac{T_1 - T_2}{T_1} \cdot W$$

den Bruchteil der aufgewendeten Wärme, der im Höchstfall in Arbeit umgewandelt werden kann. $(T_1 - T_2) : T_1$ wird deshalb als theoretischer Wirkungsgrad einer Wärmekraftmaschine bezeichnet. Je größer also die Temperaturdifferenz $T_1 - T_2$ ist, um so größer der Wirkungsgrad. Bei einer Temperaturdifferenz von 100 °C ergibt sich z.B. ein theoretischer Wirkungsgrad von 27%, während bei einer Temperaturdifferenz von 1.000 °C theoretisch 90% der Wärme in Arbeit umgewandelt werden könnte. Nicht das Vorhandensein großer Wärmemengen allein, sondern nur das Vorhandensein großer Wärmemengen mit großem Temperaturunterschied schafft also extreme Arbeitsmöglichkeit.

Das System „Kanonenrohr–Geschoß" kann aufgrund großer Temperaturdifferenz und großer Wärmemenge als Wärmekraftmaschine maximalen Wirkungsgrades aufgefaßt werden. Es handelt sich um eine schlagartige Verbrennung der Treibladung in der Brennkammer mit darauf folgender adiabatischer Expansion.

Beispiel:
  76-mm-Kanone
  Rohrlänge: $l = 2{,}7$ m
  Geschoßmasse: $M_G = 8{,}0$ kg
  Treibladung: $m_T = 0{,}8$ kg
  Verbrennungsenergie: $\varepsilon = 3.000$ J/g
  Brennkammervolumen: $V = 2.000$ cm³

Aus den Daten können der Wirkungsgrad und die Geschoßgeschwindigkeit ermittelt werden. Bei der Verbrennung nehmen die Gase in der Brennkammer die Temperatur T_1 an, die bei der Expansion auf T_2 sinkt. Es gilt die Adiabatengleichung:

$$T_2 = T_1 \left(\frac{V_b + V_r}{V_b} \right)^{1-\gamma}$$

Mit den Zahlenwerten für Brennkammer- und Rohrvolumen folgt ein Wirkungsgrad von

$$\eta = \frac{T_1 - T_2}{T_1} \quad \text{bzw.} \quad 1 - \frac{T_2}{T_1} = 0{,}45$$

Die Geschoßgeschwindigkeit läßt sich aus folgender Gleichung ermitteln:

$$1/2\, M_G \cdot v_o^2 = \eta \cdot m_T \cdot \varepsilon$$
$$v_o = 530 \text{ m/s}$$

Die rechte Seite der Gleichung hat die Dimension Joule.

Es stellt sich nun die Frage, ob eine entsprechende Wärmemenge mit großer Temperaturdifferenz nicht auf andere Weise als mittels einer Treibladung in die Brennkammer eingebracht werden kann.

Hier bietet sich eine Plasmaentladung großen Energieinhalts an. Bekannt ist die Stoßwellenerzeugung in flüssigen Medien. Die Stoßwelle entsteht durch die Expansion eines Funkenplasmas. Dazu muß im Kanal des Funkenplasmas ein ausreichender Energiebetrag in Joulesche Wärme umgesetzt werden. Die Prinzipanordnung einer Funkenentladung unter Wasser zur Ausformung eines Rohres zeigt Bild 193. Im Bild 194 ist die Ansteuerschaltung zu sehen. Der in flüssigen Medien erzielbare Druck in Abhängigkeit von der Kondensatorladeenergie wird in Bild 195 gezeigt.

Zum Beispiel beträgt für eine Anlage mit den Parametern $C = 25\,\mu F$, $U_0 = 20\,kV$ ($= C/2 \cdot U_0^2 = 5$ kWs) und bei Aufladung von C in 10 s mit i_L = konst. = 50 mA die Leistung in der Aufladeendphase P = 1 kW. Dann erfolgt die Entladung bei einem Entladekreisgesamtwiderstand $R_E = 100\,m\Omega$ und einer Entladekreisgesamtinduktivität $L_E = 1\,\mu H$ mit $\hat{i}_E \approx 10$ kA und P = 83 MW. Das entspricht einer Leistungsverstärkung von 1:83.000.

Die oszillografische Aufzeichnung einer Stoßentladung einschließlich der Druckreaktion ist in Bild 196 wiedergegeben.

Vergleichsweise beträgt der Energieinhalt von 1 g Bergwerksprengstoff (Gelatinedonarit 1) etwa 4 kWs bzw. 4 kJ. Bei einem Ladungsabstand von 8 cm erzeugt eine Ladungsmasse von 20 g einen Druckstoß von p = 440 MPa. Obwohl kein unmittelbarer Vergleich zulässig ist, drängt sich die Frage auf, ob durch eine Plasmaentladung in gasförmigen Medien soviel Joulesche Wärme bei Temperaturen von ca. 6.000 °C freigesetzt werden kann, daß brauchbare Geschoßgeschwindigkeiten erzielbar sind. Versuchsweise müßte der Brennkam-

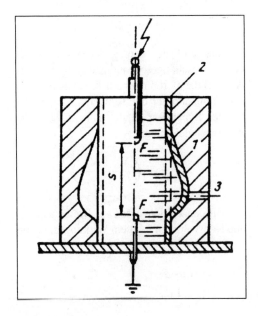

Bild 193:
Funkenentladung unter Wasser zur Ausformung eines Rohres:
(1) Matrize,
(2) Werkstück (rechts in ausgeformtem Zustand),
(3) Evakuierkanal,
(F) Funkenelektroden mit Schlagweite s.

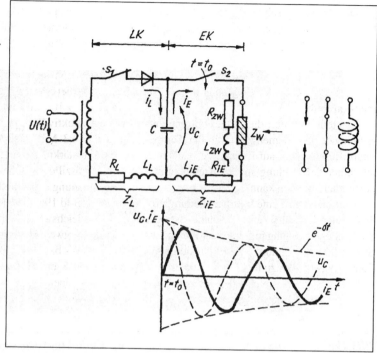

LK=Ladestromkreis;
C=Speicher-, Stoßkondensator (nach technologischer Verfahrensvariante Ladespannung $U_0 = 8... 60\ kV$);
Z_L=Ladekreisimpedanz;
EK=Entladekreis;
Z_{iE}= innere Impedanz des Entladekreises;
$Z_w (R)$ zw, L_{zw}) = Widerstand der Energieumwandlungsstrecke.

Bild 194 Ansteuerschaltung zur Erzeugung von Druckstößen durch elektrische Entladungen.

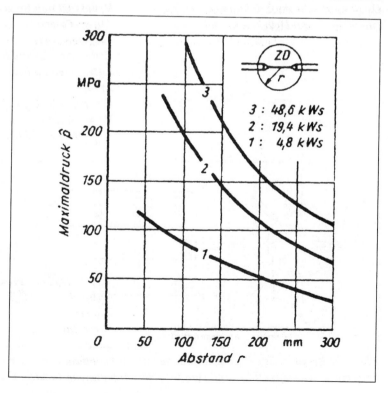

Bild 195: Erzielbarer Maximaldruck in Abhängigkeit von der Kondensator-Ladeenergie W_c
ZD = Zünddraht zur Unterstützung des Aufbaus des Funkenkanals
($W_c = 48,6\ kWs$ entspricht einer Kapazität $C = 300\ \mu F$, aufgeladen auf $U_0 = 18\ kV$)

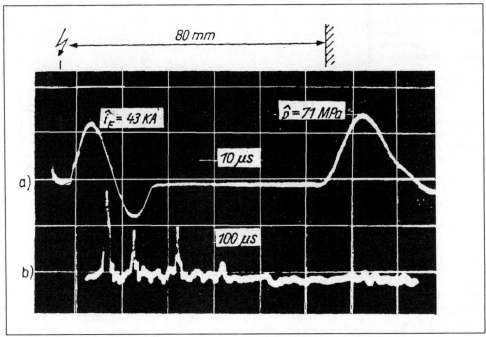

Bild 196:
Oszillografische Aufzeichnung einer Stoß-
entladung I_e mit Druckreaktion p

a) *Entladungsstromlauf und primäre*
   Druckreaktion (in zeitlich realer
   Aufeinanderfolge oszillografisch
   aufgezeichnet)
b) *Zeitverlauf sekundärer Druck-Folge-*
   reflexionen im Entlade- bzw. Umform-
   raum
   $C = 10,9\ \mu F;\ U_0 = 17\ kV;$
   $W_c = 1,6\ kWs;$
   $(L_{iE} + L_{zw}) = 155\ nH$

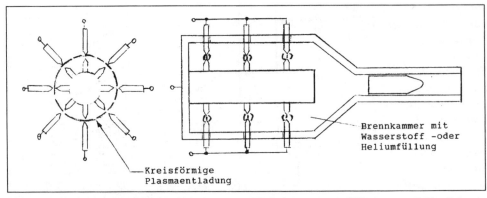

Bild 197: Kreisförmige Plasmaentladung zur Einbringung von Wärmeenergie (weitere
Informationen siehe "Blitz und Donner selbst erzeugt" im Franzis Verlag, Poing

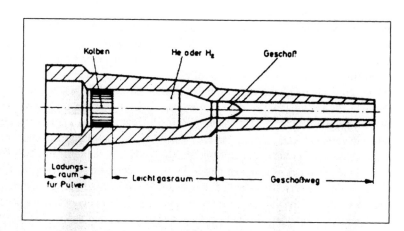

Bild 198:
Leichtgaskanone

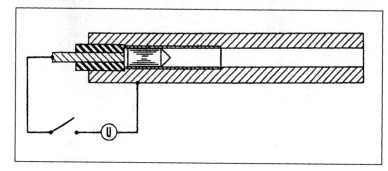

Bild 199:
Plasmakanonenprinzip
(Schalter offen)

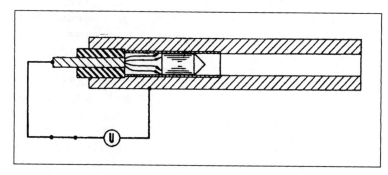

Bild 200:
Plasmakanonenprinzip
(Schalter geschlossen)

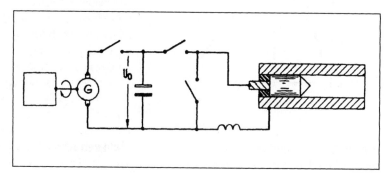

Bild 201:
Prinzipschaltbild einer Plasmakanone

mer derselbe Wärmeenergiebetrag zugeführt werden wie mittels einer definierten Treibladung.

In Bild 197 wird eine prinzipielle Möglichkeit gezeigt, wie möglicherweise mittels kreisförmiger Plasmaentladungen die erforderliche Wärmeenergiemenge in die Brennkammer eingebracht werden kann. Da bei konstanter Temperatur die Schallgeschwindigkeit mit abnehmendem Molekulargewicht der Gase steigt, könnten mit Wasserstoff- oder Heliumgas als Brennkammerfüllung höhere Gas- bzw. Geschoßgeschwindigkeiten erzielt werden. Am Beispiel der Leichtgaskanone in Bild 198 wird dieser Effekt deutlich.

Ein Blick in moderne Patentschriften zeigt, daß sich weltweit viele Waffenfirmen mit Plasmakanonen beschäftigen. Eine einfache Versuchseinrichtung für lichtbogen- bzw. plasmagetriebene Geschosse der Firma Rheinmetall wird in den Bildern 199 und 200 gezeigt. Im Gegensatz zu Bild 197 ist hier kein relativ großes Anfangsvolumen erforderlich, in dem das Plasma erzeugt und aufgeheizt wird. Zur Erzeugung eines Lichtbogens bzw. Plasmas ist eine hochtemperaturfeste Elektrode koaxial und isoliert im Verschlußende des Rohres untergebracht. Durch Anlegen von Hochspannung zwischen der Elektrode und dem Metallrohr kommt es zum Funkenüberschlag und damit zur Ausbildung eines Plasmas. Durch den Druck des Lichtbogenplasmas wird das Projektil beschleunigt. Dabei erweist sich das geringe Brennkammervolumen bei der Zündung als besonders vorteilhaft, weil der Druck sich dabei rasch aufbaut. Ein Teil der Rohrinnenwand ist wegen der hohen Plasmatemperaturen mit Wolfram ausgekleidet.

Beim Schließen des Schalters wird am Fußpunkt des heißen Lichtbogens Material verdampft und weiter aufgeheizt. Zusätzlich wird durch den engen Kontakt des Lichtbogens mit den Wänden des Spalts weiteres Material verdampft. Der dabei entstehende Druck treibt das Projektil in Richtung der Rohröffnung.

In Bild 201 ist das Prinzipschaltbild der Plasmakanone zu sehen. Von links nach rechts betrachtet passiert folgendes: Ein Benzinmotor treibt einen Gleichstromgenerator an, der wiederum einen Kondensator auflädt. Wird der Kontakt in Reihe zur koaxialen Elektrode geschlossen, entlädt sich der Kondensator über die Induktivität im Plasmaraum. Wenn der Strom entsprechend Bild 202 seinen Höchstwert erreicht hat, wird der parallel zur Lichtbogenstrecke liegende Schalter elektronisch geschlossen. Durch die Induktivität der Spule wird der Stromfluß über das Plasma dadurch noch eine Zeitlang aufrechterhalten.

Bei einer praktischen Applikation mit dieser Vorrichtung wurde bei einer Ladespannung von 9 kV ein 15 g schwerer Aluminiumkörper beschleunigt. Nach ca. 90 μs erreichte der Strom sein Maximum von ca. 300 kA und fiel danach nahezu linear ab. Das Projektil erreichte dabei eine Fluggeschwindigkeit von 1.000 m/s, also dreifache Schallgeschwindigkeit.

Bei den Versuchen ergab sich, daß der Spalt zwischen Koax-Elektrode und Projektilboden für die Funktion von unwesentlicher Bedeutung war. So wurden auch mit einem Spaltabstand von 0,1 mm gute Ergebnisse erzielt. Als vorteilhaft erwies sich auch die Unterbringung

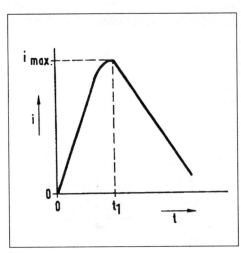

Bild 202:
Stromverlauf in der Plasmakanone

von leicht gasendem Material wie z.B. Polyäthylen im Plasmaraum. Unter leicht gasendem Material versteht man Stoffe, die unter der Wirkung von Lichtbogenentladungen in Gase mit niedrigem Molekulargewicht (<30) zerfallen. Durch die zusätzliche Materialverdampfung wird der Energieumsatz im Plasma gesteigert. Damit erhöht sich der Plasmadruck, und das Projektil wird stärker beschleunigt.

Plasma-Generatoren

Um wirkungsvolle Plasmen zu erzeugen, gibt es mehrere im Grunde einfache Verfahren. In Bild 203 ist ein Applikationsbeispiel dargestellt. Eine einseitig kupferkaschierte Epoxydkarte wird entsprechend dem gezeigten Muster geätzt. Bei Anlegen von Hochspannung aus einer Energie- bzw. Kondensatorbank entstehen explosionsartige Lichtbögen zwischen den einzelnen Kupferinseln. Je nach Stromstärke können die Kupferinseln vom Lichtbogen regelrecht verdampft werden. Es handelt sich dann um ein Kupferplasma hoher Energiedichte, das sich mit ungeheurer Geschwindigkeit in den freien Raum fortpflanzt. Statt der Kupferkaschierung kann auch Kohlepapier, wie es für Schreibmaschinendurchschläge benutzt wird, verwendet werden. Auch Blattgold eignet sich gut zur Plasmaerzeugung.

Sowohl die Kohle als auch das Gold werden vom Strom erhitzt, vaporisiert, ionisiert und mit Geschwindigkeiten weggeschleudert, die weit über der Schallgeschwindigkeit liegen. Voraussetzung dafür sind natürlich hohe Entladeimpulse von 10–35 kA und induktivitätsarme Hochspannungskondensatoren.

Ein weiterer Plasmagenerator wird in Bild 204 gezeigt. Diese Anordnung wird auch als Coaxial-Plasma-Gun bezeichnet. Durch die Verwendung von induktivitätsarmen Energiebanken einschließlich breitflächiger Zuleitungen und speziellen Hochstromschaltern gelingt es unter Einsatz von dünnen Graphitschichten zwischen den Koax-Elektroden, verdichtete Hochgeschwindigkeitsplasmen zu erzeugen. Statt einer Graphitschicht kann auch eine dünne Aluminiumfolie ionisiert werden. Die Alu-Folie wird durch den Entladestrom regelrecht zur Explosion gebracht. Wie bereits erwähnt, können auch mit dünnen, leicht gasenden Plastikfolien wie z.B. Polyäthylen hoch verdichtete Plasmen hoher Impulsgeschwindigkeit erzeugt werden.

Ein drittes und letztes Beispiel eines Plasmagenerators bzw. einer Plasma-Gun sieht man in Bild 205. Diese Applikation ähnelt der zu-

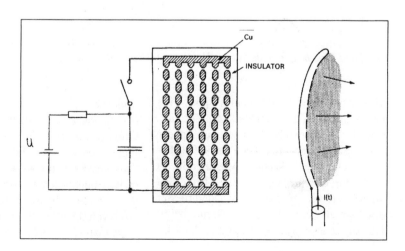

Bild 203:
Plasmagenerator
(Version 1)

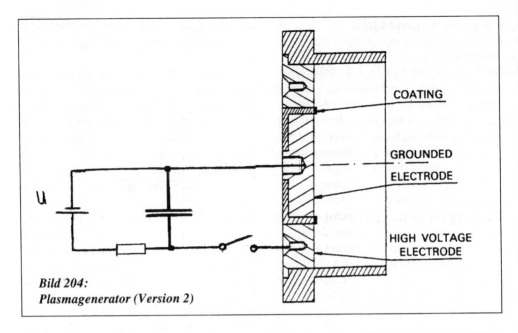

Bild 204: Plasmagenerator (Version 2)

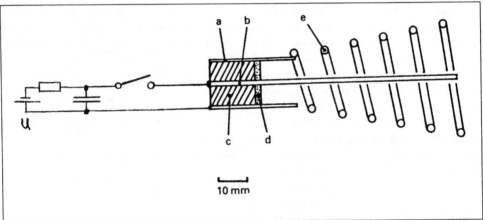

Bild 205: Plasmagenerator bzw. Plasmagun (Version 3)

vor beschriebenen Plasma-Gun hauptsächlich wegen ihrer koaxialen Konstruktion. Zur Führung der Plasmawolke befindet sich an der Rohröffnung eine Spirale. Die Plasma-Gun besteht des weiteren aus einem Messingrohr (a) mit 18 mm Durchmesser, in dessen Mitte sich ein Kupferleiter (b) mit einem Durchmesser von 2 mm und einer Länge von 80 mm befindet. Am Übergang zwischen Außen- und Innenleiter ist eine Lochscheibe aus Kohlepapier (d) auf die innere Isolation (c) geklebt. Der Öffnungswinkel der Spirale beträgt ca. 10° bei fünf Windungen. Eine schnelle Kondensatorbank von etwa 1 µF mit einer Ladeendspannung von etwa 30 kV liefert den Hochstromimpuls. Mit den genannten Parametern erreicht das Plasma eine Geschwindigkeit von etwa 120.000 m/s im Vakuum.

Electromagnetic Launcher (EML)

Die Funktion einer haupsächlich für den Weltraum bestimmten elektromagnetischen Kanone (EML) ist in vielen Physikbüchern nachlesbar. Für den Nichtphysiker genügt es zu wissen, daß eine stromdurchflossene Leiterschleife aufgrund des eigenen Magnetfelds bestrebt ist, sich auszudehnen. Anhand des Beispiels in Bild 206 soll versuchsweise ermittelt werden, welche Kräfte auf den Schalter mit der Länge l im Moment des Schließens des Stromkreises auftreten. Der im Moment des Einschaltens fließende Strom sei 50 kA, die Schaltmesserlänge l = 30 cm und der Abstand der Stromzuführungskabel a = 50 cm. Es errechnet sich eine nach außen wirkende Kraft von F = 70,7 kp. Bei einem Stromwert von 10 kA nimmt die Kraft auf 2,7 kp ab. Die ungeheure Kraft von 63,62 Tonnen entsteht bei einem Stromfluß von 1,5 MA (MA = Millionen Ampere). Die Zahlenbeispiele zeigen, daß elektrodynamische Kräfte auch zur Beschleunigung von Projektilen in elektromagnetischen Kanonen geeignet sind.

Bild 207 zeigt die prinzipielle Funktion einer elektromagnetischen Kanone. Der einer Energie- bzw. Kondensatorbank entnommene Strom fließt über die Stromschienen und den beweglichen Anker. Wie bereits erörtert wurde, entstehen bei entsprechenden Entladeströmen gewaltige Kräfte, welche vom Anker an das Projektil weitergegeben werden. Im Kontrast zu konventionellen Granaten und Raketen, die durch expandierende Gase angetrieben werden, sind die mit dieser Kanone erzielbaren Geschwindigkeiten nicht durch die Schallgeschwindigkeit der Gase begrenzt. Wird genügend elektrische Energie bereitgestellt, lassen

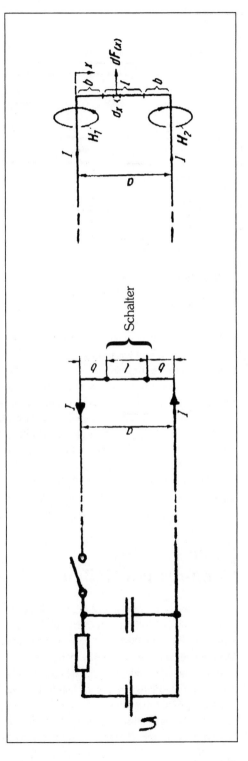

Bild 206:
Elektromagnetische Kanone
(physikalisches Prinzip)

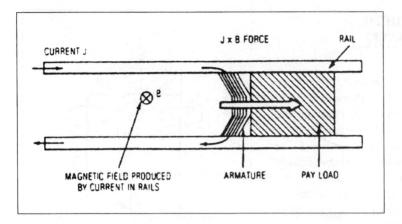

Bild 207: Elektromagnetische Kanone (Funktionsprinzip)

sich Geschwindigkeiten erzeugen, die mit Meteoren vergleichbar sind. Eine elektromagnetische Kanone kann theoretisch Ziele auf dem Mond bombardieren. Außerdem wäre ein hoch beschleunigtes Projektil in der Lage, beim Auftreffen auf ein hartes Ziel eine Kernfusion auszulösen. Für die Nuklearindustrie könnte dies künftig von Bedeutung sein, da dann auf Kernspaltungsprozesse mit ihrem radioaktiven Fallout verzichtet werden könnte. In jedem Fall würde die neue Feuerkraft gepanzerte Fahrzeuge noch schneller zu Schrott verarbeiten. Auch der Abschuß interkontinentaler Raketen außerhalb der Atmosphäre wäre damit realisierbar. Laut Berichten der SDI-Forscher in den USA wurden mit dieser Kanonenart schon Geschwindigkeiten von 4 km/s erzeugt.

Explosive Flux Compression Railgun

Zur noch stärkeren Beschleunigung des Projektils kann ein Teil der Stromschienen mit Sprengstoff kaschiert werden, der im richtigen Moment gezündet wird. Die Beibehaltung des Stromflusses bis zum Austritt des Projektils und die Erhöhung des magnetischen Flusses je Flächeneinheit führen zu einer weiteren Geschwindigkeitszunahme, die laut unbestätigten Berichte zu einer Endgeschwindigkeit von 8 km/s führen. Bild 208 zeigt die prinzipielle Funktionsweise der verstärkten Version.

In Bild 209 wird der Versuchsaufbau einer elektromagnetischen Kanone gezeigt, welche mit 10 MJ gespeicherter Kondensatorenergie arbeitet. Die zugehörige Kondensatorbank ist in der Lage, 1,5 Millionen Ampere zu liefern. Dieser Strom treibt die im USA-Sprachgebrauch mit „Electromagnetic Launcher" (EML) bezeichnete Stromschienenkanone (Railgun) an. Diese Kanonenart ist ein Schlüsselelement des „Kinetic Energy Weapon"-Programms der USA.

High Frequency Guns

Moderne Hochfrequenzkanonen aus den Arsenalen der Supermächte sind heute bereits so weit fortentwickelt, daß sie in der Lage sind, Gehirnfunktion und Zentralnervensystem von Zielpersonen in einem größeren Umfeld und auf Distanzen von mehreren Kilometern auszuschalten. Durch den gezielten und massierten Einsatz von Hochfrequenzkanonen lassen sich beispielsweise die Gehirne von Raketenbedienungsmannschaften lahmlegen. Des weiteren ist es möglich, Kommandozentralen so mit Hochfrequenz zu bestrahlen, daß die dort anwesenden Offiziere zu keinem klaren Gedanken mehr fähig sind. Leistungsstarke Hochfrequenz- bzw. Radiowellensender waren be-

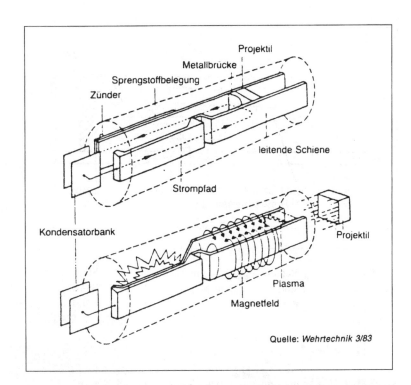

Bild 208:
Explosive Flux Compression Railgun (Funktionsprinzip)

Bild 209: Versuchsaufbau einer elektromagnetischen Kanone

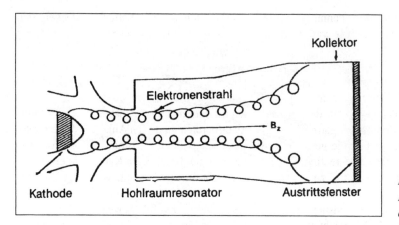

Bild 210:
Funktionsprinzip des Gyrotrons

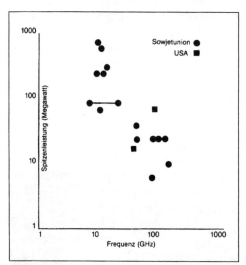

Bild 213:
Erzeugung des Elektronenhohlstrahls

Bild 211:
Mit Gyrotronen erzielte Spitzenleistungen

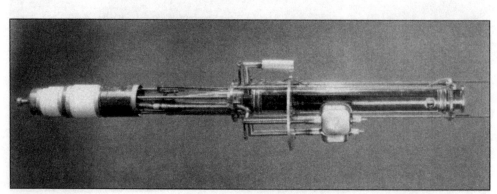

Bild 212: Versuchsaufbau eines Gyrotrons im kW-Bereich

reits zur Jahrhundertwende bekannt. Berühmter Vorreiter auf diesem Gebiet war der Forscher Nikola Tesla (1856–1943).

Wenn die absorbierte Energie eines RF-Feldes (RF = Radio Frequency) in lebenswichtige Bereiche gelenkt wird, etwa an die Schädelbasis, wo das Rückenmark in das Gehirn übergeht, kann ein Mensch mit ganz geringen Mengen an absorbierter Energie getötet werden. Es reicht aus, diese kleine Region des Zentralnervensystems auf 44 °C zu erhitzen, was mit einem Puls von einer Zehntelsekunde Dauer geschehen kann. Versuchstiere wurden durch kurze Pulse mit Energiedichten von nur 1 mW/cm² getötet.

Das Verhältnis zwischen der Wellenlänge der verwendeten Hochfrequenzwellen und den Abmessungen des Körpers ist wie bei jeder Empfangsantenne von großer Bedeutung. Ein aufrecht stehender Mensch von durchschnittlicher Größe hat eine Resonanzfrequenz von 43 MHz, während der Kopf als Topfkreis etwa 242 MHz haben soll. Laut neuester Forschungsergebnisse gibt es keinen Zweifel daran, daß kleine Mengen elektromagnetischer Energie bei richtiger Wahl von Frequenz und Impulsform die Funktion der Neurotransmitter erheblich stören und die Funktion des Gehirns ausschalten können.

Arbeiten an RF-Waffen verstecken sich weitgehend hinter „reiner Forschung" auf dem Gebiet der Hochenergiephysik. Die bekanntesten Einrichtungen zur Erzeugung energiereicher Mikrowellen sind Gyrotrone. Gyrotrone sind leistungsstarke Erzeuger von Mikrowellen im Zentimeter- und insbesondere im Millimeterbereich. In diesen Anlagen wird ein relativistischer Elektronenstrahl hoher Stromstärke aus einer besonderen Kathode in einen Resonanzhohlraum gelenkt, wobei entlang der Strahlachse ein starkes Magnetfeld aufgebaut wird. Die Elektronen bewegen sich dann auf schraubenförmigen Bahnen und pumpen so Energie in kohärente Mikrowellenschwingungen im Hohlraum. In Bild 210 ist die prinzipielle Funktionsweise dargestellt. Das Diagramm in Bild 211 zeigt die bisher erzielten Spitzenleistungen.

Das erste Gyrotron der Welt wurde Mitte der 60er Jahre von A.P. Gapanow und M.I. Petelin in Gorkij gebaut. 1976 berichtete eine russische Gruppe des kernphysikalischen Instituts von Tomsk unter Leitung von A.N. Didenko über die Erzeugung von Mikrowellenimpulsen von 3 GHz und 50 ns Dauer bei einer Leistungsspitze von bis zu 2.000 MW.

Aus Bild 212 ist der Versuchsaufbau eines Gyrotrons im kW-Bereich zu ersehen. Der Elek-

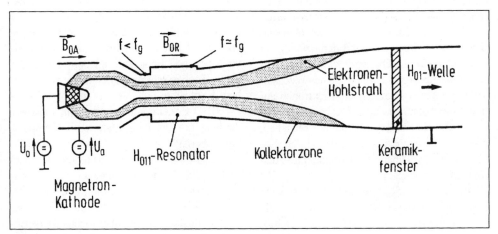

Bild 214: Gyrotron (physikalisches Prinzip)

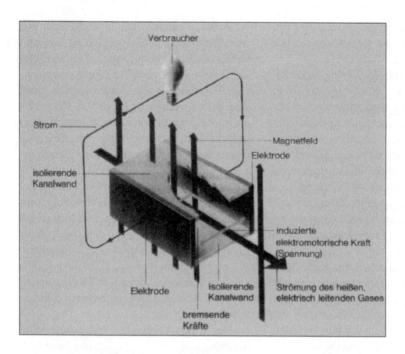

Bild 215: Funktion eines MHD-Generators

tronenhohlstrahl wird von einer Magnetronkathode entsprechend Bild 213 erzeugt. Aus Bild 214 geht nochmals in detaillierter Form die Gesamtanordnung hervor. Die von einer Elektronenkanone – gewöhnlich einer Magnetron-Injektionskathode – emittierten Elektronen werden mit relativistischer Geschwindigkeit in den HF-Wechselwirkungsraum eines kreiszylindrischen Resonators geschossen, der am selben Potential wie die Anode liegt. Darin unterliegen die Elektronen einem longitudinalen magnetischen Gleichfeld B_0 und dem transversal bzw. azimutal gerichteten elektrischen HF-Feld E des Resonators. Innerhalb des Wechselwirkungsraumes schreiten die Elektronen auf einer Spiralbahn fort und geben bei ihren Umläufen, die sie mit Gyrofrequenz vollziehen, ihre Rotationsenergie an das HF-Feld ab. Die HF-Energie wird über ein vakuumdichtes Auskoppelfenster ausgekoppelt.

Betrachten wir nun, welche Technologien infrage kommen, um RF-Waffen mit Energie zu versorgen. Für bestimmte Operationen mögen konventionelle Systeme ausreichen: normale Dieselgeneratoren oder Turbinen zusammen mit Kondensatorbatterien und Induktionsspeichersystemen, die die Erzeugung starker Strompulse in rascher Folge erlauben. Eine solche Anlage wäre etwa mit Störsendern vergleichbar, wie sie heute in der elektronischen Kriegsführung benutzt werden, und paßte auf einen großen Lastwagen. Wahrscheinlich werden wir es aber mit sehr viel kompakteren Geräten zu tun haben, die in kürzester Zeit viele Millionen Joule elektrischer Energie erzeugen können. Die jahrzehntelange intensive Arbeit von Forschern auf dem Gebiet der MHD-Technologien und den damit verbundenen „Explosionsgeneratoren" spricht dafür.

MHD-Generatoren arbeiten mit Plasmen, das heißt mit ionisierter Materie. Bei Temperaturen oberhalb von 5.000 °C existiert jede Materie als Plasma (Gemisch aus Ionen und freien Elektronen) in der sogenannten vierten Zustandsform. MHD-Generatoren sind nun in der Lage, die Energie eines Plasmas direkt, das heißt ohne den Umweg über mechanische Energie wie bei der konventionellen Stromerzeugung, in elektrische Energie umzuwandeln. Man läßt das elektrisch leitende Plasma durch ein äußeres Magnetfeld fließen; das induzierte elektrische Feld bewirkt einen Stromfluß, wenn eine entsprechende Last angeschlossen ist. So läßt sich dem Plasma Energie in Form von Elektrizität entziehen, und zwar mit Wirkungsgraden bis zu 60%.

In Bild 215 ist die Funktion eines MHD-Generators dargestellt. Bei Explosionsgeneratoren des MHD-Typs wird ein chemischer Sprengstoff zur Erzeugung eines Plasmas gezündet, dessen Energie magnetohydrodynamisch entnommen wird. Dabei durchläuft der Plasmastrom mit hoher Geschwindigkeit ein starkes Magnetfeld, und der induzierte Strom wird von einem Elektrodensystem abgeleitet. Die fortgeschrittensten Arbeiten an Explosionsgeneratoren, die stärkste Strompulse (Millionen Ampere) liefern, stammen, soweit bekannt ist, aus der Gruppe um A.I. Pawlowski in der ehemaligen Sowjetunion. In einem Aufsatz von 1977 bemerkte A.I. Pawlowski: „Die Kombination hoher Energieerzeugung und einer Energiefreisetzzeit von 10^{-7} Sekunden im Magnetoimplosionsgenerator eröffnet für verschiedene Anwendungsfelder bedeutende Möglichkeiten: Entwicklung von Hochstrombeschleunigern im Megajoulebereich, Erhitzung von Plasmen auf Fusionstemperatur, Erzeugung superstarker elektrischer und magnetischer Felder und mehrere andere Aufgaben in der Physik hoher Energiedichten."

Auch bei einer zweiten Technologie zur Erzeugung von gepulster Leistung haben sowjetische Forscher Pionierarbeit geleistet. Bei diesem Verfahren, das in der Fusionsforschung als „Implodierender Liner" bekannt ist, werden magnetisierte Plasmen benutzt – Plasmaströme, die sehr starke Magnetfelder einschließen. Die grundlegende Idee besteht darin, eine Flußverdichtung zu erreichen, das heißt, das Magnetfeld und die in ihm gespeicherte Energie durch die physische Kompression des Plasmas zu „verdichten". Satellitenfotos aus dem Jahre 1979/80 zeigen, daß die Sowjets in

Bild 216: Pawlowski-Generator

Saryschagan nahe der chinesischen Grenze eine experimentelle Strahlenwaffenanlage bauten, die mit derartigen Generatoren betrieben wird. Man bezeichnet sie als „Pawlowski-Generatoren", benannt nach A.I. Pawlowski vom Moskauer Kurtschatow-Institut, einer Schlüsselfigur bei der Entwicklung von gepulsten Systemen.

Ein Pawlowski-Generator besteht aus einem Metallzylinder (Liner), in dem sich ein magnetisiertes Plasma befindet. Eine künstlich herbeigeführte Explosion komprimiert den Liner und damit auch das Plasma und seine Magnetfelder. Schließlich explodiert die ganze Anordnung und setzt einen starken elektrischen Puls frei. Dieser Generator verfügt über eine Leistungskapazität, die um einen Faktor 1.000 bis 10.000 über dem liegt, was mit konventionellen Kondensatoren zu erreichen ist. „Aviation Week" zitiert dazu einen Vertreter des amerikanischen Verteidigungsministeriums: „Explosionsgetriebene Generatoren sind sehr leistungsstarke und mobile Energiequellen. Es ist möglich, Megajoules und Terrawatt mit einer Anlage zu erzeugen, die eine Person tragen kann."

In Bild 216 ist die Zeichnung eines Pawlowski-Generators zu sehen. Diese Generatoren werden angeblich auf dem Versuchsgelände Saryschagan benutzt, um Hochfrequenz- und Teilchenstrahlenwaffen mit Energie zu versorgen.

Laser-Guns

In den Bildern 217 und 218 wird ein Panzer mit Laserkanone gezeigt. Wer glaubt, daß es derartige Kampfwagen nur in Science-Fiction-Romanen gibt, irrt sich gründlich. Auf den Kriegsschauplätzen der nahen Zukunft werden

Bild 217: Panzer mit Laserkanone

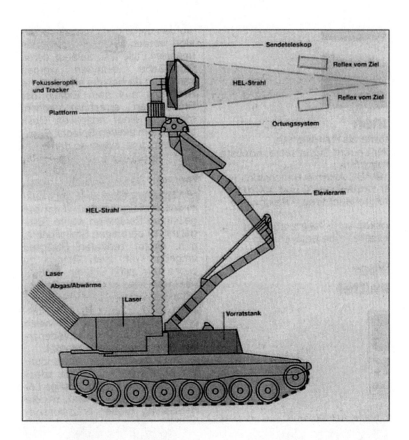

Bild 218:
Funktionsweise
des Panzers mit
Laserkanone

Strahlenkanonen dieser Art zum Alltag gehören. Es handelt sich dabei um mobile Hochenergielaser, welche tieffliegende Flugzeuge abschießen und die Sensoren von Panzerfahrzeugen blenden sollen. Der Hochenergielaser gibt zu diesem Zweck scharf gebündelte Wärmeenergie ab.

Die wichtigsten Teile der „Laserkanone" sind der Hochenergielaser (HEL) selbst und die zugehörige Optik. Treibstoff des CO_2-Lasers ist ein Kohlenwasserstoff, der zusammen mit einem stickstoffhaltigen Sauerstoffträger in einer Düse entsprechend Bild 219 zerstäubt und verbrannt wird. Dann strömt das Gas durch einen Kamm sehr feiner Laval-Düsen, wobei es sich entspannt und in einen für das „Lasern" erforderlichen Inversionszustand versetzt wird. Im optischen Resonator findet die stimulierte Emission und die Auskopplung der Laserstrahlen statt, die quer zur Gasflußrichtung stattfindet. Der Laser ist also kurz gesagt ein rechtekkiges Raketentriebwerk mit nachgeschaltetem Resonator. Das verbrauchte Gasgemisch wird mittels eines Diffusors in die Atmosphäre ausgestoßen. Beim CO_2-Laser ist das Abgas ungiftig, ein äußerst wichtiger Punkt für einen taktischen Einsatz.

Nachteilig ist allerdings die hohe Abgastemperatur. Die Wellenlänge der CO_2-Laserstrahlung liegt im Bereich der Wärmebildgeräte bei 10,6 µm.

Der CO_2-Laser ist ein Produkt aus Raketentechnik und Optik, wobei einem das neudeutsche Wort „Synergismus" einfällt.

Der bei den Firmen MBB und Diehl in der Entwicklung befindliche Demonstrationslaser

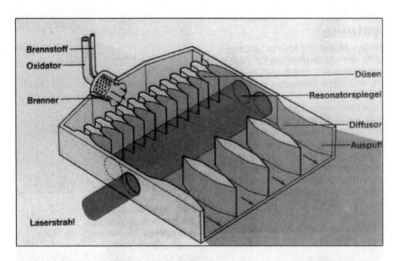

*Bild 219:
Prinzip des gasdynamischen
CO_2-Lasers*

*Bild 220:
Laserkanone im
Weltraum*

Bild 222: Laserquellen

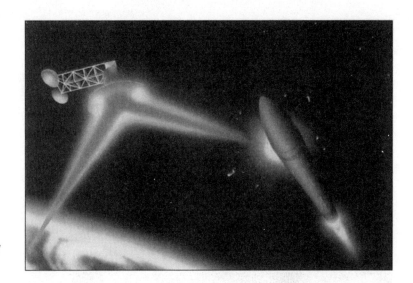

*Bild 221:
Fokussierspiegel
im Weltraum*

weist bei einer 100-kW-Leistung eine Breite des Düsenkamms von etwa 1 m auf. Zur Laserenergieerzeugung im Megawattbereich würde der Düsenkamm des Gaserzeugers etwa 2 m lang und 40 cm hoch sein.

In Bild 219 wird der prinzipielle Aufbau eines gasdynamischen CO_2-Lasers gezeigt. Mit dem 1985 gebauten Labormodell gelang es, zentimeterdicke Titan- und Aluminiumbleche in einigen Metern Entfernung innerhalb von einer Sekunde durchzubrennen. Metallbleche sind natürlich die härtesten Ziele. Als viel empfindlicher gegen Laserstrahlung haben sich die Baustoffe von Sensoren erwiesen. Die bereits oberflächliche Zerstörung des Fenstermaterials genügt meist, um den Sensor untauglich zu machen.

Als Flugabwehrwaffe bietet eine Laserkanone gegenüber konventionellen Kanonen- oder Flugkörpersystemen folgende Vorteile:

- die Laserkanone arbeitet trägheitslos;
- die freiwerdende Energie wird direkt auf das Ziel und nur auf dieses übertragen, man erhält also eine streng selektierte Zielbekämpfung;
- die Zielbekämpfung erfolgt mit Lichtgeschwindigkeit, Vorhalterechnungen und die damit verbundenen Ungenauigkeiten und Verzögerungen entfallen;
- schnelle Zielwechsel;
- billige Munition; Brennstoff (Kohlenwasserstoff und Sauerstoffträger) ist Munition;
- einfache Remunitionierung = Betankung;
- keine Mindestschußweiten;
- keine unterschiedliche Munition für die verschiedenen Zielarten erforderlich;
- Wirkung im Ziel nur abhängig von der Bestrahlungszeit;
- Einsatz auch gegen unbemannte Objekte, gegen die man teure Abwehrraketen nicht einsetzen würde;
- die Beschaffung eines Kriegsvorrats an Munition entfällt; dieser Punkt ist für die Kosten des Waffensystems entscheidend.

Auf der Basis des Hochenergie-Laserprinzips sind entsprechend den Bildern 220 und 221 auch Anlagen denkbar, die vom Weltall aus anfliegende Interkontinentalraketen abschießen können.

Die dafür geplanten Laser und ihre zugehörigen Wellenlängen sind aus Bild 222 zu ersehen.

Minispione-Schaltungstechnik
Teil 2

MW-, VHF/UHF-,
Mikrowellen-Minispione
Minipeilsender
Telefon-Applikationen
Stimmverfremder
Spezial-Applikationen

Inhaltsverzeichnis

Vorwort 7

Oszillatoren und Minispione 8
    Mittelwellen-Minispion mit Lambda-Schaltung 8
    Mittelwellen-Telefon-Minispion 10
    Mittelwellen-Micro-Oszillator 10
    Konventioneller Mittelwellen-Minispion 10
    UKW-Einsteiger-Minispion 11
    140-MHz-Minispion 14
    Sprachgesteuerter 140-MHz-Minispion 16
    Kombinierter Raum- und Telefon-Minispion 17
    140-MHz-Telefon-Minispion 18
    Quarzstabiler Minispion (138,075 MHz) 19
    Quarzstabiler Minispion (144 MHz) 22
    Quarzstabiler Minispion (180 MHz) 22
    TV-Minispion aus den USA 23
    Spannungsgesteuerter VHF-Oszillator (VCO) 26
    VHF-Oszillator (35–85 MHz) 26
    VHF-Oszillator (120–280 MHz) 30
    VHF-Oszillator mit Koaxkabel (50–200 MHz) 30
    VHF-Oszillator (138–153 MHz) 30
    VHF-Oszillator (143–197 MHz) 30
    Quarzstabiler UKW-Oszillator (105 MHz) 30
    UHF-Oszillator 30
    UHF-Oszillator mit Oberflächenwellenfilter (418/433 MHz) 30
    UHF-Oszillator auf einem Chip 32
    UHF-Minispion (700–900 MHz) 32
    UHF-Minispion im Gegentaktbetrieb (900 MHz) 32
    Mikrowellen-Oszillator (1,25–1,8 GHz) 34
    Mikrowellen-Minispion (1,8 GHz) 34
    Mikrowellen-Minispion (10 GHz) 36
    FM-modulierter Infrarot-Minispion 36
    FM-Infrarot-Empfänger 38

Aufspürgeräte und Peilsender 39
   Kfz-Aufspürgerät 39
   Hundeblinker 40
   Kurzwellen-Peilsender 41
   UKW-Minipeilsender (108–110 MHz) 44
   UKW-Peilsender 44
   144-MHz-Peilsender 44
   150-MHz-Minipeilsender 44

Telefon-Applikationen 46
   Telefonleitungs-Anzapfung mit Mini-NF-Trafo 46
   Telefonleitungs-Abhörverstärker 46
   Telefonklingel-Relais 46
   Telefonleitungs-Überwachungsschaltung 46
   Telefonanruf-Indikator (Version 1) 49
   Telefonanruf-Indikator (Version 2) 49
   Telefon-Besetzt-Simulator 50
   NF-Duplex-Betrieb auf Zweidrahtleitung 52
   DTMF-Decoder 52
   CB/Telefon-Relais 55
   Stimmverfremder 58
         – Doppelfilter-Prinzip 60
         – Verstärker-/Bandpaß-Prinzip 61
   Digitaler Sprachscrambler und -descrambler 63

Sonstige interessante Schaltungen 70
   Mittelwellen-Empfangsschaltung 70
   18-dB-HF-Verstärker 71
   Mini-UKW-Empfangsschaltung 71
   Spezial-S-Meter 74
   Sender-Output-Monitor 74
   Sprachsteuerung für Kassettenrecorder 75
   Mini-NF-Verstärker 76
   VOX-Sendersteuerung 76
   Permanentmagnet-Detektor 76
   Schaltungen mit negativem Widerstand 79
   Spannungsregler 80
   Spannungsvervielfacher 80
   Timerschaltungen 80
         – Timer 1 (1 Sekunde bis 2,5 Minuten) 80
         – Timer 2 (1 Sekunde bis 19 Tage) 80
         – Timer 3 (1 Stunde bis 99 Stunden) 80
         – Timer 4 (1 Tag bis 99 Tage) 84

Vorwort

Mit dem Beginn der Halbleiterära fand gleichzeitig der Aufschwung der Minispion-Technik statt. Bei den Geheimdiensten war der kalte Krieg die treibende Kraft zur immer stärkeren Miniaturisierung der Abhörgeräte. Anfang der 60er Jahre erreichte die Abhörtechnik auf einem Moskauer Cocktailempfang ihren ersten Höhepunkt. Dort fand ein US-Diplomat in seinem Martiniglas die traditionelle Olive mit allerdings nicht verzehrbarem Inhalt: Im ihrem Innern war ein Kleinstsender versteckt, wobei der in der Olive steckende Cocktailspieß als Sendeantenne umfunktioniert wurde. Obwohl die US-Diplomatie „schärfsten Protest" einlegte, war der Zwischenfall schnell vergessen. Die Maxime lautete: Wer sich abhören läßt, ist selbst schuld. Heute ist jeder bessere Hobbyelektroniker mittels SMD-Technik in der Lage, sich seine trojanische Olive selbst zu bauen.

Nicht zuletzt kann er jedoch auch mit einem selbstgebauten Abwehrgerät feststellen, ob jemand seine Privat- bzw. Intimsphäre mit einem Minispion bedroht.

Teil 2 zeigt anhand konkreter Schaltungsbeispiele Aufbau und Abwehr verdeckter Lauschgeräte und gibt damit Betroffenen Orientierungshilfen, um Vorsichtsmaßnahmen ergreifen zu können.

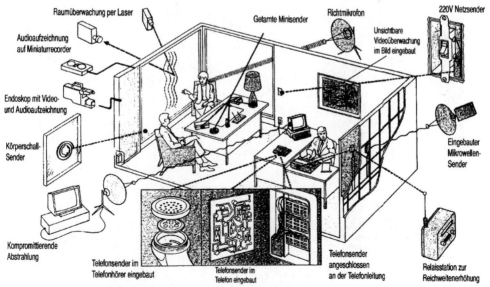

Big Brother lauert überall!

Oszillatoren und Minispione

In der Minispion-Technik gibt es immer wieder interessante Schaltungsvorschläge. Dies gilt besonders im Hinblick auf die beiden nun folgenden Applikationen aus den USA.

Mittelwellen-Minispion mit Lambda-Schaltung

Zum Verständnis der Funktionsweise des in Bild 1 (links) gezeigten Mittelwellen-Minispions wird in Bild 2 dargestellt, wie mittels eines negativen Widerstands ein Resonanzkreis zum Schwingen gebracht werden kann. Ähnlich wie bei einer Tunneldiode kann mit der Hintereinanderschaltung zweier komplementärer Feldeffekttransistoren (N-FET und P-FET) ein negativer Widerstand erzeugt werden. Der negative Widerstand kompensiert die ohmschen Verluste des Schwingkreises und regt diesen damit zum Schwingen an. Dazu muß die Lambda-Schaltung durch Wahl der passenden Betriebsspannung bzw. des Arbeitspunktes entspre-

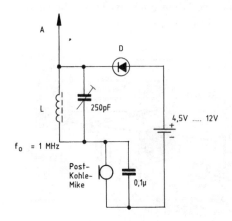

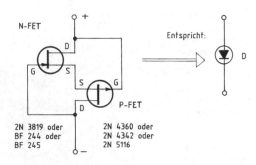

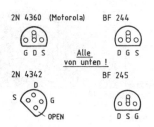

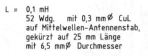

Bild 1: Mittelwellen-Minispion

Bild 2: Lambda-Schaltung

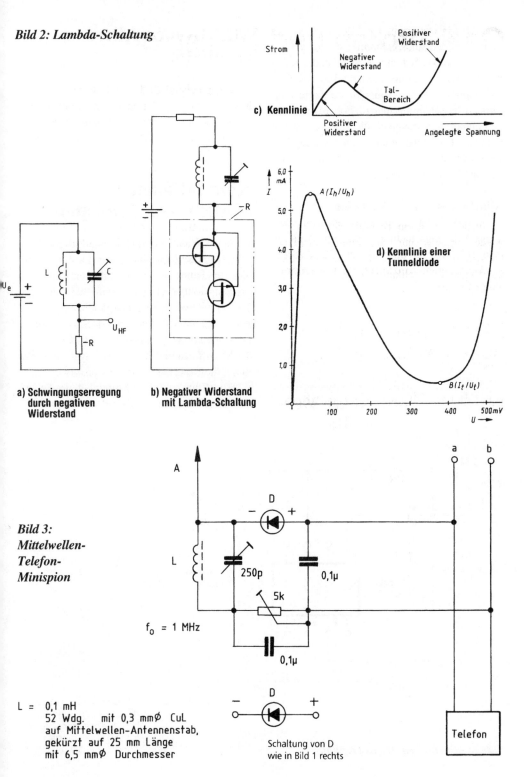

a) Schwingungserregung durch negativen Widerstand

b) Negativer Widerstand mit Lambda-Schaltung

c) Kennlinie

d) Kennlinie einer Tunneldiode

Bild 3: Mittelwellen-Telefon-Minispion

$f_o = 1$ MHz

L = 0,1 mH
 52 Wdg. mit 0,3 mmØ CuL auf Mittelwellen-Antennenstab, gekürzt auf 25 mm Länge mit 6,5 mmØ Durchmesser

Schaltung von D wie in Bild 1 rechts

chend Bild 2 (unten) in den Talbereich des negativen Widerstands gefahren werden.

Die Lambda-Schaltung, bestehend aus den beiden FETs, wird entsprechend Bild 1 (rechts) symbolhaft wie eine Tunneldiode dargestellt. Ob sich die Schaltung auch für höhere Frequenzen eignet, verschweigen die amerikanischen Quellen. Die Verwendung einer Kohlegrieskapsel aus einem Telefonhörer trägt nicht gerade zur Miniaturisierung bei.

Mittelwellen-Telefon-Minispion

Aus Bild 3 ist zu ersehen, daß sich eine derartige Schwingschaltung auch zum Abhören von Telefongesprächen eignet. Die Arbeitspunkteinstellung wird mit dem 5- kΩ-Trimmer vorgenommen.

Mittelwellen-Micro-Oszillator

Entsprechend Bild 4 läßt sich mittels des ICs LM 3909 von National Semiconductor ein winzig kleiner Mittelwellen-Oszillator aufbauen. Als Batterie genügt eine 1,5-V-Knopfzelle.

Konventioneller Mittelwellen-Minispion

In Bild 5 wird ein konventionell aufgebauter Mittelwellen-Minispion gezeigt. Die Schaltung bietet keine besonderen Neuigkeiten. Das Ausgangssignal der Oszillatorstufe wird auf die Treiberstufe geführt, welche gleichzeitig für die Amplitudenmodulation des HF-Signals sorgt. Der Operationsverstärker CA 3140 verstärkt das Mikrofonsignal. Vom Ausgangs-Pin 6 geht es auf die Basis des Treibertransistors.

Zum Testen wird ein Mittelwellenradio auf eine unbenutzte Frequenz auf der Skala zwi-

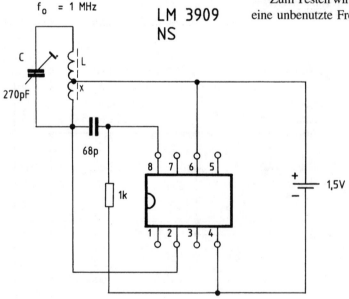

Bild 4: Mittelwellen-Micro-Oszillator

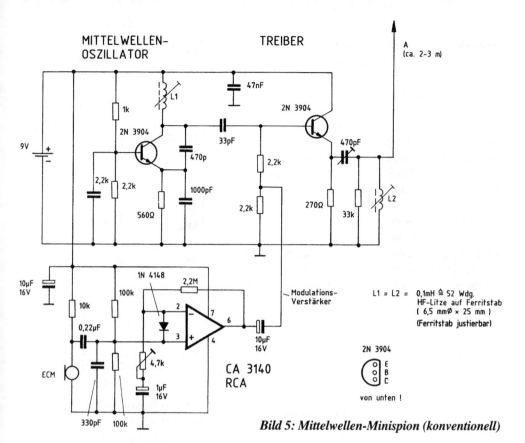

Bild 5: Mittelwellen-Minispion (konventionell)

schen 800 und 1.600 kHz gestellt. Nun wird L1 solange justiert, bis dies im Radio hörbar wird. Durch Abstimmung von L2 auf die gleiche Frequenz wird das Senderausgangssignal erhöht. Dabei sollte ein Oszilloskop zu Hilfe genommen werden.

Wenn L1 verstimmt wird, muß jeweils L2 nachgestimmt werden. Mit dem 4,7-kΩ-Trimmer kann die Mikrofonempfindlichkeit des Mittelwellen-Minispions variiert werden.

UKW-Einsteiger-Minispion

In Bild 6 ist eine typische „Bastelschaltung" eines UKW-Minispions angegeben. Der kleine „Do-it-yourself"-UKW-Minispion läßt sich mit gängigen Bauteilen aufbauen und arbeitet mit jeder 9-V-Batterie. Die Schaltung eignet sich unter anderem hervorragend als Babysitter. Die Mikrofonempfindlichkeit ist sehr gut, so daß auch leise geführte Gespräche in jedem Teil eines Raumes problemlos mitverfolgt werden können.

In den USA ist der Betrieb dieses UKW-Senders sogar erlaubt, da seine Feldstärke in 15 m Abstand nur 50 µV/m beträgt, bei einer Bandbreite des abgestrahlten Signals von 200 kHz. Dies gilt nur, wenn keine höhere Batteriespannung als 9 V angelegt wird und die Sendeantenne nicht länger als 30 cm ist. Die Schaltung birgt keine besonderen Geheimnisse. Die Schallsignale werden mit einem handelsüblichen Electret-Mikrofon aufgenommen und mit dem ersten 2N-2222-Transistor verstärkt. Die verstärkte Mikrofonwechselspannung wird auf den zweiten 2N-2222-Transistor geführt

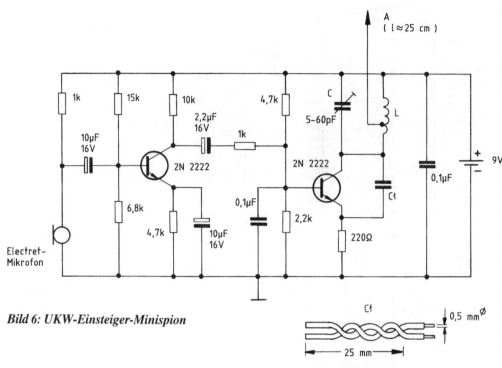

Bild 6: *UKW-Einsteiger-Minispion*

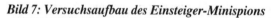

C1 = verdrillte, kunststoffisolierte Drähte mit 25 mm Länge (0,5 mm Ø un- isolierter Durchmesser)
L = 6 Wdg. mit 0,8 mm Ø versilbertem Kupferdraht auf Bleistift gewickelt
x = Antennenanzapfung 2 Wdg. von unten !

Bild 7: *Versuchsaufbau des Einsteiger-Minispions*

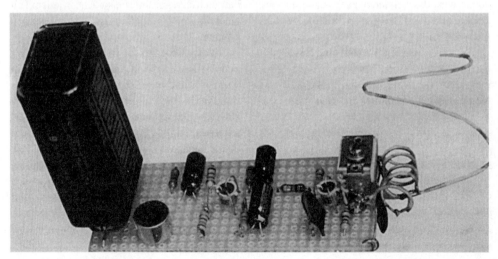

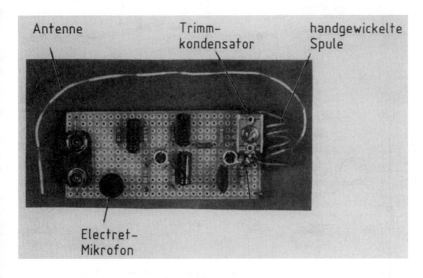

Bild 8:
Der Einsteiger-Minispion von oben gesehen.

und sorgt dort für eine brauchbare Frequenzmodulation.

Mittels C und L läßt sich die Oszillatorstufe auf Frequenzen zwischen 80 MHz und 130 MHz einstellen. Für die Herstellung von L wird auf einen runden Bleistift sechs Windungen 0,6 mm starker versilberter Kupferdraht gewickelt. Der Rückkopplungskondensator C1 wird durch Verdrillen von zwei isolierten ca. 0,5 mm starken Kupferdrähten oder Litzen von etwa 5 cm Länge hergestellt. Die beiden verdrillten Kabelstücke werden in Bild 6 unten rechts gezeigt.

Wem die Wicklerei zu lästig ist, kann auch einen kleinen Festkondensator von 3,3 pF bis 6,8 pF einbauen.

Der 0,1-µF-Kondensator zwischen den Batterieanschlüssen sollte sich so nah wie möglich am Schwingkreis bzw. der Oszillatorstufe befinden. Die 30 cm lange Drahtantenne wird zwei Windungen vom unteren Ende der Spule L festgelötet.

Zur Inbetriebnahme des kleinen UKW-Senders (Achtung: In Deutschland nicht erlaubt!) muß das UKW-Radio mindestens 3 m entfernt vom Sender aufgestellt werden. Nun wird eine ruhige Stelle an der UKW-Skala gesucht, an der sich kein Rundfunksender, sondern nur Rauschen befindet, und dann die 9-V-Batterie am Sender angeschlossen. Wenn jetzt der Kondensator C durchgedreht wird, verschwindet an einer bestimmten Stelle das Rauschen im UKW-Radio. Nun schwingt der Oszillator mit der an der Radioskala ablesbaren Frequenz. Wird die Lautstärke des UKW-Radio hoch aufgedreht, jault und heult es aus dem Lautsprecher. Dieser Effekt wird akustische Rückkopplung genannt.

Nach Entfernen des Schraubenziehers (der möglichst aus Kunststoff sein sollte) kann der Punkt auf der Radioskala etwas verrutschen. Durch leichtes Nachjustieren an der Radioskala läßt sich der Punkt einwandfreien Empfangs wiederfinden.

Außer mit dem Kondensator C kann auch mittels Zusammendrücken oder Auseinanderziehen der Spulenwindungen geringer Einfluß auf die Senderfrequenz genommen werden. Wer statt mit einer 9-V-Batterie mit einem Netzteil arbeiten will, braucht ein Gerät mit geringer Brummspannung. Anderenfalls ist aus dem UKW-Radio nur Brummen zu hören.

Die Bilder 7 und 8 zeigen den Versuchsaufbau des Einsteiger-Minispions.

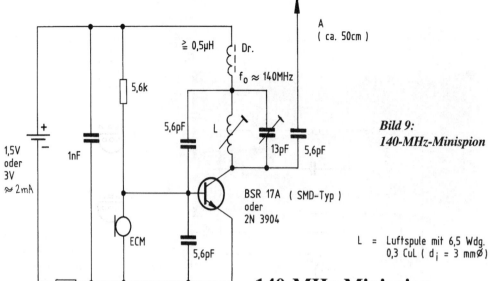

Bild 9: 140-MHz-Minispion

L = Luftspule mit 6,5 Wdg. 0,3 CuL (d_i = 3 mm⌀)

140-MHz-Minispion

In Bild 9 ist der nach seinem Erfinder benannte Rabel-Universal-Oszillator zu sehen. Die Schaltung, die „theoretisch eigentlich gar nicht funktionieren dürfte", eignet sich laut Herrn Rabel für alle Arten von Minispionen, also vom Kugelschreiber bis zur 220-V-Netzdose.

Hier ist die Kugelschreiberversion eines Minispions abgebildet. Offenbar steht durch Hochlegen des normalerweise HF-mäßig kalten oberen Endes des Resonanzkreises mittels einer Drossel genügend HF-Spannung zur Verfügung, so daß diese mittels des 2 × 5,6-pF-HF-Spannungsteilers auf die Basis zurückgekoppelt werden kann. Sollten doch Anschwingprobleme auftauchen, muß in die Leitung zwischen Basis und Electret-Mikrofon eine weitere Drossel gleicher Größenordnung eingefügt werden. Je nach Batteriespannung ist der Vorwiderstand (100 Ω/560 Ω) an die Schaltung anzupassen. Der Raumbedarf für diese in SMD-Technik aufgebaute Schaltung ist so gering, daß sie beispielsweise als 5 mm starkes Abschlußteil im Boden einer Zigarettenschachtel entsprechend Bild 10 Platz finden kann.

Bild 11 zeigt eine SMD-Minispion-Platine, die sich wahlweise als Raum- oder Telefonsender verwenden läßt.

Bild 10: Minispion, versteckt im Boden einer Zigarettenschachtel

Bild 11: SMD-Aufbau von Minispionen

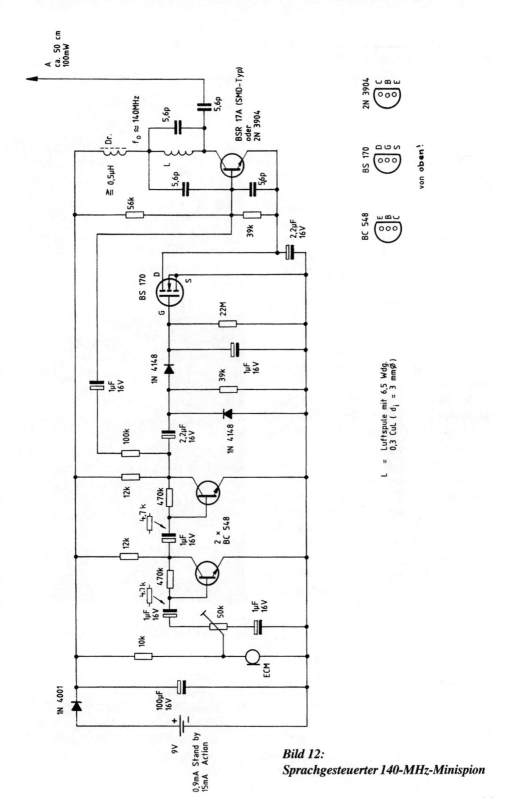

Bild 12:
Sprachgesteuerter 140-MHz-Minispion

Sprachgesteuerter 140-MHz-Minispion

In Bild 12 wird der zuvor beschriebene Rabel-Universal-Oszillator in sprachgesteuerter Version eingesetzt. Dies bedeutet, daß der Minispion erst zu senden beginnt, wenn im Raum gesprochen wird. Dazu wird das Mikrofonsignal erst mit zwei Transistoren verstärkt und dann gleichgerichtet. Mit der gewonnenen Gleichspannung wird ein MOS-Schalttransistor angesteuert, der den Oszillator dann an die Betriebsspannung legt. Falls der zweistufige NF-Verstärker zum Schwingen neigt, kann in die Basisleitungen jeweils ein 1,0- bis 4,7- kΩ-Widerstand eingefügt werden. Mit 9 V Batteriespannung soll die Schaltung 100 mW HF-Leistung liefern.

Bild 13 zeigt die „Liquidierung" eines netzgespeisten Minispions durch Abzwicken des Electret-Mikrofons.

Der Batterie-Dummy aus Bild 14 eignet sich nicht nur zur Aufbewahrung von geheimem Filmmaterial, sondern auch zum versteckten Einbau von Minispionen. Im Geheimdienstjargon werden Verstecke für geheime Filme und Dokumente Container genannt. Die Daimon-Batterie eines DDR-Agenten entsprach in Gewicht und Leistung exakt einer echten Monozelle: Die Stasi hatte eine 1,5-V-Spezialknopfzelle eingebaut, um keinen Verdacht aufkommen zu lassen.

Ein US-Minispion, der sowohl für Raum- als auch Telefonbetrieb benutzt werden kann, ist in Bild 15 zu sehen. Der in SMD-Technik aufgebaute Minispion arbeitet mit Betriebsspannungen zwischen 3 V und 12 V. Die Frequenz ist zwischen 80 MHz und 130 MHz einstellbar.

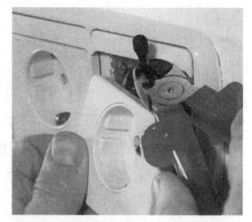

Bild 13: Das Mikrofon eines netzgespeisten Minispions kurz vor der "Liquidierung".

Bild 14: Ein Batterie-Dummy eignet sich auch zum Verstecken von Minispionen.

Bild 15: US-Minispion, als Raum- und Telefonsender einsetzbar

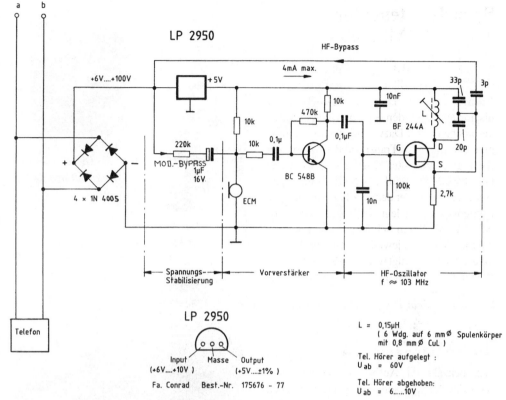

Bild 16: Kombinierter UKW-Raum- und Telefon-Minispion

Kombinierter Raum- und Telefon-Minispion

Die Schaltung eines kombinierten Raum- und Telefon-Minispions findet sich in Bild 16. Das Spannungsregler-IC LP 2950 stabilisiert die unterschiedlichen Spannungswerte an der Telefonleitung auf konstante +5 V.

Über einen Modulationsbypaß wird die Telefongesprächs-Wechselspannung genauso wie die Mikrofonwechselspannung auf einen einstufigen NF-Verstärker gegeben. Von dort gelangt das kombinierte NF-Signal auf das Gate des UKW-Oszillators und moduliert diesen in seiner Frequenz. Ein HF-Bypaß sorgt für die Auskopplung des HF-Signals auf die Telefonleitung bzw. Behelfsantenne.

In Bild 17 wird die handelsübliche Ausführung einer SMD-bestückten Kombi-Minispions gezeigt.

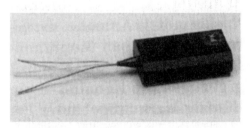

Bild 17: Kombinierter Raum- und Telefon-Minispion

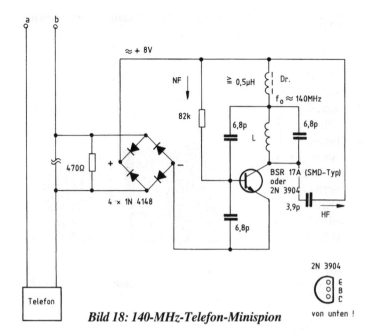

Bild 21: Dieser Telefon-Minispion ist nur 8×9×3 mm „groß".

Bild 18: 140-MHz-Telefon-Minispion

140-MHz-Telefon-Minispion

Die Schaltung eines einfachen, auf der Rabel-Universal-Schaltung beruhenden Telefon-Minispions ist in Bild 18 angegeben. Es handelt sich um einen seriell zur Telefonleitung betriebenen Telefon-Minispion, der seinen Strom beim Abheben des Telefonhörers aus dem Telefonnetz bezieht. Durch die Graetz-Gleichrichterbrücke braucht auf die Polarität der Telefonleitungen keine Rücksicht genommen werden. Mit der Telefongesprächs-Wechselspannung wird über den 82-kΩ-Widerstand die Basis des Transistors moduliert. Das HF-Signal wird zur Abstrahlung in die Telefonleitung gekoppelt.

In Bild 19 sind einige Telefonadapter abgebildet, die mit entsprechendem Aufwand mit einem Minispion nachgerüstet werden können.

Bild 20 zeigt zwei vergossene US-Telefon-Minispione, die genau in die dort üblichen Telco-Telefondosen passen. Ein weiterer Telefon-Minispion zum Anklemmen in der Telefondose ist aus Bild 21 ersichtlich. Die Originalmaße der Platine sind 8×9×3 mm.

Bild 19: In jedem Telefonadapter kann ein Minispion versteckt sein!

Bild 20: US-Telefon-Minispione zum paßgenauen Einbau in Telco-Telefondosen

Quarzstabiler Minispion (138,075 MHz)

Die Schaltung eines quarzstabilen Minispions ist in Bild 22 zu sehen. Als Resonanzkreisspulen werden in dieser Applikation Mini-Toroide von Neosid verwendet (siehe Bild 26). Mit der Treiberstufe wird die 5. Oberwelle des Quarzes verstärkt und auf die Antenne gegeben. Die Ausgangsleistung kann durch Wahl des oberen Basiswiderstandes festgelegt werden. Durch die Verfünffachung der Oszillatorfrequenz wird trotz der harten Quarzanbindung der Schwingfrequenz ein ausreichend hoher Frequenzhub erzeugt.

Wie klein selbst quarzstabile und sprachgesteuerte Minispione gebaut werden können, offenbart Bild 23. Ein Überblick über Festinduktivitäten und Ferritbauteile von Neosid wird in Bild 24 bis Bild 26 gegeben.

Die in der Schaltung aus Bild 22 verwendeten Mini-Toroide (Ringkerne) sind in Bild 26 erste Spalte, zweiter Ringkern von unten zu sehen.

Bild 23: Aufbau eines quarzstabilen, sprachgesteuerten Minispions

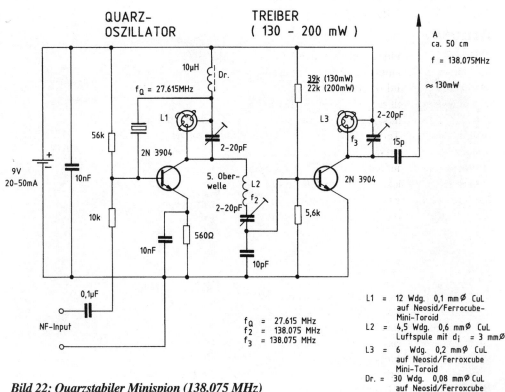

Bild 22: Quarzstabiler Minispion (138,075 MHz)

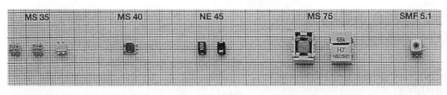

Bild 24: SMD-Induktivitäten (Neosid)

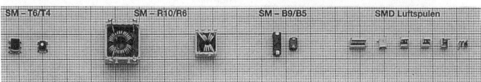

Bild 25: Konventionelle Induktivitäten (Neosid)

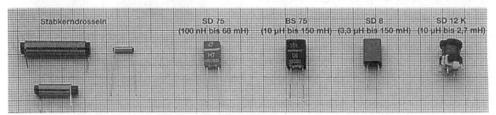

Bild 26: Ring- und Lochkerne (Neosid)

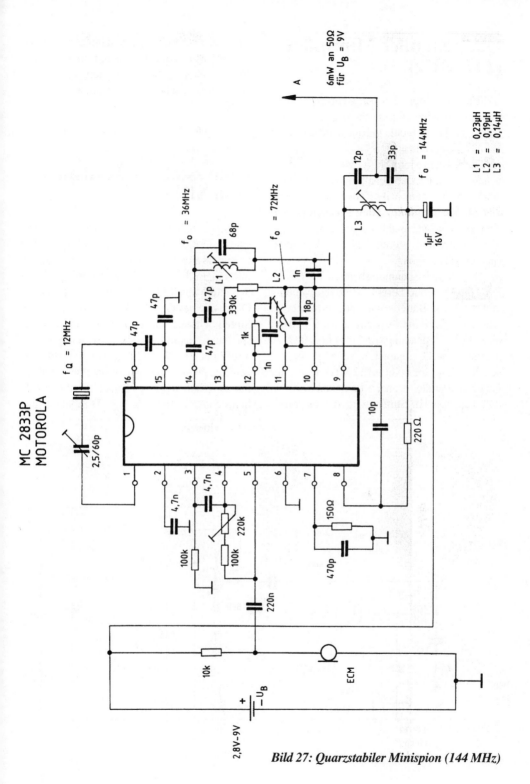

Bild 27: Quarzstabiler Minispion (144 MHz)

Quarzstabiler Minispion (144 MHz)

Eine aus der 2-m-Amateurfunktechnik stammende Schaltung, die nach Motorola-Vorlagen von Frank Sichla gebaut wurde, wird in Bild 27 vorgestellt.

Die aus dem Motorola-IC MC 2833 hervorgehende Minisender-Schaltung verfügt über einen integrierten Mikrofonverstärker, eine FM-Modulationsstufe, eine Oszillator- und Treiberstufe, zwei unabhängige integrierte HF-Verstärkungstransistoren und eine Referenzspannungserzeugung.

Der Betriebsspannungsbereich reicht von 2,8 V bis 9 V, wobei bei einer Betriebsspannung von 4,5 V die Batterie nur mit 3 mA belastet wird. Bei einer Batteriespannung von 9 V ist mit einer Ausgangsleistung von 6 mW (an 50 Ω) zu rechnen. Die Oszillatorstufe schwingt in diesem Schaltungsbeispiel auf 12 MHz, wobei der Quarz in Parallelresonanz betrieben wird. In drei weiteren HF-Stufen wird die Quarzfrequenz erst verdreifacht und dann zweimal verdoppelt. Mit dem 220-kΩ-Trimmer kann die Mikrofonempfindlichkeit justiert werden. Als Sendeantenne wird ein 50 cm langer Draht verwendet.

Quarzstabiler Minispion (180 MHz)

Die Schaltung eines quarzstabilen Minispions für die Sendefrequenz von 180 MHz ist in Bild 28 angegeben. Die Schaltung muß noch mit einem Mikrofonvorverstärker (z.B. der Schaltung aus Bild 16) ergänzt werden. Die 3. Oberwelle des Quarzes wird mittels einer HF-Stufe nochmals verdreifacht. Je nach Batteriespannung kann mit einem HF-Output von 5 mW bis 10 mW gerechnet werden. Bild 28a zeigt die Platine eines quarzbestückten Minispions zum Einbau in einen Kugelschreiber. Deutlich sichtbar ist die aufgeätzte Wendelantenne.

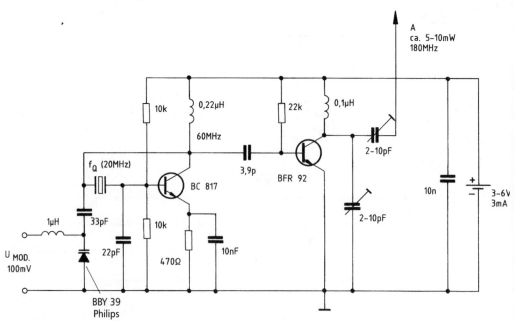

Bild 28: Quarzstabiler Minispion (180 MHz)

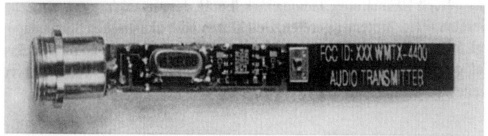

Bild 28a: Platine eines quarzbestückten Minispions zum Einbau in einen Kugelschreiber

TV-Minispion aus den USA

Die Videomodulatorschaltung eines TV-Minispions aus den USA ist in Bild 29 wiedergegeben. Die Oszillatorstufe schwingt je nach Einstellung von L1 und C1 zwischen 174 MHz und 216 MHz (Kanal 7 bis 13). Durch Verkleinerung von L1 und L2 von drei auf zwei Windungen kann auch oberhalb 250 MHz gesendet werden (Kanal 14 bis 29). Mittels eines HF-Verstärkers im C-Betrieb wird das HF-Signal weiter verstärkt. Der Resonanzkreis des HF-Verstärkers besteht aus der Spule L2 und den parasitären Kapazitäten des Platinenlayouts.

Der HF-Verstärker wird von einem zweistufigen Videoverstärker amplitudenmoduliert. Das Videosignal stammt von einem kleinen CCD-Kameramodul, dessen Ausgangsspannung von 2 Vss mit einer 0,7 V hohen Gleichspannung überlagert ist. Die Schaltung kann auch mit anderen Kameramodulen betrieben werden. Dann muß der 2,7-kΩ-Widerstand in der Kollektorleitung der ersten Videoverstärkerstufe auf 4,7 k erhöht und ein 15-kΩ-Widerstand (gestrichelt gezeichnet) zwischen beiden Stufen eingefügt werden. Die erste Maßnahme erhöht die Verstärkung, die zweite beseitigt die überlagerte Gleichspannung (DC-Offset) an der Verstärkerstufe.

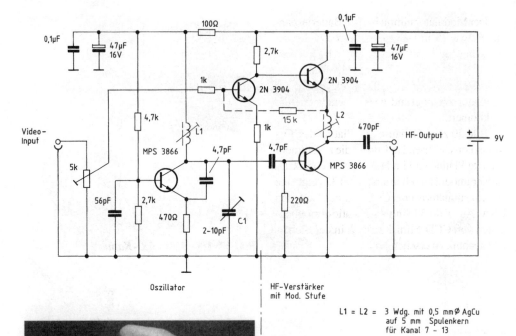

Bild 29: TV-Minispion aus den USA

Bild 30: Gehäuse und Platine des TV-Minispions

Bild 31: Die zusammengebaute Platine des TV-Minispions mit dem CCD-Kameramodul im Hintergrund

Der Modulator nimmt bei 9 V Batteriespannung etwa 25 mA Betriebsstrom auf. Dieser Wert fällt auf etwa 10 mA ab, wenn L1 mit dem Finger berührt wird und die Oszillatorschwingung aussetzt. Dies zeigt nicht zuletzt, daß der Oszillator schwingt und die HF-Verstärkerstufe funktioniert.

Bild 30 zeigt Gehäuse und Platine des TV-Minispions, während in Bild 31 die zusammengebaute Platine und im Hintergrund das CCD-Kameramodul zu sehen sind. Bild 32 zeigt eine extrem miniaturisierte CCD-Kamera aus den USA. Aus Bild 33 sind Applikationsmöglichkeiten von CCD-Mini-Kameras in der Sicherheitstechnik zu ersehen.

Bild 32: US-Mini-CCD-Kamera

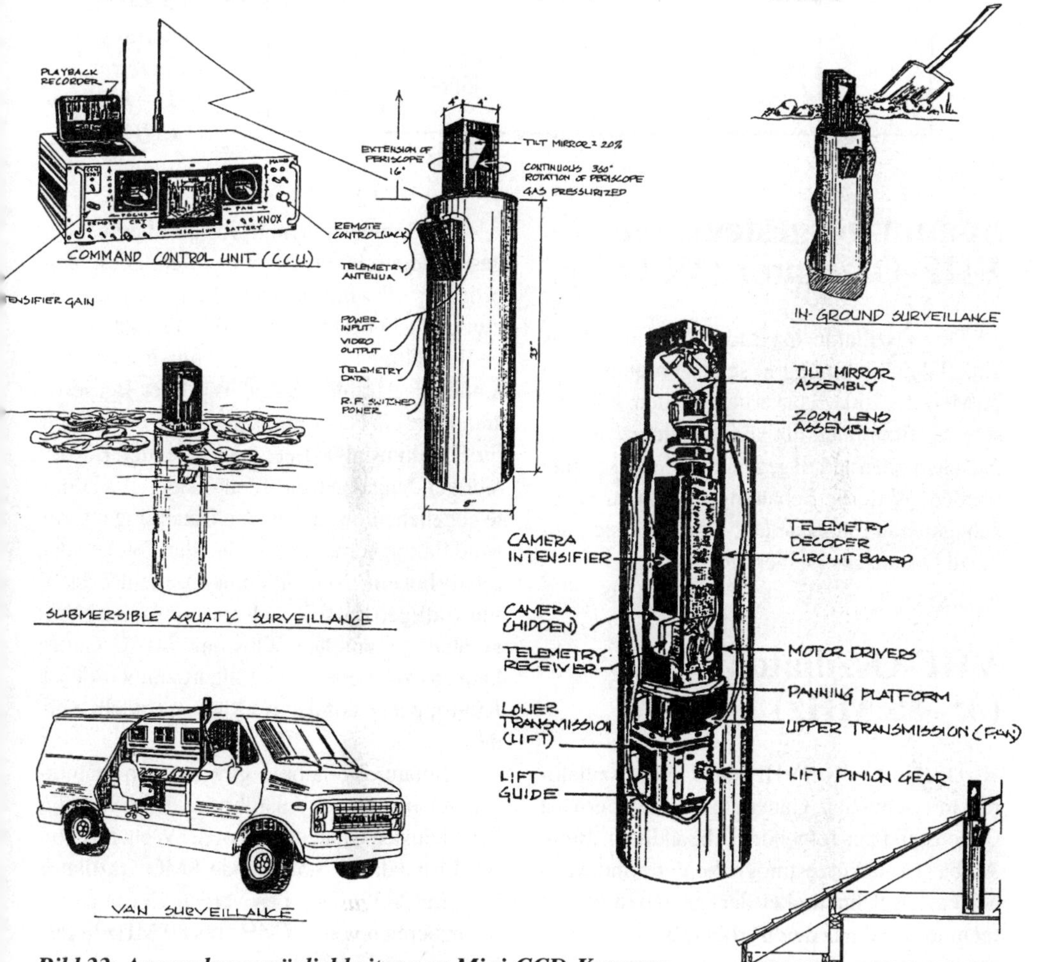

Bild 33: Anwendungsmöglichkeiten von Mini-CCD-Kameras

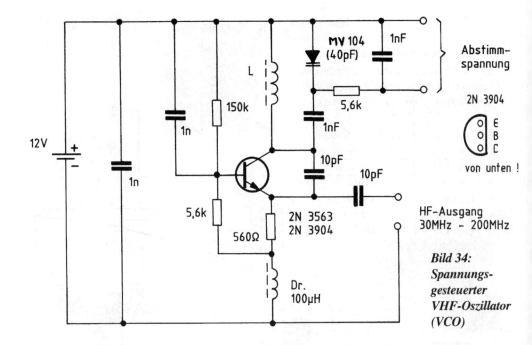

Bild 34: Spannungsgesteuerter VHF-Oszillator (VCO)

Spannungsgesteuerter VHF-Oszillator (VCO)

Der Oszillator in Bild 34 kann mittels einer Gleichspannung in seiner Frequenz von 30 MHz bis 200 MHz variiert werden. Für bessere Abstimmlinearität können auch zwei Kapazitätsdioden seriell gegeneinander geschaltet werden. Wird die Schaltung mit einem Sägezahngenerator angesteuert, eignet sie sich auf kurze Distanz als kleiner Störsender.

VHF-Oszillator (35–85 MHz)

Der Aufbau von VHF- und UHF-Oszillatoren mit schnellen Gattern bzw. Invertern ist Gegenstand der folgenden Abhandlung. Beim Aufbau ist auf kürzestmögliche Verdrahtung zu achten. Die Schnelligkeit der Gatter bzw. Inverter muß allerdings durch erhöhte Stromaufnahme erkauft werden.

Bild 35 zeigt drei ringförmig hintereinander geschaltete schnelle Inverterstufen. Diese Anordnung schwingt je nach Betriebsspannung zwischen 35 MHz und 85 MHz. Die sehr oberwellenhaltige Frequenz kann mittels einer Antenne abgestrahlt werden. Wird der Betriebsspannung ein NF-Signal überlagert, eignet sich die Schaltung als kleiner UKW-Sender. Bei der Verwendung von Dual-Input-Gatter-ICs könnte gegebenenfalls der zweite Gattereingang zur Modulation herangezogen werden. Wegen der relativ hohen Stromaufnahme empfiehlt es sich, mit kräftigen Batterien oder brummfreien Netzgeräten zu arbeiten. Obwohl 74-AC-Gatter kaum tot zu kriegen sind, sollten dennoch kleine Kühlrippchen auf den IC-Rücken geklebt werden.

Miniaturoszillatoren gibt es auch in integrierter bequarzter Ausführung. Bild 36 zeigt den kleinsten Quarzoszillator der Welt. Der von der Firma Jauch stammende SMO-Oszillator kann mit 3–5 V betrieben werden. Er ist im Frequenzbereich von 1,5 MHz bis 80 MHz lieferbar.

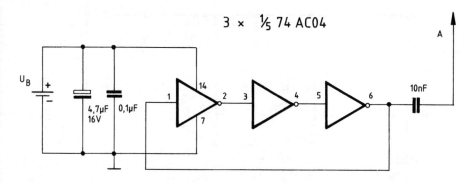

Bild 36: Kleinster Quarzoszillator der Welt

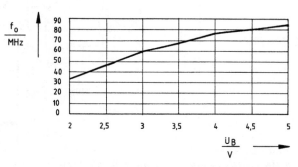

Bild 35: VFH-Oszillator (35–85 MHz)

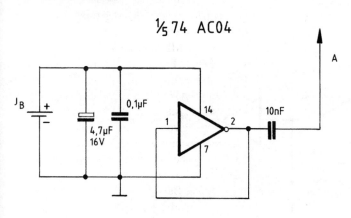

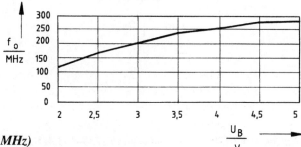

Bild 37: VHF-Oszillator (120–280 MHz)

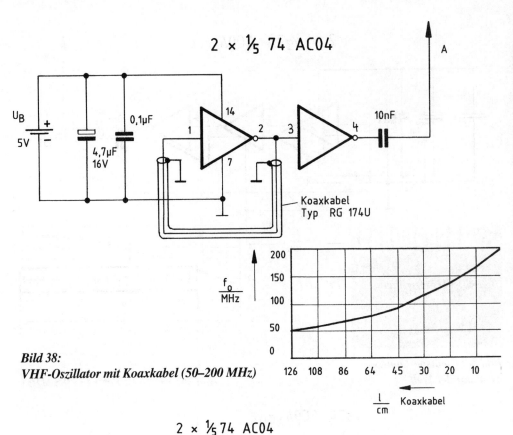

Bild 38:
VHF-Oszillator mit Koaxkabel (50–200 MHz)

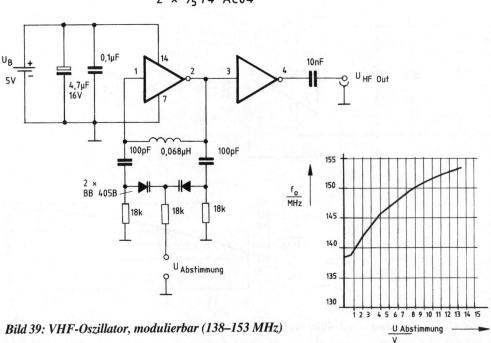

Bild 39: VHF-Oszillator, modulierbar (138–153 MHz)

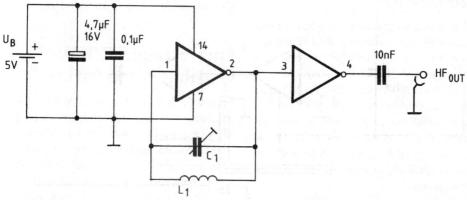

Bild 40: *VHF-Oszillator (143–197 MHz)*

L_1 (nH)	C_1 (pF)	f_o (MHz)
68	6	143,1
68	1,5	159,4
68	–	166,4
39	6	180,9
39	1,5	190,7
39	–	197,9

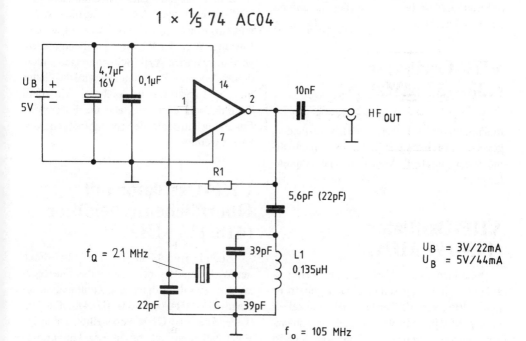

Bild 41: *Quarzstabiler UKW-Oszillator (105 MHz)*

VHF-Oszillator (120–280 MHz)

Die einfachste Variante eines frei schwingenden VHF-Oszillators ist in Bild 37 angegeben. Eine rückgekoppelte Inverterstufe schwingt je nach Betriebsspannung zwischen 120 MHz und 280 MHz. Sobald die Verzögerungszeit des Gatters der normalen Phasendrehung von 180° entspricht, ist die Schwingbedingung (360° Phasendrehung) erfüllt. Da die Verzögerungszeit des Gatters von der Betriebsspannung abhängig ist, ergibt sich der gezeigte Frequenzverlauf.

VHF-Oszillator mit Koaxkabel (50–200 MHz)

Bei fest vorgegebener Betriebsspannung kann die Schwingfrequenz entsprechend Bild 38 mittels eines Koaxkabelstücks bestimmt werden. Die Schwingfrequenz bestimmt sich dabei aus der Verzögerungszeit des Gatters und des Koaxkabels.

VHF-Oszillator (138–153 MHz)

Ein für das 2-m-Band gut geeigneter FM-modulierbarer Oszillator ist in Bild 39 wiedergegeben. Durch die relativ hohe Stromaufnahme ist der Einsatz als Minispion nicht empfehlenswert.

VHF-Oszillator (143–197 MHz)

Eine interessante Variante eines VHF-Oszillators mit Hochgeschwindigkeitsgattern ist in Bild 40 dargestellt. Den Platz des Koaxkabels in Bild 38 hat jetzt ein platzsparender Resonanzkreis eingenommen. Die Schwingfrequenz ist eine Funktion von L1, C1, der Streukapazitäten und der Gatter-Verzögerungszeit. Die kleine Tabelle in Bild 40 unten rechts gibt Aufschluß über die zu erwartenden Oszillatorfrequenzen.

Quarzstabiler UKW-Oszillator (105 MHz)

Die in Bild 41 gezeigte UKW-Oszillatorschaltung schwingt auf der 5. Oberwelle des 21-MHz-Quarzes. Der Quarz schwingt in Serienresonanz. Die Ausgangsspannung ist natürlich nicht sinusförmig und damit reich an Harmonischen. Wird parallel zum Kondensator C eine Kapazitätsdiode in Serie mit einem Kondensator geschaltet und über einen Widerstand eine NF-Spannung zugeführt, läßt sich die Schaltung in der Frequenz modulieren. Lästig ist wieder der relativ hohe Stromverbrauch.

UHF-Oszillator

Bild 42 zeigt die Grundschaltung eines im UHF-Bereich schwingenden Oszillators. C2 wirkt als Rückkopplung vom Ausgang auf den Eingang. Wird der Wert entsprechend niedrig gewählt, werden VHF-Schwingungen unterdrückt. Mit dem Widerstand R1 wird das Gatter in den Linearbereich gefahren. Mit dem Trimmkondensator C1 kann die Phasenverschiebung und damit die Schwingfrequenz verändert werden.

UHF-Oszillator mit Oberflächenwellenfilter (418/433 MHz)

Auch in Bild 43 arbeitet das Gatter durch den Widerstand R1 im Linearmodus. Die Rückkopplung wird nun durch eine Kombination aus einem 418-MHz- oder 433-MHz-Oberflächenwellenfilter und C1 bewerkstelligt. Derartige Filter befinden sich oft in Kfz-Türriegelungs-Schlüsselsendern.

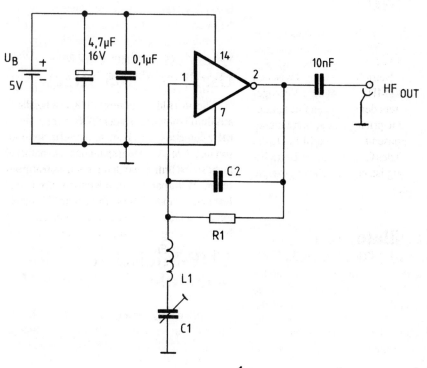

Bild 42: UHF-Oszillator

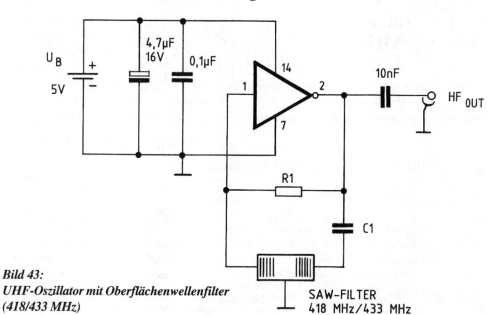

Bild 43:
*UHF-Oszillator mit Oberflächenwellenfilter
(418/433 MHz)*

UHF-Oszillator auf einem Chip

Einen Ein-Chip-Oszillator, bestehend aus einem Dünnfilm-Schlitzresonator mit zugehöriger integrierter Schaltung, hat Toshiba entwickelt. Der Oszillator selbst ist 1 mm² groß und schwingt bei 400 MHz. Die Schaltung, auf einer Grundfläche von 2 mm², enthält vier Schwingkreise, auf die im Plasma-Sprüh-Verfahren ein rund 0,3×0,6 mm² großer Resonator aufgebracht wird, bestehend aus sich abwechselnden Lagen aus Siliziumoxid (Oszillator) und Zinkoxid (Piezoelektrikum). Zwischen dem Oszillatorfilm und dem Trägersubstrat bleibt dabei ein Schlitz von 1 µm. Die Kreisgüte Q der bisher existierenden Muster beträgt etwa 1000 und ist damit 10- bis 20mal höher als bei herkömmlichen elektrischen Schaltungen. Als Einsatzbereich sind beispielsweise miniaturisierte Funkgeräte und natürlich High-Tech-Minispione denkbar.

UHF-Minispion (700–900 MHz)

Doch nun zurück zu konventionell aufgebauten UHF-Minispionen mit geringem Stromverbrauch.

In Bild 44 ist ein im Frequenzbereich von 700 MHz bis 900 MHz schwingfähiger UHF-Minispion angegeben. Die Schaltung ist wegen der hohen Schwingfrequenz natürlich in SMD-Technik aufgebaut. Der Oszillator kann an der Basis des Transistors mittels eines einstufigen NF-Verstärkers frequenzmoduliert werden. Wie die unten abgebildete Tabelle zeigt, läßt sich der UHF-Minispion mit den CT1-Drahtlos-Telefonen empfangen.

Die beiden 0,27-µH-Induktivitäten sind HF-Drosseln. Der UHF-Schwingkreis besteht aus dem Koaxkabelstück und dem 5-pF-Trimmer. Die Rückkopplung erfolgt über den 3,9-pF-Kondensator. An dem kapazitiven Spannungsteiler mit den beiden 4,7-pF-Kondensatoren wird dann schließlich die Antennenspannung auf eine 6–10 cm lange λ/4-Antenne gegeben.

UHF-Minispion im Gegentaktbetrieb (900 MHz)

Auch der in Bild 45 gezeigte UHF-Minispion muß mit extrem kurzen Bauteilverbindungen in SMD-Technik aufgebaut werden. Frequenzbestimmend ist ein Microstrip, also ein aufgeätzter Metallstreifen von 50 mm Länge und 1,8 mm Breite. Als Platinenmaterial eignet sich doppelt kaschiertes 1,5 mm starkes Epoxyd. Die zweite Kaschierungsfläche darf nicht weggeätzt, sondern muß auf Pluspotential der Betriebsspannung gelegt werden. An die UHF- und Mikrowellen-Minispione sollten sich nur erfahrene HF-Freaks oder Hobbyelektroniker mit hoher Frustrationstoleranz heranmachen.

Evolutionsstufen von drahtlosen Telefonstandards

Standard	Kanalpaare	Frequenzbereich	Sendeleistung	Reichweite (Freifeld)
CT0	10	ca. 46–48 MHz	10–40 mW	bis 300 m
CT1	40	914–915/959–960 MHZ	10 mW	ca. 200 m
CT1+	80	885–887/930–932 MHZ	10 mW	200–300 m
CT2	40	864–868 MHz	10 mW	200–300 m
DECT	120 je Zelle	1.880–1.900 MHz	bis 250 mW	200–300 m
GSM	124 je Zelle	890–915/935–960 MHz	2,5–80 W	100 m–30 km
DCS 1800	2.976 je Zelle	1.710–1.785/1.805–1.880 MHz	0,25–1 W	8–10 km

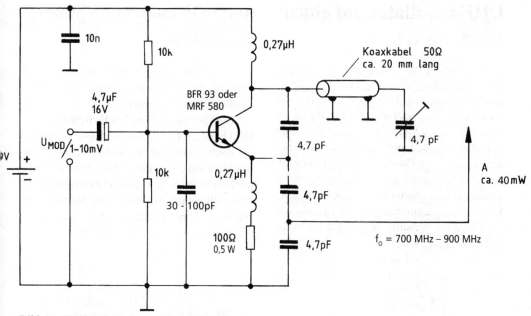

Bild 44: *UHF-Minispion (700–900 MHz)*

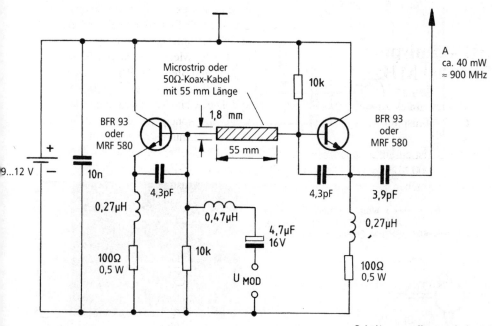

Bild 45: *UHF-Minispion im Gegentaktbetrieb (900 MHz)*

Mikrowellen-Oszillator (1,25–1,8 GHz)

Ein Mikrowellen-Oszillator, der sich ähnlich wie die Gatter-Oszillatoren über die Betriebsspannung in seiner Schwingfrequenz verändern läßt, ist in Bild 46 angegeben. Natürlich hängt die Oszillatorfrequenz, wie im vorherigen Schaltungsbeispiel auch, von der Microstripline-Induktivität ab, die entsprechend Bild 47 mit zwei 15 mm langen, 1 mm starken versilberten Drähten improvisiert wurde. An diesem Beispiel wird deutlich, daß man auch im Mikrowellenbereich noch mit fliegenden Aufbauten experimentieren kann.

Mikrowellen-Minispion (1,8 GHz)

In Bild 48 wird ein Mikrowellen-Minispion gezeigt, der über zwei antiseriell geschaltete Kapazitätsdioden sowohl in seiner Schwingfrequenz abgestimmt als auch FM-moduliert werden kann. Als improvisierte Microstripline kann der 5 mm lange Anschlußdraht einer Kapazitätsdiode verwendet werden. Die Schaltung muß sehr sorgfältig mit kürzesten Bauteilverbindungen in SMD-Technik augebaut werden.

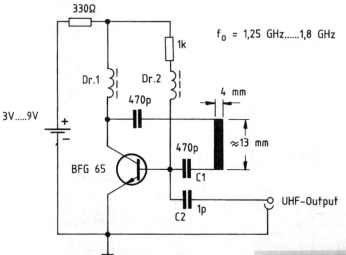

Bild 46: Mikrowellen-Oszillator (1,25–1,8 GHz)

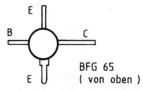

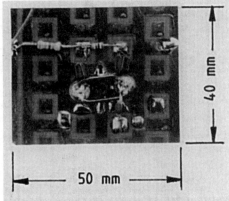

Bild 47: Versuchsplatine des 1,25–1,8-GHz-Oszillators

Bild 48: *Mikrowellen-Minispion (1,8 GHz)*

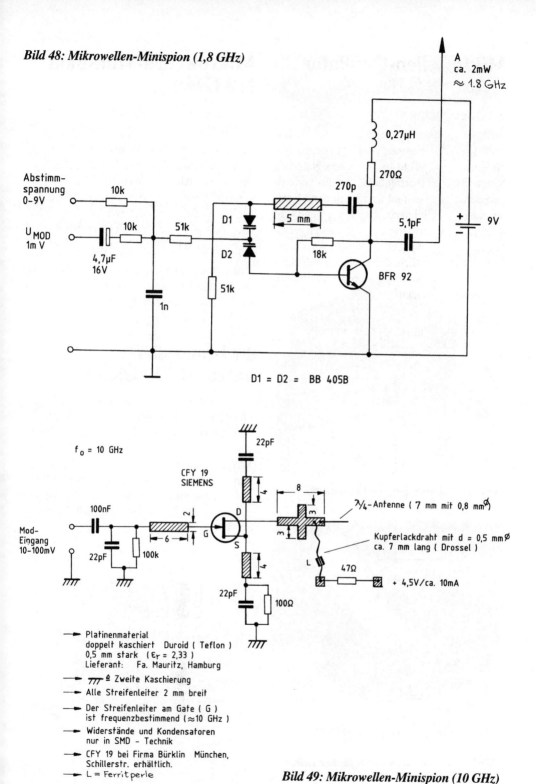

Bild 49: *Mikrowellen-Minispion (10 GHz)*

Mikrowellen-Minispion (10 GHz)

Der in Bild 49 angegebene Mikrowellen-Minispion kann mit Satellitenschüssel und Satellitenreceiver empfangen werden. Die Schaltung ist in Streifenleitertechnik aufgebaut. Die $\lambda/4$-Antenne ist nur noch 7 mm lang. In Bild 50 ist eine aufgeätzte Stripline-Antenne zu sehen. Um eine entsprechende Richtwirkung und Bündelung der Mikrowellen zu bekommen, kann auch ein Winkelstrahler (Bild 51) oder eine Wendel- bzw. Helixantenne (Bild 52) Verwendung finden. Die Maße sind natürlich für den verdeckten Einsatz viel zu groß, so daß meist mit Stripline- oder Keramikantennen gearbeitet wird.

Bild 50: Mikrowellen-Minispion mit Streifenleiterantenne (10 GHz)

FM-modulierter Infrarot-Minispion

Bei entsprechend miniaturisiertem Aufbau eignet sich die Schaltung in Bild 53 als Infrarot-Minispion. Das Timer-IC 555 wird als Rechteckoszillator betrieben und über Pin5 in seiner Frequenz moduliert. Für größere Reichweite kann am Ausgangs-Pin3 entsprechend Bild 54 eine Treiberstufe zugeschaltet werden. Bild 55 zeigt einen Do-it-yourself-Laser-Minispion aus den USA.

Bild 51: Mikrowellen-Winkelantenne

Bild 52: Mikrowellen-Wendelantenne

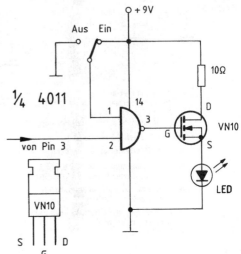

Bild 54: Endstufenschaltung für den Infrarot-Minispion ▶

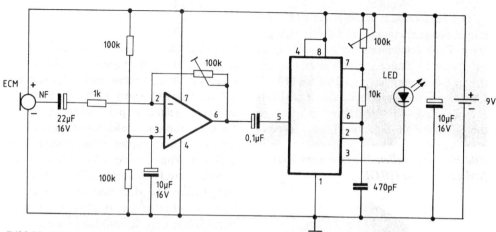

Bild 53: FM-modulierter Infrarot-Minispion

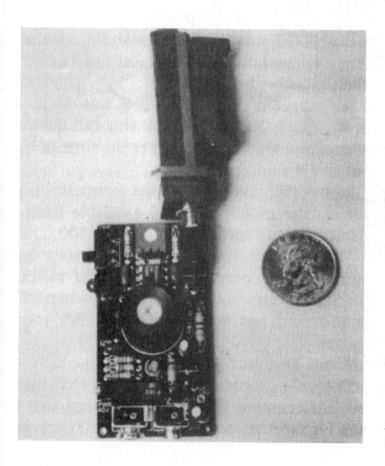

Bild 55: US-Laser-Minispion

FM-Infrarot-Empfänger

Der zugehörige Empfänger zur vorher gezeigten Sendeschaltung ist in Bild 56 wiedergegeben. Ein Fototransistor nimmt das IR-Signal auf. Nach Verstärkung mittels eines Operationsverstärkers wird das Signal auf das PLL-IC LM 565 gegeben und dort demoduliert. Mittels eines Leistungs-NF-Verstärkers wird das wiedergewonnene NF-Signal auf Lautsprecherpegel gebracht.

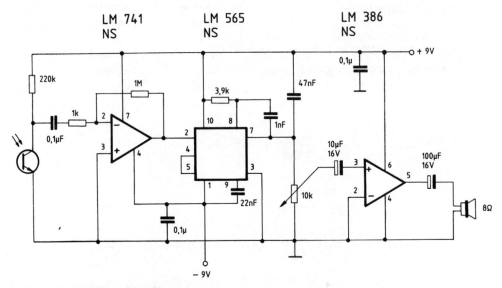

Bild 56: FM-Infrarot-Empfänger

Aufspürgeräte und Peilsender

Kfz-Aufspürgerät

Wer schon mal auf einem riesigen Parkplatz unter Hunderten von Fahrzeugen sein eigenes Auto gesucht und nicht mehr gefunden hat, kennt diese Art von Verzweiflung. Um derartigen Psychostreß kombiniert mit Marathonlauf künftig zu vermeiden, kann man die in Bild 57 angegebene Sende-/Empfangsschaltung zum Einsatz bringen.

Sowohl die Sende- als auch die Empfangsschaltung kann mit geringstem Bauteil- und Arbeitsaufwand zusammengebaut werden. Die Anlage arbeitet im Mittelwellenbereich. Die

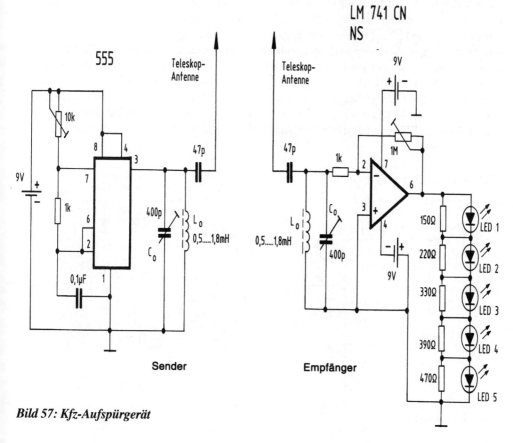

Bild 57: Kfz-Aufspürgerät

links abgebildete Sender- bzw. Peilsenderschaltung benutzt das Timer-IC 555 als Mittelwellenoszillator. Mit C_0 und L_0 kann der Resonanzkreis auf die gewünschte Sendefrequenz abgestimmt werden. Wegen der Handlichkeit im Auto empfiehlt sich die Verwendung einer Teleskopantenne. Natürlich reicht auch eine steife Drahtantenne zum Abstrahlen des HF-Signals.

Die Empfangsschaltung in Bild 57 rechts verfügt zur Signalanhebung über einen Resonanzkreis mit den gleichen Daten wie die Sendeschaltung. Mit dem 741-Operationsverstärker wird das empfangene Signal verstärkt und auf fünf seriell geschaltete LEDs gegeben. Je mehr LEDs aufleuchten, um so stärker ist das empfangene Signal (1 bis 5).

Nachdem Sender und Empfänger aufgebaut sind, müssen diese aufeinander abgestimmt werden. Zunächst wird der Sender in unmittelbarer Nähe des Empfängers so abgestimmt, daß alle LEDs leuchten. Dann werden Sender und Empfänger in größerem Abstand zueinander aufgestellt, wobei das Aufleuchten der LEDs jedoch noch zu erkennen sein muß. Jetzt wird am Empfänger der 1-MΩ-Trimmer soweit aufgedreht, daß so viele LEDs wie möglich aufleuchten. Die Empfangsantenne muß dabei auf den Sender zeigen. Nun wird der Sender mit ausgezogener Antenne unter die Front- oder Heckscheibe gelegt. Um das Auto wiederzufinden, muß die Antenne am Empfänger voll herausgezogen und parallel zum Erdboden gehalten werden. Wenn jetzt die Antenne in Pendelbewegungen wie eine Sense nach links oder rechts geschwenkt wird, kann an den LEDs eine Feldstärkeab- oder -zunahme beobachtet werden. In Richtung zunehmender Feldstärke befindet sich das gesuchte Auto, wobei die Spitze der Antenne in die Richtung des Fahrzeugs zeigt.

Hundeblinker

Wem nicht nur das Auto, sondern beim Spaziergang auch der Hund verlorengeht, kann die Schaltung aus Bild 58 aufbauen. Hierbei handelt es sich um einen Blinker mit leuchtstarken LEDs, den der Hund am Halsband trägt. Die ersten beiden Schmitt-Trigger-Gatter arbeiten als statisches Flip-Flop. Das dritte Gatter ist als steuerbarer Rechteckgenerator geschaltet. Er wird auf Tastendruck je nach Wunsch ein- und ausgeschaltet. Durch die Diode und den 220-kΩ-Widerstand im Rückkopplungszweig wird

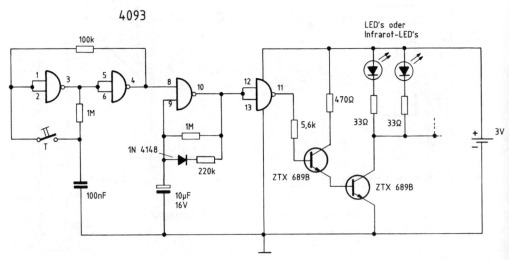

Bild 58: Hundeblinker

die Null-Level-Ausgangsphase kürzer als die High-Level-Ausgangsphase. Das vierte Gatter invertiert die Ausgangsphasen und steuert eine Darlington-Transistorstufe an. Im Kollektorkreis des zweiten Transistors können je nach Leistungsfähigkeit der Batterie ein paar dutzend LEDs betrieben werden. Der Ruhestrom des Blinkers liegt unter 1 µA.

Der versuchsweise aufgebaute Blinker ist von zwei 1,5-V-Alkali-Mangan-Mignonzellen gespeist und mit sechs über das Halsband verteilten LEDS ausgestattet. Dies erleichtert bei nächtlichen Waldspaziergängen die Suche nach dem verlorengegangenen Hund. Wenn sich der Hund zu weit verlaufen hat, hilft nur noch ein richtiger Halsband-Peilsender. Ein im Handel erhältliches Gerät wird in Bild 65 gezeigt.

Kurzwellen-Peilsender

In Bild 59 ist die Schaltung eines kleinen 3,5-MHz-Peilsenders angegeben, der auch mit Billig-Weltempfängern von Eduscho angepeilt werden kann. Der Peilsender hat nur eine Tast- bzw. Einschaltzeit von 5%. Für diese Zeitsteuerung ist der erste Inverter zuständig. Der zweite Inverter, der als 1-kHz-Rechteck-Generator arbeitet, wird vom ersten Inverter rhythmisch ein- und ausgeschaltet. Wenn am Ausgang des zweiten Inverters Null-Potential anliegt, schwingt der quarzgesteuerte Transistor-Oszillator. Die gepulste HF-Spannung wird mittels vier parallelgeschalteter Inverter verstärkt. Nach Passieren eines LC-Filters zur Oberwellenunterdrückung gelangt das HF-Signal mit einer Leistung von immerhin 0,2 Watt (an 50 Ω) zur Antenne. Ist die Antenne kürzer als 8 m, muß die 15-µH-Induktivität vergrößert werden. Die amerikanische Version eines kleinen KW-Peilsenders ist in Bild 60 wiedergegeben.

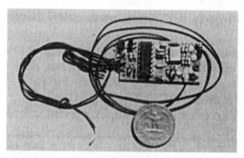

Bild 60: US-Kurzwellen-Peilsender

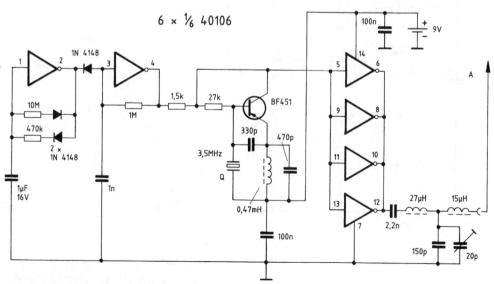

Bild 59: Kurzwellen-Peilsender

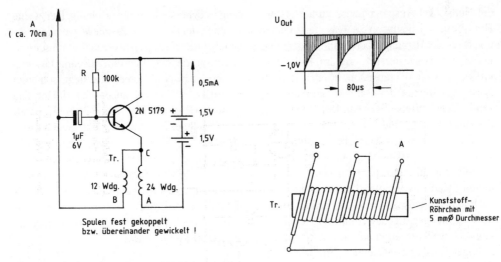

Bild 61: UKW-Minipeilsender (108–110 MHz)

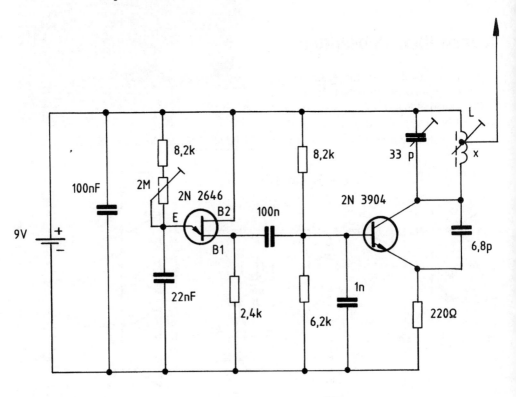

Bild 62: UKW-Peilsender

L = 7 Wdg. 0,8 mmØ CuL versilbert auf 5 mmØ Spulenkern mit Abgleichferrit
x = Abgriff 1 Wdg. von + 9V

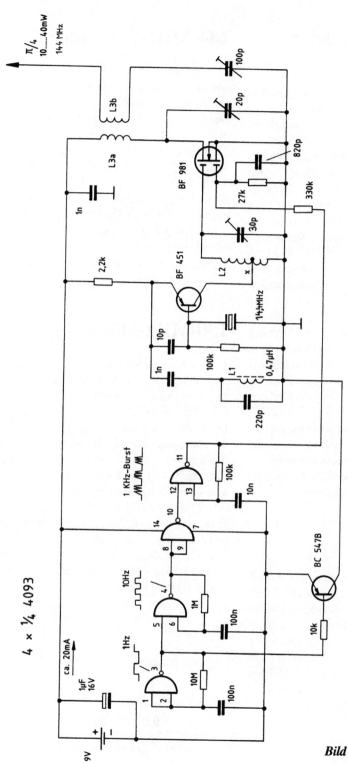

Bild 63: 144-MHz-Peilsender

UKW-Minipeilsender (108–110 MHz)

Die in Bild 61 gezeigte Piepssenderschaltung stammt aus den USA. Es handelt sich dabei um keine typische UKW-Oszillatorschaltung, sondern um einen oberwellenreichen, relativ niederfrequenten Sperrschwinger. Der Impulsverlauf des Ausgangssignals ist in Bild 61 oben rechts angegeben. Das empfangene Signal ist eine Serie von „Piepsern", deren Lautstärke vom Abstand und der Orientierung der Empfangsantenne abhängt. Solange das Signal empfangbar ist, können Entfernung und Richtung zum Piepser ganz gut nach der „Versuch- und Fehlermethode" eingeschätzt werden. Im Extremfall könnte der „Piepser" so klein gebaut werden, daß er in einen dicken Strohhalm hineinpaßt (natürlich ohne Platine und Antenne). Mit einer 70 cm langen λ/4-Sendeantenne ist angeblich eine Reichweite von 500 m zu erzielen. Mit 15 cm Länge reduziert sich die Reichweite auf 50 m. Zur Übertragung von Meßwerten kann der Widerstand R durch einen NTC-Widerstand, Fotowiderstand oder Drucksensor ersetzt werden. Der Betriebsstrom des „Piepsers" beträgt bei 3 V Batteriespannung nur 0,5 mA, so daß auch die kleinsten Knopfzellen noch zum Einsatz kommen können.

UKW-Peilsender

Die Standardschaltung eines UKW-Peilsenders ist in Bild 62 angegeben. Die Reichweite dieses kleinen Peilsenders beträgt mit einer 20 cm langen Sendeantenne etwa 50 m. Moduliert wird der UKW-Oszillator mittels eines Dauertons, der von einem Unijunktion-Oszillator erzeugt wird. Mittels des 2-MΩ-Trimmers kann die Modulationsfrequenz zwischen 100 Hz und 5 kHz eingestellt werden.

144-MHz-Peilsender

Die anspruchsvolle Schaltung eines Peilsenders im 2-m-Band geht aus Bild 63 hervor. Das HF-Signal ist nahezu frei von Oberwellen. Der Oszillator schwingt auf der 5. Oberwelle des 14,4-MHz-Grundwellenquarzes. Auf den 72-MHz-Oszillator folgt eine Verdopplerstufe, so daß die Ausgangsfrequenz 144 MHz beträgt. Mit dem 1-Hz-Generator wird der Sendeteil periodisch eingeschaltet, indem Massepotential angelegt wird. Der 1-Hz-Generator taktet wiederum einen 1-kHz-Generator. Dessen Rechteckausgangssignal steuert das zweite Gate der Verdopplerstufe an und moduliert damit die Ausgangsamplitude.

150-MHz-Minipeilsender

Eine kleinere Version eines Peilsenders, der auch mit geringen Betriebsspannungen arbeitet, ist in Bild 64 dargestellt. Der Oszillator schwingt auf der 7. Oberwelle des Quarzes. Damit der Quarz keine Tendenzen zeigt, über die Halterkapazität zu schwingen, wird diese mit der Induktivität L_K wegkompensiert. Die Tastung besorgt das Timer-IC 555, das ein 1-kHz-Rechtecksignal auf die Basis des BFR 93 gibt. Mittels eines C-Verstärkers wird das Oszillatorsignal soweit verstärkt, daß an der Antenne etwa 5 mW zur Verfügung stehen. Bild 65 zeigt ein komplettes Peilsystem, das im Spezialhandel erhältlich ist. Es dient zum Wiederauffinden verirrter Hunde.

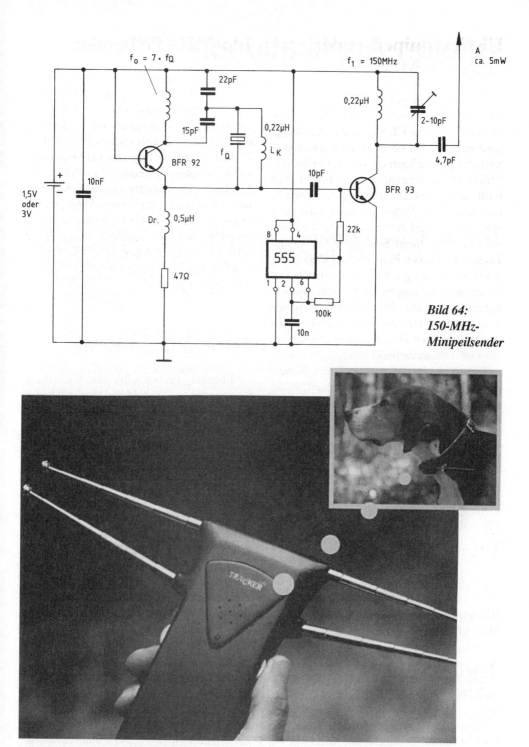

Bild 64: 150-MHz-Minipeilsender

Bild 65: Wenn Waldi mal abhanden kommt ...

Telefon-Applikationen

Telefonleitungs-Anzapfung mit Mini-NF-Trafo

Die wohl banalste Art, eine Telefonleitung anzuzapfen, ist in Bild 66 dargestellt. Wenn der Trafoausgang am Mikrofoneingang eines sprachgesteuerten Diktiergerätes angeschlossen wird, läßt sich jedes Telefongespräch automatisch aufzeichnen. Sprachgesteuerte Diktiergeräte sind im Handel bereits für knapp 50 DM erhältlich. Der Trafo ist bei Conrad-Electronic für ein paar Euro zu bekommen.

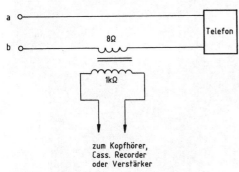

Bild 66: Telefonleitungs-Anzapfung mit Mini-NF-Trafo

Telefonleitungs-Abhörverstärker

Eine Telefonverstärkerschaltung aus den USA ist in Bild 67 angegeben. Angeblich soll sich durch Gleichrichtung der Gesprächswechselspannung an der Zenerdiode eine Gleichspannung von etwa 5 V aufbauen, die als Versorgungsspannung für den NF-Verstärker dient. Möglicherweise funktioniert dies in den USA – bei uns jedoch sicherlich nicht.

Telefonklingel-Relais

Ebenfalls aus den USA stammt die Schaltung aus Bild 68. Sobald das Telefon klingelt, zieht das Relais an. Diese Schaltung dürfte auch am deutschen Telefonnetz (außer ISDN) funktionieren. Mit dem a-Kontakt des Relais kann z.B. eine größere Glocke, Sirene oder eine 220-V-Lampe geschaltet werden.

Telefonleitungs-Überwachungsschaltung

Eine Telefonleitungs-Überwachungsschaltung italienischer Herkunft geht aus Bild 69 hervor. Bestimmte NPN-Transistoren zeigen eine Tendenz zum Schwingen, wenn sie verkehrt gepolt werden. In der gezeigten Schaltung ist ein derartiger Transistor als Tongenerator geschaltet und dient zur Überwachung der Telefonleitung auf ungewöhnliche Vorgänge. Im normalen Betrieb wird der Telefonverkehr von der Schaltung nicht beeinflußt. Erst bei eigenartigen Effekten wie z.B. Polaritätswechsel, Spikes und falschen Verbindungen macht sie

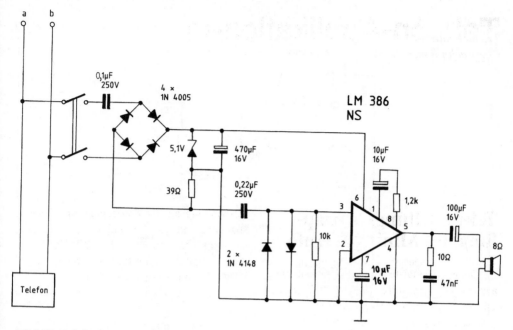

Bild 67: Telefonleitungs-Abhörverstärker

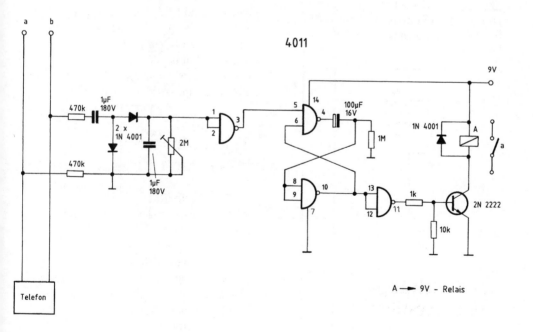

Bild 68: Telefonklingel-Relais

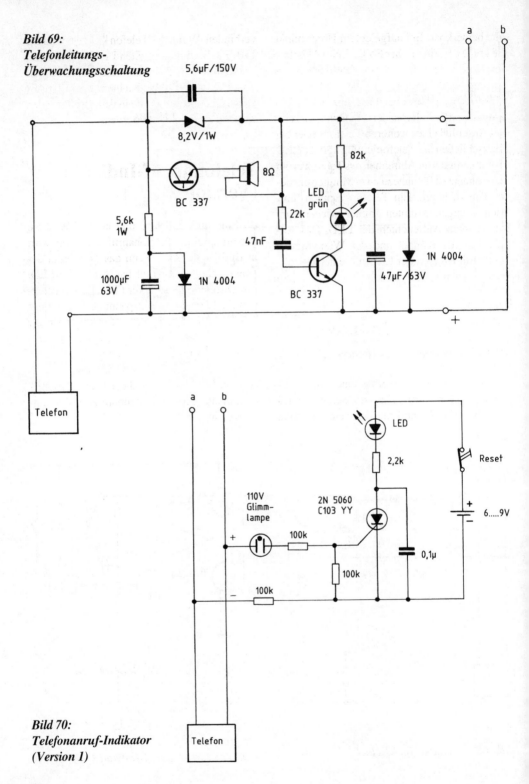

Bild 69:
Telefonleitungs-Überwachungsschaltung

Bild 70:
Telefonanruf-Indikator
(Version 1)

sich bemerkbar. Bei aufgelegtem Hörer blinkt die grüne LED in rascher Folge. Beim Abheben des Hörers bzw. bei einem Telefongespräch hört das Blinken auf.

Ein Tonsignal hoher Frequenz wird beim Umpolen der Telefonadernspannung hörbar. Bei Anschluß eines weiteren Telefons oder bei Kurzschließen der Telefonleitung hört die LED zu blinken auf. Bei Abtrennen des Telefons vom Telefonnetz ist für nahezu zwei Minuten ein tiefer Ton zu hören. Ein Telefongespräch führt nach wenigen Minuten immer wieder zum kurzzeitigen Aufleuchten der LED. Das Ansprechen der Klingel und der Wählvorgang führt zum Blinken der LED mit unterschiedlicher Impulsfolgefrequenz.

Telefonanruf-Indikator (Version 1)

Wer wissen will, ob er in seiner Abwesenheit angerufen wurde, kann die Schaltung aus Bild 70 aufbauen und mit der Telefonleitung verbinden. Wenn das Telefon klingelt, wird die 110-V-Glimmlampe leitend und triggert den Thyristor. Der Thyristor schaltet durch und bringt die LED zum Leuchten. Der Thyristor kann mit der Reset-Taste in den nichtleitenden Zustand zurückgesetzt werden.

Telefonanruf-Indikator (Version 2)

Eine aufwendigere und anspruchsvollere Schaltung eines Telefonanruf-Indikators wird in Bild 71 gezeigt. Wenn das Telefon in der Abwesenheit geklingelt hat, blinkt die LED. Ein Differentialverstärker (T1, T2, T3) detektiert die Klingelwechselspannung und legt mit Transistor T4 Spannung an den Multivibrator (T5, T6). Dessen Impulse werden mit T7 verstärkt und bringen die LED zum Blinken. T1 und T2 bleiben im Ein-Zustand, bis die Telefonadern-Spannung beim Abheben des Telefonhörers auf eine geringere Spannung als 9 V zusammenbricht.

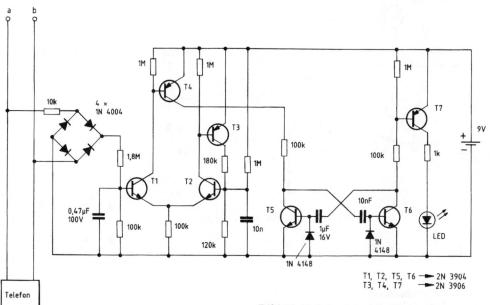

Bild 71: Telefonanruf-Indikator (Version 2)

Telefon-Besetzt-Simulator

Wer vom Telefon vorübergehend nicht belästigt werden will und den Telefonhörer nicht zur Seite legen möchte, kann sich mit der Schaltung aus Bild 72 helfen. Diese Schaltung simuliert den abgehobenen Telefonhörer. Nach einer vorbestimmten Zeit von bis zu zehn Minuten wird die Simulation deaktiviert. Die gewünschte Zeitspanne ist mit dem RC-Glied am monostabilen Multivibrator 555 an Pin6 und 7 einstellbar. Wird der Taster oder Wippschalter S1A/S1B betätigt, läuft der Mono los. Über den 2N 3904 wird dabei der 2N 3906 durchgeschaltet und der Einschaltzustand beibehalten. Der ebenfalls an Pin3 hängende Transistor MPSA 42 schaltet ebenfalls durch und überbrückt die Telefonadern mit einem 150-Ω-Widerstand. Der Überbrückungszustand wird durch die leuchtende LED angezeigt. Durch den Graetz-Gleichrichter braucht auf die Polarität der Telefonadern keine Rücksicht genommen werden. Das Überbrücken der Telefonadern simuliert den abgehobenen Hörer bzw. den Besetzt-Zustand. Nach Ablauf der eingestellten Zeitspanne fällt der Mono an Pin3 wieder auf Null-Potential. Die Transistoren kehren dadurch in den Ausgangszustand zurück. Mit dem Unterbrechen der Stromzufuhr durch den 2N 3906 ist der Zyklus beendet. Um den einmal begonnenen Zyklus vor Ablauf der gesamten Zeitspanne zu unterbrechen, muß die Reset-Taste gedrückt werden. In Bild 72a ist die bestückte Platine des Telefon-Besetzt-Simulators zu sehen.

Bild 72a:
Aufbau des Telefon-Besetzt-Simulators

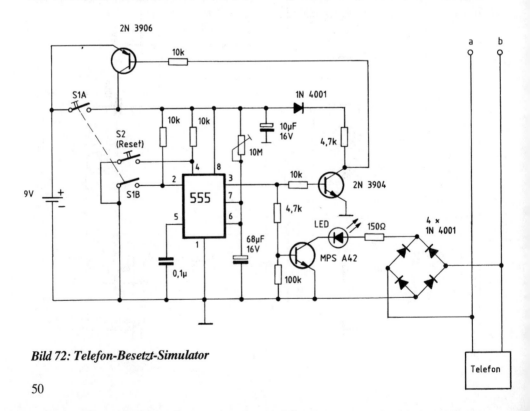

Bild 72: Telefon-Besetzt-Simulator

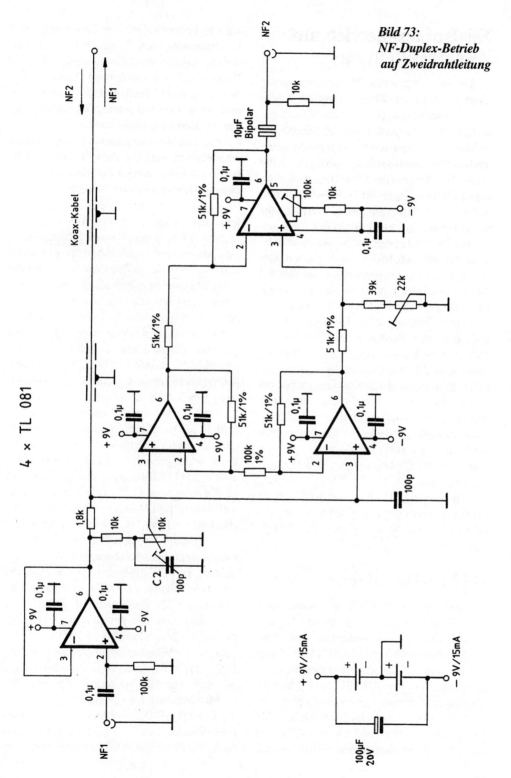

Bild 73:
NF-Duplex-Betrieb auf Zweidrahtleitung

NF-Duplex-Betrieb auf Zweidrahtleitung

Die Schaltung in Bild 73 eignet sich für die gleichzeitige Übermittlung von zwei NF-Signalen in beiden Richtungen über eine Zweidrahtleitung. Das geschieht hier nicht wie bei der Telefontechnik mit Hilfe eines Übertragers, sondern auf elektronischem Weg, indem jeweils das eigene Sprechsignal vom Gesamtsignal abgezogen und nur das Signal der Gegenseite empfangen bzw. wiedergegeben wird. Hierzu ist die Schaltung also zweimal erforderlich.

Als Treiber des eigenen Sendesignals NF1 dient der links im Bild 73 befindliche Impedanzwandler, der das Ausgangssignal über den 1,8-kΩ-Widerstand zu der zweiten Kommunikationsstelle weiterleitet. Der Widerstand hat dabei eine Doppelfunktion. Einerseits entkoppelt dieser den eigenen Sender NF1 von der anderen Sprechstelle, welche das NF-Signal 2 über dieselbe Leitung sendet, und andererseits liefert dieser einen Signal-Spannungsabfall, bei dem das eigene Signal vom Gesamtsignal durch den Differenzverstärker mit hoher Gleichtaktunterdrückung „ausgeblendet" bzw. abgezogen wird. Am Empfangs- oder Wiedergabeausgang wird daher nur das NF-Signal NF2 der Gegenseite empfangen.

Zum Abgleich: Die Funktion der Schaltung hängt von einer einwandfreien Einstellung der Gleichtaktunterdrückung durch den 10-kΩ- und 22-kΩ-Trimmer sowie C2 ab.

DTMF-Decoder

Moderne analoge Telefone arbeiten heute beim Wählvorgang nicht mehr mit dem Impulswahlverfahren (IWV), sondern mit dem Dualton-Multifrequenz-Verfahren (DTMF). Dabei werden nach Bild 74 jeder Ziffer zwei Töne zugeordnet. Derartige DTMF- oder Mehrfrequenzsignale können außer zum Telefonieren auch zum Fernsteuern verwendet werden. Die benötigten Encoder- und Decoder-ICs sind leicht und billig zu bekommen. DTMF-Signale werden beispielsweise zur Fernabfrage und Fernbedienung von Anrufbeantwortern und Alarmanlagen benutzt. Telefondienste, die z.B. Hotlines oder Fax-on-demand-Dienste betreiben, verwenden ebenfalls DTMF-Verfahren, um eine weitgehend automatische Bedienung des Anrufers zu gewährleisten.

Auch der Hobbyelektroniker kann mittels eines Encoders und Decoders über das Telefonnetz oder eine beliebige Zweidrahtleitung codierte Informationen bzw. Schaltbefehle übertragen. So lassen sich z.B. Türen, Klimaanlagen und Alarmanlagen mit DTMF fernsteuern. Die in Bild 74 aufgeschlüsselten Frequenzpaare sind genormt und so gewählt, daß die menschliche Sprache nie als Wählsignal interpretiert werden könnte. Man unterscheidet hierbei zwischen einer oberen und unteren Frequenzgruppe. Jeder der maximal 16 Tasten ist eine Frequenz der unteren sowie der oberen Gruppe zugeordnet. Für die Ziffer 1 wird z.B. die Frequenzkombination 697 Hz und 1.209 Hz gesendet. Weitere Kombinationen können aus der unteren Tabelle in Bild 74 entnommen werden.

Doch nun zur Decoderschaltung in Bild 74 a. Das Mikrofonsignal wird verstärkt und mit einem Bandpaß von unerwünschten Frequenzen gereinigt. Der DTMF-Decoder vom Typ MT 8870 decodiert die Signale, so daß an den Ausgängen Q1 bis Q4 die BIT-Kombinationen aus Bild 74 anstehen. Ein weiterer Decoder-IC vom Typ 74LS47 wandelt den BCD-Code in einen 7-Segment-Code um. Am 7-Segment-Display wird das übertragene Zeichen abgelesen. Das DTMF-Signal kann auch direkt vom Telefonhörer in den Mikrofoneingang eingespeist werden. Zur Funktionskontrolle wird am Telefon eine Ziffer gewählt und gleichzeitig das Mikrofon des Decoders an die Hörmuschel gehalten. Unmittelbar darauf muß die gewählte Ziffer am Display erscheinen. Dies funktioniert natürlich nur bei Telefonen, die mit dem BTMF-Wahlverfahren arbeiten.

Der DTMF-Decoder kann inklusive Gehäuse von der Firma ELV bezogen werden. Die bestückte Platine ist in Bild 74 b zu sehen.

Taste	Frequenz 1 Hz	Frequenz 2 Hz	Q4	Q3	Q2	Q1	Anzeige Display
1	697	1209	0	0	0	1	*1*
2	697	1336	0	0	1	0	*2*
3	697	1477	0	0	1	1	*3*
4	770	1209	0	1	0	0	*4*
5	770	1336	0	1	0	1	*5*
6	770	1477	0	1	1	0	*6*
7	852	1209	0	1	1	1	*7*
8	852	1336	1	0	0	0	*8*
9	852	1477	1	0	0	1	*9*
0	941	1336	1	0	1	0	*c*
*	941	1209	1	0	1	1	*⊃*
#	941	1477	1	1	0	0	*u*
A	697	1633	1	1	0	1	*c*
B	770	1633	1	1	1	0	*t*
C	852	1633	1	1	1	1	
D	941	1633	0	0	0	0	*0*

Bild 74: Zuordnung der Frequenzen

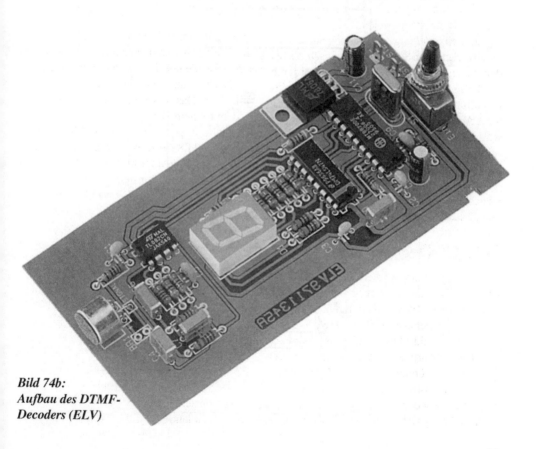

*Bild 74b:
Aufbau des DTMF-
Decoders (ELV)*

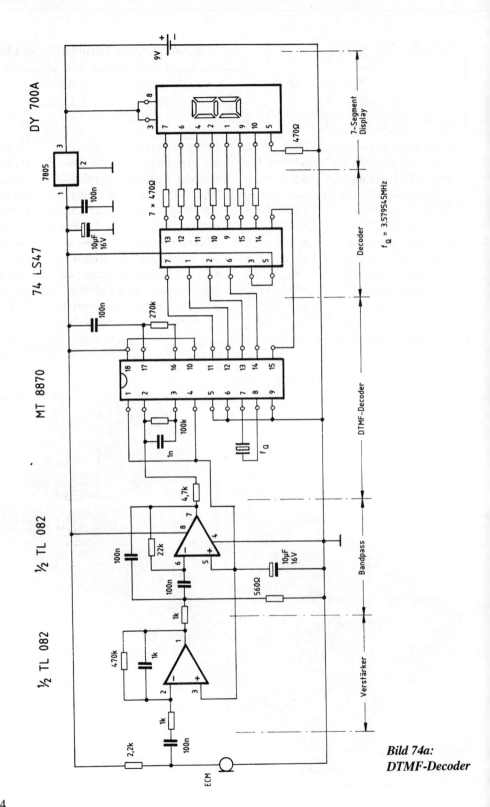

Bild 74a:
DTMF-Decoder

CB/Telefon-Relais

Ein interessantes Zusatzgerät für CB-Funker wird in Bild 75 und 76 gezeigt. Es handelt sich um eine Art Relaisstation, über die ein CB-Funker mit einem Telefonteilnehmer reden kann. Die Schaltung stammt aus den USA und unterliegt dort scharfen Bestimmungen. Dies bedeutet, daß die Relaisstation nicht vollautomatisch funktionieren darf, sondern eine Art CB-Relais-Operator die Sende-/Empfangs-Umschaltoperationen vornehmen muß.

Das CB/Telefon-Relais ist in Amerika unter dem Begriff „Citizens Band Telephone Patch" bekannt (patch = zusammenschalten). Der CB-Operator kann während des Relaisbetriebs das Gespräch zwischen CB-Funker und Telefonteilnehmer durch einen Monitor mitverfolgen. Die prinzipielle Funktionsweise geht aus dem Blockschaltbild in Bild 75 hervor.

Am Ausgang der Telefon-Ankoppelschaltung ist ein NF-Verstärker bzw. Monitor angeschlossen, der es dem CB-Operator erlaubt, das Gespräch zu verfolgen. Er hört also sowohl den CB-Funker als auch den Telefonteilnehmer. Der externe Lautsprecherausgang des CB-Funkgeräts führt im Empfangsmodus über einen Verstärker auf die Telefonleitung. Im Sendemodus steht der Mikrofonschalter auf der „Patch"-Position. Gleichzeitig steht der Sende-/Empfangsschalter in der „Senden"-Position und die Sendetaste des CB-Funkgeräts in gedrückter Position. Das Hin- und Herschalten von Empfangen auf Senden und umgekehrt muß der CB/Telefon-Relais-Operator übernehmen. Vollautomatisch arbeitende CB/Telefon-Relais sind in den USA verboten. Vermutlich gibt es ein solches Verbot auch in Deutschland.

Doch nun zur Schaltung in Bild 76: Der Telefon-Ankoppel-Baustein besteht aus einer

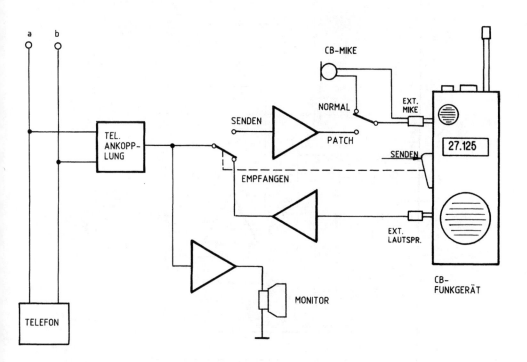

Bild 75: Blockschaltbild des CB/Telefon-Relais

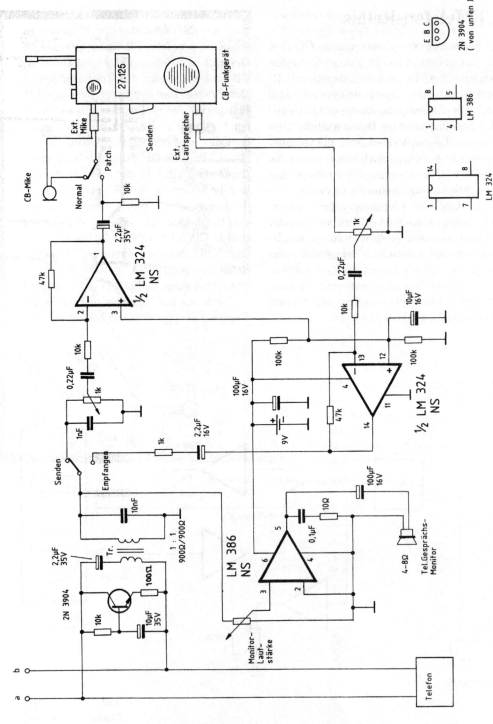

Bild 76: Schaltung des CB/Telefon-Relais

Transistorstufe und einem Koppeltransformator. Der Trafo ist mit der Telefonleitung über einen Koppelkondensator verbunden, so daß nur die Gesprächswechselspannung zum Trafo gelangt. Bei der Transistorstufe handelt es sich um eine Haltestufe, welche auch bei aufgelegtem Hörer einen niederohmigen Telefonleitungsabschluß simuliert. Damit wird die Telefonverbindung aufrechterhalten. Im Sendebetrieb führt die Sekundärwicklung des Trafos über den Sende-/Empfangs-Wahlschalter auf einen fünffach verstärkenden Operationsverstärker, wobei der Eingangspegel mit dem 1-kΩ-Trimmer einstellbar ist. Der Ausgang des Operationsverstärkers führt dann im Relais- bzw. Patch-Betrieb auf den externen Mikrofoneingang des CB-Funkgeräts. Im Empfangsmodus wird das NF-Signal über den externen Lautsprecherausgang des CB-Funkgeräts auf einen Operationsverstärker geführt. Von dessen Ausgang geht das NF-Signal dann über den in Empfangsposition stehenden Sende-/ Empfangsschalter auf die Telefonleitung.

Beide Signale, also das Sende- und das Empfangssignal, werden an der Sekundärwicklung des Trafos abgegriffen und auf einen Monitorverstärker geführt. Am Lautsprecher kann der CB/Telefon-Relais-Operator das Gespräch mitverfolgen und je nach Gesprächsverlauf von Senden auf Empfang umschalten und umgekehrt.

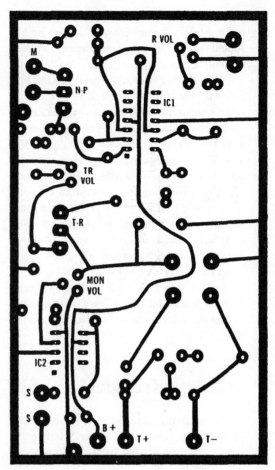

Bild 77a:
Platinenlayout für das CB/Telefon-Relais

Bild 77:
Platinenaufbau des
CB/Telefon-Relais

Abschließend noch ein paar Worte zur Inbetriebnahme: Vor dem Einschalten des Relais sollten sich die Trimmpotentiometer in Mittelstellung befinden.

Wer noch ein Wählscheibentelefon mit Impulswahlverfahren hat, muß erst die gewünschte Telefonnummer wählen, bevor er das Relais an der Telefonleitung anschließt. Bei Drucktasten- bzw. DTMF-Telefonen kann das Relais sowohl vorher als auch nachher angeschlossen werden. Nach dem Wählen der Telefonnummer und dem Anschluß des Relais wird der Telefonhörer wieder aufgelegt, die Halte-Schaltung hält dann die Telefonverbindung aufrecht. Bei Gesprächsende ist das Relais wieder von der Telefonleitung abzutrennen, da sonst nicht mehr telefoniert werden kann.

In Bild 77 wird die bestückte Platine des CB/Telefon-Relais und in Bild 77a das Platinenlayout mit Blick auf die kupferkaschierte Platinenseite gezeigt.

Stimmverfremder

Im nächsten Abschnitt werden zwei anspruchsvolle Stimmverfremder-Schaltungen beschrieben, die sich u.a. für folgende Anwendungen eignen:

- zum Schutz der Privatsphäre, wenn sich ein Angerufener vor fremden Telefonteilnehmern stimmlich nicht zu erkennen geben will;
- als Hilfsmittel für Leute mit sanften Stimmen, die zu einer großen Menschenmenge mittels Megaphon sprechen wollen;
- zur Verbesserung des Hörvermögens bei Schwerhörigen;
- für harmlose Späße am Telefon und der Haussprechanlage;
- als Party-Spaß;
- zur Sprachausgabe am Computer;
- zum Ausfiltern unerwünschter Geräusche und Frequenzen;
- zur Normalisierung extremer Baßstimmen oder schriller Stimmen.

Zur Verfremdung der Stimme werden die Amplituden, Frequenzen und Phasenlagen des Sprachsignals verändert. Folgende Stimmeigenschaften lassen sich mit einem Stimmverfremder manipulieren:

- Sprachpausen zwischen Silben;
- Akzente unterdrücken oder verlagern;
- Sprachfehler korrigieren.

Mit dem Stimmverfremder kann nicht verhindert werden:

- die Identifikation der eigenen Stimme;
- die Preisgabe personenbezogener Aussagen;
- ungewöhnliche Ausdrücke und Redewendungen.

Versuche, die Stimme mit mechanischen Methoden zu verfremden, gibt es viele:

- Sprechen in höheren oder niederen Stimmlagen;
- Sprechen mit einem unnatürlichen Akzent, in einer besonderen Eigenart oder fehlerbehaftet;
- Dämpfen der Stimme, z.B. mit einem Taschentuch;
- Sprechen mit einem Objekt im Mund.

Alle diese Methoden helfen nicht viel bei einer gründlichen Stimmenanalyse (Voiceprint), die eine Stimme immer noch mit größter Sicherheit zu identifizieren vermag. Bei mecha-

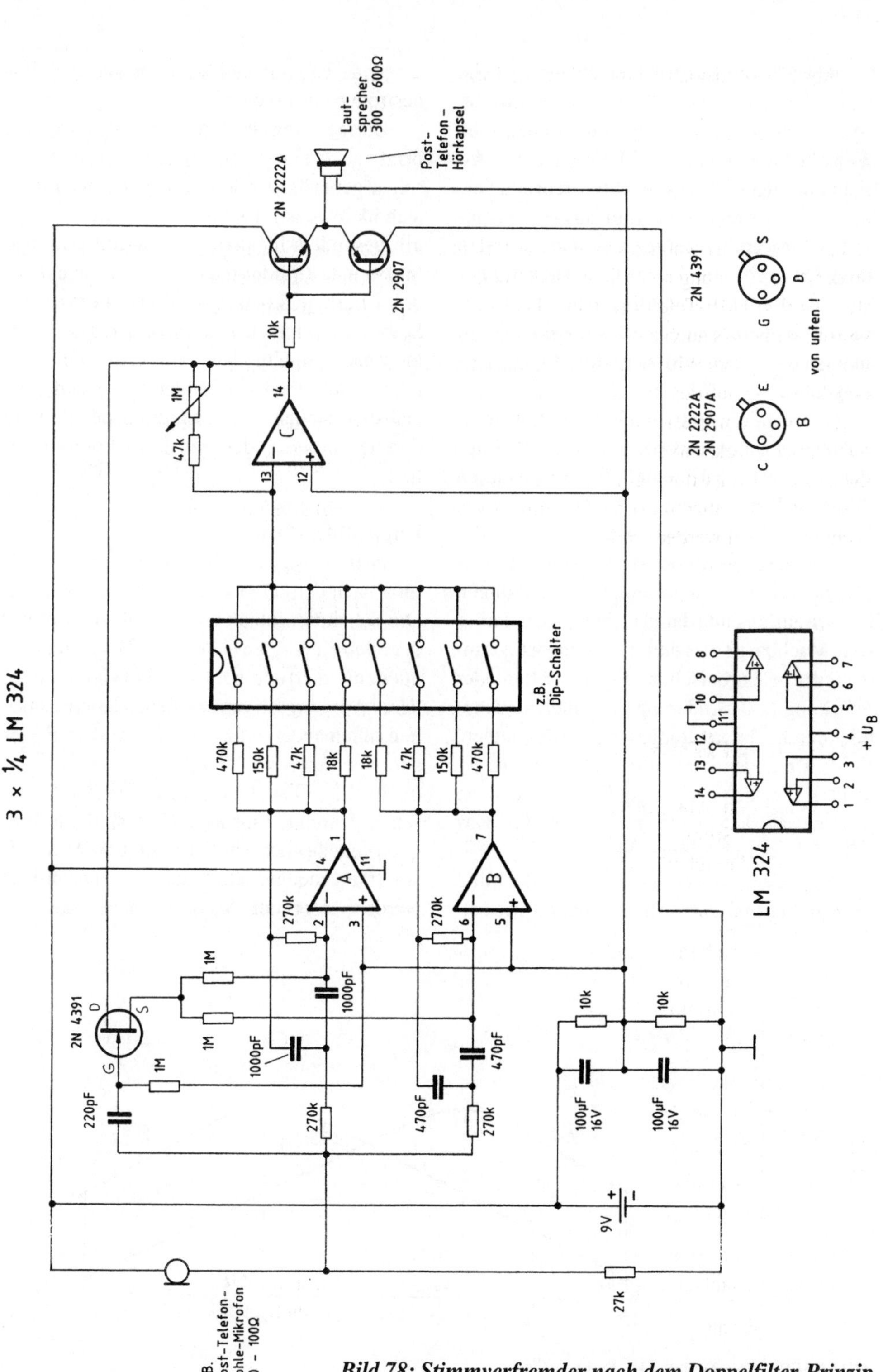

Bild 78: Stimmverfremder nach dem Doppelfilter-Prinzip

nischen Manipulationen bleiben wesentliche Teile der Sprachbandbreite unbeeinflußt. Selbst wenn die Bandbreite auf mechanische Weise beeinflußt wird, sind die Veränderungen nicht zufälliger Natur und damit reproduzierbar, so daß der reale Voiceprint aus dem veränderten Voiceprint zurückgewonnen werden kann. Dies bedeutet, daß nur ein elektronischer Stimmverfremder mit zufälligen und substantiellen Veränderungen des Sprachspektrums zu einer echten, unidentifizierbaren Verschleierung führt.

Für einen qualitativ hochwertigen Stimmverfremder gelten folgende Kriterien: Wichtigster Punkt ist die Unidentifizierbarkeit durch Stimmanalyse (Voiceprint). Außerdem darf die Stimme durch eine Analyse des Schaltungsdesigns nicht rekonstruiert werden können.

Die der Stimme zugefügten Änderungen müssen zufällig und damit nicht reproduzierbar sein. Machbar ist dies durch zufällige Änderungen der elektronischen Eigenschaften der Schaltung (z.B. Änderung der Filterfrequenz) oder durch Überlagerung von Zufallssignalen. Beide Methoden werden im folgenden dargestellt. Ein weiterer wichtiger Punkt ist, daß die Stimme natürlich bleiben muß und nicht bizarr oder elektronisch klingen darf.

Außerdem soll der Stimmverfremder billig herzustellen und einfach handhabbar sowie batteriebetrieben sein und nur einen geringen Ruhestrom beanspruchen.

Übriges kann eine Stimmenanalyse (Voiceprint) auch bei störenden Hintergrundgeräuschen gemacht werden. Mit moderner Filtertechnik läßt sich das Signal restaurieren. Dies gilt besonders für periodisch wiederkehrende Störsignale (Preßlufthammer) oder leicht reproduzierbare Störsignale (Radio, Fernsehen). Selbst ein einfacher Stimmverfremder, der nicht nach dem Zufallsprinzip verfremdet, kann relativ leicht wieder ausgeblendet werden. Spezialisten stellen die ursprüngliche Stimme durch Invertierung der Transferfunktion wieder her.

Doppelfilter-Prinzip

In Bild 78 ist eine Stimmverfremderschaltung nach dem Doppelfilter-Prinzip zu sehen. Die Schaltung enthält zwei Breitbandfilter mit der relativ niedrigen Güte (Güte Q = Mittenfrequenz dividiert durch Bandbreite) von etwa 0,5, deren Ausgänge in verschiedenen Kombinationen miteinander gemischt werden. Der Ruhestrom beträgt etwa 0,5 mA.

In Bild 79 sind die beiden Filterkurven zu sehen. Durch die niedrige Güte sind alle Frequenzanteile noch deutlich vertreten. Wenn bestimmte Frequenzanteile zu stark ausgefiltert werden, liegt der Verdacht nahe, daß ein

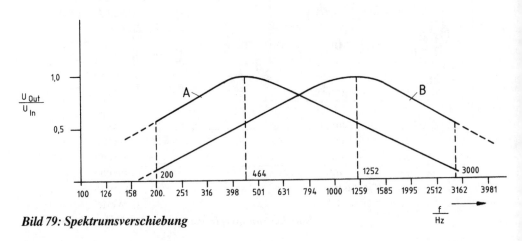

Bild 79: Spektrumsverschiebung

Stimmverfremder im Spiel ist. Durch die Verwendung von Filtern niedriger Güte bleibt der natürliche Klang der Stimme erhalten.

Der DIP-Achtfach-Schalter (DIP = Dual Inline Package) bzw. das Mäuseklavier hat zwei Aufgaben zu erfüllen:

- Je nach Schalterstellung können 256 Mischkombinationen gewählt werden.
- Je nach Schalterstellung ändert sich die Verstärkung des nachfolgenden Operationsverstärkers C.

Im praktischen Einsatz wird mit den Schaltern der optimal klingende Frequenzgang und mit dem 1-MΩ-Trimmer die Lautstärke eingestellt. Während des Telefongesprächs werden die korrespondierenden Einzelschalter jeweils umgeschaltet, so daß sich zwar die A- und B-Signalmischung ändert, aber nicht die Verstärkung. Wenn z.B. der A-Signalausgang auf 18 kΩ und der B-Signalausgang auf 47 kΩ steht, wird anschließend der A-Signalausgang auf 47 kΩ und der B-Signalausgang auf 18 kΩ umgeschaltet. So wird während des Gesprächs nach Zufallsmuster immer wieder hin- und hergeschaltet.

Sollte der Stimmverfremder in die Hand des Gegners fallen und mittels des Geräts versucht werden, die ursprüngliche Stimme zurückzugewinnen, ist dies aufgrund des Zufallsprinzips ein aussichtsloses Unterfangen.

Der Feldeffekttransistor 2N 4391 hat über die Brain-Source-Strecke die Aufgabe, einen Teil des C-Ausgangssignals auf einen oder beide Eingänge zurückzukoppeln. Die Höhe der Rückkopplung hängt dabei von den momentan vorhandenen höherfrequenten Stimmfrequenzanteilen ab (720–4.000 Hz). Durch diese Rückkopplung ändern sich völlig unvorhersehbar bzw. zufällig die Güten und Mittenfrequenzen der Filter. Die Source-Widerstände (in diesem Fall 1 MΩ) können je nach Stimmlage, Schalterstellung und Verstärkungsfaktor individuell angepaßt werden. Die beiden 1-MΩ-Widerstände müssen in ihren Werten nicht übereinstimmen, sondern lassen sich experimentell dem gewünschten Verzerrungsgrad anpassen.

Der Vorteil der Schaltung liegt in ihrer Einfachheit und der Beibehaltung einer natürlichen Klangfarbe. Vorherrschende Frequenzanteile einer Stimme können mittels eines billigen NF-Spektrum-Analysators ermittelt und auf folgende Weise eliminiert werden. Es werden beide Filter symmetrisch links und rechts mit entsprechendem Frequenzbandabstand zur vorherrschenden Frequenz abgestimmt. Die Mittenfrequenzen der Filter lassen sich entweder durch Ändern der beiden Filterkondensatoren (1.000 pF/470 pF) oder der beiden 270-kΩ-Widerstände variieren.

Als Nachteil der Schaltung hat sich aufgrund der niedrigen Filtergüte das subjektive Gefühl herausgestellt, daß sich die Stimme nicht wesentlich ändert.

Schaltungshinweis: Die beiden Endtransistoren sollen annähernd komplementär sein, d.h. in etwa die gleiche Stromverstärkung von $\beta \geq 60$ und gleichen Kollektorstrom von $I_C \geq 50$ mA haben.

Verstärker-/Bandpaß-Prinzip

Ein Stimmverfremder nach dem Verstärker-/Bandpaß-Prinzip wird in Bild 80 gezeigt. Mit den verschiedenen Schalterpositionen kann sowohl die Filtergüte als auch die Mittenfrequenz variiert werden. Es handelt sich bei der Schaltung um ein veränderbares Doppelverstärker-Bandpaß-Filter (Dual Amplifier Bandpass Filter bzw. DABP).

Das DABP-Filter besteht aus den beiden Operationsverstärkern A und B einschließlich der peripheren Bauelemente. Die Verstärkung des Filters ist zweifach. Mit den oberen vier DIP-Schaltern können verschiedene Mittenfrequenzen und mit den unteren vier DIP-Schaltern verschiedene Filtergüten eingestellt werden. Die Mittenfrequenz errechnet sich aus dem Reziprokwert eines der oberen wählbaren vier Widerstandswerte, der Kapazität und einem Faktor von 6,28. Die vier Werte errechnen sich zu 470, 650, 920 und 1.290 Hz.

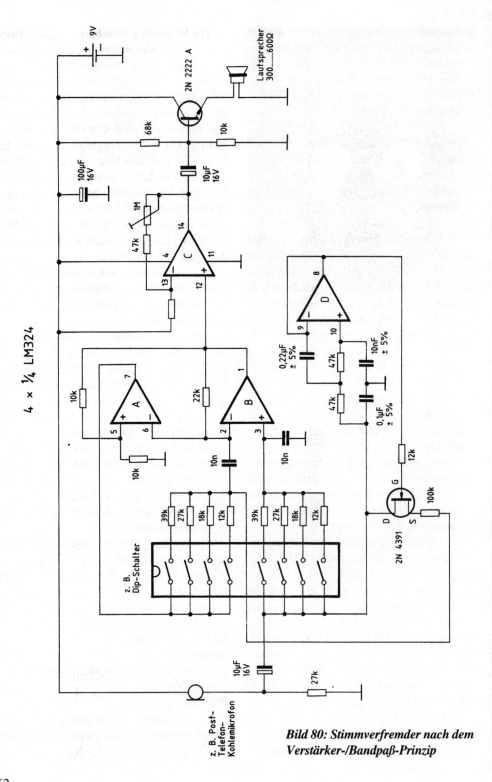

Bild 80: Stimmverfremder nach dem Verstärker-/Bandpaß-Prinzip

Bild 80a: Vorder- und Rückseite eines Stimmverfremders für den Telefoneinsatz

Die Filtergüte Q errechnet sich durch Division des unten eingeschalteten Widerstandswertes durch den oben eingeschalteten Widerstandswert. Der Operationsverstärker C dient ausschließlich der Signalverstärkung. Beim Operationsverstärker D handelt es sich um einen Tiefpaß mit einer Cut-off-Frequenz von 100 Hz. Mit dessen Ausgangssignal wird der Drain-Source-Widerstand eines Feldeffekttransistors moduliert, so daß sich sowohl die Filtergüte als auch die Mittenfrequenz des DABP-Filters auf zufällige und damit nicht wiederholbare Weise ändert. Der 100- $k\Omega$-Source-Widerstand ist nicht für alle Anwendungsfälle gültig und kann wie im vorgenannten Beispiel experimentell an den entsprechenden Einsatzfall angepaßt werden.

Von besonderem Vorteil sind die vielfältigen Einstellmöglichkeiten für die Filtergüte und die Mittenfrequenz der Schaltung, so daß sich eine große Flexibilität ergibt. Der Nachteil der Schaltung ist, daß die am Mäuseklavier programmierten größeren Güte- und Mittenfrequenzänderungen zu starken Schwankungen der Lautstärke führen können. Obwohl es eine Menge anderer Lösungsvorschläge mit anspruchsvoller, aufwendiger Filtertechnik und Einbeziehung von Zufalls- und Rauschgeneratoren gibt, sind die beiden Schaltungsvorschläge in Bild 78 und 80 hinsichtlich Kosten, Gerätegröße, Strombedarf und Komplexität optimale Problemlösungen.

Bild 80a zeigt ein typisches Gehäuse eines Stimmverfremders für den Telefoneinsatz. Zum Telefonieren wird der Stimmverfremder mit seiner Lautsprecheröffnung auf die Sprechmuschel gedrückt und von oben in die Electret-Mikrofon-Öffnung gesprochen.

Digitaler Sprachscrambler und -descrambler

Bei der in Bild 81 gezeigten Schaltung handelt es sich um eine Kombination aus Scrambler und Descrambler, mit der Sprache auf an-

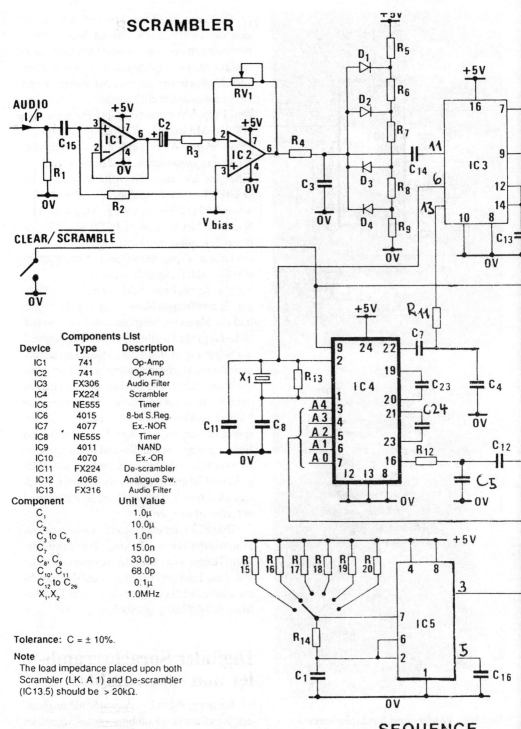

Bild 81: Digitaler Sprachscrambler und -descrambler

DE-SCRAMBLER

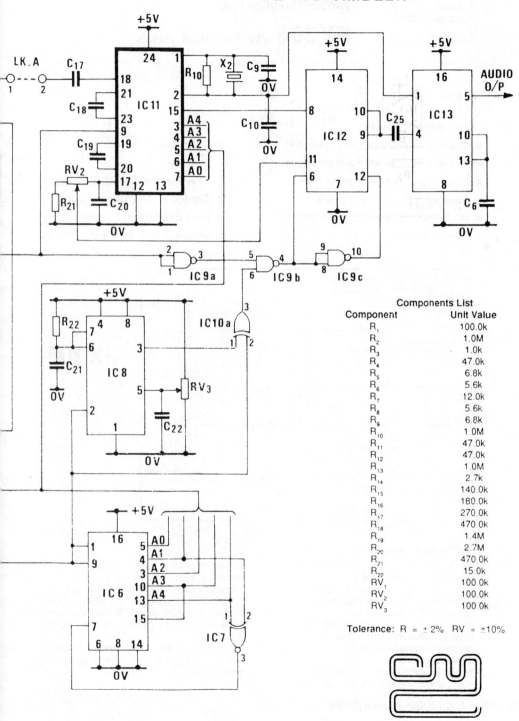

Component	Unit Value
R_1	100.0k
R_2	1.0M
R_3	1.0k
R_4	47.0k
R_5	6.8k
R_6	5.6k
R_7	12.0k
R_8	5.6k
R_9	6.8k
R_{10}	1.0M
R_{11}	47.0k
R_{12}	47.0k
R_{13}	1.0M
R_{14}	2.7k
R_{15}	140.0k
R_{16}	180.0k
R_{17}	270.0k
R_{18}	470.0k
R_{19}	1.4M
R_{20}	2.7M
R_{21}	470.0k
R_{22}	15.0k
RV_1	100.0k
RV_2	100.0k
RV_3	100.0k

Tolerance: R = ± 2%. RV = ±10%

CML Semiconductor Products
PRODUCT INFORMATION

FX306 Audio Filter Array

Publication D/306/5 June 1987
Provisional Issue

Features/Applications
- Cellular Radio Audio Processing to NMT TACS AMPS Specification
- Low Group Delay Distortion
- Switched Capacitor Filters
- On-Chip Uncommitted Amplifier
- Xtal Controlled
- Chip Enable Powersave Feature
- Low-Power CMOS Process
- Choice of Package Styles
- Few External Components
- Single 5-Volt Supply

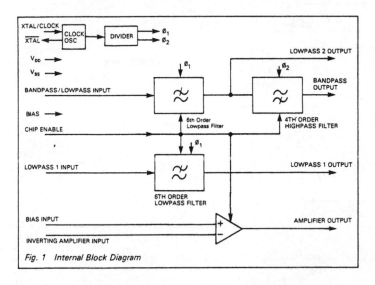

Fig. 1 Internal Block Diagram

Brief Description

The FX306 is a low-power CMOS switched capacitor filter array designed to meet the NMT TACS and AMPS audio processing specifications. The device consists of:
(1) a 3.4 kHz lowpass filter.
(2) a 300 Hz – 3.4 kHz bandpass filter (lowpass filter identical to that of (1) in series with a highpass filter).
(3) an uncommitted amplifier.
The two 6th order lowpass filters provide a low group delay distortion path. The amplifier may be used for any specific applications such as, pre-emphasis, de-emphasis, buffering etc. An on-chip oscillator uses a 1 MHz Xtal and provides all reference clocks for the switched capacitor filters via a divider chain. Alternatively an external clock maybe used.
The chip enable feature is used to disable the filter sections and the amplifier, thus reducing current consumption.

Bild 82: Audiofilter Array FX306

CML Semiconductor Products
APPLICATION INFORMATION
Rolling Code Scrambling Using the FX224 VSB* Audio Scrambler

Publication AP/224 - Sc/1 April 1989

Features/Applications

- * Variable Split-Band
- High Quality Received Audio
- 6 Code "Hop Rates"
- 32 Different Split-Point/Carrier (Code) Combinations
- Half-Duplex System
- Pseudo-Random Codes

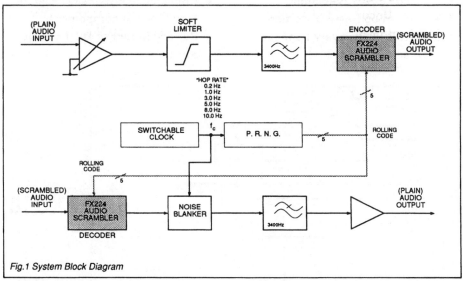

Fig.1 System Block Diagram

Introduction

The principle application of the FX224 *Variable Split-Band Audio Scrambler is that of a frequency domain speech-band inverter.

Scrambling is achieved by splitting the input voice frequencies into upper and lower frequency bands using switched capacitor filters, modulating each band with a separate carrier frequency to "frequency invert" the bands, then summing the output.
De-scrambling is carried out using the same method ensuring that the carrier frequencies are the same as those used to scramble the original audio.
Using the FX224 a total of 32 different split-point and carrier frequency combinations are externally programmable using a 5-bit code which can be fixed or varying (Rolling), for greater security.

This application note, used with a current FX224 Data Sheet, is intended to assist in integrating the device into audio circuitry by giving details of:
 (a) The transmission (scramble) circuit.
 (b) The reception (de-scramble) circuit.
 (c) A Pseudo-Random Code Generator with switchable clock circuitry controlling the 'rolling' (change) rate of the 5-bit pseudo-random code at the rates of : 0.2Hz, 1.0Hz, 3.0Hz, 5.0Hz, 8.0Hz and 10.0Hz.
Synchronization of the scrambling and de-scrambling devices is important and can be accomplished by using either FSK data bursts or continuous outband tone signals.
The power requirement of this particular application is between 50 and 60 mA at 5 volts, per Tx/Rx pair, ie. one circuit.

Bild 83: Audioscrambler IC FX224

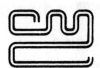

CML Semiconductor Products
PRODUCT INFORMATION

FX316 NMT Audio Filter Array

Publication D/316/4 December 1989
Provisional Issue

Features/Applications

- Cellular Radio Audio Processing
- NMT 450 & 900MHz Base Station and Mobile Specifications
- High Order Lowpass Filter including SAT Rejection
- Low Group Delay Distortion
- 4kHz SAT Recovery Bandpass Filter
- Uncommitted Amplifier
- Switched Capacitor Filters
- Xtal Controlled
- Single 5 Volt CMOS Process
- Chip Enable Powersave Feature
- Few External components
- Surface Mount or DIL Package Style

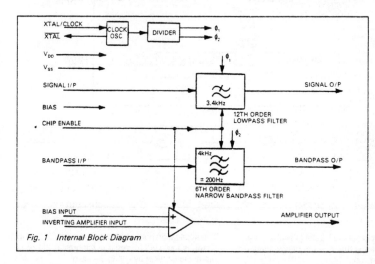

Fig. 1 Internal Block Diagram

Brief Description

The FX316 is a low-power CMOS Switched Capacitor filter array designed to meet NMT Base and Mobile specifications.

The device in detail consists of:

(1) a 12th order 3.4kHz lowpass filter with sufficient rejection of 4kHz signals to meet NMT 450 and 900 filter response specifications for both base and mobile equipments. The lowpass filter also provides a low group delay distortion path.

(2) a 6th order 4kHz narrow bandpass filter which meets the NMT 450 and 900 mobile specifications for SAT recovery.
(3) an uncommitted amplifier which may be used for any specific applications such as pre-emphasis, de-emphasis, buffering etc. An on chip oscillator uses a 1MHz Xtal and provides all reference clocks for the switched capacitor filters via a divider chain. Alternatively, an external clock may be used. The chip enable feature is used to disable the three circuit elements thus reducing current consumption.

Bild 84: Audiofilter Array FX316

Bild 85:
Telefon-
Scrambler
im Einsatz

spruchsvollere Weise verschlüsselt werden kann als mit einfachen Invertern.

Aufgrund des Umfangs und der Komplexität der Schaltung wird auf eine Beschreibung verzichtet und auf die Applikationsschrift der Firma Consumer Microcircuits Limited, 1 Wheaton Road, Essex CM8 3TD, England, Tel: (03 76) 51 38 33, Telex: 99382 CMICRO G, Fax: (03 76) 51 82 47, verwiesen. Die Anschrift der deutschen Niederlassung dieser englischen Firma lautet:

Ginsbury Electronic GmbH
Am Moosfeld 85
81829 München
Tel.: (0 89) 4 51 70-0,
Fax: (0 89) 4 51 70-100

Die Datenblätter der Spezial-ICs der Firma Consumer Microcircuits sind in Bild 82 bis Bild 84 wiedergegeben. Bild 85 zeigt einen professionellen Telefon-Sprachscrambler im praktischen Einsatz.

Sonstige interessante Schaltungen

Mittelwellen-Empfangsschaltung

Eine hochempfindliche Schaltung zum Empfang von Mittelwellen-Minispionen ist in Bild 86 angegeben. Durch den Rückkopplungszweig von Pin 3 nach Pin 1 arbeitet das Gatter-IC im linearen Übergangsbereich. Als Antenne kann ein 2–3 m langer Draht oder eine Teleskopantenne verwendet werden.

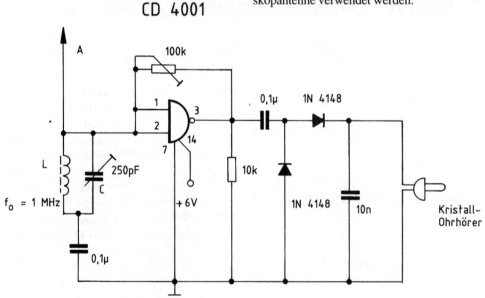

Bild 86: Mittelwellen-Empfangsschaltung

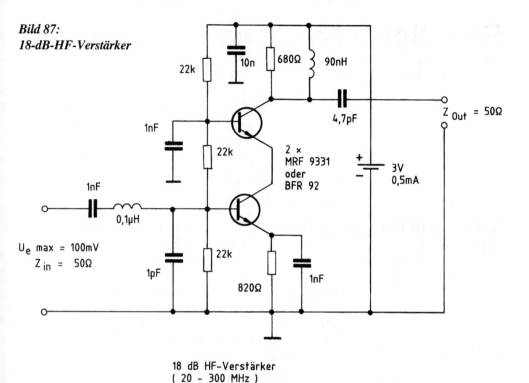

Bild 87:
18-dB-HF-Verstärker

18 dB HF-Verstärker
(20 - 300 MHz)

18-dB-HF-Verstärker

Eine Universal-HF-Verstärkerschaltung, die sowohl konventionell als auch in SMD-Technik aufgebaut werden kann, ist in Bild 87 zu sehen. Diese Schaltung eignet sich besonders gut als Sendeverstärker bei kleinen Betriebsspannungen.

Mini-UKW-Empfangsschaltung

Ein Mini-UKW-Empfänger, bestehend aus drei Funktionseinheiten, geht aus Bild 88 hervor und stammt von P. Engel. Kernstück des Empfängers ist ein mittels eines negativen Widerstands frei schwingender UKW-Oszillator.

Das von der Antenne empfangene Sendersignal wird von einer HF-Vorstufe verstärkt und dem Oszillator aufgedrückt, d.h., die Oszillatorfrequenz wird von der Senderfrequenz mitgezogen. Die mit dem 15-pF-Trimmer abstimmbare Oszillatorfrequenz folgt also den Frequenzänderungen des Sendersignals. Mit dem 10-kΩ-Potentiometer wird der Arbeitspunkt des Oszillators eingestellt. Der Oszillator arbeitet gleichzeitig als FM-Demodulator. Dies erklärt sich wie folgt: Würde der Oszillator als Minisender arbeiten, würde eine geringe Spannungsänderung mittels des 10-kΩ-Potis an den beiden Transistoremittern zu einer Frequenzänderung führen. Umgekehrt ruft eine von außen verursachte Frequenzänderung bzw. FM-Modulation eine proportionale Änderung der an den beiden Emittern liegenden Spannung hervor. Um das dort anliegende NF-Signal zu verstärken, muß nur noch mittels des RC-Glieds aus 1 kΩ und 100 pF das HF-Signal weggefiltert werden. Schließlich folgt ein zweistufiger NF-Verstärker, an den z.B. ein Kristallhörer oder ein Endverstärker angeschlossen werden kann.

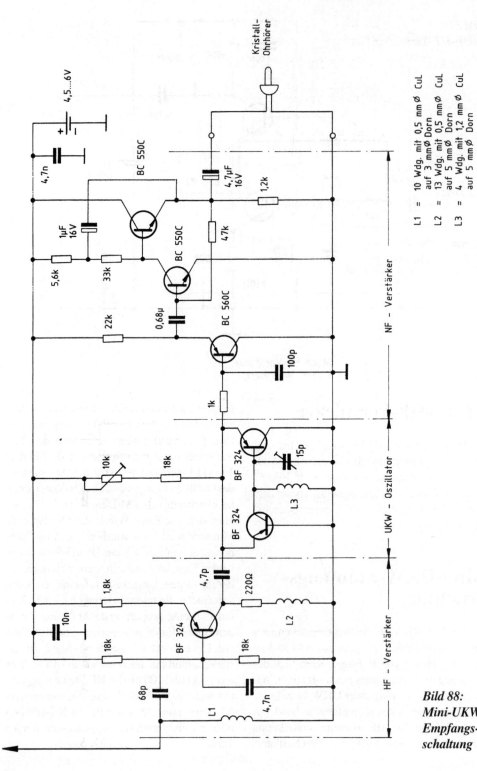

Bild 88:
Mini-UKW-
Empfangs-
schaltung

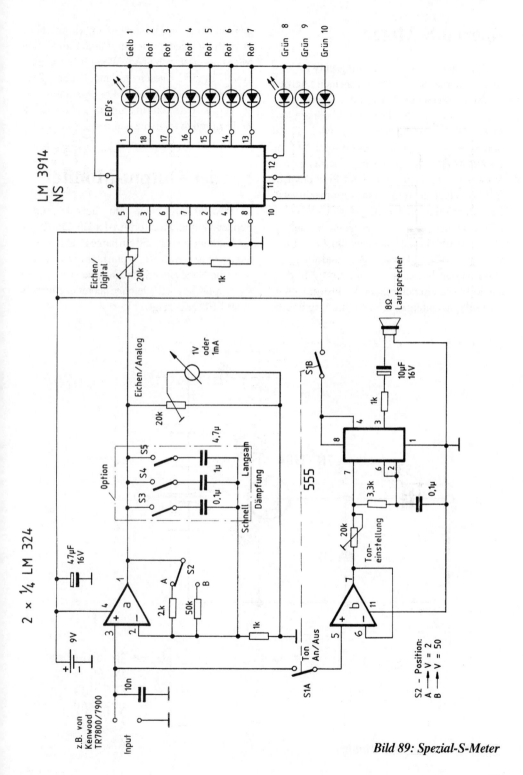

Bild 89: Spezial-S-Meter

Spezial-S-Meter

Eine interessante Schaltungsentwicklung für ein externes S-Meter bzw. für einen externen Feldstärkemesser geht aus Bild 89 hervor. Dieses am normalen S-Meter anschließbare Zusatz-S-Meter zeigt die Feldstärke analog, digital und akustisch an und eignet sich somit bestens als Zusatz zu Peilempfängern. Wird der 1- kΩ-Widerstand zwischen Pin7 und Pin8 des LM 3914 durch einen Widerstandstrimmer ersetzt, kann die Helligkeit der LED-Anzeigezeile geregelt werden. Wenn der Schalter S2 auf A-Position steht, hat der Eingangs-Operationsverstärker den Verstärkungsfaktor 2 und auf der B-Position den Verstärkungsfaktor 50. Mit dem 20- kΩ-Potentiometer kann der Instrumentenausschlag abhängig vom Verstärkungsgrad eingeregelt werden. Das als Option vorgesehene Dämpfungsglied dient zur Bedämpfung von Modulationsausschlägen. Wenn alle Schalter von S3 bis S5 eingeschaltet sind, liegen 5,8 µF im Rückkopplungszweig des Operationsverstärkers a, so daß das Instrument und die LED-Zeile ziemlich träge reagieren.

Sender-Output-Monitor

Bild 90 zeigt einen billig aufzubauenden Sender-Output-Monitor. An der HF-Eingangsbuchse kann eine 20–50 cm lange Drahtantenne angeschlossen werden. Wenn man diese Antenne in die Nähe einer Sendeantenne bringt, wird die empfangene HF gleichgerichtet und mittels einer LED angezeigt.

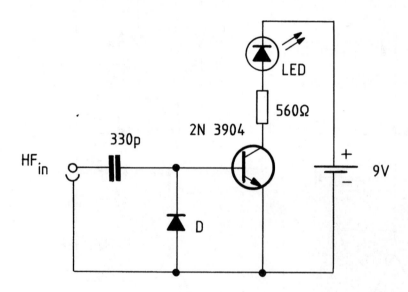

Bild 90: Sender-Output-Monitor

Sprachsteuerung für Kassettenrecorder

Eine Sprachsteuerung, die ohne Versorgungsspannung bzw. Batterie arbeitet, ist in Bild 91 zu sehen. Mittels eines kleinen NF-Trafos wird das vom externen Lautsprecher- oder Ohrhörerausgang eines Funkgerätes oder Scanners stammende NF-Ausgangssignal hochtransformiert. Nach Gleichrichtung und Vervielfachung dient die gewonnene Gleichspannung zum Einschalten eines MOSFET-Transistors, und dieser wiederum als Ein-/Aus-Schalter für den Kassettenrecorder. Zur Aufzeichnung kann das NF-Signal je nach Empfindlichkeit des Mikrofoneingangs an einem der beiden Stecker abgenommen werden. Bild 92 zeigt eine US-Version einer Scanner-Sprachsteuerung.

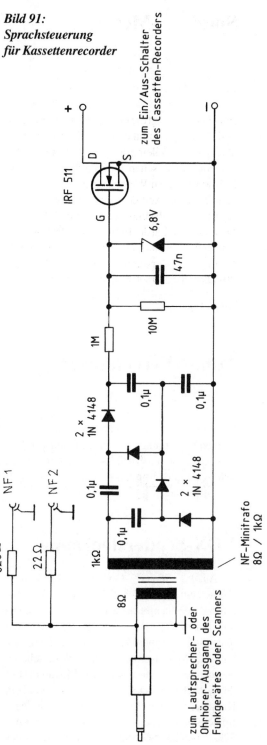

Bild 91: Sprachsteuerung für Kassettenrecorder

Bild 92: US-Version einer Scanner-Sprachsteuerung

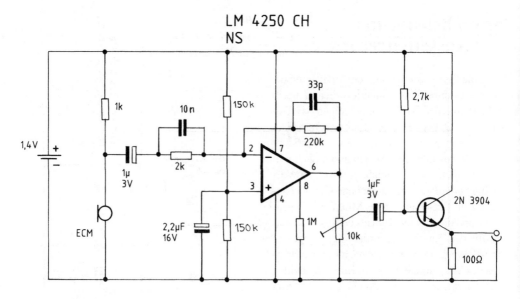

Bild 93: Mini-NF-Verstärker

Mini-NF-Verstärker

Ein bei 1,5-V-Batteriespannung arbeitender NF-Verstärker ist in Bild 93 angegeben. Der Operationsverstärker benötigt nur einen extrem kleinen Versorgungsstrom von einigen µA. Um den Ausgang stärker belasten zu können, ist dem Operationsverstärker ein Emitterfolger nachgeschaltet.

VOX-Sendersteuerung

Außer „Voice Operated Recording" (VOR), einer Eigenschaft, die viele Diktiergeräte aufweisen, gibt es auch das „Voice Operated Transmitting" (VOX), mit dem Sender auch nachträglich ausgerüstet werden können. Sobald das Mikrofon besprochen wird, schaltet sich der Sender automatisch ein. Mit der in Bild 94 angegebenen Schaltung läßt sich sowohl ein Kassettenrecorder als auch ein Sender mit dem Sprachsignal einschalten. Je nach Stellung des Schalters S kann das Mikrofonsignal entweder

520- oder 2.200fach verstärkt werden. Das verstärkte und gleichgerichtete Mikrofonsignal wird auf den (–)Eingang eines Komparators gegeben. Wenn die LED leuchtet, zeigt dies den „Ein"-Zustand an.

Die zweite Hälfte des TL-072-Operationsverstärkers trennt das Mikrofonsignal vom Schaltungseingang ab und koppelt es kurzschlußfest wieder aus. Da die Schaltung auf HF-Einstrahlung empfindlich reagiert, sollte sie in ein kleines Metallgehäuse eingebaut werden. Gegebenenfalls muß parallel zum Mikrofon noch ein 1- bis 4,7-nF-Kondensator geschaltet werden.

Permanentmagnet-Detektor

Eine Schaltung, mit der versteckt angebrachte Permanentmagnete detektiert werden können, ist in Bild 95 zu sehen. In dieser Applikation schwingt der Oszillator mit dem Transistor 2N 3904 auf einer Frequenz von etwa

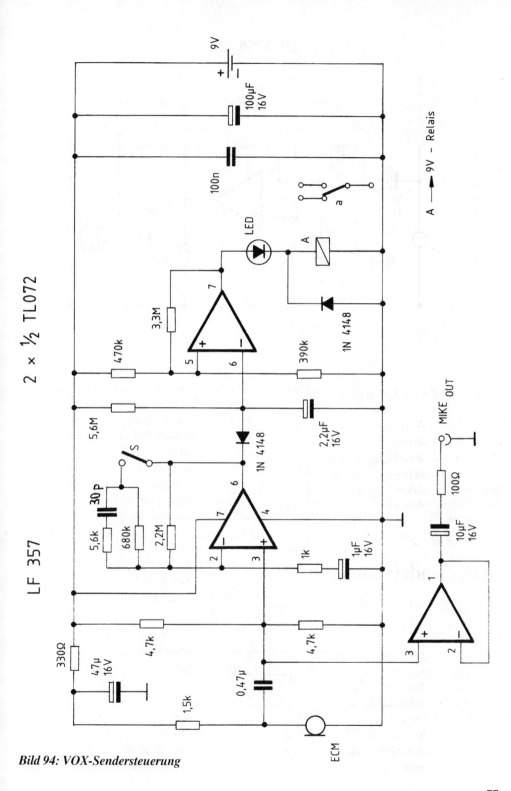

Bild 94: VOX-Sendersteuerung

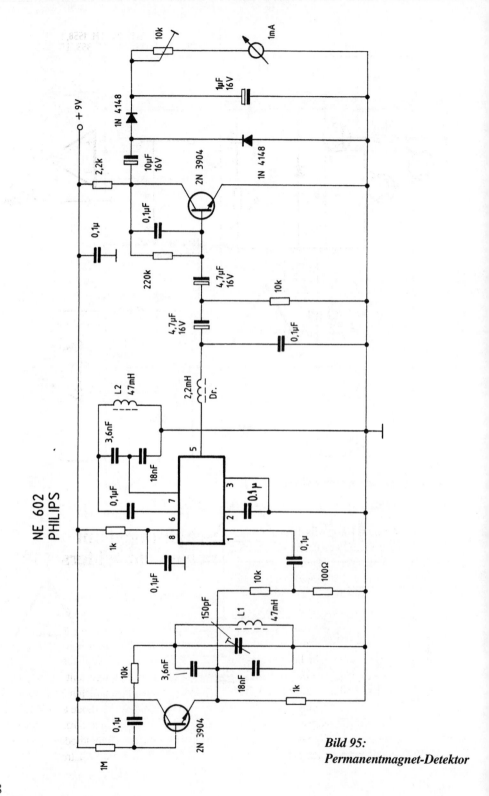

Bild 95:
Permanentmagnet-Detektor

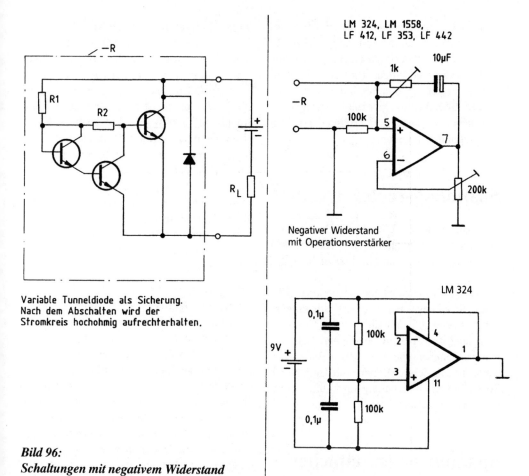

Variable Tunneldiode als Sicherung.
Nach dem Abschalten wird der
Stromkreis hochohmig aufrechterhalten.

Negativer Widerstand
mit Operationsverstärker

Bild 96:
Schaltungen mit negativem Widerstand

15 kHz. Die Oszillator- und Mischerschaltung NE 602 schwingt ebenfalls auf 15 kHz. Beide Signale werden im IC NE 602 gemischt, so daß am Pin5 die Misch- bzw. Differenzfrequenz zur Verfügung steht. Mit dem 150-pF-Trimm-Kondensator kann der Oszillator auf Differenzfrequenz Null abgestimmt werden. Wenn ein Magnet in die Nähe des Ferritkerns von L1 oder L2 gebracht wird, ändert sich die Permeabilität und damit die Schwingfrequenz des jeweiligen Oszillators. Das niederfrequente Differenzsignal gelangt über ein Filter auf eine Verstärkerstufe. Nach der Gleichrichtung wird das dem Magnetfeld proportionale Signal mit einem Drehspulinstrument zur Anzeige gebracht.

Schaltungen mit negativem Widerstand

In Anlehnung an das erste Kapitel, das u.a. den Aufbau von Oszillatoren mit künstlich erzeugten negativen Widerständen zum Inhalt hatte (Bild 1 bis 3), werden in Bild 96 noch zwei interessante Applikationen mit negativen Widerständen vorgestellt.

Bei der links abgebildeten Schaltung dient eine Art variable Tunneldiode als Gerätesicherung. Sobald der zulässige Strom überschritten wird, schaltet die „Tunneldiode" automatisch ab, so daß nur noch ein Reststrom fließt.

In der Schaltung rechts im Bild 96 wird mittels eines Operationsverstärkers ein künstlicher negativer Widerstand erzeugt. Wenn die beiden Widerstandseingänge mit einer Telefon- oder sonstigen Zweidrahtleitung verbunden werden, führt dies zu einer Entdämpfung bzw. künstlichen Verstärkung der Signale in beiden Übertragungsrichtungen.

Spannungsregler

In Bild 97 und Bild 98 sind zwei interessante Spannungsregler-Schaltungen von Linear Technology angegeben, die hier nicht fehlen sollen.

Vergleicht man die Lebensdauerkurven der beiden Schaltungen bei gleichen Lastbedingungen, wird deutlich, daß mit zwei 1,5-V-Alkali-Mangan-Zellen eine um 33% längere Betriebsdauer gegenüber einer 9-V-Alkali-Batterie erzielbar ist. Die richtige Batterie mit der richtigen Spannungsregler-Schaltung führt somit zur optimalen Batterieausnutzung.

Spannungsvervielfacher

Eine einfache Spannungsvervielfacher-Schaltung ohne Trafo zeigt Bild 99. Der CMOS-Schaltkreis schwingt auf 10 kHz und liefert bei einer Last von 6 mA etwa 12 V Betriebsspannung. In Bild 100 sind der Wirkungsgrad und die Ausgangsspannung in Abhängigkeit des Laststroms dargestellt.

Timerschaltungen

Abschließend werden noch vier Timer-Schaltungen beschrieben, die je nach erwünschter Verzögerungszeit von der Eieruhr bis zum elektronischen Blumengießer einsetzbar sind.

Timer 1 (1 Sekunde bis 2,5 Minuten)

Timer 1 arbeitet entsprechend Bild 101 mit einem Unijunktion-Transistor. Beim Betätigen des Start-Schalters wird der 10-µF-Kondensator aufgeladen, bis die Triggerschwelle des 2N 2646 erreicht ist. Der dabei entstehende Impuls am 27-Ω-Widerstand schaltet den Thyristor durch. Daraufhin zieht das Relais an und legt mit seinem a-Kontakt Spannung an den Lastwiderstand R_L.

Um den Verzögerungsvorgang erneut starten zu können, muß der Thyristor erst mit der Reset-Taste in den Ausgangszustand zurückversetzt werden. 22,5-V-Batterien sind im Handel in denselben Abmessungen wie ein 9-V-Block erhältlich.

Timer 2 (1 Sekunde bis 19 Tage)

Eine Timerschaltung mit großer vorwählbarer Zeitspanne wird in Bild 102 gezeigt. Es sind Zeitintervalle im Bereich zwischen 1 Sekunde und 19 Tagen frei wählbar, obwohl die Zeitkonstante des RC-Glieds nur 220 Sekunden beträgt. Das IC ZN 1034E von Ferranti beinhaltet einen internen Spannungsregler, einen Oszillator und einen 12stufigen Binärzähler. Die mittels des Zählers erzielbare totale Verzögerungszeit ist 4.096mal so groß wie die Oszillator-Periodenzeit. Je nach Wunsch kann nach Ablauf von 4.096 Zyklen an Pin2 und Pin3 das jeweils inverse Signal zum Einschalten oder Ausschalten eines Transistors abgegriffen werden. Das Logiksignal an Pin3 ist normalerweise im Ein-(1-)Zustand und fällt nach Ende des Zeitintervalls in den Aus-(0-)Zustand zurück. Der Komplementärausgang Pin2 ist normalerweise im Aus-(0-)Zustand und geht nach Ablauf des Zeitintervalls in den Ein-(1-)Zustand. Eingeleitet wird der Ablauf der Zeitspanne durch kurzes Drücken der Starttaste.

Timer 3 (1 Stunde bis 99 Stunden)

Mit der Timerschaltung in Bild 103 kann mittels zweier Dekadenschalter eine Zeitspanne zwischen einer Stunde und 99 Stunden se-

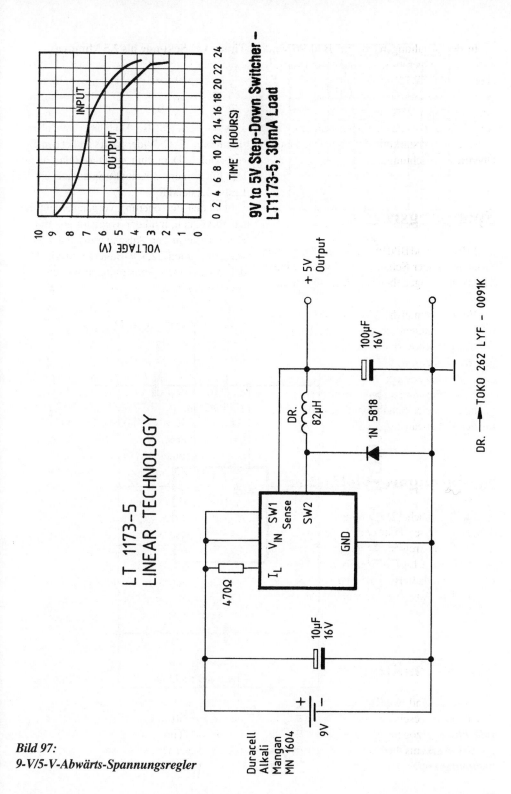

Bild 97:
9-V/5-V-Abwärts-Spannungsregler

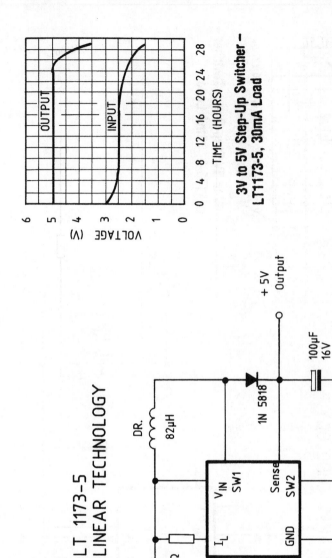

Bild 98:
3-V/5-V-Aufwärts-Spannungsregler

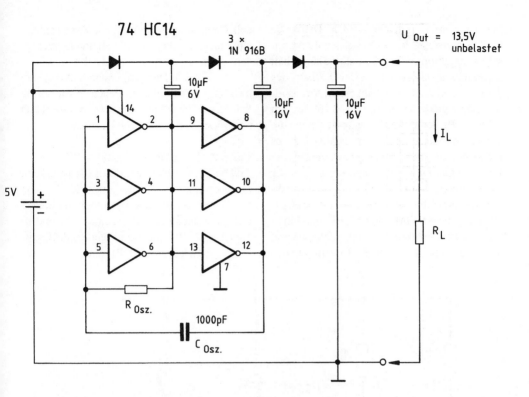

Bild 99: Spannungsvervielfacher ohne Trafo

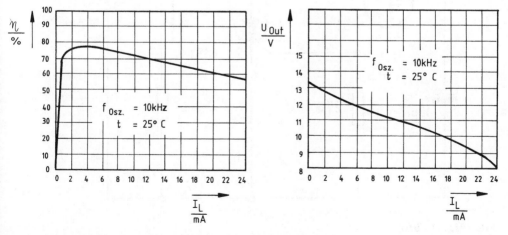

Bild 100: Ausgangsspannung und Wirkungsgrad

83

kundengenau vorgewählt werden. Durch die CMOS-Bausteine benötigt die Schaltung nur sehr wenig Strom, so daß die Batterie länger hält als die maximale Zeitspanne. Der Oszillator des Timers arbeitet sehr stabil mit einem Armbanduhr-Quarz auf der Frequenz von 32.768 Hz. Am Prüfstift P1 kann mittels eines Zählers die Schwingfrequenz gemessen werden. Da es nicht sinnvoll ist, stundenlang zu warten, um die Funktion des Timers testen zu können, ist der Timer mit einigen Pins und Kurzschlußbrücken versehen, die einen Kurzzeittest ermöglichen. Für diesen Test müssen Pin 12 und Pin 11 mittels einer Drahtbrücke kurzgeschlossen und die Brücke über Pin 6 und Pin 13 entfernt werden. Dann werden die mit P2 und P3 bezeichneten Prüfstifte mittels einer Drahtbrücke verbunden.

Wenn beide Dekadenschalter auf 0 stehen (00), muß die LED dauernd leuchten. Stehen die Schalter auf einer Stunde bzw. 01, muß die LED nach einer Minute dauernd leuchten.

Timer 4 (1 Tag bis 99 Tage)

Die Timerschaltung in Bild 104 ist nahezu identisch mit der Schaltung in Bild 103. Die Verzögerungszeit kann hier mittels der beiden Dekadenschaltern zwischen einem Tag und 99 Tagen gewählt werden. Die Frequenz des Oszillators wird wieder an Stift P1 mittels eines Zäh-

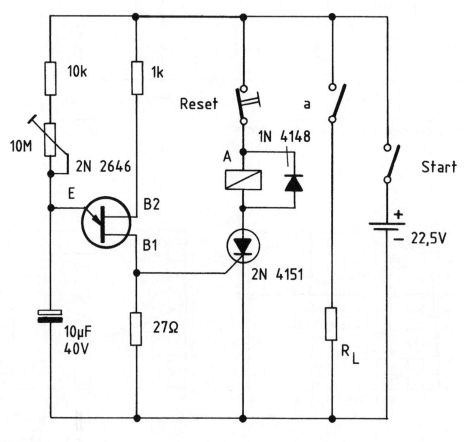

Bild 101:
Timer 1 (1 Sekunde bis 2,5 Minuten)   A ⟶ 24V - Relais

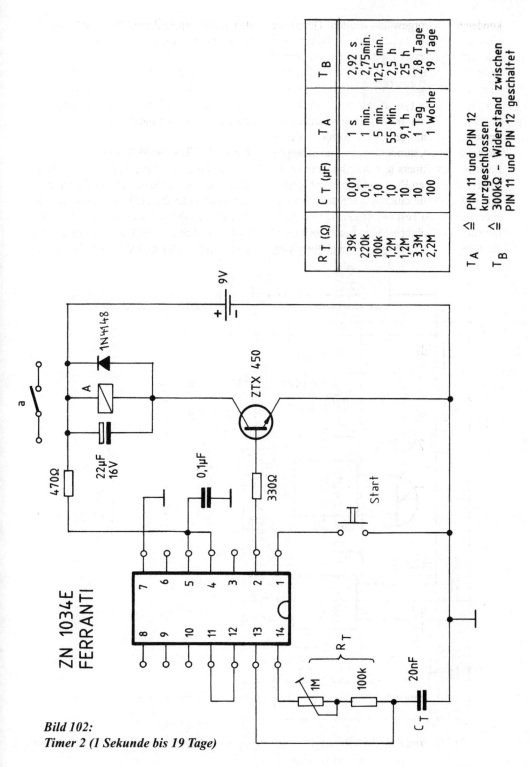

Bild 102:
Timer 2 (1 Sekunde bis 19 Tage)

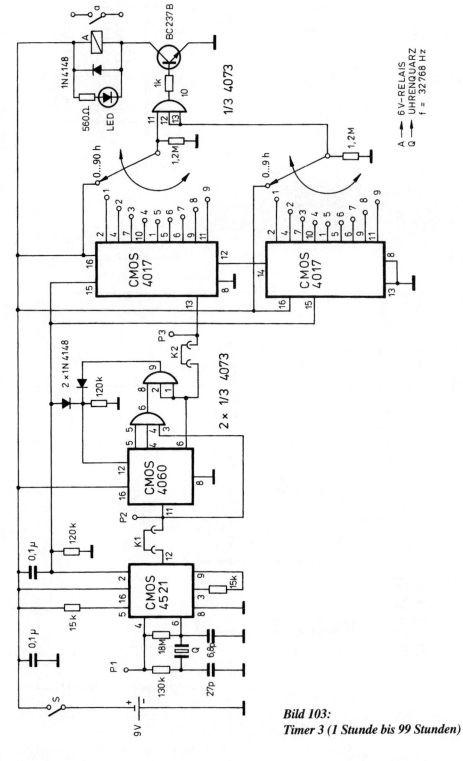

Bild 103:
Timer 3 (1 Stunde bis 99 Stunden)

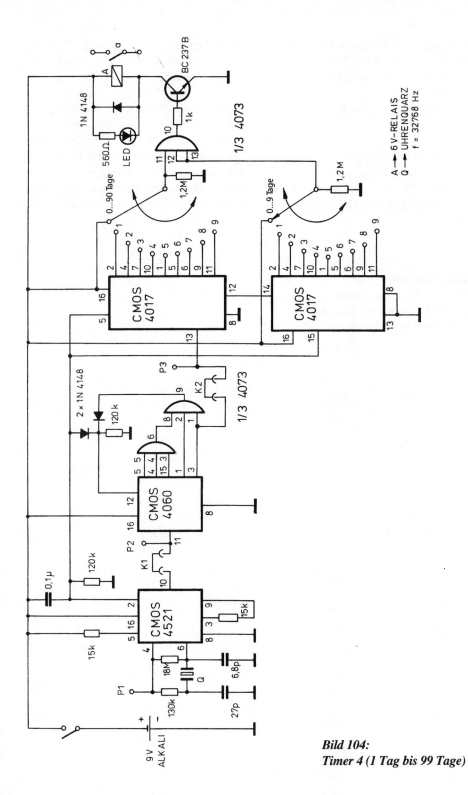

Bild 104:
Timer 4 (1 Tag bis 99 Tage)

lers überprüft. Zum Kurzzeittest wird Stift P1 mit Stift P2 sowie Pin3 mit Pin13 verbunden. Die Drahtbrücke zwischen Pin10 und Pin11 wird entfernt.

Nun kann die Funktion in drei Schritten überprüft werden:

1. Wenn beide Dekadenschalter auf 0 stehen (00), muß die LED dauernd leuchten.
2. Stehen die Dekadenschalter auf „1 Tag" (01), muß die LED alle vier Sekunden blinken.
3. Stehen die Dekadenschalter auf „11 Tage" (11), muß die LED sowohl nach vier Sekunden als auch nach 60 Sekunden blinken.

Nach dem Test ist die Testkonfiguration wieder aufzuheben. Durch die lange Betriebsdauer und den meist relativ niedrigen Relaisspulen-Widerstand empfiehlt sich trotz der Batteriespannung von 9 V der Einsatz eines 6-V-Relais. Wegen der geforderten langen Lebensdauer sind natürlich 9-V-Alkali-Mangan-Batterien vorgeschrieben.

Quellenverzeichnis:
Abb. 11, 17, 19, 21, 23, 28a aus
Manfred Fink „Lauschziel Wirtschaft",
Stuttgart 1996, Boorberg-Verlag

Minispione-Schaltungstechnik Teil 3

VHF-, UHF- und Mikrowellen-Minispione
Telefon-Minispione
ISDN-Monitor
Peilsender
Moderne Minispion-Ortung
Lauschangriff auf Anrufbeantworter

Inhaltsverzeichnis

Vorwort 7

Oszillatoren, Minispione, Minisender 8
    Mittelwellen-Minisender 8
    27,12-MHz-Schmalbandsender mit 3 Watt Output 9
    50-MHz-Oszillator mit Kondensatormikrofon 9
    UKW-Radio als UKW-Sender 10
    UKW-Minispion-Grundschaltung 11
    Standard-UKW-Minispion 12
    Standard-VHF-Minispion mit hoher Modulationsempfindlichkeit 12
    Standard-UKW-Minispion mit einstufigem Mikrofonverstärker
    für 9 V Betriebsspannung 12
    Standard-UKW-Minispion mit einstufigem Mikrofonverstärker
    für 3 V Betriebsspannung 12
    UKW-Minispion mit großer Reichweite 12
    VHF-Prüfgenerator (70–160 MHz) 14
    UKW-Stereo-Prüfsender 15
    UKW-Fernsteuersender 15
    UKW-Minisender mit NE 602 16
    VHF-Minisender in Kollektor-Basis-Schaltung (75–150 MHz) 17
    VHF-Minispion (100–170 MHz) 17
    VHF-Minispion mit FET (100–150 MHz) 18
    Ultraeinfacher VHF-Minispion in Gegentaktschaltung (100–150 MHz) 19
    UHF-Oszillator mit Streifenleiter (350–500 MHz) 19
    Rabel-Universal-UHF-Minispion mit großer Reichweite und
    Lebensdauer für 1,5 V Batteriespannung (fo = 460 MHz) 19
    UHF-Minispion mit dem Antennenverstärker MAR 2 (600–700 MHz) 19
    UHF-Leistungs-Minispion mit 0,8 Watt Output (800–900 MHz) 20
    UHF-Minispion (fo = 940 MHz) 20
    UHF-Minispion in Kollektor-Basis-Schaltung (900–950 MHz) 22
    UHF-Minispion mit SMD-Kapazitätsdioden (900–1.000 MHz) 22
    UHF-Minispion mit Streifenleitern (900–1.000 MHz) 22
    UHF-Minispion für 1.000 MHz 26

UHF-FET-Oszillator 26
UHF-Minispion 26
Mikrowellen-Leistungs-Minispion mit 1 Watt Output (fo = 1,5 GHz) 26

Telefon-Minispione und Co. 27
Kombinierter Raum- und Telefon-Minispion mit dem
Rabel-Universal-Oszillator (fo = 140 MHz) 27
Quarzgesteuerter VHF-Telefon-Leistungs-Minispion (fo = 141,3 MHz) 28
Telefonrufanzeige 28
Telefonanrufwächter 29
Koppelschaltung für zwei Telefone 29
Telefon-Interfaceschaltung ohne Trafo 29
Telefonnotrufeinrichtung 29
Telefonspeisespannungswandler 32

Peilsender 33
UKW-Minipeilsender 33
UKW-Peilsender 33
Zweimeterband-Peilsender 35

Weitere interessante Schaltungen und Infos 37
Lichtgesteuerter Minisender 37
UHF/VHF-Konverter 37
Sprachsteuerung für Minispione (Version 1) 39
Sprachsteuerung für Minispione (Version 2) 39
PC-Bildschirminhalt-Mitlesemonitor 39
SAT-Empfänger als Minispion-Empfänger nutzen 40
Breitbandverstärker als Störsender 41
Breitbandkabelverstärker als Videosender 41
2-MHz-Frequenz-Eichmarken-Sender 42
Ultraschallempfänger 43
Mithören in Haussprechanlagen 43
Abhören von ISDN-Telefonleitungen 45

Moderne Minispion-Ortung 46
Vorgehensweise bei der Ortung 46

Sicherheitsmaßnahmen rund ums Telefon 50
Risikoquelle Anrufbeantworter 50
Die sichere Ansage 50
Allgemeine Ratschläge fürs Telefonieren 52
Wie man Fernzugriffscodes knackt 55

Vorwort

„Minispione-Schaltungstechnik" Teil 3 soll den interessierten Leser auf dem Stand der Technik halten und ihm das geistige Rüstzeug für Schutzmaßnahmen vermitteln. Das Wissen um das technisch Mögliche baut unbegründete Ängste vor dem „großen Bruder" weitgehend ab und erlaubt eine reale Einschätzung drohender Abhörgefahren.

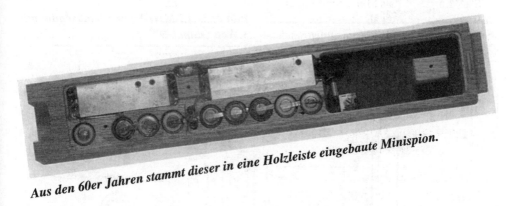

Aus den 60er Jahren stammt dieser in eine Holzleiste eingebaute Minispion.

Oszillatoren, Minispione, Minisender

Mittelwellen-Minisender

Die in Bild 1 gezeigte MW-Senderschaltung erzeugt ein amplitudenmoduliertes Ausgangssignal, das mit jedem Mittelwellenradio empfangen werden kann. Bei 2 V_{ss} NF-Eingangsspannung ergibt sich ein Modulationsgrad von etwa 30%. Die Induktivität kann im Bereich zwischen 50 und 150 µH gewählt werden.
Die Rückkoppelungswicklung, die gleichzeitig zur Auskopplung der HF-Spannung dient, wird mit dem zehnten Teil der Windungszahl von L1 gewickelt.

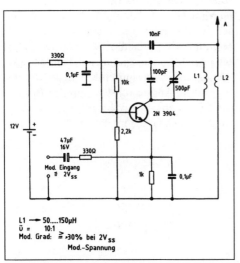

▲ Bild 1: Mittelwellen-Minisender

Bild 2: 27,12-MHz-Schmalbandsender mit 3 Watt Output ▼

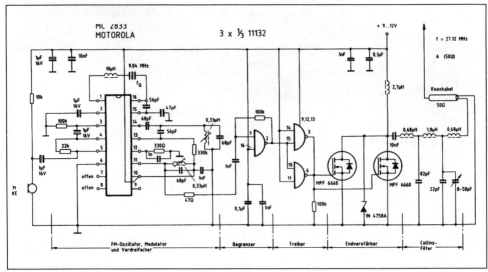

27,12-MHz-Schmalbandsender mit 3 Watt Output

Das Oszillator- und Verdreifacher-IC MC 2833 der in Bild 2 angegebenen CB-Senderschaltung ist bereits aus „Minispione-Schaltungstechnik" Band 4 (Best.-Nr. 411 0045) bekannt. In der vorliegenden Schaltung wird die verdreifachte Quarzfrequenz soweit verstärkt, daß 3 Watt Ausgangsleistung an der Antenne zur Verfügung stehen. Je nach Quarzfrequenz kann die CB-Senderschaltung zwischen 29 und 32 MHz betrieben werden.

50-MHz-Oszillator mit Kondensatormikrofon

Die Oszillatorschaltung in Bild 3a schwingt auf 50 MHz. Der Oszillator kann sowohl auf Veroboard (siehe Bild 3b) als auch entsprechend Bild 3c auf einer geätzten Platine aufgebaut werden. Das selbstgebaute Kondensator-

Bild 3b: Aufbau des Oszillators auf Veroboard

mikrofon wird dem Resonanzkreis parallelgeschaltet. Es besteht aus einer dünnen Aluminiumfolie, die sandwichartig zwischen zwei Isolierscheibchen montiert ist. Dabei dient der FM-modulierte Oszillator weniger als Minispion, sondern mehr zur Demonstration der Funktionsweise eines Kondensatormikrofons. Zum Empfang des HF-Signals eignet sich je-

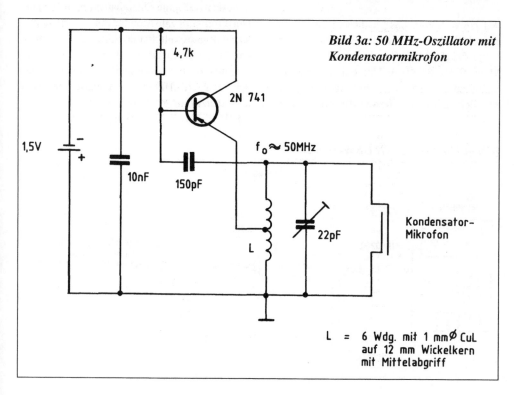

Bild 3a: 50 MHz-Oszillator mit Kondensatormikrofon

L = 6 Wdg. mit 1 mm⌀ CuL auf 12 mm Wickelkern mit Mittelabgriff

UKW-Radio als UKW-Sender

Bild 4 zeigt eine originelle Applikation, wie aus einem UKW-Radio ein UKW-Sender gemacht werden kann. Jeder UKW-Superhet-Empfänger verfügt über einen eingebauten UKW-Oszillator, dessen HF-Signal unerwünscht auf einige Entfernung abgestrahlt wird. Wenn ein UKW-Radio z.B. auf eine Empfangsfrequenz von 90 MHz eingestellt ist, kann dessen Oszillatorsignal mit einem zweiten UKW-Radio auf 100,7 MHz (90 MHz + 10,7 MHz) empfangen werden. Ohne Modulationssignal ist am zweiten UKW-Radio, das zu Testzwecken neben das als UKW-Sender mißbrauchte UKW-Radio gestellt wird, natürlich nichts zu hören. An der Empfangsposition verschwindet lediglich das Rauschen.

Um das UKW-(Sende-)Radio zu modulieren, muß man die Rückwand öffnen und den Oszillatortransistor ausfindig machen. Bei den meisten UKW-Radios ist der Oszillator diskret, das heißt mit Einzelbauteilen aufgebaut. Der Oszillatortransistor befindet sich normalerweise in unmittelbarer Nähe des Antennenanschlusses. Mit einem blanken Uhrmacherschraubenzieher oder einer Nähnadel wird nun der eventuell in Frage kommende Transistor an seinen Beinchen abgetastet und am zweiten UKW-Radio die Auswirkung beobachtet. Ver-

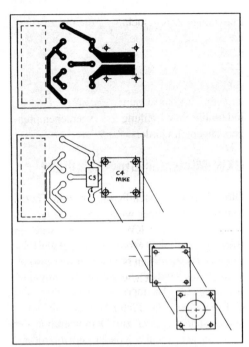

Bild 3c: Ätzplatine für den Oszillator

des UKW-Radio, das zu diesem Zweck auf etwa 100 MHz eingestellt wird. Die 1. Oberwelle des 50-MHz-Oszillators liegt bei 100 MHz (2 × 50 MHz). Um ein gut hörbares Signal zu erzeugen, muß man mit dem Mund ziemlich nah an die Mike-Öffnung herangehen.

Bild 4: UKW-Radio als UKW-Sender ▼

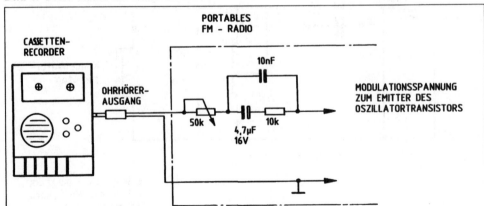

schwindet das Empfangssignal oder entsteht ein Brummsignal, dann ist die Suche erfolgreich gewesen.

Nun wird die Schaltung aus Bild 4 am Emitter des Transistors angeschlossen. Mit dem 50-kΩ-Potentiometer kann der Frequenzhub bzw. der Modulationsgrad eingestellt werden. Das RC-Netzwerk verbessert die Wiedergabequalität und trennt den Modulationsteil gleichspannungsmäßig vom Cassettenrecorder ab. Die Werte der Bauelemente müssen nicht für jedes UKW-Radio optimal sein. Hier können noch Veränderungen vorgenommen werden. Falls die Sendefrequenz nicht 10,7 MHz oberhalb der eingestellten Frequenz gefunden wird, sucht man 10,7 MHz unterhalb. Beide Empfangspunkte auf den Skalen der Radios sollten nicht von Rundfunksendern besetzt sein. Mitunter muß einige Zeit gesucht werden, um zwei unbesetzte Skalenpunkte im Abstand von 10,7 MHz zu finden. Bezüglich Reichweite sind allerdings kaum mehr als 5 Meter zu erwarten. Im Zweiten Weltkrieg wurden geheime Funkanlagen mitunter dadurch ausfindig gemacht, indem die Störstrahlung des Agentenempfängers angepeilt wurde.

UKW-Minispion-Grundschaltung

Die in allen Veröffentlichungen zum Thema „Minispione" immer wiederkehrende Grundschaltung eines UKW-Minispions wird in Bild 5 gezeigt. Am Modulationseingang können die verschiedenen NF- bzw. Audioquellen angeschlossen werden, wie z.B. Mikrofon, Kassettenrecorder oder CD-Player.

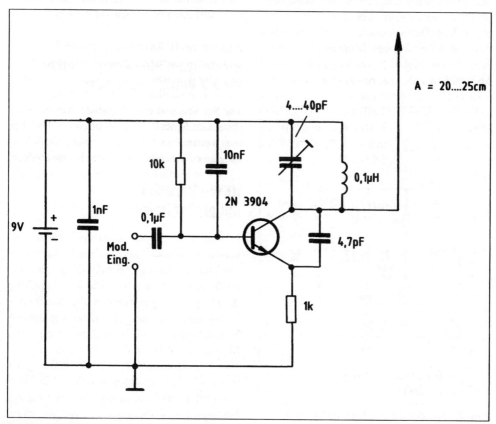

Bild 5: UKW-Minispion-Grundschaltung

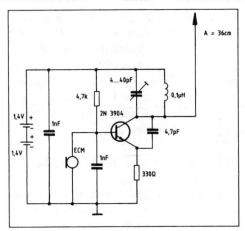

Bild 6: Standard-UKW-Minispion

Standard-UKW-Minispion

In Bild 6 wird das Elektretmikrofon ohne Koppelkondensator direkt an die Basis des Transistor gelegt. Dabei handelt es sich zweifellos um eine der einfachsten Minispion-Schaltungen. Mit zwei 1,4-V-Knopfzellen können 100 Meter Reichweite erwartet werden.

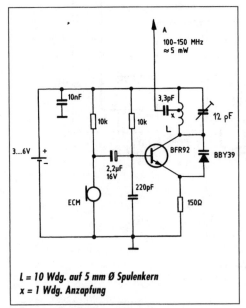

Bild 7: Standard-UKW-Minispion mit hoher Modulationsempfindlichkeit

Standard-VHF-Minispion mit hoher Modulationsempfindlichkeit

Wem die Modulationsempfindlichkeit der Schaltung aus Bild 6 zu gering ist, kann mit der Schaltung aus Bild 7 besser zurechtkommen. Diese Trickschaltung benützt keinen Kondensator für den Rückkopplungspfad zwischen Kollektor und Emitter, sondern eine Kapazitätsdiode.

Standard-UKW-Minispion mit einstufigem Mikrofonverstärker für 9 V Betriebsspannung

Die traditionelle Methode, die Mikrofonempfindlichkeit zu erhöhen, besteht in der Vorschaltung eines Verstärkungstransistors entsprechend Bild 8. Dies ist zweifellos die Urschaltung aller einfachen UKW-Minispione.

Standard-UKW-Minispion mit einstufigem Mikrofonverstärker für 3 V Betriebsspannung

Die Schaltung in Bild 9 gestattet die Verwendung von Knopfzellen, wodurch der Platzbedarf verringert wird. Sonst enthält die Schaltung keine hervorhebenswerten Eigenschaften.

UKW-Minispion mit großer Reichweite

In Bild 10 ist der Vorläufer des „Rabel-Universal-Minispions" aus dem Buch „Minispione-Schaltungstechnik" Band 4 (Best.-Nr. 411 0045), Seite 14, zu sehen. Die Rückkopplung der HF-Spannung erfolgt hier über den 39-pF-Kondensator und nicht über einen kapazitiven Spannungsteiler. Wie beim „Rabel-Universal-Minispion" ist bei 9 V Betriebsspannung mit 100–150 Milliwatt HF-Ausgangsleistung zu rechnen. Der BC 109B (eigentlich ein NF-Transistor mit hoher Transitfrequenz) kann zur Erhöhung des Wirkungsgrades gegen einen 2N3904 ausgetauscht werden sollte.

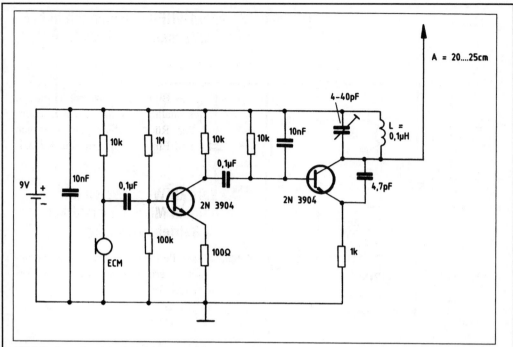

Bild 8: Standard-UKW-Minispion mit einstufigem Mikrofonverstärker für 9 V Betriebsspannung

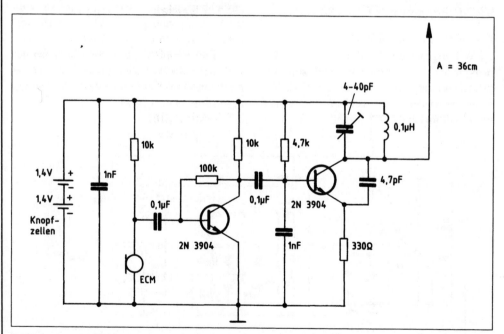

Bild 9: Standard-UKW-Minispion mit einstufigem Mikrofonverstärker für 3 V Betriebsspannung

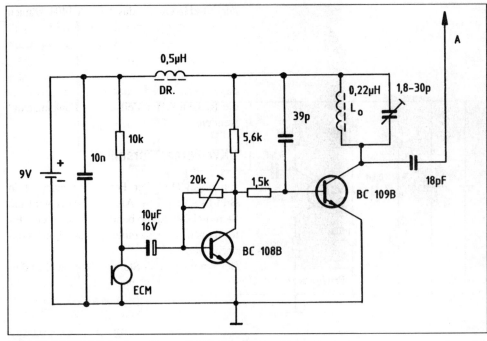

Bild 10: UKW-Minispion mit großer Reichweite

VHF-Prüfgenerator (70–160 MHz)

Der in Bild 11 gezeigte kleine VHF- bzw. UKW-Prüfgenerator der Firma ELV (s. Anhang) läßt sich naturgemäß nicht nur zum Abgleich und zur Reparatur von UKW-Radios benutzen, sondern auch als UKW-Minisender im Rundfunkband. Der Modulationshub ist einstellbar, und am Antennenausgang kann mit 0,5 V HF-Spannung an 50 Ω gerechnet werden.

Den VHF- Prüfgenerator gibt es bei der Firma ELV. ELV liefert begleitend eine genaue Funktions- und Baubeschreibung. Der Aufbau des Prüfgenerators ist aus Bild 12 zu ersehen.

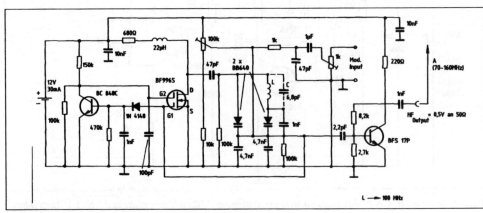

Bild 11: VHF-Prüfgenerator (70–160 MHz)

der 38-kHz-Quarz, das IC BA 1404 können für etwa 50 Euro bei der Zeitschrift bestellt werden, die restlichen Bauteile sind bei Conrad Electronic (s. Anhang) erhältlich.

Wer sich für eine Beschreibung und eine genaue Bauanleitung interessiert, kann sich an die Redaktion der Zeitschrift „Funkamateur" wenden.

UKW-Fernsteuersender

Ein ungewöhnlicher Fernsteuersender ist in Bild 14 angegeben. Als Empfänger wird ein Stereo-UKW-Radio benutzt, das über eine Pilotfrequenzanzeige mittels eines Signallämpchens, verfügt.

Bei Empfang eines Stereosignals leuchtet dieses Lämpchen auf, was man zu Fernsteuerzwecken verwenden kann. Dazu wird der Sender mit 19 kHz moduliert. Dieses Signal dient zum Aktivieren des Lämpchens bzw. der sogenannten Stereo-Pilotfrequenzanzeige. Statt des Lämpchens kann nun z.B. ein Relais angesteuert werden, dessen Schaltausgang ein externes Gerät aktiviert.

Bild 12: Aufbau des VHF-Prüfgenerators (70–160 MHz)

UKW-Stereo-Prüfsender

Die in Bild 13 angegebene Schaltung stammt von Ing. Thomas B. Collins. Sie wurde 1996 in der Zeitschrift „Funkamateur" veröffentlicht. Die wichtigsten Bauelemente wie die Platine,

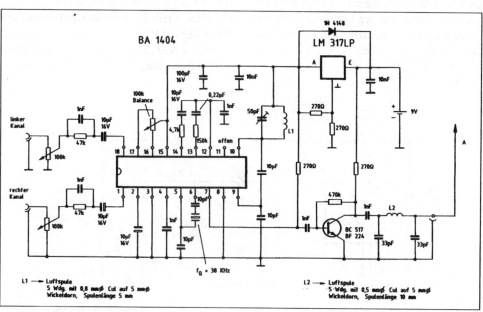

Bild 13: UKW-Stereo-Prüfsender

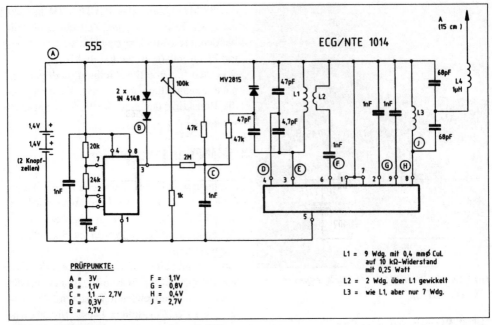

Bild 14: UKW-Fernsteuersender mit Pilotton

UKW-Minisender mit NE 602

Ein UKW-Minisender mit dem Signetics- bzw. Philips-IC NE 602 wird in Bild 15 gezeigt. Bemerkenswert ist die Art der Modulation. In Reihe zum 3,3-pF-Kondensator liegt die Kollektor-Basis-Strecke des Transistors MPSA 05. Diese Sperrschicht wirkt dort wie eine Kapazitätsdiode. Sie verändert ihre Kapazität im Rhythmus der NF-Spannung und sorgt damit für eine wirksame Frequenzmodulation des UKW-Signals.

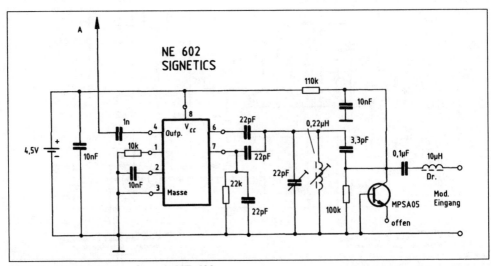

Bild 15: UKW-Minisender mit NE 602

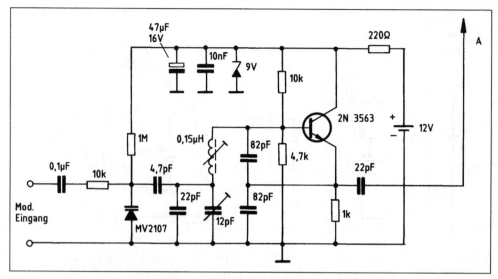

Bild 16: VHF-Minisender in Kollektor-Basis-Schaltung (75–150 MHz)

VHF-Minisender in Kollektor-Basis-Schaltung (75–150 MHz)

Nur in wenigen Oszillatorschaltungen liegt der Kollektor des Oszillatortransistors HF-mäßig auf Masse. Bei der Schaltung in Bild 16 ist dies der Fall.

Man spricht dann von einer Kollektor-Basis-Schaltung. Moduliert wird mittels einer Kapazitätsdiode. Der Schwingkreis befindet sich zwischen Basis und Masse.

VHF-Minispion (100–170 MHz)

Eine etwas exotische Minispion-Schaltung, die auch mit SMD-Bauteilen aufgebaut werden kann, ist in Bild 17 zu sehen. Die 80-nH-Induktivität ist entweder ein fertiges Bauteil oder wird als Drahtschleife mit 20 mm Innendurch-

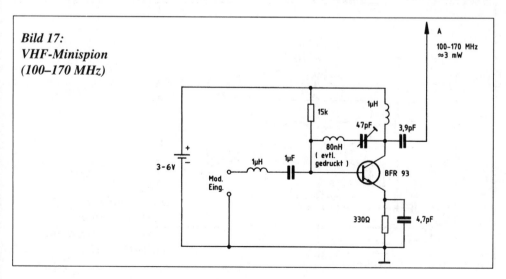

Bild 17: VHF-Minispion (100–170 MHz)

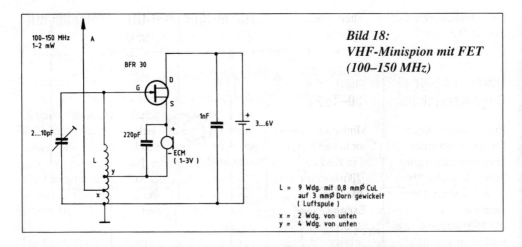

Bild 18:
VHF-Minispion mit FET
(100–150 MHz)

messer ausgeführt. Entscheidet man sich für die Drahtschleife, kann bei kurzen Reichweiten auf eine Sendeantenne verzichtet werden. SMD-Festinduktivitäten im Bereich zwischen 12 nH und 1,2 µH (Abmessung: 3,2×1,6×1,2 mm) und SMD-Drosseln im Bereich zwischen 1,5 µH und 18 µH (gleiche Abmessungen) sind bei der Firma Bürklin (s. Anhang) erhältlich. Dort gibt es auch SMD-Kondensatoren im Bereich zwischen 1,7 pF und 50 pF in den Abmessungen 4,5×4×1,7 mm.

VHF-Minispion mit FET (100–150 MHz)

Ein interessanter VHF-Minispion mit einem Elektretmikrofon in der Sourceleitung eines FETS ist in Bild 18 angegeben. Bei dieser FET-Oszillatorschaltung liegt der Drain-Anschluß HF-mäßig auf Masse, während der Gate-Anschluß hoch liegt. Das Elektretmikrofon dient als veränderlicher Sourcewiderstand. Am besten eignen sich für diesen Einsatzfall zweipo-

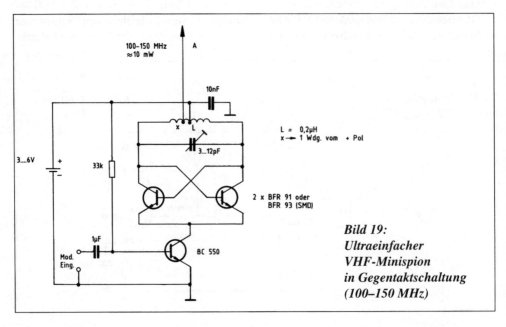

Bild 19:
Ultraeinfacher
VHF-Minispion
in Gegentaktschaltung
(100–150 MHz)

lige Elektretmikrofone aus alten Hörgeräten, die mit Batteriespannungen zwischen 1 V und 3 V arbeiten (siehe Seite 26 oben).

Ultraeinfacher VHF-Minispion in Gegentaktschaltung (100–150 MHz)

Ein leistungsfähiger UHF-Minispion, dessen Frequenz mit einem Transistor in den Emitterleitungen moduliert wird, ist in Bild 19 angegeben. Je nach gewünschter Mikrofonempfindlichkeit kann mit oder ohne Mikrofonverstärker gearbeitet werden. Je nach Exemplarstreuung des Modulationstransistors BC 550 kann es erforderlich sein, den 33-kΩ-Basisvorwiderstand durch einen veränderlichen 100-kΩ-Widerstand zu ersetzen.

UHF-Oszillator mit Streifenleiter (350–500 MHz)

Ein Schaltungsvorschlag aus den USA ist in Bild 20 wiedergegeben. Statt des Streifenleiters tut es natürlich auch eine Drahtschleife mit gleichen Abmessungen. Die Rückkopplung entsteht über die inneren Transistorkapazitäten. Eventuell muß mit 1–2 pF zwischen Kollektor und Emitter nachgeholfen werden. Bei 9 V Betriebsspannung ist mit etwa 100 mW Output zu rechnen.

Rabel-Universal-UHF-Minispion mit großer Reichweite und Lebensdauer für 1,5 V Batteriespannung (f_0 = 460 MHz)

Der Rabel-Universal-Minispion (140 MHz) aus „Minispione-Schaltungstechnik" Teil 2, Seite 14, eignet sich auch für den Einsatz im UHF-Bereich. Durch die hohe Schwingfrequenz in Bild 21 ändert sich der Resonanzkreis in der Kollektorleitung zu kleineren Werten hin. Der 2 × 5,6-pF-Spannungsteiler und die Drossel von ca. 0,5 µH bleibt gleich.
Um die zu hohe Mikrofonempfindlichkeit etwas zu dämpfen, befindet sich der 3,9-kΩ-Widerstand in der Plus-Versorgung des Elektretmikrofons. Mit einer Reichweite von etwa 300 Metern und einer Lebensdauer von ca. vier Wochen (Batterie: 1,5 V Alkali-Mignonzelle) verfügt die Schaltung über erstaunliche Eigenschaften. Als Empfänger eignet sich jeder Billig-Scanner.

UHF-Minispion mit dem Antennenverstärker MAR 2 (600–700 MHz)

Durch entsprechende Rückkopplung ist fast jeder Verstärker zum Schwingen zu bringen. In Bild 22 wird das Antennenverstärker-IC

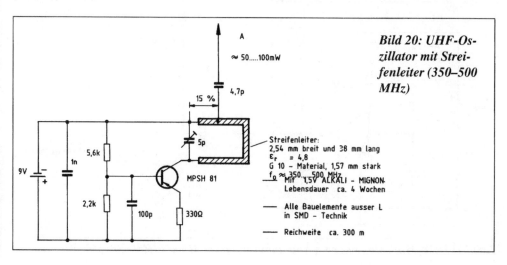

Bild 20: UHF-Oszillator mit Streifenleiter (350–500 MHz)

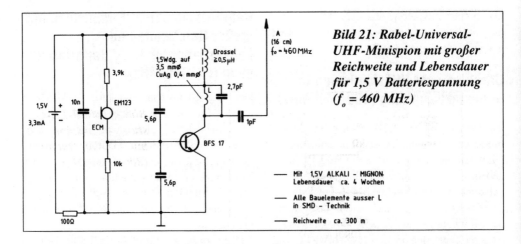

Bild 21: Rabel-Universal-UHF-Minispion mit großer Reichweite und Lebensdauer für 1,5 V Batteriespannung ($f_o = 460$ MHz)

MAR 2 zum Schwingen gebracht. Die Schwingfrequenz liegt im Bereich zwischen 600 und 700 MHz, sie läßt sich mit dem 15-pF-Kondensator verändern. Moduliert wird auf bekannte Weise mit einer Kapazitätsdiode. Der MAR 2 kann über Andy's Funkladen (s. Anhang) bezogen werden.

UHF-Leistungs-Minispion mit 0,8 Watt Output (800–900 MHz)

Ein ungewöhnlich leistungsstarker UHF-Minispion wird in Bild 23 gezeigt. Mit dieser Schaltung lassen sich bei günstigen Ausbreitungsbedingungen 10–20 km Reichweite erzielen. Empfängerseitig kann jeder einfache Scanner verwendet werden. Die extrem kleinen Festinduktivitäten von 10 nH liefert die Firma Bürklin (s. Anhang). Für den praktischen Betrieb empfiehlt sich der Einsatz eines einstufigen Mikrofonverstärkers.

UHF-Minispion ($f_o = 940$ MHz)

Ein UHF-Minispion, der auf 940 MHz schwingt, ist in Bild 24 wiedergegeben. Die genannten Induktivitäts- und Kapazitätswerte müssen ziemlich genau eingehalten werden, um eine

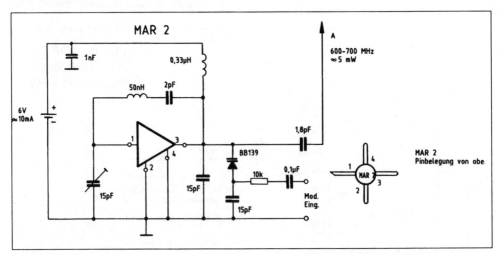

Bild 22: UHF-Minispion mit dem Antennenverstärker MAR 2 (600–700 MHz)

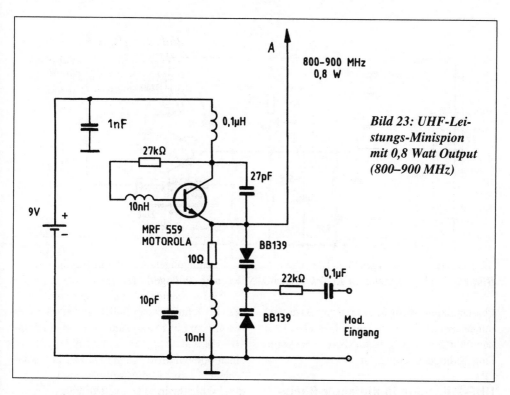

Bild 23: UHF-Leistungs-Minispion mit 0,8 Watt Output (800–900 MHz)

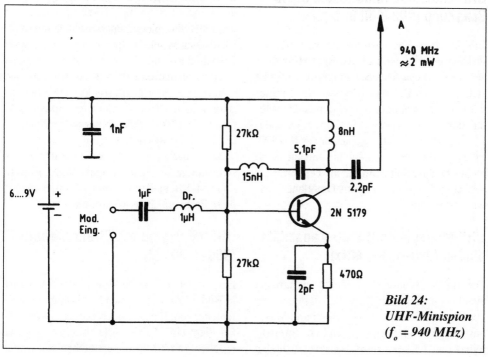

Bild 24: UHF-Minispion (f_o = 940 MHz)

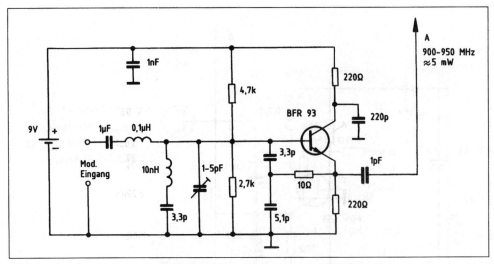

Bild 25: UHF-Minispion in Kollektor-Basis-Schaltung (900–950 MHz)

Phasendrehung vom Kollektor zur Basis von mindestens 270° zu erzielen. Der Oszillator kann nur schwingen, wenn diese Rückkopplungsbedingung erreicht ist.

UHF-Minispion in Kollektor-Basis-Schaltung (900–950 MHz)

Bild 25 zeigt eine Minispion-Schaltung, bei welcher der Kollektor des BFR 93 HF-mäßig auf Masse liegt. Der Schwingkreis befindet sich zwischen Basis und Masse. Am Emitter wird die HF-Spannung ausgekoppelt. Die Modulation erfolgt an der Basis durch Veränderung der Basis-Emitter-Kapazität des BFR 93. Statt der 10 nH-Festinduktivität kann auch eine kleine Drahtschleife mit einem Durchmesser von etwa 5 mm und 10 mm Drahtlänge verwendet werden.

UHF-Minispion mit SMD-Kapazitätsdioden (900–1.000 MHz)

Die in Bild 26 dargestellte Schaltung arbeitet ebenfalls in Kollektor-Basis-Schaltung, wobei der Resonanzkreis zwischen Basis und Masse aus zwei 5 mm langen Drähten bzw. Streifenleitern und den beiden SMD-Kapazitätsdioden besteht. Zum Beispiel bildet ein 1-mm-Draht mit 4,5 cm Länge, das sind ca. 27 nH (1 nH = 10^{-9} H), und ein C von 5 pF (1 pF = 10^{-12} F) einen 450-MHz-Schwingkreis. Mit der Streifenleiter- bzw. Microstriplinetechnik ist der durchschnittliche Hobbyelektroniker etwas überfordert. Erschwerend kommen da noch die bei hohen Frequenzen unüberschaubaren physikalischen Eigenschaften von passiven Bauteilen hinzu.

Bei hohen Frequenzen ist ein Kondensator kein Kondensator mehr, sondern ein Kondensator mit in Reihe geschalteten Spulen und parallelliegendem Bedämpfungswiderstand. Jedes Stück Draht wird zur Spule bzw. Induktivität. Je nach Abstand zweier Drähte bildet sich eine entsprechende Kapazität. Der Einsatz von SMD-Bauteilen in Chipbauform reduziert diese Probleme auf ein Minimum.

UHF-Minispion mit Streifenleitern (900–1.000 MHz)

Eine weitere exotische Minispionschaltung ist in Bild 27 zu sehen. Auch hier kommen Streifenleiter zum Einsatz. Als Modulationsverstärker dient ein TL 061. Alles muß so eng wie möglich mit SMD-Bauelementen aufgebaut

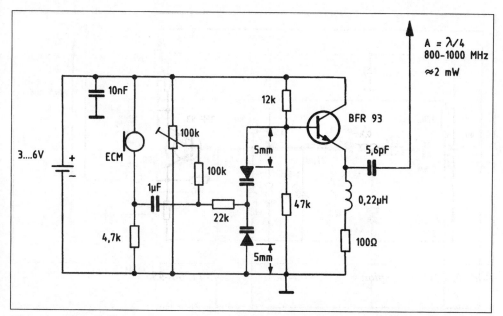

Bild 26: UHF-Minispion mit SMD-Kapazitätsdioden vom Typ BB139 (800–1.000 MHz)

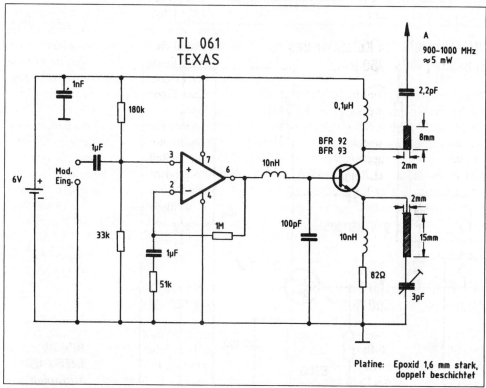

Bild 27: UHF-Minispion mit Streifenleitern (900–1.000 MHz)

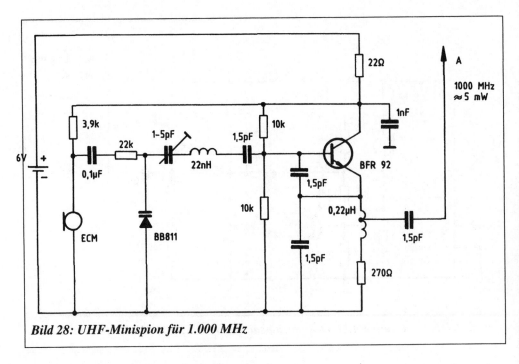

Bild 28: UHF-Minispion für 1.000 MHz

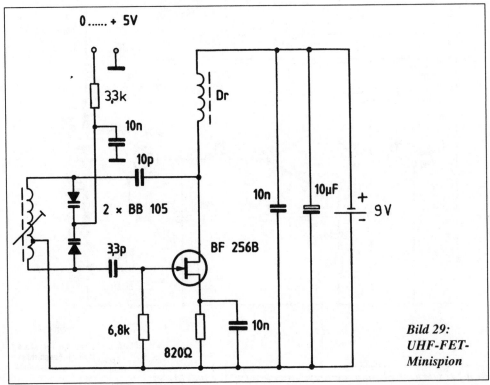

Bild 29: UHF-FET-Minispion

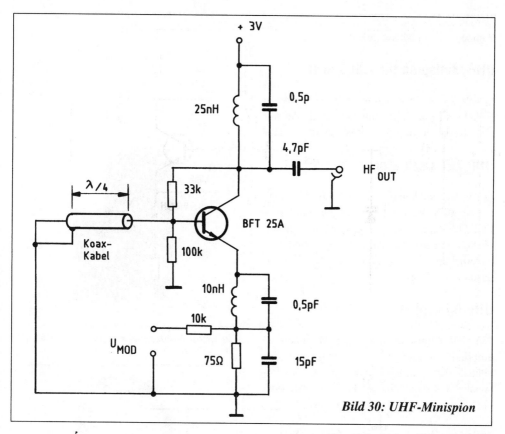

Bild 30: UHF-Minispion

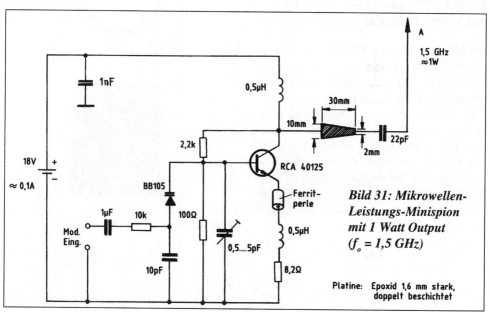

Bild 31: Mikrowellen-Leistungs-Minispion mit 1 Watt Output ($f_o = 1{,}5$ GHz)

Platine: Epoxid 1,6 mm stark, doppelt beschichtet

werden. Die zweite Kupferschicht der Epoxid-Platine wird auf Masse gelegt.

UHF-Minispion für 1.000 MHz

In Bild 28 ist ein weiterer UHF-Minispion in Kollektor-Basis-Schaltung dargestellt, der mit einer Kapazitätsdiode moduliert wird.

UHF-FET-Oszillator

Der Vollständigkeit halber wird in Bild 29 noch ein mit normalen Bauteilen aufgebauter UHF-FET-Oszillator gezeigt. Die Abstimmung auf die Sollfrequenz kann durch Anlegen einer veränderlichen Gleichspannung an den Kapazitätsdioden erfolgen.

UHF-Minispion

Ein UHF-Minispion mit hoher Modulationsempfindlichkeit ohne Verwendung von Kapazitätsdioden ist in Bild 30 angegeben. Als Resonanzkreis dient ein λ/4-Koaxialkabel oder ein koaxialer λ/4-Keramik-Resonator.

Mikrowellen-Leistungs-Minispion mit 1 Watt Output (f_0 = 1,5 GHz)

Ein Mikrowellen-Minispion mit einem sogenannten „Taper", eine Art Streifenleiter, ist in Bild 31 zu sehen. Trotz des bescheidenen Schaltungsaufwands sind bei einer Schwingfrequenz von 1,5 GHz 1 Watt Ausgangsleistung zu erzielen. Die ungeätzte Seite der doppelt beschichteten Epoxid-Platine wird auf Masse bzw. auf den Minuspol der Batterie gelegt. Hier wird wieder deutlich, daß bei hohen Frequenzen das Erscheinungsbild von Oszillatorschaltungen von den gewohnten Vorstellungen erheblich abweicht.

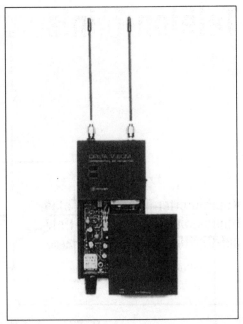

Minispion-Suchgerät englischer Herkunft

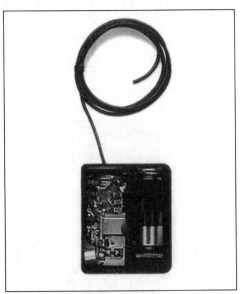

Quarzgesteuerter Minispion

Telefon-Minispione und Co.

Kombinierter Raum- und Telefon-Minispion mit dem Rabel-Universal-Oszillator ($f_o = 140$ MHz)

Die Schaltung in Bild 32 zeichnet sich durch hohe Anschwingfreudigkeit, große Reichweite und hohe Mikrofonempfindlichkeit aus. Es werden sowohl die Telefongespräche (beide Gesprächsteilnehmer) als auch die innerhalb des Raumes geführten Gespräche übertragen. Als Empfänger eignet sich wieder ein einfacher Funkscanner oder ein Zweimeterband-Receiver. Auf die Oszillatorschaltung wurde bereits in „Minispione-Schaltungstechnik" Teil 2 eingegangen. Der LP 2950 liefert bei einer Eingangsspannung von 8 V bis 60 V eine feste Ausgangsspannung von 5 V. Die Telefonwechselspannung wird über einen Bypass von 56 kΩ und 1 µF auf die Basis des Oszillatortransistors geführt und erzeugt dort eine Frequenzmodulation. Der Bypass-Widerstand kann je nach gewünschter Empfindlich-

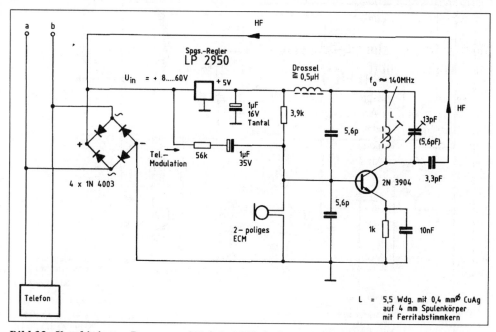

Bild 32: Kombinierter Raum- und Telefon-Minispion mit dem Rabel-Universal-Oszillator ($f_o = 140$ MHz)

keit erhöht oder erniedrigt werden. Die Hochfrequenz wird mit einem weiteren Bypass auf die Telefonleitung zurückgeführt und abgestrahlt. Mit der auf der Telefonleitung vagabundierenden Hochfrequenz lassen sich bis zu 200 Meter Reichweite erzielen. Sowohl die 1 N 4003-Brücke als auch der Spannungsregler-IC LP 2950 verfügt über ausreichende Spannungsfestigkeit, um die der 60-V-Telefongleichspannung überlagerte Klingelwechselspannung zu überleben.

Quarzgesteuerter VHF-Telefon-Leistungs-Minispion (f_o = 141,3 MHz)

Die Telefon-Minispionschaltung in Bild 33 arbeitet quarzgenau. Dies bedeutet, daß die Frequenz im Funkscanner nicht wegläuft, sondern immer an der gleichen Frequenzmarke empfangen werden kann. Das Sendeteil besteht aus einem Quarzoszillator, der auf 47,10 MHz schwingt, und einer Verdreifacherstufe. L1 bildet mit dem 22-pF-Kondensator einen winzigen Parallelresonanzkreis, der auf der Quarzfrequenz schwingt. Ausgekoppelt wird die 3. Oberwelle mittels eines Serienresonanzkreises (L2, 2–20 pF, 5,6 pF) auf die Basis des zweiten 2 N 3904. Um bei Quarzsteuerung zu einem brauchbaren Frequenzhub zu kommen, muß die Telefonwechselspannung zweistufig verstärkt werden.

Zum Empfang dieses Telefon-Minispions eignet sich wegen des geringen Frequenzhubs nur ein Funkscanner.

Telefonrufanzeige

Die einfachste Form einer Telefonrufanzeige ist in Bild 34 angegeben. Die der Telefongleichspannung überlagerte Klingelwechselspannung läßt die Glimmlampe rhythmisch flackern. Bei einem Telefonanruf nachts um 3 Uhr findet man mit Hilfe der Glimmlampe, auch ohne Licht anzumachen, zum Telefon.

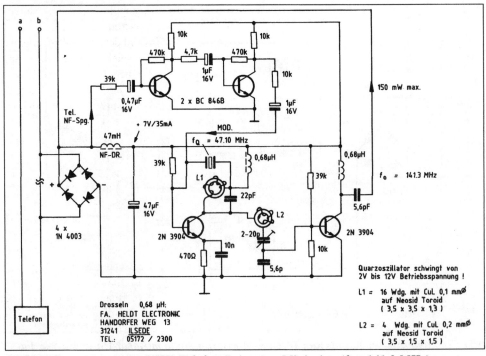

Bild 33: Quarzgesteuerter VHF-Telefon-Leistungs-Minispion (f_o = 141,3 MHz)

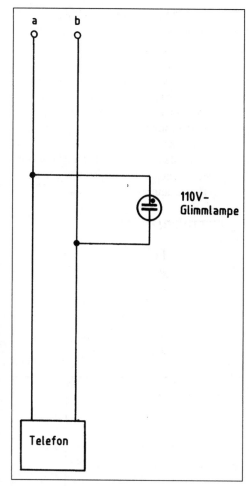

Bild 34: Telefonrufanzeige

che zu koppeln. Dazu bietet sich eine kleine Koppelschaltung an, die mit wenigen Bauteilen auskommt und auch parallel zu vorhandenen Telefonen betrieben werden kann. Werden die beiden Schalter in Bild 36 betätigt, sind die beiden Sprechkreise gekoppelt. Die Leuchtdiodenschaltung kann man als Klingelersatz einfügen, die LED leuchtet dann im Klingeltakt. Soll auch noch gewählt werden, verwendet man einen kleinen DTMF-Geber (besser bekannt als Fernzugriffssender für Anrufbeantworter). An seinen Lautsprecher wird ein Kabel angelötet und über zwei Koppelkondensatoren mit den Telefonadern verbunden.

Telefon-Interfaceschaltung ohne Trafo

Statt eines Spezialtrafos kommt die Interfaceschaltung in Bild 37 mit einem Operationsverstärker und zwei Optokopplern aus. Sobald über Eingang A der Transistor BC547 eingeschaltet wird, gehen der Operationsverstärker und der obere Optokoppler in den Einschaltzustand. Wenn Telefonstrom durch den 2 N 1893-Transistor fließt, wird der untere Optokoppler aktiviert. Dadurch schließt sich die Rückkopplungsschleife des Operationsverstärkers, wodurch wiederum der nun fließende Telefonstrom auf einem konstanten Pegel gehalten wird.

Telefonanrufwächter

Der in Bild 35 aufgeführte Telefonanrufwächter funktioniert prinzipiell auf die gleiche Weise. Allerdings merkt sich die Schaltung den Telefonanruf und zeigt diesen durch Blinken einer Leuchtdiode solange an, bis die Reset-Taste betätigt wird. Auch für diese Schaltung ist eine 110-V-Glimmlampe erforderlich.

Koppelschaltung für zwei Telefone

An Telefonanlagen stellt sich gelegentlich das Problem, zwei parallellaufende Telefongesprä-

Telefonnotrufeinrichtung

Die Schaltung in Bild 38 warnt eine beliebige Person durch automatisches Wählen einer vorprogrammierten Telefonnummer. Ausgelöst wird dies durch Überwachung eines normalerweise offenen oder geschlossenen Stromkreises in einem zu schützenden Bereich.

Erkennt der betreffende Sensor ein Problem wie Einbruch, Brand, Heizungsausfall, Überschwemmung oder dergleichen, wählt das Gerät die gespeicherte Nummer. Wird der Hörer abgenommen, erfolgt die Aussendung eines besonderen Tons, so daß der Teilnehmer

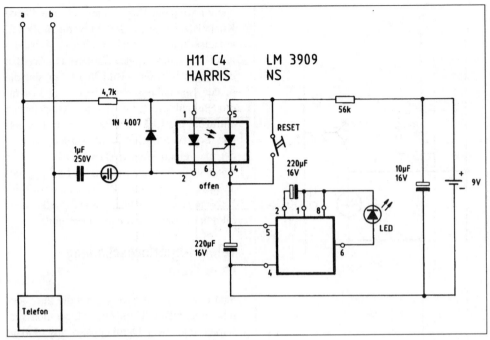

Bild 35: Telefonanrufwächter

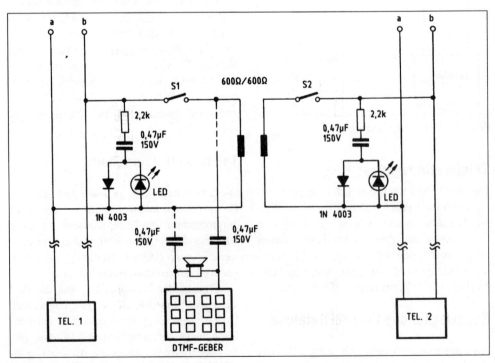

Bild 36: Koppelschaltung für zwei Telefone

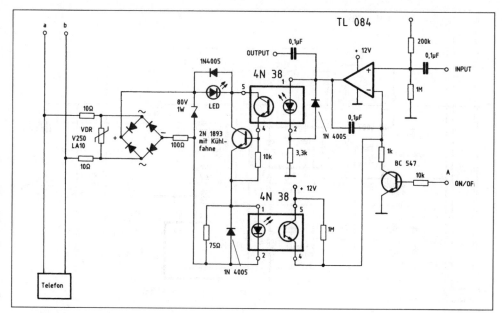

Bild 37: Telefon-Interfaceschaltung ohne Trafo

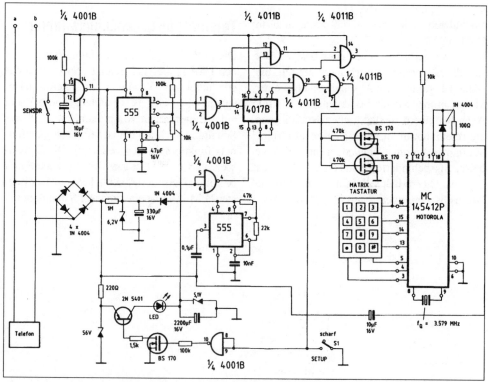

Bild 38: Telefonnotrufeinrichtung

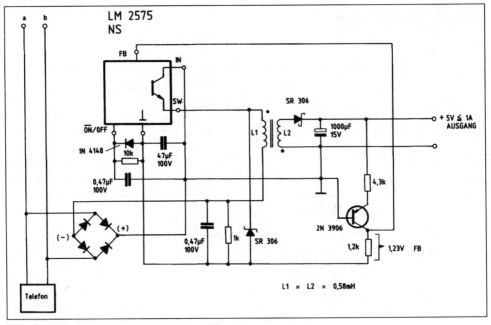

Bild 39: Telefonspeisespannungswandler

am anderen Ende erkennt, daß etwas nicht in Ordnung ist.

Ist der gerufene Teilnehmer besetzt, läßt sich die Schaltung dadurch nicht beirren. Sie wählt die Nummer im Abstand von etwa einer Minute immer wieder, bis abgenommen wird. Auch bei einem medizinischen Notfall kann die Telefonnotrufeinrichtung automatisch eine bestimmte Nummer wählen, wenn z.B. eine bewegungsbehinderte Person dazu nicht in der Lage ist. Hierzu läßt sich in die Schaltung ein Notauslöser einfügen.

Telefonspeisespannungswandler

Die in Bild 39 gezeigte Schaltung stammt aus den USA und eignet sich laut National Semiconductor zur Wandlung der Telefonspeisespannung in eine Festspannung von 5 V bei einer Belastbarkeit von maximal 1 A. Ob die Schaltung auch am deutschen Analogtelefonnetz funktioniert, ist zweifelhaft. Die Entnahme von 5 Watt Leistung wird auf längere Zeit bestimmt nicht zu verheimlichen sein. Der Baustein LM 2575 ist ein einfacher Schaltregler.

Peilsender

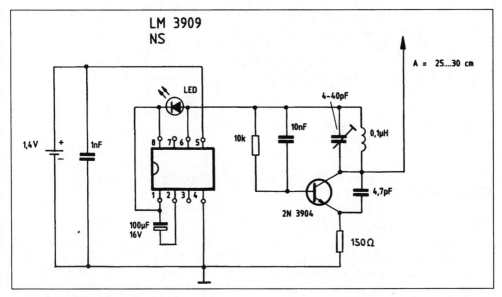

Bild 40: UKW-Minipeilsender

UKW-Minipeilsender

Der in Bild 40 gezeigte Minipeilsender kann mit einer 1,4-V-Knopfzelle betrieben werden. Zusätzlich zum Funksignal gibt die Schaltung auch ein Blinksignal mittels einer LED ab. Wird die LED durch eine Infrarot-Diode ersetzt, kann der Peilsender auch mit einem Nachtsichtgerät angepeilt werden.

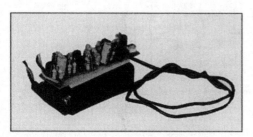

Bild 42: Aufbau des UKW-Peilsenders

UKW-Peilsender

Der UKW-Peilsender in Bild 41 besteht aus vier Funktionseinheiten: einem Multivibrator als Taktgeber, einer Senderschaltstufe in Darlingtonschaltung, einem Tongenerator mit Unijunktion-Transistor und dem UKW-Oszillator. Der Oszillator wird über die Schaltstufe für 0,3 Sekunden ein- und für 1,5 Sekunden

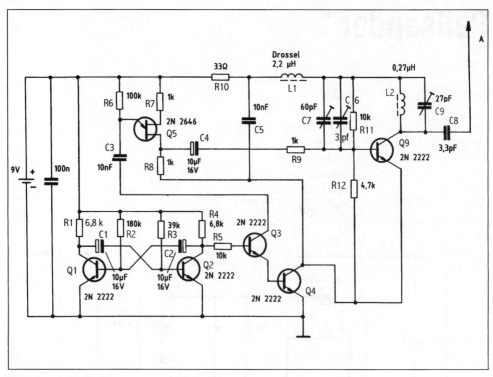

Bild 41: *UKW-Peilsender*

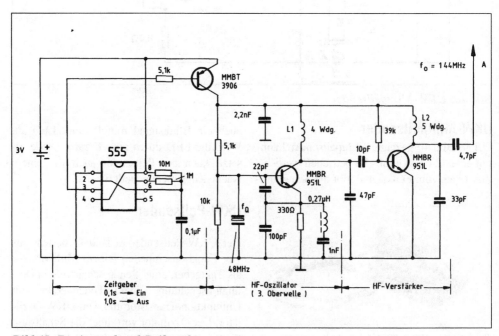

Bild 45: *Zweimeterband-Peilsender*

ausgeschaltet. Dadurch ergibt sich eine hohe Stromersparnis. Bild 42 zeigt den Aufbau, Bild 43 das Layout und Bild 44 den Bestückungsplan des kleinen Peilsenders.

Zweimeterband-Peilsender

Eine quarzgesteuerte Version eines Peilsenders auf der Amateurfrequenz von 144 MHz ist in Bild 45 zu sehen. Der Oszillator schwingt auf der 3. Oberwelle des Quarzes. Ein HF-Verstärker sorgt für ein starkes Antennensignal und Rückwirkungsfreiheit bei Veränderung der Antennenumgebung. Als Zeitgeberbaustein wird ein 555 eingesetzt. Ein von Pin 3 angesteuerter Schalttransistor schaltet den HF-Teil für 0,1 Sekunden ein und für 1 Sekunde aus.

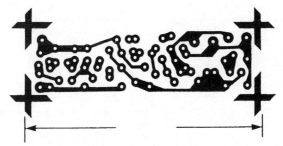

Bild 43: Layout des UKW-Peilsenders

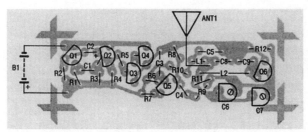

Bild 44: Bestückungsplan des UKW-Peilsenders

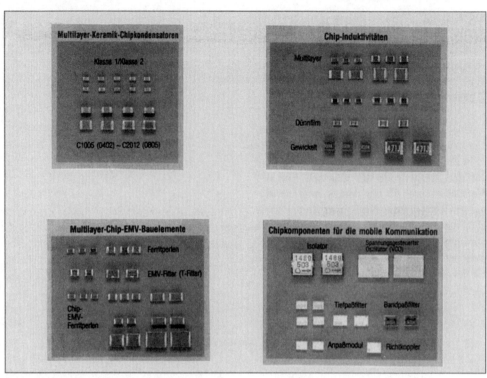

Bild 45 a: SMD-Bauelemente

Weitere interessante Schaltungen und Infos

Lichtgesteuerter Minisender

Die in Bild 46 angegebene Minisenderschaltung arbeitet nach dem Sperrschwingerprinzip. Das heißt, erst die soundsovielte Oberwelle reicht ins UKW-Gebiet herein, wobei die Schwingung auch noch rhythmisch unterbrochen wird. Im UKW-Radio sind dann nur sogenannte Clicks hörbar, deren Anzahl je nach Lichteinstrahlung zu- oder abnimmt. Die Induktivität L besteht aus 20–30 Windungen mit 0,2-mm-Kupferlackdraht auf einen Spulenkern von 3–6 mm Durchmesser. Der x-Abgriff befindet sich 30% oberhalb des Antennenfußpunkts. Durch Erhöhung von L bzw. der Windungsanzahl kann die Schwingfrequenz bis in den Mittelwellenbereich gelegt werden. Statt eines LDR (light dependend resistor = lichtabhängiger Widerstand) läßt sich auch ein Thermistor oder ein anderer Widerstandssensor verwenden.

UHF/VHF-Konverter

Die Konverterschaltung in Bild 47 eignet sich zum Umsetzen eines HF-Signals vom 450-MHz-Bereich in den 150-MHz-Bereich. Wegen der kürzeren Sendeantenne im 450-MHz-Bereich werden z.B. Kugelschreiber-Minispione oft im UHF-Bereich gebaut. Trotz win-

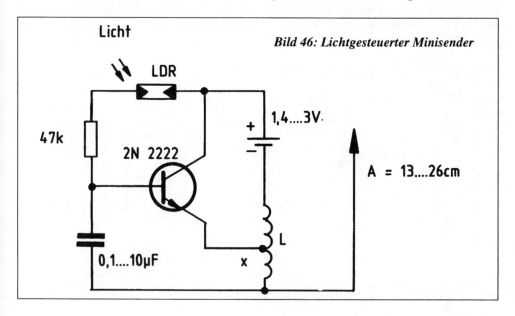

Bild 46: Lichtgesteuerter Minisender

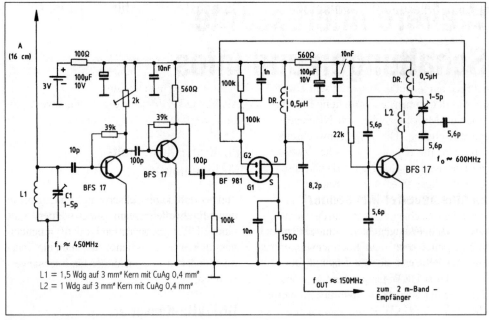

Bild 47: UHF/VHF-Konverter

ziger Abmessungen lassen sich damit große Reichweiten erzielen.

Sollen als Empfänger nicht teure Funkscanner, sondern billige, auf 150 MHz getunte Mini-UKW-Radios eingesetzt werden, muß man die hohe Empfangsfrequenz mittels Konverter in den 150-MHz-Bereich umsetzen. Der Konverter in Bild 47 verstärkt das empfangene 450-MHz-Signal zweistufig. In der Mischstufe wird das 450-MHz-Empfangssignal mit dem 600-MHz-Oszillatorsignal gemischt, wobei das Differenzsignal auf das bandgespreizte UKW-Radio geführt wird.

Zur Erzeugung des 600-MHz-Oszillatorsignals wird die Rabel-Universal-Schwingschaltung genutzt.

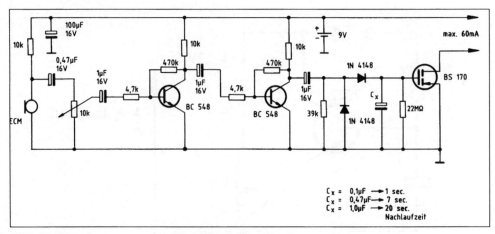

Bild 48: Sprachsteuerung für Minispione (Version 1)

Sprachsteuerung für Minispione (Version 1)

Die folgende Schaltung in Bild 48 stammt wieder von Minispionprofi Dr. Rabel. Sie ist übersichtlich aufgebaut und arbeitet sehr zuverlässig. Mit der Sprachsteuerschaltung lassen sich beliebige Minispione je nach NF-Pegel ein- und ausschalten. Die Mikrofonwechselspannung wird mit einem entkoppelten zweistufigen Transistorverstärker verstärkt und anschließend gleichgerichtet. Je nach Kapazitätsgröße des Ladekondensators (C_x) ergeben sich unterschiedliche Nachlaufzeiten, wenn der Geräusch- bzw. Sprachpegel wieder abgeklungen ist. Der MOS-Transistor kann Minispione bis zu einem Betriebsstrom von maximal 60 mA ein- und verzögert wieder abschalten. Mit dem 10-kΩ-Potentiometer parallel zum Mike kann man die Ansprechschwelle der Sprachsteuerung variieren. Die Modulationsspannung für den Oszillator kann über einen Entkoppelwiderstand von 10 kΩ entweder am Kollektor der ersten oder der zweiten Verstärkerstufe abgenommen werden. Wer versucht, die beiden 4.7-kΩ-Entkopplungswiderstände wegzulassen, wird bei HF-Anwendungen Alpträume erleben. Dann schwingt nämlich alles wild drauflos.

Sprachsteuerung für Minispione (Version 2)

Die in Bild 49 angeführte Schaltung einer Sprachsteuerung stammt aus den USA und funktioniert prinzipiell auf die gleiche Weise. Als Verstärkerelemente dienen nun zwei Operationsverstärker.

PC-Bildschirminhalt-Mitlesemonitor

Bild 50 zeigt das Blockschaltbild einer professionellen KEM-Empfangsanlage. Es ist eine nicht zu leugnende Tatsache, daß Computer und Netzwerkleitungen elektromagnetische Wechselfelder (sogenannte kompromittierende Emission, kurz KEM) aussenden, die nicht nur den Rundfunkempfang stören können, sondern auch Informationen ungewollt nach außen geben.
Gerade Monitore, Videokarten und deren Zuleitungen strahlen ganz besondere Informationen aus, nämlich den Bildinhalt des Monitors.
Für entsprechende Empfangsversuche eignet sich bereits ein ganz gewöhnlicher Schwarzweiß-Fernseher, möglichst mit Handabstimmung. Verbindet man den Antenneneingang

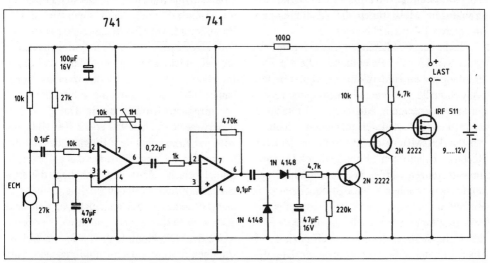

Bild 49: Sprachsteuerung für Minispione (Version 2)

39

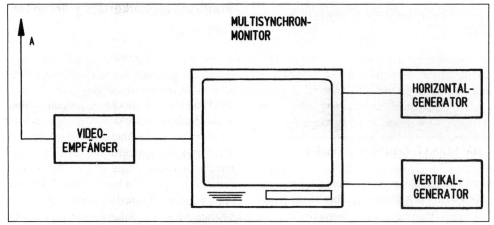

Bild 50: PC-Bildschirminhalt-Mitlesemonitor

mit 1 m Draht, der in die Nähe eines PCs gelegt wird, sind möglicherweise schon kompromittierende Ausstrahlungen des Computers empfangbar, und auf dem TV-Bildschirm ist das Computerbild zu sehen (wegen Synchronisierungsschwierigkeiten meist doppelt). Um ein stehendes Bild zu erhalten, muß sowohl die horizontale als auch die vertikale Bildsynchronisation des Fernsehers nachjustiert werden.

Die Frequenzen und die Stärke der Ausstrahlung sind von Rechner zu Rechner sehr unterschiedlich. Interessanterweise haben auch LCD-Bildschirme von Laptops sehr starke Abstrahlungen. Meist treten die Abstrahlungen im unteren TV-Fernsehbereich auf.

Da die vagabundierenden Videosignale keinerlei Synchronsignale enthalten, die ein TV-Empfänger zum Bildaufbau benötigt, arbeiten professionelle Systeme mit einer eigenen Synchronsignalerzeugung. Mit solchen Geräten und Richtantennen lassen sich auch noch in mehreren hundert Metern die Bildschirme anderer Rechner „belauschen". Bedingt durch Herstellungstoleranzen werden in jedem Rechner geringfügig abweichende Impulsfrequenzen zum Bildaufbau erzeugt. Somit ist eine professionelle Empfangsanlage auch bei parallellaufenden Computern in der Lage, sich gezielt auf einen Monitor aufzusynchronisieren. Die Videosignale bereiten sich dabei nicht nur drahtlos, sondern auch über die Netzleitung, Heizungsrohre und Netzwerkkabel aus.

Wegen der heute verwendeten hohen Bildschirmauflösung der Computermonitore werden modifizierte TV-Empfänger von Profis nicht mehr verwendet. Wer sich für den Aufbau eines professionellen Geräts interessiert, kann sich gerne an den Verfasser wenden.

SAT-Empfänger als Minispion-Empfänger nutzen

Üblicherweise arbeiten TV-Satelliten-Anlagen im 11-GHz-Bereich, dem sogenannten Ku-Band. Inmitten der Parabolantenne ist ein LNB (Low Noise Block Converter) eingebaut, der die gebündelten Signale empfängt und durch Mischung mit der Festfrequenz eines eingebauten Oszillators auf eine niedrigere Zwischenfrequenz heruntermischt. Diese liegt üblicherweise zwischen 950 und 2.100 MHz und wird per Koaxkabel dem Eingang des Satellitenempfängers zugeführt. Da das aufbereitete Signal bereits relativ stark ist, liegt die Eingangsempfindlichkeit der Satellitenempfänger nicht besonders hoch. Dennoch lassen sich diese auch zum Empfang verwenden wie beispielsweise dem Direktempfang von 23-cm-Relaisstationen für das Amateurfunkfernsehen. Sind die Signale zu schwach, kann man einen SAT-

Bild 51: SAT-Leistungsverstärker

Leitungsverstärker vorschalten, der immerhin noch eine Verstärkung von über 15 dB bringt. Eine solche Anlage ist auch vorzüglich zum Empfangen von UHF- und Mikrowellen-Minispionen geeignet, die in diesem Frequenzbereich arbeiten. Beachten sollte man aber, daß ein Satellitenempfänger nur FM-modulierte Aussendungen wiedergeben kann. Besitzt der Satellitenempfänger noch einen ZF-Ausgang (ältere Geräte 70 MHz, neue 480 MHz), kann ein gewöhnlicher Scannerempfänger nachgeschaltet werden. Damit lassen sich dann alle Modulationsverfahren demodulieren. Bild 51 zeigt einen SAT-Leitungsverstärker.

Breitbandverstärker als Störsender

Rauschgeneratoren eignen sich wegen ihres extrem breiten Frequenzspektrums als Störsender. Wenn man einem solchen Rauschgenerator einen Breitbandverstärker nachschaltet, wird die erzeugte Rauschglocke in ihrer ganzen Breite gleichmäßig verstärkt. Eine nachgeschaltete Discone-Breitband-Antenne tut dann ihr übriges. Ganze Gebiete oder Wohnungen können mit einer solchen Anlage „verrauscht" werden. Rundfunkempfang ist bis über den UKW-Bereich hinaus nicht mehr möglich. So lassen sich beispielsweise die kompromittierenden Abstrahlungen einer Computeranlage (die ja ebenfalls nur einige hundert Meter reichen) überdecken und sind nicht mehr auswertbar. Bild 52 zeigt das Blockschaltbild eines Störsenders.

Breitbandkabelverstärker als Videosender

Breitbandverstärker werden beispielsweise dazu eingesetzt, einen entsprechenden Signalpegel in TV-Kabelempfangsanlagen zu erzeugen.

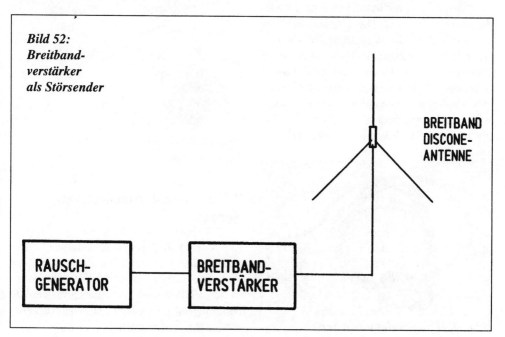

Bild 52: Breitbandverstärker als Störsender

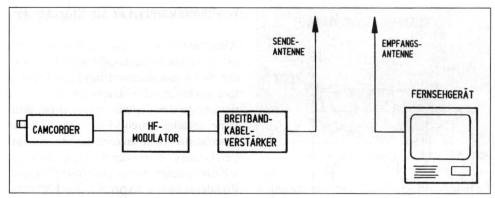

Bild 53: Breitbandkabelverstärker als Videosender

Die technischen Daten eines typischen Kabelverstärkers lauten:

Verstärkung: 20–40 dB (einstellbar)
Versorgung: 220 Volt
Frequenzbereich: 40–450 MHz

Wird einem Camcorder ein entsprechender Videomodulator und diesem wiederum ein Breitbandverstärker mit Antenne nachgeschaltet, sind Videosendungen innerhalb der Wohnung möglich, die mit jedem Fernsehgerät wieder empfangbar sind. Die Eingangsfrequenz ergibt sich durch den eingesetzten Modulator. Beispielsweise erzeugen Videomodulatoren der Firma Sony die beiden Fernsehkanäle 3 und 4 (umschaltbar). Als Antenne kann beispielsweise eine TV-Aufsteckantenne Anwendung finden, wie sie vielen tragbaren TV-Geräten als Zubehör beigeben ist. Aber auch größere (Dach-) Antennen lassen sich verwenden, sie müssen jedoch für den Frequenzkanal geeignet sein. Bild 53 zeigt das Prinzipschaltbild eines „privaten" Fernsehsenders. Ein HF-Modulator von Sony ist in Bild 54 wiedergegeben, während Bild 55 ein Foto der kompletten Sendeanlage bestehend aus Camcorder, Sony-HF-Modulator und Breitbandkabelverstärker inklusive Zimmerantenne zeigt.

Bild 55: Kompletter Heimvideo-Fernsehsender

2-MHz-Frequenz-Eichmarken-Sender

Der in Bild 56 gezeigte Eichmarken-Sender erzeugt durch seine steilen Rechteckflanken Frequenz-Eichmarken im 2-MHz-Abstand bis in den VHF-Bereich. Er eignet sich deshalb hervorragend zur Überprüfung von Frequenzmeßgeräten und Scannern.

Bild 54: HF-Modulator von Sony

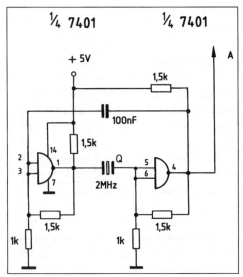

Bild 56: 2-MHz-Frequenz-Eichmarken-Sender

Ultraschallempfänger

Die Schaltung in Bild 57 ist hoch empfindlich und ermöglicht das Auffinden von Ultraschall-Minispionen und sonstigen Ultraschallquellen.

Ein Piezohorn arbeitet als Mikrofon. Mit den beiden 2 N 3904-Transistoren wird das Signal verstärkt. Ein PLL-Baustein vom Typ LM 567 CN erzeugt eine Oszillatorfrequenz, die mit der Empfangsfrequenz in der FET-Mischstufe gemischt wird. Die Differenzfrequenz liegt im hörbaren Bereich. Sie wird mit dem Audioverstärker soweit verstärkt, daß sie mit einem kleinen Lautsprecher hörbar gemacht werden kann.

Mithören in Haussprechanlagen

In jedes moderne Wohngebäude werden heutzutage Haussprechanlagen eingebaut. Um die Installation einfach zu halten, sind sie meist sehr primitiv geschaltet. Einen Abhörschutz gibt es meist nicht, man kann jederzeit in laufende Gespräche „hineinhören". Die Sprechleitung, die von Wohnung zu Wohnung durchgeschleift ist, besteht aus vier Drähten. Zwei davon führen das Lautsprechersignal für den Hörer und die beiden anderen das Mikrofonsignal. Nimmt man nun den Hörer an der Sprechstelle in der Wohnung ab, wird er per Schalt-

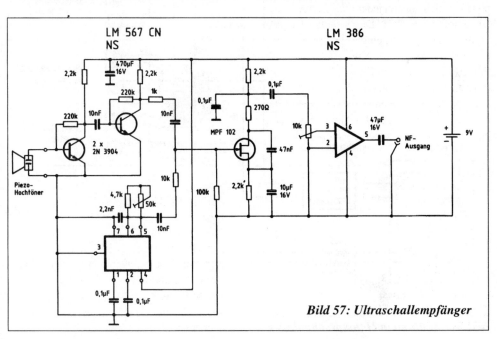

Bild 57: Ultraschallempfänger

43

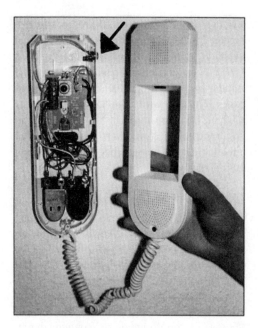

kontakt mit diesen vier Adern verbunden und damit mit dem Verstärker der Türsprechstelle. Es ist nun ein leichtes, mittels Kopfhörer das Lautsprechersignal an der Klemmleiste der Wohnungssprechstelle herauszufinden, da die übertragenen Signale dort dauerhaft anliegen. An eine nachträglich eingebaute Buchse geführt, können sie bequem abgehört und auch automatisch aufgezeichnet werden.

Ein Schutz gegen diese Art des Abhörens ist derzeit nur schwer möglich, doch gibt es mittlerweile auch moderne Anlagen mit Abhörschutz. Aus Bild 58 geht das Blockschaltbild von Haussprechanlagen hervor. Bild 59 zeigt die eingebaute Klinkenbuchse zum Mithören der an der Haustür geführten Gespräche.

◀ *Bild 59: Einbau einer Klinkenbuchse zum Mithören der Haustürgespräche*

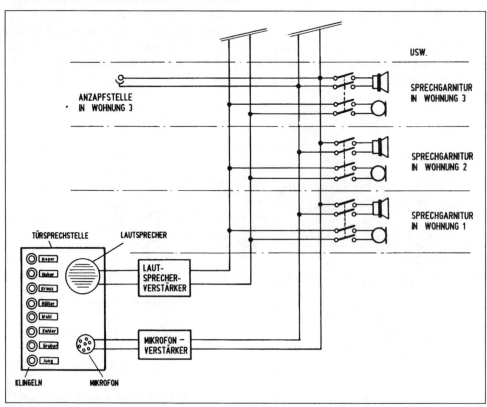

Bild 58: Mithören in Haussprechanlagen

Abhören von ISDN-Telefonleitungen

Wer preisgünstig in ISDN-Telefonleitungen hineinhören will, kann sich von der Firma Festo Didactic (s. Anhang) das ISDN-So-Basisanschluß-Meß- und Prüfgerät vom Typ Pegasus entsprechend Bild 60 kaufen. Es ist relativ einfach zu bedienen. Bild 61 zeigt die Anschaltung des Geräts, das wie folgt bedient wird:

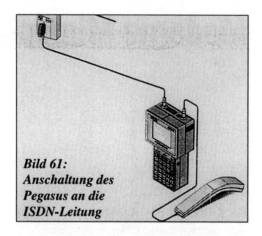

Bild 61: Anschaltung des Pegasus an die ISDN-Leitung

Allgemein:
- Telefonhörer in die Buchse am Kopfende des Gerätes einstecken.
- Falls die Batterie leer ist/wird, Netzteil in die Buchse an der rechten Seite des Gerätes einstecken und dann das Gerät einschalten.
- Gerät zuerst einschalten, dann an eine der ISDN-Dosen am Bus mit dem Anschlußkabel anstecken.

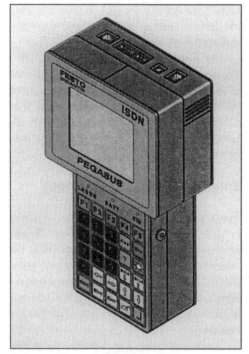

Bild 60: Prüf- und Meßgerät Pegasus zum Abhören von ISDN-Telefonleitungen

Vorgehensweise beim Monitorbetrieb:
- Gerät einschalten: fest auf ON drücken; Menü Grundeinstellungen erscheint.
- Ohne Einstellungen vorzunehmen: weiter mit Taste F3: Hauptmenü erscheint.
- F2 Monitor-D-Kanal drücken: Monitormenü erscheint.
- Bereits in diesem Menü ist Mithören möglich! Beim Test war die Seite zu hören, die von der Vermittlungsstelle kam (Anruf bei der Zeitansage!). Im Hintergrund kann bei einem normalen Telefongespräch auch die Stimme des Partners mitgehört werden.

Auswahl des B-Kanals:
Derzeit ist der B1-Kanal fest eingestellt. Soll der B2-Kanal ausgewählt werden, ist folgendes Vorgehen notwendig:
- Im Menü Monitor-D-Kanal Taste F1 Einstellungen drücken.
- Im Menü Einstellungen Taste F2 Mithören drücken.
- B-Kanal auswählen über Pfeiltaste.
- Enter-Taste drücken: Display springt zurück zum Menü Einstellungen.
- Mit ESC zurück ins Monitormenü.

Das Gerät kostet etwa 400 Euro. Ein ISDN-Telefon-Minispion ist natürlich technisch wesentlich aufwendiger und liegt deshalb in der Preislage um 1.500 Euro.

Moderne Minispion-Ortung

Bei der Ortung von Minispionen macht man sich eine physikalische Erscheinung aller Sendefunkanlagen zunutze: den sprunghaften Feldstärkeanstieg im Nahfeld des Senders. Hier treten Werte auf, die an dieser Stelle in der Regal höher sind als jeder leistungsstarke Rundfunksender. Mit empfindlichen Ortungsgeräten, die mittlerweile auch bezahlbar sind, können diese Nahfelder ermittelt und die Minispione damit geortet und gegebenenfalls außer Betrieb genommen werden. Es stellt sich somit nur noch das Problem des richtigen Frequenzbereiches, in dem gesucht werden soll.

Deshalb sei hier die Kombination zweier Empfangsanlagen vorgestellt, mit der man sendende Minispione in einem großen Frequenzbereich feststellen kann. Das Problem, die in Frage kommenden Frequenzbereiche sehr schnell durchzustimmen, auftretende Nahfelder anzuzeigen und einen Empfänger blitzschnell auf diese Frequenz zu schalten, wird zur Zeit mit einer technischen Funktionsweise realisiert: Reaktion Tune.

Die Komponenten dieser Anlage können aus dem Gerät Scout 40 von Optoelectronics (s. Anhang) in Verbindung mit dem Scanner ICOM R 10 entsprechend Bild 62 bestehen. In dieser Kombination eingesetzt, läßt sich ein Großteil aller aktiven Minispione mit vertretbarem Aufwand orten.

Vorgehensweise bei der Ortung

Vorgespräche mit dem Auftraggeber in den in Frage kommenden Räumen vermeiden. Besser an einem neutralen Ort treffen. Sinnvoll ist die Überprüfung nach Feierabend oder an arbeitsfreien Tagen. Bereits bei der Kontaktanbahnung feststellen, ob der Auftraggeber dabei ein in die Überprüfung aufzunehmendes Telefon benutzt.

Analysieren, wie der Abhörverdacht entstanden ist. Vertrauliche Informationen müssen nicht unbedingt durch Abhören weiterverbreitet worden sein. In den meisten Fällen ist

Bild 62: Modernes Minispion-Ortungsequipment: Reaktion Tune mit dem Scout 40 von Optoelectronics und dem Scanner ICOM R 10

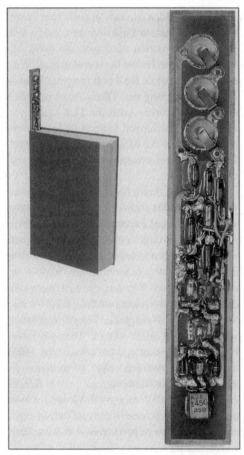

Bild 63: Minispione können sich überall verstecken – dieser Lauscher fand in den 60er Jahren ein Plätzchen in einem Buchrücken.

dies durch Indiskretion entstanden. Schnurlose Telefone spielen dabei eine besondere Rolle. Die meisten von ihnen senden unverschlüsselt und sind kinderleicht mit jedem Funkscanner abzuhören! Oft ist es sinnvoll, in Erfahrung zu bringen, ob in den betreffenden Räumen zuvor Handwerker unbeobachtet arbeiten konnten.

Wichtig ist die Feststellung, ob bereits Funkaussendungen beobachtet worden sind. Liegen dementsprechende Angaben von lizenzierten Funkamateuren vor, sollte man diese sehr ernst nehmen. Es handelt sich hier um einen Personenkreis, der im Rahmen einer umfangreichen Prüfung die speziellen Kenntnisse und Fähigkeiten im Funkwesen nachweisen muß.

Geräuschquelle im Raum einschalten (z.B. Radio), damit schallgesteuerte Minispione (Schläfer) aktiviert werden. Telefonhörer abnehmen, damit Telefon-Minispione mit Spannung versorgt werden und sich einschalten. Keine Gespräche in diesem Raum führen, die auf Ortungsaktivitäten schließen lassen. Sicherstellen, daß sich im Raum keine anderen Funkanlagen wie Handys, Sprechfunkgeräte, schnurlose Telefone, Personenrufanlagen usw. befinden. Diese müssen nicht nur abgeschaltet, sondern auch stromlos gemacht werden. Computer sind die „natürlichen Feinde" der elektronischen Kammerjäger, da sie ein breitbandiges Störspektrum ausstrahlen. Sie müssen unbedingt abgeschaltet werden.

Systematisch scannt man nun mit der beschriebenen Ausrüstung die kompletten Räumlichkeiten ab, d.h., mit dem Scout werden in geringer Entfernung (maximal 50 cm) alle im Raum befindlichen Gegenstände und Möbelstücke einschließlich der Wand- und Deckenverkleidungen abgetastet. Findet der Scout einen Minispion, zeigt er seine Sendefrequenz im Display an und schaltet den Scanner auf die gefundene Frequenz. Es ist zweckmäßig, den Scanner mit Ohrhörer zu betreiben, da der Abhörer andernfalls den Ortungsvorgang mitbekommt.

Nun muß aus dem Scanner bereits die Geräuschkulisse des betreffenden Raumes bzw. eine akustische Rückkopplung (Pfeifen) hörbar sein. Mit der integrierten Balkenfeldstärkeanzeige im Display des Scout wird das Maximum gesucht, es führt automatisch zum Versteck des Minispions.

Wird man auf diesem Wege fündig, kann man den Minispion unschädlich machen, indem man ihn von seiner Stromversorgung abtrennt. Damit sind meistens jedoch alle Möglichkeiten vertan, den Täter zu ermitteln. Handelt es sich um einen batteriegespeisten Minispion, ist wahrscheinlich eine Videoüber-

Bild 64: In den Fuß einer Tischlampe eingebauter Minispion mit 220-V-Netzteil

wachung des Raumes erfolgreich. Die vorgefundenen Minispione sollten nicht zerstört werden, da es sich hierbei um Beweismittel handelt und sich außerdem auf dem Gehäuse und auf der Batterie eventuell Fingerabdrücke sichern lassen.

Zur weiteren Eingrenzung des Täters helfen folgende Überlegungen: Mit dem Scanner kann man die Reichweite des Minispions ermitteln, womit sich der in Frage kommende Personenkreis reduziert. Feststellen, wer regelmäßig Zugang zu den betreffenden Räumlichkeiten hat und damit die Möglichkeit besitzt, den Minispion zu plazieren und die Batterien auszutauschen.

Man kann den Minispion auch zum Ermitteln des Abhörers umfunktionieren, indem man eine Desinformation durchgibt, die beim Abhörer Handlungsbedarf hervorrufen muß. Wird eine entsprechende Reaktion festgestellt, ist es bis zur Ermittlung des Täters meist nur noch ein kleiner Schritt. Auch die Durchgabe von brisanten Mitteilungen kann zum Erfolg führen, wenn man die Möglichkeit hat festzustellen, wo diese Informationen zuerst wieder auftauchen.

Werden die beim beschriebenen Vorgehen gewonnenen Erkenntnisse konsequent analysiert, sind konkret Ergebnisse zu erzielen. Man muß sich aber darüber im klaren sein, daß sich mit der genannten technischen Ausrüstung zwar ein Großteil der gebräuchlichsten Minispione orten läßt, jedoch Wanzen, die z.Zt. nicht senden, und Spread-Spectrum-Minispione, die ihre Sendeenergie auf ein großes Frequenzspektrum verteilen, nicht erfaßt werden. Dies gilt natürlich auch für passive Minispione, die selbst nicht senden, sondern „nur" modulieren. Es gibt jedoch eine Methode, auch diese Sender zu lokalisieren: Mit einem HF-Generator werden die Schwingkreise in diesen Geräten angeregt, Oberwellen zu produzieren, die detektiert werden können.

Doch Vorsicht: In vielen Fällen wird dieser Effekt auch von Metallteilen des täglichen Lebens hervorgerufen, z.B. von Büroklammern usw.

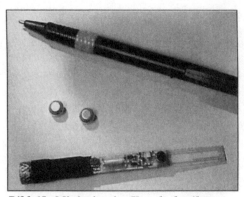

Bild 65: Minispion im Kugelschreiber

Drahtgebundene Abhöranlagen können mit der beschriebenen Methode ebenfalls nicht ermittelt werden.

Besondere Skepsis ist angesagt, wenn sich Minispione angeblich an schwer zugänglichen Stellen befinden sollen. Wenn z.B. erst eine ganze Schrankwand abzubauen oder eine Mauer einzureißen ist, um an den Minispion zu gelangen, so muß man sich fragen, wie er dort plaziert werden konnte. Wenn man zugrunde legt, daß das Verstecken des Minispions meist unter Zeitdruck erfolgt, sind derartige Untersuchungsergebnisse mit Vorsicht zu behandeln.

Sicherheitsmaßnahmen rund ums Telefon

Risikoquelle Anrufbeantworter

Man schätzt, daß mehr als 15 Millionen Anrufbeantworter in Privathaushalten und mindestens weitere 5 Millionen bei Firmen in Gebrauch sind. Da heute fast alle Anrufbeantworter über eine Fernbedienfunktion verfügen, stellen sie eine ernstzunehmende Lücke in der Sicherheitsausstattung vieler Menschen dar: Die Fernbedienfunktion kann durch einen entschlossenen Hacker nämlich leicht geknackt werden kann und dadurch die persönlichsten Nachrichten in falsche Hände gelangen lassen.

Ohne Zweifel stellen ungeschützte Anrufbeantworter für kriminelle Elemente eine Einladung zu Einbruch, Vergewaltigung, Raub und Überwachung dar. Es ist für Einbrecherteams nichts Ungewöhnliches, zur Unterstützung des Auswahlprozesses die Anrufbeantworter möglicher Zielpersonen zu überwachen. Sicherlich hat jeder schon einmal einen Anruf erhalten, bei dem der Anrufer auflegte, sobald man den Hörer abnahm. Der Hauptgrund für diese merkwürdigen Anrufe bestehen oft darin, eine Anzahl von Telefonnummern nach Anrufbeantwortern abzusuchen und Gelegenheiten und Merkmale einzukreisen.

Es gibt tatsächlich Leute, die 10.000,– DM in ein Sicherheitssystem für ihr Zuhause investieren und dann auf ihrem Anrufbeantworter die wirklich naive Ansage hinterlassen: „Hallo! Hier ist der Anschluß von Klara Leichtsinn. Leider bin ich gerade nicht zu Hause. Bitte hinterlassen Sie Ihre Nachricht nach dem Piepton." Man sieht an diesem Beispiel, daß nicht nur die Fernabfrage des Anrufbeantworters den Besitzer verwundbar macht, das größte Sicherheitsrisiko ist die Ansage selbst! Nur wenige Bedienungsanleitungen für Anrufbeantworter sagen mehr als nur ein paar flüchtige Worte über die Sicherheit – weder bezüglich des Ansagetextes noch der Fernbedienfunktionen.

Die sichere Ansage

Eine ungeschickt formulierte Ansage (mit „Ansage" wird die vom Nutzer des Anrufbeantworters eingegebene Mitteilung bezeichnet, die man hört, wenn der Anrufbeantworter einen Anruf entgegennimmt) kann zu viele Informationen preisgeben, die sich im Extremfall dazu nutzen lassen, um ein Verbrechen gegen Sie zu begehen. Denken Sie deshalb immer daran: Die Ansage hat den einzigen Zweck, den Anrufer zu informieren, daß Sie nicht in der Lage sind, ans Telefon zu gehen – und nicht, daß Sie bei der Arbeit, im Urlaub oder gerade nicht im Haus oder Geschäft sind. „Nicht in der Lage zu sein, ans Telefon zu gehen" kann bedeuten, daß Sie den Raum gerade verlassen haben, daß Sie an einem Ort sind, wo Sie das Klingeln nicht hören (z.B. im Garten oder unter der Dusche), daß Sie zu beschäftigt sind, um ans Telefon zu gehen, oder daß Sie die Angewohnheit haben, erst den Hörer abzunehmen, wenn Sie die Stimme des Anrufers gehört und erkannt haben.

Hier einige Ratschläge, wie Sie Ihre Ansage aufbauen sollten:

- Sagen Sie in Ihrer Ansage nie, daß Sie „nicht da sind", sondern nur daß Sie gerade den Hörer nicht abheben können oder etwas ähnliches. Aus der Nachricht soll der Anrufer nicht mit Bestimmtheit entnehmen können, wo Sie wirklich sind oder wie lange Sie wegbleiben werden.
- Geben Sie nie Auskunft, wie lange Sie wegbleiben werden. Verwenden Sie in der Ansage niemals die Begriffe „Urlaub", „Reise", „Arbeit" und ähnliche Begriffe, aus denen sich auf die Zeit schließen läßt, wann Sie aufbrechen oder wann Sie zurück sind Sagen Sie z.B. nie: „... Rufen Sie mich nach 17 Uhr an ..." oder „... Ich werde Sie am Montag morgen zurückrufen ..."
- Geben Sie nie Ihre Identität preis. Sie sollten nur Ihre Initialen oder den Nachnamen angeben (es sei denn, Sie leben in einer Großstadt). Das hat folgenden Grund: Der Anrufer kann die Nummer zufällig oder durch einen Fehler gewählt haben und erinnert sich nicht an die Ziffernfolge. Wenn aber Ihre Stimme für ihn interessant klingt oder Sie ihm sagen, daß Sie nicht zu Hause sind, wittert er vielleicht eine günstige Gelegenheit und versucht, über Ihre Identität die vergessene Telefonnummer herauszufinden. So erfährt er Ihre Adresse, Ihre Gewohnheiten usw. Eine Möglichkeit, sich zu identifizieren, ohne die Identität zu enthüllen, besteht darin, statt dessen die Telefonnummer anzugeben, z.B.: „Sie haben 12345 gewählt ...". Aber selbst Ihre Telefonnummer ist riskant, da der Anrufer ein inverses Telefonverzeichnis verwenden kann, um herauszufinden, wer Sie sind. Statt der Namensangabe ist die Telefonnummer aber immer noch weniger gefährlich.
- Geben Sie keine Hinweise darauf, wer noch unter der Adresse lebt oder arbeitet. Sagen Sie z.B. nicht: „Hallo! Dies ist der Anschluß von Bettina, Christina und Günter ..." Geben Sie ebenfalls keinen Hinweis darauf, daß Sie eine allein lebende Frau oder ein älterer Mensch sind, auch nicht, daß in ihrem Haushalt Schlüsselkinder leben. Beispielsweise sollten Sie auf keinen Fall hinterlassen: „Susi, ich habe ein belegtes Brot in den Kühlschrank gelegt. Ich muß heute abend länger arbeiten."

Allein lebende Frauen sollten einen männlichen Verwandten oder Bekannten mit „Macho-Stimme" bitten, die Ansage aufzusprechen. Am besten informiert man Freunde, den Chef usw. darüber, daß jemand anderes die Ansage gesprochen hat, damit sie nicht denken, sie haben die falsche Nummer gewählt, oder nicht erschrecken, wenn sie eine fremde männliche Stimme auf dem Anrufbeantworter hören. Es gibt im Handel Tonbänder mit Anrufbeantwortersprüchen. Sie sollten eines nach Ihrem Geschmack kaufen.

- Erscheinen Sie nicht zu freundlich, ärgerlich oder schüchtern. Geben Sie keine Hinweise über Ihr privates Umfeld, Ihre Arbeit oder Ihre finanziellen Verhältnisse. Insbesondere sollte die Ansage nicht erotisch wie eine Sextelefonnummer klingen. Die meisten Menschen wollen sich nicht kalt anhören, wenn sie auf einen Anruf antworten, andererseits vermeide man Botschaften wie „Hallo Kumpel, du bist mit Linda verbunden – der heißen Discomaus ..."
- Kurzum, geben Sie dem Anrufer nicht mehr Informationen als notwendig. Einige gehen sogar so weit, daß nur der Piepton des Anrufbeantworters zu hören ist. Andere sagen einfach: „Bitte hinterlassen Sie Ihre Nachricht nach dem Piepton." Sie können Codenamen und -wörter als Ansage verwenden (allerdings nur so, daß diese keine Informationen über Ihren Lebensstil oder Ihre finanziellen Verhältnisse verraten).

Sie können z.B. etwas in der Art „Hallo, hier ist groß 'D' aus Buxtehude ..." sagen. Bereits mit Ihrer Stimme vertraute Anrufer werden dadurch nicht über Ihre Identität getäuscht. Erwünschte Anrufer können Sie über die getroffenen Maßnahmen informieren.

Allgemeine Ratschläge fürs Telefonieren

Es folgen weitere Schritte zur Erhöhung der Sicherheit beim Telefonieren:

- Verwenden Sie den Anrufbeantworter als Monitor für Anrufe. Viele Frauen, ältere Menschen und Schlüsselkinder melden sich erst am Telefon, wenn sie die Stimme des Anrufers auf dem Anrufbeantworter gehört und erkannt haben.
- Sichern Sie auf dem Anrufbeantworter aufgezeichnete Belästigungen. Wenn Sie jemand anruft und z.B. Drohungen, Belästigungen oder obszöne Bemerkungen auf Ihrem Anrufbeantworter hinterläßt, entnehmen Sie das Band unmittelbar nach dem Anhören aus dem Anrufbeantworter, bezeichnen es deutlich und brechen die Plastikzunge der Löschsperre heraus. Packen Sie das Band in eine gekennzeichnete Aluminiumfolie und bringen es entweder zur Polizei oder an einen sicheren Ort. Solche Mitschnitte sind als Beweismaterial nützlich, denn die Auswertung des Stimmspektrogramms kann zu einer Verurteilung bei einem späteren Straf- oder Zivilprozeß führen. Wenn Sie einen Anrufbeantworter kaufen, sollten Sie ein Bandgerät anstelle eines mit RAM-Halbleiterspeicher bevorzugen.

Mit einem Bandgerät werden eingehende Anrufe auf Magnetband aufgezeichnet, sodaß Sie wichtige Nachrichten dauerhaft sichern können.

- Achten Sie sorgfältig darauf, was Sie am Telefon sagen. Heutzutage ist es leider so, daß man kein Telefongespräch als vertraulich betrachten kann: Wenn Sie oder Ihre Gesprächspartner ein schnurloses Telefon benutzen, kann das ganze Gespräch von den vielen Hobby-Abhörern mit Funkscannern mitgehört werden. Wenn einer der Gesprächspartner Telefonnebenstellen hat, kann jemand dem Gespräch an einer Nebenstelle zuhören. Wenn Sie Nachrichten in einem Sprachkommunikationssystem (Voice Mail) ablegen, können Hacker in die Sprach-Mailbox eindringen und die Nachrichten abrufen. Das Telefon ihres Gesprächspartners kann angezapft sein. Und selbst über normale Schnurtelefone geführte Ferngespräche werden irgendwo in Mikrowellen umgewandelt und über Satelliten übertragen, die man ebenfalls abhören kann. Die Techniker der Telefongesellschaft „überwachen die Telefonleitungen zur Qualitätssicherung" regelmäßig und völlig legal. Auch jemand, der nur eine Seite der Unterhaltung hört, vermag vieles zu folgern, was auf der anderen Seite gesagt wurde (speziell die Lauscher, die Münzfernsprecher in Bahnhöfen, Kongreßzentren, Banken, Restaurants usw. überwachen). Betrachten Sie deshalb kein Telefongespräch als vertraulich. Wenn Sie mit Verwandten, Freunden, Nachbarn, Bekannten, Handwerkern, Kunden usw. sprechen, geben Sie nur die wirklich notwendigen Informationen. Sagen Sie nicht etwa: „Rufen Sie uns bis nächsten Dienstag nicht an, da wir bis dann in München sind." So wenig, wie Sie den Gesprächspartner kennen oder ihm vertrauen, so wenig Informationen sollten Sie ihm geben. Sie können als Mieter z.B. nicht wirklich wissen, wer alles Schlüssel bzw. Zugang zu Ihrem Wohn- oder Bürogebäude hat. Diese Personen könnten wieder durch andere Leute Informationen erhalten.
- Weisen Sie Ihre Anrufer darauf hin, daß diese darauf achten, was sie am Telefon sagen. Viele vertrauliche Informationen über potentielle Opfer werden von Einbrechern, Vergewaltigern etc. nämlich durch die Überwachung von Telefongesprächen gewonnen. Auch wenn der Anrufer eine Nachricht auf Ihrem Anrufbeantworter hinterläßt, können unschätzbare Informationen über Sie und Ihr Umfeld sowie über den Anrufer selbst an einen Gauner gelangen, da diese Nachricht

unbefugt vom Anrufbeantworter abgerufen werden kann. Unvorsichtigerweise informiert der Anrufer vielleicht einen Gauner über Ihren Lebensstil und Ihre finanzielle Situation, warum Sie weg sind, wo Sie sind und wie lange Sie abwesend sein werden. Es ist daher empfehlenswert, daß Sie mit Ihren häufigsten Anrufern gegenseitig bekannte Abkürzungen und Geheimcodes vereinbaren. Zum Beispiel könnte Ihr Anrufer sagen: „Hier spricht J. D. Ich werde zu unserer Verabredung im 3 M zwei Stunden später kommen …", anstelle von: „Hier Josef Dahlberg. Ich werde zu unserem wöchentlichen Mittagessen im 'Drei Mohren' in der Maxstraße erst um 14 Uhr statt bereits um 12 Uhr kommen."

- Geben Sie keine Daten an inverse Verzeichnisse. Ein inverses Verzeichnis ist ein Telefonverzeichnis, das von einer privaten Firma erstellt wird und das nicht nur Namen und Telefonnummern auflistet, wie es die üblichen Telefonbücher tun. Es enthält ebenfalls alphabetische Auflistungen von Straßennamen mit Adressen und Telefonnummern. Die meist auf einer CD-ROM gespeicherten Verzeichnisse liefern auch viel mehr Informationen als Name, Telefonnummer, Adresse. Z.B. werden alle, die unter einer Adresse wohnen, mit Alter, Beruf und Familienstand angegeben. Inverse Verzeichnisse sind die „Bibel" der Einbrecher und Trickbetrüger, welche die Daten mit anderen Angaben abgleichen und so eine Liste potentieller Opfer erstellen können. Ein Serientäter tat dies über mehrere Jahre hinweg, indem er die Informationen aus einem inversen Verzeichnis über junge, allein lebende Frauen mit den Informationen aus der Nachbarschaft kombinierte, um Studentinnen zu finden. Wenn diese zum Unterricht gegangen waren, brach er in ihre Apartments ein (er gab sich dabei als Installateur aus) und beraubte und vergewaltigte sie nach ihrer Rückkehr.

- Richten Sie eine Code-Box ein. Eine Code-Box ist ein Gerät, das die Durchschaltung eines Telefonanrufs erst erlaubt, wenn 1 – 4 weitere Ziffern gewählt wurden (das ist nur mit Tonwahlgeräten möglich). Wenn der Anrufer Ihre Nummer wählt, wird der Anruf durch die Code-Box entgegengenommen, es ist aber keine Stimme, kein Umgebungsgeräusch und keine Ansage eines Anrufbeantworters zu hören. Erst nach der Eingabe zusätzlicher Ziffern wird der Anruf zu Ihnen, oder falls Sie nicht erreichbar sind, zu Ihrem Anrufbeantworter durchgestellt. Wenn Sie eine Code-Box besitzen, sind Sie vor Anrufbeantworter-Hakkern sicher und können auf Ihren Anrufbeantworter genauere Angaben sprechen. Sie sollten den Code des Gerätes nach jedem Vorfall, der einen Wechsel rechtfertigt (z B. bei einem Streit mit einem Freund oder einer Freundin), verändern.

- Übersehen Sie nicht die Wahlwiederholung. Wenn Sie in Ihre Wohnung oder Ihr Büro kommen und feststellen, daß eingebrochen wurde, berühren Sie nichts und rufen Sie sofort die Polizei. Erinnern Sie die Beamten daran, die Wahlwiederholtasten an allen ihren Telefonen zu überprüfen. Der Grund dafür besteht darin, daß viele Einbrecher erstaunlicherweise vom Tatort aus Telefongespräche führen. Eine erneut angewählte unbekannte Telefonnummer führt oft auf die Spur des Gauners.

- Schließen Sie ein Faxgerät an. Wenn Sie durch belästigende Anrufe geplagt werden, ist der Anschluß eines Faxgerätes angebracht. Sie schalten es zu den Zeiten ein, in denen Sie nicht gestört werden wollen. Heutzutage sind Faxgeräte weit verbreitet. Obwohl auch Faxe abgefangen werden können, ist dies aufgrund der relativ komplizierten Technik doch selten – es sei denn, die Polizei, das organisierte Verbrechen oder der Geheimdienst hat an Ihnen Interesse.

Wenn Sie ein Faxgerät erwerben, sollten Sie auch in Betracht ziehen, eine Faxweiche zu kaufen, so daß Ihr Faxgerät automatisch auf einen Anruf antworten kann.

- Installieren Sie ein postzugelassenes Tonbandgerät an Ihrem Telefonanschluß. Das kann sehr nützlich sein, um Beweise für belästigende, drohende oder obszöne Anrufe sowie über geschäftliche Vereinbarungen etc. zu erhalten. Die großen Elektronikversandhäuser wie z.B. Conrad Electronic (s. Anhang) haben derartige Aufzeichnungsgeräte im Verkaufsprogramm.
- Verwenden Sie eine Trillerpfeife, oder installieren Sie ein Pfeifmodul an Ihrem Telefon. Ein Pfeifmodul ist eine Vorrichtung, die mit dem Telefon verbunden wird. Wenn ein belästigender Anruf kommt, ist eine Taste zu drücken, wodurch ein sehr lauter, schriller Pfiff in die Telefonleitung gesendet wird. Durch die direkte elektrische Verbindung ist der Ton sehr viel lauter als jede Pfeife. Das laute und mysteriöse Geräusch wird den Anrufer vermutlich denken lassen, daß die Polizei über ihn im Bilde ist, so daß er vielleicht von weiteren Anrufen absieht.
- Verwenden Sie einen Sprachverfremder. Dieses Gerät dient dazu, den Klang Ihrer Stimme zu verändern. So kann z.B. eine weibliche oder wie ein Kind klingende Stimme in eine stark männlich klingende Stimme verwandelt werden. Der Sprachverfremder schreckt diejenigen ab, die Telefonanrufe nutzen, um ihre Opfer unter Frauen und Schlüsselkindern zu finden. Wenn der Anrufer bekannt ist, kann der Anwender den Sprachverfremder ausschalten.
- Tauschen Sie einen Anrufbeantworter, an dem eventuell manipuliert wurde, aus. Wann immer Sie bemerken, daß Ihre Ansage verändert wurde, daß sich seltsame Nachrichten auf Ihrem Anrufbeantworter befinden, daß Mitteilungen verlorengehen oder sich verändern oder wenn gar eine zufällige Folge von Tonsignalen zu hören ist, dann trennen Sie sich sofort von Ihrem Anrufbeantworter. Ersetzen Sie ihn durch das Modell eines anderen Herstellers. Vergewissern Sie sich dabei, daß es entweder keine Fernzugriffsfunktion besitzt oder eine drei- bis vierstellige PIN (PIN = Persönliche Identifikations-Nummer: Bezeichnung für den persönlichen Sicherheits- oder Geheimcode, der den Zugriff auf die Fernbedienfunktionen ermöglicht) verwendet. Als eine vorläufige Maßnahme empfiehlt es sich, die aktuelle PIN zu verändern. Wenn ein Hacker jedoch einmal weiß, was für einen Anrufbeantworter Sie verwenden, kann er ziemlich schnell andere Zugriffscodes durchprobieren, (entweder manuell oder durch den Einsatz des Wählprogramms eines Computer-Kriegsspiels), um den neuen Code zu finden. Wenn Sie einen neuen Anrufbeantworter installieren, sollten Sie die vom Hersteller voreingestellte PIN (d.h. den Standardcode) verändern. Wenn Sie bald nach dem Austausch Ihres Anrufbeantworters entdecken, daß das neue Gerät wieder von außen manipuliert wird, sollten Sie völlig auf einen Anrufbeantworter verzichten.
- Wechseln Sie regelmäßig die PIN. Sie sollten die PIN zumindest einmal im Monat ändern.

Wie man Fernzugriffscodes (PINs) knackt

Der folgende Beitrag stammt von einem berühmten Hacker und ist mit seinen eigenen Worten wiedergegeben, um dem Leser einen Eindruck über die Denkweise, Taktik und Strategie zu vermitteln:

„Mit der wachsenden Anwendung von Anrufbeantwortern in Wohnungen und Firmen nimmt auch die relativ neue Form des Eindringens in Anrufbeantworter an Beliebtheit zu.

Warum will jemand in einen Anrufbeantworter eindringen? Es gibt verschiedene Gründe:

- Wenn man eine Person oder eine Firma überwachen will, um die Informationen für seinen persönlichen Vorteil zu nutzen.
- Um jemanden zu belästigen oder zum Spaß, indem man Nachrichten, Mitteilungen und Ansagen verändert oder löscht.

- Es gibt auch den alten Ansageveränderungs-Trick, um den Anrufbeantworter etwa sagen zu lassen, daß dieser Anschluß alle Fernsprechgebühren akzeptiert. So kann man diese Nummer mit den Kosten für Telefongespräche belasten.
- Man kann den Anrufbeantworter für seinen eigenen persönlichen Gebrauch einrichten, zum Beispiel in sein eigenes kleines Mailbox-System verwandeln.
- Um jemand zum Narren zu halten, indem man ihn glauben läßt, daß man unter eine bestimmten Adresse wohnt oder daß man ein Verhältnis mit einer unter dieser Adresse lebenden Person hat.
- Um ein zeitweiliges Wettbüro einzurichten.
- Als ein Mittel, um mit anderen Pläne zu machen, ohne sie zu treffen und ohne dabei seine wirkliche Adresse preiszugeben.

Man dringe nur dann in einen Anrufbeantworter ein, wenn man weiß, daß jemand längere Zeit verreist ist. Wenn der Betreffende nach Hause kommt und seinen Anrufbeantworter verändert vorfindet, könnte das Probleme geben. Wie kann jemand in einen Anrufbeantworter eindringen?

Die meisten modernen Anrufbeantworter haben Fernzugriffsfunktionen, die es dem Besitzer oder sonst jemand erlauben, mit einem Tonwahltelefon oder einem DTMF-Geber die PIN einzugeben und die Nachrichten anzuhören. Einige ältere Modelle haben keinen Fernzugriff, so daß man nichts unternehmen kann. Wenn jemand einen Anrufbeantworter hat, der sich bei einem Anruf nicht meldet, so läßt man das Telefon 15- bis 20mal klingeln, damit er sich trotzdem einschaltet. Die Anzahl der notwendigen Klingelzeichen variiert zwischen den verschiedenen Anrufbeantwortern.

In vielen Fällen ist es einfach, an die PIN heranzukommen:

- Wenn man im Haus der Zielperson wohnt oder eingeladen wird, achte man auf Hersteller und Modell des Anrufbeantworters. Wenn es möglich ist, hebe man den Anrufbeantworter hoch, suche die Programmierschalter für die PIN und merke sich deren Einstellungen. Die Ausführung und die Lage dieser Schalter variieren bei den einzelnen Herstellern und Modellen.

Man überprüft alle Seiten und den Boden des Gerätes sowie irgendwelche Klappen an der Vorder- und Unterseite nach entsprechenden Schaltern. Diese Schalter können Kipp-, Dreh- oder DIP-Schalter (Mäuseklaviere) sein. Wenn man kann, borge man sich das Handbuch zeitweilig aus, um zu erfahren, wie der Fernzugriff funktioniert und wie er aktiviert wird.

- Wenn man mit seiner Zielperson einen Ausflug oder eine Reise macht, bleibe man immer in ihrer Nähe und beobachte, mit welchem Code sie den Anrufbeantworter mittels Fernbedienung abfragt.
- Man kann auch eine List benutzen, um herauszufinden, welches Herstellermodell die Zielperson benutzt. Man könnte zum Beispiel anrufen und sagen: 'Ich bin der Vertriebsleiter vom Versandhaus XY. Wir haben ein Sonderangebot unserer Fax-Anrufbeantworter-Kombination des Typs xyz, das wir mit 50% Nachlaß für irgendeinen in Zahlung gegebenen Anrufbeantworter anbieten. Sagen Sie mir bitte Marke und Modell Ihres Anrufbeantworters, dann kann ich Ihnen den genauen Preis mitteilen.'

Nachdem man genau bestimmt hat, welches Fabrikat der Anrufbeantworter der Zielperson ist, suche man ein Geschäft, das genau diesen Anrufbeantworter auf Lager hat. Man erkläre dem Verkäufer, daß man sein Bedienungshandbuch verloren hat und sich deshalb eines borgen möchte, um es zu fotokopieren. Wenn das nicht funktioniert, kann man in ein Geschäft mit einer großzügigen Rückgaberegelung gehen, welches das entsprechende Fabrikat führt, und diesen Anrufbeantworter kaufen. Dann kopiere man dessen Handbuch (oder die Abschnitte über den Fernzugriff), gebe den Anrufbeantwor-

ter zurück und lasse sich den Kaufpreis erstatten. Wenn auch das nicht funktioniert, kann man sich mit dem Hersteller in Verbindung setzen, um von ihm ein Handbuch zu kaufen.
- Ein gerissener Typ erzählte mir, daß er Leuten am Telefon erklärte, daß er Diskjockey eines Rundfunksenders sei und sie ein Gewinnspiel veranstalteten. Wenn der Anrufbeantworter des Angerufenen die richtige Codekombination hätte, dann könnte er oder sie einen wertvollen Preis gewinnen. Unter Verwendung dieser Taktik hatte er eine Erfolgsquote von 15% und erhielt mehr als 20 PINs.
- Man informiert sich über die vom Hersteller voreingestellten PINs. Die meisten Käufer verändern die Herstellereinstellungen nicht. In vielen Fällen hat man damit Erfolg.

Die PINs der verschiedenen Modelle können 1–4 Ziffern lang sein. Die Anzahl gültiger Zahlen ist im allgemeinen viel kleiner. Zum Beispiel kann ein Gerät mit einer zweistelligen PIN sogar nur drei gültige Kombinationen wie z.B. 62, 63 und 64 zulassen. So ist z.B. das Modell GE 2-9880 mit einer dreistelligen PIN ausgerüstet. Sowohl die erste als auch die zweite Ziffer sind auf 0–7 beschränkt, die dritte Ziffer ist auf 0–3 beschränkt. Das erlaubt zusammen 256 mögliche Kombinationen (und nicht 1.000 Kombinationen, wie man erwarten könnte). Folglich ist die Zahl der Codeziffern oft sehr irreführend, was das bereitgestellte Sicherheitsniveau anbelangt. Ein geduldiger Hacker kann in drei Stunden 256 Kombinationen durchprobieren. Einer mit weniger Geduld verwendet ein besonders für das Eindringen in Anrufbeantworter geeignetes Suchprogramm eines Computer-Kriegsspieles. Dieses kann in knapp einer Stunde 256 Kombinationen automatisch ausprobieren.

Die folgenden Beispiele sollen zeigen, wie leicht einige weitverbreitete Anrufbeantwortermodelle zu manipulieren sind:

AT&T Modell 1504

Man gebe die zweistellige PIN vor oder nach der Ansage ein. Der Anrufbeantworter wird nach jeder Nachricht piepsen, wenn alle Nachrichten abgespielt sind, wird er fünfmal piepsen. Für eine Unterbrechung kann man jederzeit # drücken. Legt man einfach auf, werden die Mitteilungen nicht gelöscht. Drückt man die Taste 7, wird der Anrufbeantworter zurückspulen und die Nachrichten von neuem abspielen. Für den schnellen Vorlauf wird eine 5 gedrückt, zum Zurückspulen eine 2. Nachdem alle Nachrichten abgespielt sind, wähle man 33, um den Anrufbeantworter zurückzusetzen und die Nachrichten dabei zu löschen. Um einen Vermerk aufzunehmen, drücke man *, nachdem das System geantwortet hat. Es wird dann piepsen, und man kann eine vierminütige Nachricht auf dem Band hinterlassen. Nach Beendigung drücke man die Taste #. Man beachte, daß dies dann keine Ansage des Anrufbeantworters ist, sondern nur eine Notiz.

Um das Gerät durch einen Anruf einzuschalten, lasse man es zehnmal klingeln und wähle eine 0, wenn es sich meldet. Um es auszuschalten, rufe man an, wenn es antwortet, gebe man die PIN ein und wähle dann 88.

Cobra Modell AN-8521

Für diesen Anrufbeantworter gibt es zwei PINs, beide einstellig. Die erste ist der Abspielcode, die zweite ist für das Fernlöschen der Nachrichten. Nach der Ansage und dem Piepton drücke man den Abspielcode für 2 Sekunden, um die Nachrichten abzuspielen. Nach dem Ende jeder Nachricht kommt ein einzelner Piepton, am Ende aller Nachrichten sind es zwei. Man kann dann folgendes tun: Erneut abspielen, indem man den Abspielcode noch mal eingibt. Oder die Nachrichten löschen, indem man den Löschcode drückt. Legt man auf, werden die Nachrichten nicht gelöscht, und es wird mit dem Aufnehmen zusätzlicher Nachrichten fortgefahren.

Um dieses Gerät von außerhalb einzuschalten, muß man es 16mal klingeln lassen, ehe es sich aktiviert. Wenn es drei Pieptöne aussendet, ist es voll und die Nachrichten müssen gelöscht werden.

Code-a-phone Modell 930
Man gebe die PIN nach der Ansage und dem Piepton ein. Man drücke die PIN für volle 3 Sekunden. Nachdem die neuen Mitteilungen abgespielt sind, wird man zwei Töne hören. Man kann dann die Nachrichten sichern, indem man die PIN eingibt und dann auflegt. Für eine Wiederholung gebe man die PIN ein, warte auf vier Töne und gebe die PIN erneut ein. Um die Nachrichten zu löschen, lege man auf, sobald das Band abgespielt wurde.

Um den Anrufbeantworter durch einen Anruf einzuschalten, lasse man zehnmal klingeln. Wenn das System antwortet, gibt es einen 2 Sekunden dauernden Ton ab. Man gebe die PIN ein, dann wird man drei Doppeltöne hören, die anzeigen, daß das System aktiviert ist.

GE Modell 2-9880
Um die Nachrichten abzuspielen, gebe man die dreistellige PIN ein, nachdem man den Piepton nach der Ansage gehört hat. Der Anrufbeantworter wird dann piepsen, zurückspulen und mit dem Abspielen der Mitteilungen beginnen. Nach Abschluß des Abspielens sendet das Gerät vier kurze Pieptöne aus, die das Funktionsende anzeigen. Man hat dann 10 Sekunden Zeit, um einen neuen Befehl einzugeben, ist das nicht der Fall, legt das Gerät auf. Um das Zeitintervall erneut zu starten, drücke man 5, 8, 9 oder 0. Um die Ansage zu umgehen, drücke man die Taste *, das Gerät wird dann piepsen und sogleich mit dem Abspielen beginnen. Wenn man sofort # gefolgt von der dreistelligen PIN eingibt, wird der Anrufbeantworter nur die neuen Mitteilungen (d.h. diejenigen, die seit dem letzten Nachrichtenabruf erhalten wurden) abspielen. Wenn man während des Wiedergabeintervalls eine 3 wählt, wird das Gerät so lange zurückspulen, bis man wieder eine 3 eingibt (minimal 5 Sekunden).

Wenn man eine 1 drückt, wird das Gerät solange vorspulen, bis man wieder eine 1 wählt. Wenn das schnelle Vor- oder Zurückspulen beendet ist, wird der Anrufbeantworter stoppen und vier kurze Pieptöne aussenden (dann hat man 10 Sekunden für den nächsten Befehl, sonst legt er auf). Man kann auch das Abspielen einschalten, wenn man nach den vier kurzen Pieptönen die Taste 2 drückt.

Um eine neue Ansage aufzunehmen, gebe man eine 4 während der Ansage ein. Der Anrufbeantworter wird dann das Ansageband zurückspulen, danach hört man einen kurzen Ton. Man warte 1 Sekunde und dann spreche man laut und deutlich die neue (maximal 4 Minuten lange) Ansage. Wenn das erledigt ist, drücke man wieder die 4. Das Gerät wird dann vier kurze Pieptöne aussenden. Um die neue Ansage abzuspielen, drücke man die Taste 7. Um eine Notiz aufzunehmen, wähle man 6 und spreche den Text. Um die Notiz zu beenden, wähle man abermals die 6. Das Gerät wird dann vier kurze Pieptöne senden. Um das Band für die ankommenden Nachrichten auf seinen Anfang zurückzusetzen, drücke man die Taste 3. Nachdem das Zurückspulen erledigt ist, wird der Apparat vier kurze Pieptöne senden, dann werden die alten Nachrichten gelöscht und die neuen aufgenommen

Die VIP-Funktion kann während der Aufnahme ankommender Nachrichten (nach der Ansage und dem Piepton) aktiviert werden, indem der dreistellige VIP-Code eingegeben wird. Jede Ziffer des VIP-Codes ist um 1 größer als die entsprechende der PIN (z.B., wenn die PIN „571" lautet, dann ist der VIP-Code „682"). Um den Antwortbetrieb fernbedient einzuschalten, drücke man Taste 9.

Goldstar Modelle 6000/6100
Nach der Ansage gebe man die einstellige PIN ein. Der Anrufbeantworter wird dann die neuen Mitteilungen abspielen. Um alle Nachrichten zu sichern, lege man auf. Nach dem Abspielen aller Nachrichten sendet das Gerät einen doppelten Piepton. Dann kann man die PIN

57

eingeben, um alle Mitteilungen zu löschen. Die Ansage kann man nicht verändern.

Panasonic Modelle KX-T2420, KX-T2427
Das Modell T2420 verwendet eine zweistellige, das Modell T2427 eine dreistellige PIN. Man gebe sie während der Ansage ein. Der Anrufbeantworter wird einmal piepsen, dann sendet er Pieptöne, deren Anzahl gleich der Anzahl der Nachrichten ist. Danach wird er zurückspulen und alle Nachrichten abspielen. Nach der letzten Mitteilung folgen drei Pieptöne. Sechs Pieptöne bedeuten, daß das Band voll ist. Man drücke eine 2, um Mitteilungen vorwärts zu überspringen, und eine 1, um zurückzuspulen. Eine 3 setzt das Gerät zurück, dabei werden alle Nachrichten gelöscht. Um einen Raum zu überwachen, wähle man nach der Reihe von Pieptönen, die die Zahl der vorhandenen Nachrichten anzeigen, eine 5. Durch die Eingabe einer 7 wird die Ansage geändert. Der Anrufbeantworter wird ein paarmal schnell piepsen, zurückspulen und einen langen Piepton übermitteln. Nach Beendigung drücke man die Taste 9, um eine neue Ansage hinterlassen zu können. Um das Gerät abzustellen, wähle man sofort nach den Pieptönen eine 0. Um den Anrufbeantworter einzuschalten, lasse man ihn 15mal klingeln.

Panasonic Modell KX-T2385d
Man gebe die einstellige PIN während der Ansage ein. Dadurch werden die Nachrichten abgespielt. Man drücke die PIN erneut, um zurückzuspulen. Anschließend wird der Anrufbeantworter dreimal piepsen. Gibt man die PIN erneut ein, wird das Gerät zurückgesetzt. Für die Ferneinschaltung lasse man das Telefon 15mal klingeln.

Phonemate Modell 4050
Die dreistellige PIN ist während der Ansage einzugeben. Man drücke die Taste * oder #, um die Mitteilungen zu überfliegen. Wenn man das beendet hat, wähle man 1, um die Nachrichten abzuspielen. Um die Mitteilungen zu löschen, wähle man die 2. Der Anrufbeantworter kann aus der Ferne eingeschaltet werden, indem man das Telefon 15mal klingeln läßt. Dann fahre man mit weiteren Fernbedienbefehlen fort.

Phonemate Modell 7200
Die einstellige PIN gebe man während der Ansage ein. Eine Stimme aus dem Anrufbeantworter wird dann sagen, wie viele Nachrichten vorhanden sind, dann werden sie abgespielt. Um zurückzuspulen, drücke man die PIN und halte sie solange gedrückt, wie zurückgespult werden soll. Man lasse los und die Wiedergabe wird fortgesetzt. Nach der letzten Mitteilung wird die Ansage eine Liste von Wahlmöglichkeiten nennen und zur Eingabe auffordern. Man hat dann 5 Sekunden, um zu reagieren:

– Wenn man nichts tut, legt das Gerät auf und sichert die Nachrichten.
– Gibt man die PIN ein, werden die Mitteilungen abgespielt.
– Die Nachrichten werden gelöscht, wenn man die PIN erneut eingibt.
– Gibt man die PIN noch einmal ein, kann man die Ansage verändern.

Die gesprochene Anleitung gibt vollständige Hinweise, denen genau zu folgen ist. Für das Ferneinschalten lasse man das Telefon zehnmal klingeln. Wenn das Band voll ist, wird gesagt: 'Das Band ist leider voll.' Dann ist die PIN einzugeben, um die Nachrichten zu löschen.

Record-a-Call Modell 2120
Man gebe die dreistellige PIN während der Ansage oder nach dem Piepton für das Hinterlassen einer Nachricht ein. Dadurch wird das Band zurückgespult und die neuen Mitteilungen abgespielt. Durch Drücken einer 2 erfolgt ein Rückwärtsschritt, und die letzte Nachricht wird wieder-

holt. Um das Band vorzuspulen, drücke man die Taste 3.

Um die Ansage zu verändern, rufe man das Telefon an und gebe die PIN ein. Nach mehreren schnellen Pieptönen gebe man die PIN von neuem ein. Nach einer kurzen Verzögerung wird man einen langen Ton hören. Nach dem Ende dieses Tones kann man mit dem Sprechen der (bis zu 17 Sekunden langen) Ansage beginnen. Wenn das abgeschlossen ist, drücke man die zweite Ziffer der PIN, um zu beenden. Der Anrufbeantworter wird diese Ansage speichern und abspielen. Um das Gerät per Anruf einzuschalten, lasse man es elfmal klingeln und lege dann auf. Oder man bleibt in der Leitung, es wird antworten, und dann kann man auf das Gerät zugreifen. Für eilige oder häufige Anrufe (d.h., um die Ansage zu überspringen), halte man die zweite Ziffer für 2 Sekunden gedrückt.

Spectra Phone Modell ITD300
Man gebe die einstellige PIN nach Ansage und Piepton ein. Dann werden die Nachrichten abgespielt. Durch Auflegen werden die Mitteilungen gesichert. Für die Wiederholung der Nachrichten warte man auf vier Pieptöne und gebe die PIN ein. Um die Mitteilungen zu löschen, drücke man die PIN nach zwei Pieptönen. Der Anrufbeantworter wird von fern eingeschaltet, indem man das Telefon zehnmal klingeln läßt.

Uniden Modell AM 464
Dieses Modell ist bezüglich der Fernbedientauglichkeit einer der fortgeschrittensten Anrufbeantworter. Die vom Werk voreingestellte PIN lautet 747. Diese kann auf fünf Ziffern nach Wunsch geändert werden. Um Fernzugriff zu erlangen, wähle man die PIN während der Wiedergabe der Ansage.

Drückt man eine 1, nachdem man den Ton gehört hat, wird das Gerät zurückspulen und die Nachrichten abspielen. Für den schnellen Vorlauf drücke man die Taste 7. Durch die Eingabe einer 8 wird die normale Wiedergabe fortgesetzt. Das abermalige Drücken der 8 unterbricht die Wiedergabe der Nachrichten. Man wähle die 8, um die Nachrichtenwiedergabe neu zu starten, oder die 1, um wieder von Anfang an zu beginnen. Man gebe eine 9 ein, um zurückzuspulen, und eine 8, um die Wiedergabe fortzusetzen. Wenn man das ganze Band zurückgespult hat, wird es zweimal piepsen. Dann muß man die 1 drücken, um die Nachrichten abzuspielen. Um die Mitteilungen zu sichern, drücke man die Taste 4. Zum Löschen wählt man die 6. Um das Gerät aus der Ferne auszuschalten, wähle man (nachdem alle Nachrichten abgespielt sind und der Anrufbeantworter zweimal gepiepst hat) die 5. Läßt man das Telefon 12- bis 14mal klingeln, wird das Gerät automatisch eingeschaltet. Der Apparat piepst dann, und man kann die PIN eingeben. Dadurch wird das Gerät in den Antwortbetrieb geschaltet.

Dieser Anrufbeantworter bietet auch die Möglichkeit der Raumüberwachung. Diese erlaubt zuzuhören, was im Zimmer des Anrufbeantworters vor sich geht. Um das zu tun, rufe man das Gerät an, gebe seine PIN ein und drücke nach dem Piepton die 0. Das Mithören ist für 60 Sekunden möglich. Man wird nach 45 Sekunden mit zwei Pieptönen gewarnt. Um damit so oft wie man will fortzufahren, drücke man jedesmal wieder die 0. Um die Ansage aus der Ferne zu verändern, lösche man alle Nachrichten. Dann gebe man die PIN ein und wähle nach dem Piepton die 3. Es wird erneut piepsen, und man kann die neue Ansage hinterlassen. Nach Beendigung drücke man die Taste 3. Wenn man die PIN ferngesteuert ändern will, drücke man nach dem Piepton erst die Taste # und dann die 1. Nach dem nächsten Piepton gebe man die neue PIN gefolgt von einem # ein.

Während die Ansage abgespielt wird, kann man durch Eingabe der Ziffernfolge 256 den VIP-Ruf aktivieren.

Dieser wird dem Angerufenen mit eine Reihe lauter Pieptöne die Wichtigkeit des Anrufs signalisieren. Man drücke die Taste *, um die VIP-Funktion zu stoppen.

Unisonic Modell 8720
Die einstellige PIN wird nach der Ansage und dem Piepton eingegeben. Das ermöglicht das Abhören der Nachrichten.

Um die Ansage zu verändern, warte man, bis alle Mitteilungen abgespielt worden sind und zwei Pieptöne zu hören sind. Dann halte man die PIN für 4 Sekunden gedrückt. Es werden jetzt zwei Pieptöne ausgesendet, das Band wird zurückspulen und es wird erneut piepsen. Nun hinterlasse man die neue Ansage.

Um diese zu speichern, drücke man die PIN nach Beendigung. Dann wird die neue Ansage abgespielt."

Soweit der Bericht des Hackers, der deutlich macht, daß sich die zuvor beschriebenen Vorsichtsmaßnahmen lohnen, um sich vor unliebsamen Abhörern zu schützen.

Minispione-Schaltungstechnik
Teil 4

MW-, VHF/UHF-,
Mikrowellen-Minispione
Minipeilsender
Telefon-Applikationen
Stimmverfremder
Spezial-Applikationen

Inhaltsverzeichnis

Minispione und Oszillatoren
Plug+Spy-Minispion (140 MHz) 7
08/15-Minispion für UKW 8
Leistungsminispion für UKW 8
FM-Camcorder-Mikrofon 9
45-MHz-Quarzoszillator mit Verdreifacher (135 MHz) 11
Oszillator für 10 MHz bis 1 GHz 12
9,1-GHz-Oszillator mit dielektrischem Resonator 12

Direktsequenz-Spreizspektrum-Kommunikationssysteme
Warum Spreizspektrumsysteme? 16
Verschiedene Methoden 16
Spread Spectrum in USA 17
Grundlagen der Direktsequenz-Spreizspektrum-Technik 17
Der prinzipielle Aufbau der Verbindung 20
Der Direktsequenz-Sender 21
Direktsequenz-Empfänger und -Synchronisator 23
Erforderliche Einstellungen 25

Applikationen rund ums Telefon
08/15-Telefon-Minispion 27
Telefon-Microspion 27
Infrarot-Telefon-Minispion 28
Fremdaufschaltungs-Erkennung FAE 1000 von ELV 29
Akustisch gesteuertes Diktiergerät als Telefonspion 31
Stromversorgung aus der Telefonleitung 32
Electret-Mikrofon ersetzt Kohlemikrofon 34
USA-Telefonschnittstelle 35

Peilsender
Kfz-Peilsender für UKW 36
Minipeilsender für UKW 36
08/15-Peilsender für UKW 37

Minispion-Netzstromversorgungen
08/15-Netzteil 38
Netzteil mit extrem geringem Raumbedarf 39
Brummfreies 230-V-Netzteil 39

Minispion-Detektoren
Detektoren mit LED-Feldstärkeanzeige 40
Detektor mit akustischer Feldstärkeanzeige 42
Handy-Taschenvibrationsdetektoren als Minispion-Suchgeräte 44

Handy-Applikationen
Handy-Blocker 46
Handys als Minispione 46
Handy mit eingebautem Minispion 48
Ortung von Handys durch Dreieckspeilung 48

Sonstige interessante Schaltungen
Laserstrahl-Abhörverstärker 51
Micro-NF-Verstärker für Knopfzellenbetrieb 51
Stethoskop-Sensor mit Electret-Mikrofon 52
Akustischer Schalter mit geringer Leistungsaufnahme 53
Automatische Aufzeichnung drahtlos abgehörter Gespräche 53
Generator 1-50 kHz mit Unijunction-Transistor 54
140-MHz-Mini-Pendelempfänger 54
Hochempfindlicher magnetfeldabhängiger Multivibrator 54

Kfz-Ortúng mit GPS 56

Quellenverzeichnis 66

Minispione und Oszillatoren

Plug+Spy-Minispion (140 MHz)

Die in Bild 1 wiedergegebene Minispion-Schaltung wurde bereits in Band 4, Seite 14 vorgestellt. Nun wird dem Oszillator eine Mikrofonvorverstärkerstufe zur Erhöhung der Empfindlichkeit vorgeschaltet.

Um die jetzt zu hohe Empfindlichkeit wieder etwas zu dämpfen, befindet sich der 22-kOhm-Widerstand zwischen beiden Stufen. Statt des Festwiderstands kann zur Empfindlichkeitseinstellung natürlich ein 25-kOhm-Trimmer zwischengeschaltet werden. Wird der Trimmer auf Null Ohm gedreht, ist der Frequenzhub so hoch, dass auch bei kleiner Lautstärke die Signalwiedergabe im FM-Empfänger total verzerrt klingt. Die Schwingfrequenz kann durch Verändern der Schwingkreiselemente auch in den UHF-Bereich (440-450 MHz) gelegt werden.

Laut Entwickler (Dr. Rabel) soll die Schaltung bei 450 MHz mit einer 1,5-V-Batterie (I_B = 3.5 mA) sauber schwingen und mit einem guten Empfänger in 300 m Entfernung noch zu empfangen sein.

Da der komplette Minispion auf einen 9-V-Batterieclip gebaut wurde, hat er den Namen „Plug+Spy-Minispion" erhalten.

Bild 2 zeigt den Minispion zusammen mit einem auf 140 MHz umgerüsteten Sony-Empfänger.

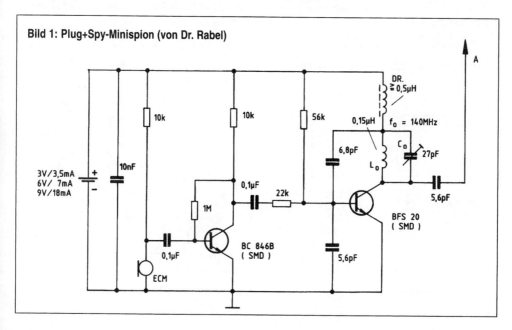

Bild 1: Plug+Spy-Minispion (von Dr. Rabel)

08/15-Minispion für UKW

Eine sehr beliebte Standardschaltung der Minispiontechnik, die nach alter Väter Sitte noch im UKW-Rundfunkbereich arbeitet, ist in Bild 3 angegeben.

Sie enthält einen Operationsverstärker zur Mikrofonsignalverstärkung und einen leistungsfähigen Feldeffekttransistor zur Schwingungserzeugung.

Als Spule eignen sich fünf Windungen mit 0,8-mm-Kupferlackdraht, auf einen 8 mm langen Wickelkern gewickelt mit einer Spulenlänge von etwa 6 mm. Der Antennenanzapfpunkt liegt bei etwa einer Windung vom oberen Spulenende. Ein Abgleichferrit erleichtert die genaue Frequenzeinstellung. Er ist aber nicht unbedingt erforderlich. Es kann statt des 27-pF-Kondensators auch ein kleiner Trimmkondensator eingebaut werden.

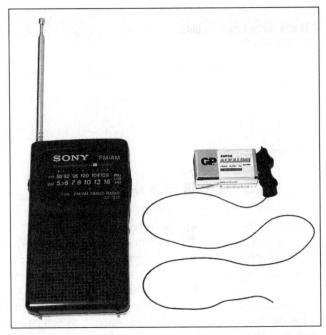

Bild 2: Plug+Spy-Minispion mit auf 140 MHz umgerüstetem Sony-Empfänger

Leistungsminispion für UKW

Bild 4 zeigt den Stromlaufplan für einen superstarken Minispion im UKW-Rundfunkbereich in konventioneller Schaltungstechnik.

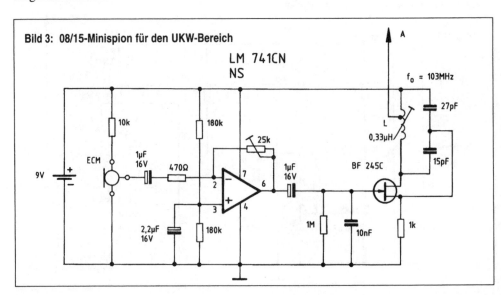

Bild 3: 08/15-Minispion für den UKW-Bereich

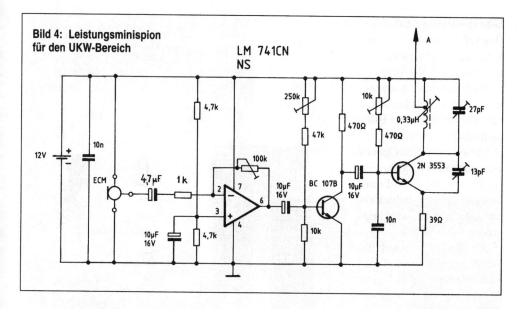

Bild 4: Leistungsminispion für den UKW-Bereich

Der Transistor 2N3553 wird bereits seit 35 Jahren erfolgreich in HF-Oszillatoren und HF-Verstärkern eingesetzt. Er sollte auf jeden Fall mit einem Kühlstern versehen werden. Der Transistor darf gerade noch so heiß werden, dass er dauernd mit dem Finger berührt werden kann.

Die Anzapfung der Sendeantenne erfolgt wie üblich mit einer Windung vom oberen Ende der Spule. Bezüglich der Spulendaten gelten die Angaben zur Minispionschaltung aus Bild 3.

FM-Camcorder-Mikrofon

Bild 5 zeigt eine Schaltung aus den USA mit seriösem Verwendungszweck. Laut Entwickler sind die Videoaufnahmen von Camcordern meist besser als die Audioaufnahmen,

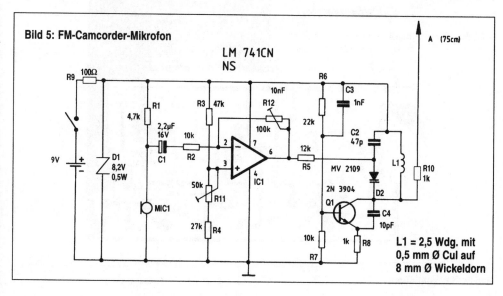

Bild 5: FM-Camcorder-Mikrofon

besonders wenn die Schallquelle einigen Abstand zum eingebauten Camcorder-Mikrofon hat. Hier bietet sich der Einsatz eines externen drahtlosen FM-Camcorder-Mikrofons an.

Die Schwingfrequenz kann mittels des 50-kOhm-Trimmers auf eine freie Stelle des UKW-Rundfunkbereichs gelegt werden.

Bild 6 zeigt das fertige „Wireless Camcorder Microphone", während aus Bild 7 das Innenleben hervorgeht.

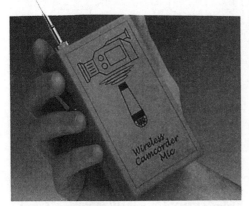

Bild 6: Gehäuseansicht

Bild 7: Blick ins Innere

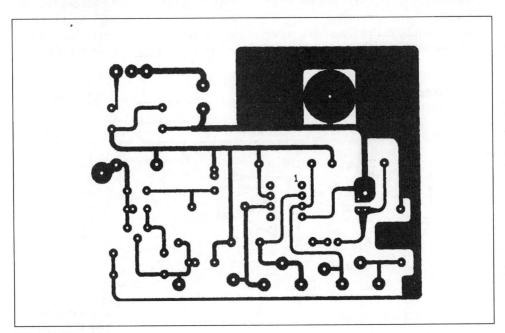

Bild 8: Platinen-Layout

Das Layout ist aus Bild 8 und der Bestückungsplan aus Bild 9 ersichtlich.

Unabhängig vom Camcorder-Einsatz eignet sich die Schaltung natürlich auch als drahtloses Babysitter-Mikrofon und nicht zuletzt als 08/15-Minispion.

45-MHz-Quarzoszillator mit Verdreifacher (135 MHz)

Eine weitere Schaltung aus den USA ist in Bild 11 auf Seite 12 angegeben. Es handelt sich um einen Quarzoszillator, der auf drei verschiedene Frequenzen im 45-MHz-Bereich umschaltbar ist inklusiv einer Verdreifacherstufe.

Die FM kann entweder an der Basis des Oszillatortransistors oder über eine Kapazitätsdiode parallel zum Kollektorschwingkreis, wie im vorhergegangenen Schaltungsbeispiel zugeführt werden. Mit dem 40-pF-Trimmer zwischen den Quarzen und der Basis des Oszillatortransistors kann die Frequenz geringfügig verändert („gezogen") werden. Hier ist es sicher besser, für jeden Quarz einen extra Trimmer zu verwenden.

Als Spule L1 werden ca. zwölf Windungen mit 1 mm starkem, versilbertem Kupferdraht auf einen 6-mm-Wickelkern empfoh-

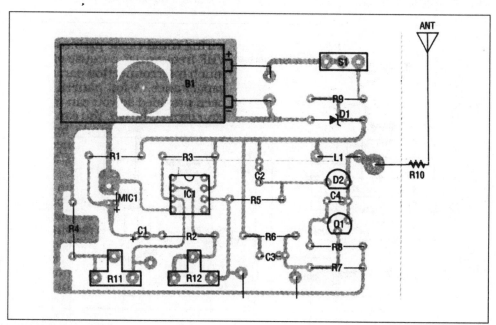

Bild 9: Bestückungsplan

len. Der Anzapfpunkt x1 liegt bei zwei Windungen und der Anzapfpunkt x2 bei vier Windungen vom oberen Spulenende entfernt. Für L2 werden vier Windungen bei sonst gleichen Wickeldaten empfohlen. Der Antennenanzapfpunkt x3 liegt bei einer halben bis einer ganzen Windung vom unteren Spulenende entfernt.

Oszillator für 10 MHz bis 1 GHz

In Bild 12 ist ein interessantes Applikationsbeispiel der Firma RF Micro Devices zu sehen. Der Oszillatorbaustein RF 2506 kann über einen Frequenzbereich von 10-1.000 MHz betrieben werden. Dabei braucht der VCO-Baustein (VCO = Voltage Controlled Oscillator) nur eine Betriebsspannung von 2,7-3.6 V.

Der Ausgangsresonanzkreis an Pin 5 ist nur bei erwünschter Schmalbandigkeit erforderlich. Die Schwingkreiselemente sind identisch mit dem Oszillatorkreis. Bei breitbandigen Anwendungen sollte statt des Ausgangskreises eine Drossel von ca. 5 mH nach +U_B geschaltet werden.

Wer mehr über den Oszillatorbaustein wissen will, wird im Internet unter der Adresse www.rfm.com fündig.

9,1-GHz-Oszillator mit dielektrischem Resonator

Ein dielektrischer Resonanzoszillator (DRO) kann bis zu 12 GHz erzeugen. Die komplette Siemens-Applikation kann von der Siemens Semiconductor Group Web Site heruntergeladen werden.

In Bild 13 ist die Schaltung des DROs angegeben, während Bild 14 das vergrößerte Layout einschließlich der eingelöteten Bauelemente zeigt.

Keramische Resonatoren verhalten sich wie eine falsch angepasste HF-Übertragungsleitung. Die Resonanzfrequenz wird durch das Dielektrikum und die physikalischen Abmaße bestimmt.

Mit einem weitgehend verlustfreien Dielektrikum können Güten von 3.000-4.000 erreicht werden.

Dielektrische Resonatoren werden meist aus Bariumtitanadoxyd hergestellt. Bei

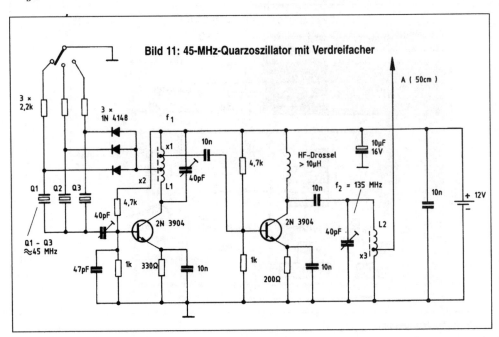

Bild 11: 45-MHz-Quarzoszillator mit Verdreifacher

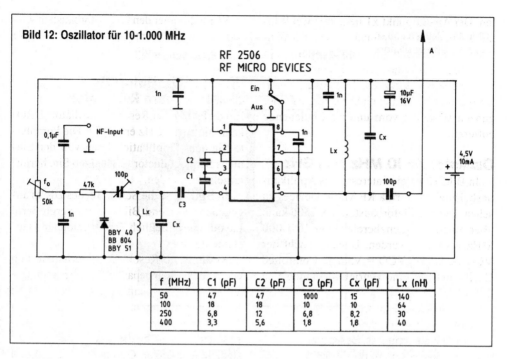

Bild 12: Oszillator für 10-1.000 MHz

f (MHz)	C1 (pF)	C2 (pF)	C3 (pF)	Cx (pF)	Lx (nH)
50	47	47	1000	15	140
100	18	18	10	10	64
250	6,8	12	6,8	8,2	30
400	3,3	5,6	1,8	1,8	40

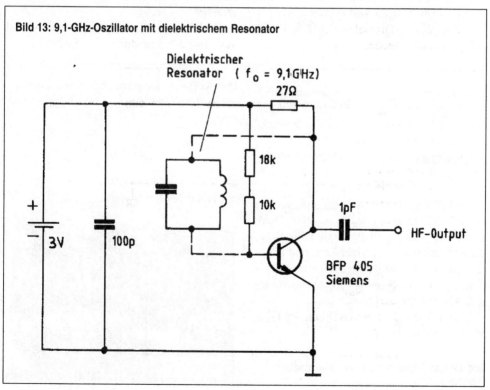

Bild 13: 9,1-GHz-Oszillator mit dielektrischem Resonator

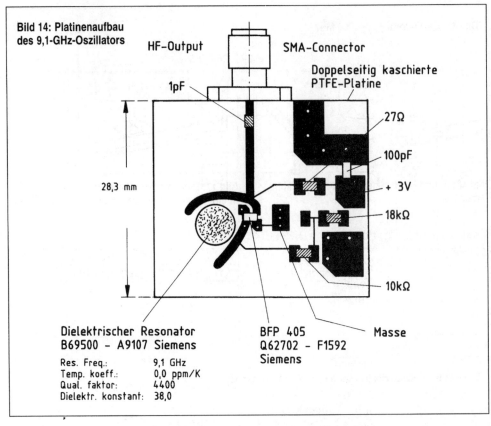

Bild 14: Platinenaufbau des 9,1-GHz-Oszillators

10 GHz werden über den Temperaturbereich -20 °C bis +60 °C Frequenzabweichungen von ± 3 MHz gemessen. Hier die Internetadresse für weitere Details:
www.siemens.de/semiconductor/products/35/35app3r.htm.

Bild 15 zeigt einen komplett aufgebauten DRO für Mikrowellen der Fa. Avantek. Dank seiner guten Eigenschaften, wie hohe Güte, kleine Dimension, niedriger Preis und leichte Integration in Mikrostreifenleiter-Schaltungen, hat er in jüngster Vergangenheit viele Anwendungen gefunden.

In Bild 16 ist die Feldverteilung des TE_{01}-Modes wiedergegeben.

Die Resonanzfrequenz für einen zylindrischen Resonator lässt sich wie folgt berechnen:

$$f_0(GHz) = \frac{34}{a\sqrt{\varepsilon_r}}\left(\frac{a}{h} + 3.45\right)$$

a = Radius des Resonators
h = Höhe des Resonators

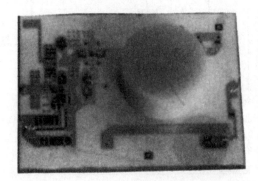

Bild 15: Oszillatorbaustein mit dielektrischem Resonator

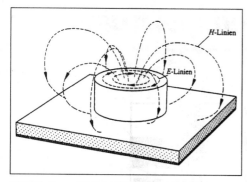

Bild 16: H- und E-Feldlinien eines dielektrischen Resonators

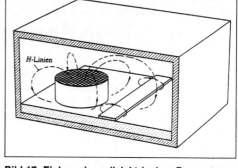

Bild 17: Einbau eines dielektrischen Resonators in eine Mikrostreifenschaltung mit Abschirmung

Unter der Wurzel steht die relative Dielektrizitätskonstante.

Die Ankopplung von dielektrischen Resonatoren an Mikrostreifenleitungen ist kein Problem. Bild 17 zeigt ein Ankoppelbeispiel.

Zur Vermeidung von Abstrahlverlusten und zur Stabilisierung der Resonanzfrequenz sollte der Resonator in ein geschlossenes Metallgehäuse eingebaut werden.

Zur Abstrahlung der Hochfrequenz von Mikrowellen-Minispionen sind Parabol- oder Wendelantennen wegen ihrer sperrigen Abmaße ungünstig. Für kurze Distanzen sind planare Antennen besser geeignet.

Eine typische Mikrostreifenantenne ist in Bild 18 dargestellt. Dies Antennenform wird bei Anwendungen im Bereich der Satellitenkommunikation (GPS) beim Mobilfunk und bei Mikrowellen-Etiketten bevorzugt verwendet. Sie ist auch unter dem Begriff Patch-Antenne bekannt.

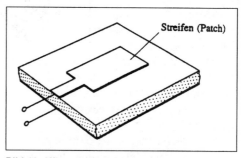

Bild 18: Mikrostreifenantenne (Patch-Antenne)

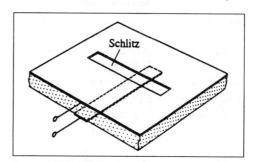

Bild 19: Schlitzantenne

Eine weitere Mikrowellen-Antennenform, die häufig Verwendung findet, ist die Schlitzantenne (Bild 19). Sie eignet sich für den Frequenzbereich 200 MHz bis 50 GHz.

Die Abstrahlung der Sendeenergie erfolgt sowohl für die Patch-Antenne als auch für die Schlitzantenne senkrecht zur Grundfläche der Antenne.

Direktsequenz-Spreizspektrum-Kommunikationssysteme

Warum Spreizspektrumsysteme?

Direktsequenz-Spreizspektrum-Kommunikationssysteme werden bisher hauptsächlich vom Militär betrieben. In naher Zukunft werden jedoch auch Handys nach diesem Prinzip arbeiten.

Diese Technik bietet sich auch zum Betrieb von Minispionen an. Allerdings ist der Platzbedarf und der Betriebsstrom zu groß für den effektiven Einsatz selbstgebauter Spreizspektrum-Minispione.

Unabhängig von dieser Erkenntnis ist es trotzdem interessant, sich mit dem Prinzip und der Funktionsweise von Spreizspektrum-Kommunikationssystemen auseinander zu setzen.

Zunächst drängt sich die Frage auf, welche Vorteile ein Spreizspektrumsystem mit sich bringt. Die nutzbare Energie in einem gewöhnlichen Funksignal ist eng um die Mittenfrequenz konzentriert. Die Bandbreite derartiger Signale steht in direktem Zusammenhang mit der Modulationsfrequenz.

Die Spreizspektrum-Kommunikation folgt diesen Regeln nicht. Hier ist die Signalenergie absichtlich über eine große Bandbreite verteilt (gespreizt). Deshalb können diese Signale durch nicht gespreizte Signale praktisch nicht gestört werden. Es ist zudem noch unwahrscheinlicher, dass Spreizspektrum-Signale andere Signale stören.

Die Spreizspektrum-Modulation bietet außerdem den Vorteil einer im Vergleich zu nicht gespreizten Systemen besseren Rauschunterdrückung. Es ist sogar möglich, den Kommunikationskanal im Rauschen zu verbergen. Außerdem kann man mit Spreizspektrum-Modulation mehrere Funkverbindungen zur gleichen Zeit und auf der gleichen Frequenz aufrecht erhalten (Codemultiplex).

Die Spreizspektrum-Modulation ist außerdem im hohen Grad gegen Störungen widerstandsfähig, weshalb sie für eine genaue Entfernungsmessung verwendet werden kann.

Verschiedene Methoden

Die Signalspreizung kann auf verschiedene Weise erfolgen.

- In einem System nach dem Frequenzsprungverfahren (Frequency Hopping) wird die Mittenfrequenz eines üblichen Signals gemäß einer vorgegebenen Häufigkeitstabelle viele Male pro Sekunde geändert.
- Bei der Direktsequenz-Spreizung wird die Phase eines HF-Trägers mit einem sehr schnellen Pseudozufalls-Bitstrom variiert, der als Pseudorauschen (Pseudo Noise) bezeichnet wird.
- In einem Chirp-Spreizspektrum wird der Träger gewobbelt. (Das Überhorizont-Radar der USAF ist ein Chirp-Spreizspektrum-System.)
- Bei der Zeitsprung-Spreizspektrum-Modulation wird ein Träger mit einer Pseudorausch-Sequenz getastet.

Viele kommerzielle und militärische Spreizspektrum-Systeme sind Kombinationen aus zwei oder mehreren dieser Spreiztechniken.

Spread Spectrum in USA

Die folgende Bauanleitung für ein Direktsequenz-Spreizspektrum-Kommunikationssystem stammt aus einem Buch des amerikanischen Funkamateurclubs ARRL mit dem Titel „Spread Spectrum Source Book". Der Beitrag wurde von André Kesteloot verfasst.

Seit Mitte 1986 dürfen US-Funkamateure mit Spreizspektrum-Modulation senden.

Kesteloots Beitrag ist eine der wenigen praktisch brauchbaren Bauanleitungen zu dieser geheimnisumwitterten Technik. Es gibt zwar eine Unzahl von Grundlagenartikeln mit Blockschaltbildern und komplizierten mathematischen Ableitungen, aber nur wenige Veröffentlichungen stellen die Details des praktischen Einsatzes solcher Systeme dar.

Dies hat einen guten Grund: Militärische Anwendungen der Spreizspektrum-Kommunikation werden routinemäßig für geheim erklärt, und Anwendungen in der Weltraumforschung werden meist nicht öffentlich publiziert. Wer also praktische Erfahrungen mit einem Spreizspektrum-Kommunikationssystem sammeln will, kann seinen Lötkolben nun langsam vorheizen.

Grundlagen der Direktsequenz-Spreizspektrum-Technik

Ein Direktsequenz-Spreizspektrum-Signal kann man durch das Mischen eines Trägers mit dem Ausgangssignal eines taktgesteuerten Pseudorauschgenerators entsprechend Bild 20 erhalten. Dies kann leicht mit einem Ringmischer (DBM = Doppel-Balance-Mischer) bewirkt werden, der den Träger unterdrückt. Beim Mischen entstehen bekanntlich neue Frequenzen.

Im Sender (links) wird ein Spreizspektrum-Signal erzeugt, indem in einem DBM das Signal des Trägeroszillators und das Pseudorauschen gemischt werden. Die Energie des resultierenden zweiphasig modulierten Signals mit unterdrücktem Träger ist über eine große Bandbreite gespreizt, die typisch einige Megahertz beträgt.

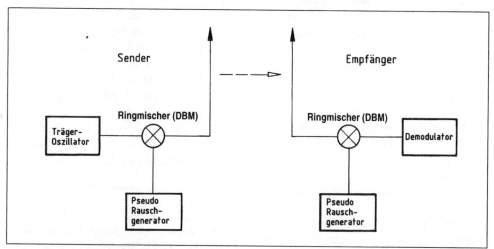

Bild 20: Vereinfachter Blockschaltplan eines Direktsequenz-Spreizspektrum-Kommunikationssystems. Im Sender (links) wird ein Spreizspektrum-Signal erzeugt, indem in einem Ringmischer (DBM) das Signal des Trägeroszillators und das Pseudorauschen gemischt werden. Die Energie des resultierenden zweiphasig modulierten Signals mit unterdrücktem Träger ist über eine große Bandbreite gespreizt. Im Empfänger (rechts) wird das Spreizspektrum-Signal entspreizt, indem es mit einem PN-Signal gemischt wird, das mit dem im Sender verwendeten identisch ist. In der Praxis besteht die Schwierigkeit bei der Inbetriebnahme dieses Systems darin, die Takte der PN-Generatoren an den Sender- und Empfängerstandorten zu synchronisieren.

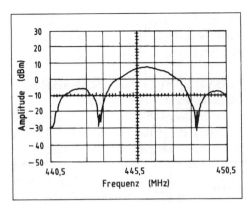

Bild 21a: Hüllkurve des ungefilterten, zweiphasig modulierten Spreizspektrum-Signals, wie sie auf einem Spektrumanalysator zu sehen ist. In dem hier beschriebenen System wird ein Bandpassfilter verwendet, um das Spreizspektrum-Signal auf das Amateurband zu beschränken.

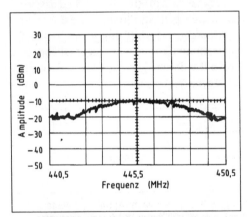

Bild 21b: Auf der Empfängerseite ist das Signal als 10-dB-Buckel im Grundrauschen sichtbar.

Wie in Bild 21a gezeigt ist, entstehen Seitenbänder, deren Hüllkurve eine (sin x/x)²-Form aufweist.

Um ein prinzipielles Verständnis dieses Phänomens zu erlangen, kann die Pseudorauschsequenz als eine Folge identischer Rechteckimpulse mit konstanter Breite, aber variabler Wiederholfrequenz betrachtet werden. Die Wiederholfrequenz ist immer irgendein Bruchteil der (konstanten) Taktfrequenz. Weil das Modulationssignal ein rechteckiger Impuls ist, der viele Oberwellen enthält, werden viele Seitenbänder erzeugt. Wie das Schieberegister fortschreitet, ändert die variierende Wiederholfrequenz die Anzahl und die Lage der Spektrallinien. Es ändert sich jedoch weder die Form der Einhüllenden noch die Lage der Nullstellen, welche Funktionen der Impulsbreite sind (Bild 22).

Weil (sin x/x) im Frequenzbereich die Fourier-Umwandlung eines Rechteckimpulses im Zeitbereich ist, ergibt sich diese Form der Hüllkurve. Folglich besitzen die Seitenbänder oder die Spektrallinien, die durch einen derartigen Impuls erzeugt werden, eine (sin x/x)-Hüllkurve. Da das Signal proportional zur Ausgangsleistung, d.h. eine Funktion des Quadrats der Ausgangsspannung ist, erscheint das resultierende Signal bei der Beobachtung mit einem Spektrumanalysator (Bild 21a) als ein (sin x/x)²-Spektrum. Ein Spektrumanalysator zeigt nur die Hüllkurve aller Seitenbänder. Diese Hüllkurve ist eine imaginäre Kurve, welche die Spitzen aller Spektrallinien verbindet.

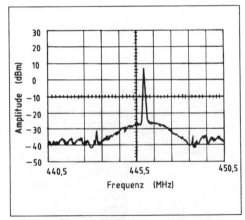

Bild 21c: Entspreiztes Signal am Ausgang des Empfänger-Ringmischers (DBM). Der ursprüngliche Träger und die ihn begleitenden Modulationskomponenten sind zurückgewonnen worden. Der Träger liegt etwa 45 dB über dem Grundrauschen, mehr als 30 dB oberhalb des in Bild 21b gezeigten Buckels. (Diese Spektrogramme wurden bei einer Wobbelrate von 0,1 s/Skalenteil und einer Bandbreite von 30 kHz aufgenommen. Der horizontale Maßstab beträgt 1 MHz/Skalenteil.)

Auf der Empfängerseite der Spreizspektrum-Verbindung zeigt das Ausgangssignal des Ringmischers – in Ermangelung von Korrelation – einen leichten Anstieg des Grundrauschens, wie er in Bild 21b dargestellt ist. Falls nun wieder Pseudorauschen eingefügt wird, dessen Sequenz, Frequenz und Phase identisch zu dem vom Sender verwendeten ist, wird das empfangene Signal korreliert bzw. „entspreizt", wobei das Ausgangssignal des Ringmischers so sein kann, wie es im Bild 21c gezeigt wird.

In Amateurfunk-Anwendungen wird die Pseudorausch-Sequenz vor dem Beginn der Spreizspektrum-Sendung mitgeteilt. Auf diese Weise kann sie beim Empfänger leicht dupliziert werden.

Es bleibt jedoch ein Hauptproblem, das allen Spreizspektrum-Systemen gemeinsam ist: Die Synchronisation der Pseudorausch-Sequenz des Empfängers mit der des Senders. Diese kann dadurch erfolgen, dass die Taktfrequenz des Senders aus dem empfangenen Signal zurückgewonnen wird. Das ist jedoch ein großes Problem, da das empfangene Signal als Rauschen erscheint (Bild 21b). Der Funkamateur Robert Dixon schrieb zu diesem Problem, „dass mehr Zeit, Mühe und Geld für die Entwicklung und Verbesserung einer Synchronisationstechnik investiert worden ist, als für irgendeinen anderen Bereich des Spreizspektrum-Systems."

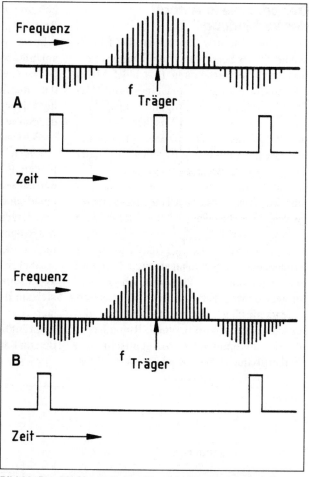

Bild 22: Das PN-Signal (untere Kurve in (A) und (B)) besteht aus Impulsen mit konstanter Breite, deren Wiederholungsfrequenz variiert, wie das Schieberegister des PN-Generators fortschreitet. Eine Änderung der Impulsfrequenz des PN-Signals ändert die Anzahl und die Lage der charakteristischen „Spektrallinien" des Spreizsignals (obere Kurve in (A) und (B)), ohne dass die Hüllkurve geändert wird.

Die hier vorgestellte Bauanleitung bietet eine einfache Lösung für das Synchronisationsproblem. Allerdings beinhaltet diese nicht die Antistöreigenschaften anspruchsvollerer Systeme.

Der prinzipielle Aufbau der Verbindung

Die Bilder 23a und 23b zeigen das Blockschaltbild des Sende- und Empfangssystems. Das durch Vervierfachung (4 × 111,5 MHz) entstandene Ausgangssignal eines 446-MHz-Senders wird auf einen Ringmischer gegeben. Der andere Eingang des Mischers ist an einen Pseudorauschsequenz-Generator angeschlossen, der mit einem Bruchteil (1/40) der Trägerfrequenz des Senders getaktet wird.

Auf der Empfängerseite sieht es wie folgt aus: Das Ausgangssignal eines frei schwingenden, „synchronisierten" Oszillators wird geteilt, um ein Taktsignal zu erzeugen, dessen Frequenz dicht bei der Taktfrequenz des Senders liegt. Dieser lokal erzeugte Takt wird verwendet, um einen Pseudorausch-Generator anzusteuern, der zu dem auf der Senderseite identisch ist. Die resultierende Pseudorausch-Sequenz wird in einem Ringmischer mit der ankommenden HF gemischt. Die Freilauffrequenz des „synchronisierten" Oszillators kann eingestellt werden, um die Pseudorausch-Sequenz des Empfängers schneller oder langsamer als die des Senders ablaufen zu lassen.

Der Geschwindigkeitsunterschied bewirkt, dass die Sequenz des Empfängers die Sendersequenz „entlang gleitet". Daher kommt der Name Gleitkorrelator.

Weil sich Sender und Empfänger unterscheiden, wird zu irgendeinem Zeitpunkt die in den Ringmischer eingespeiste Pseudorausch-Sequenz mit der Sendersequenz übereinstimmen. Dann erfolgt die Korrelation oder Entspreizung, wobei das Ausgangssignal des Ringmischers den ursprünglichen Träger dupliziert, wie es in Bild 22 gezeigt wird.

Dieser Träger wird auf den Eingang des synchronisierten Oszillators gegeben, der sich auf das ankommende Signal synchronisiert. Die Schleife ist nun geschlossen: Der ursprüngliche Takt ist zurückgewonnen worden und das System bleibt synchronisiert.

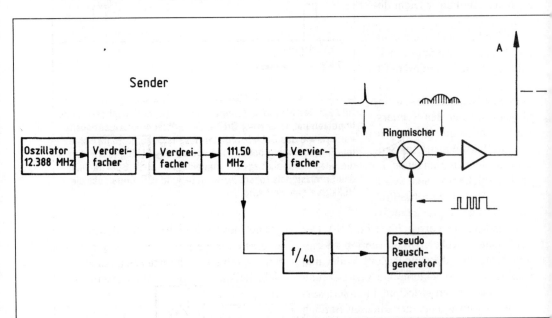

Bild 23a: Blockschaltplan der Spreizspektrum-Verbindung. Der Vorteil diesr Anordnung liegt in der Verwendung eines synchronisierten Oszillators, um auf der Empfängerseite das Taktsignal des Senders zurückzugewinnen.

Der Direktsequenz-Sender

Wie in den Bildern 24a und 24b gezeigt, wird ein Hamtronics-Sendermodell TA-451 als Steuersender verwendet, dessen Ausgangsleistung auf 10 mW eingestellt ist.

Dieser Sender arbeitet mit einem 12,388-MHz-Quarzoszillator, dessen Frequenz mit 36 multipliziert wird, um eine Ausgangsfrequenz von 446 MHz zu erzeugen. Die 111,5 MHz an der Basis von Q8 im Hamtronics-Sender werden auf einen Frequenzteiler im Verhältnis 1:40 gegeben, der aus den Schaltkreisen MC 3396P und 7474 besteht. Die Teilerkette erzeugt eine Folge von Impulsen bei 2,7875 MHz. Diese Impulse werden verwendet, um ein siebenstufiges Schieberegister zu takten, das aus Schaltkreisen der Typen 74164 und 7486 besteht. Diese Teiler- und Schieberegister-Schaltung ist mit der im Empfänger verwendeten identisch (Bild 25a und 25b).

Das Schieberegister bzw. der Pseudorausch-Generator steuert einen Ringmischer (U1) an. An allen Anschlüssen des Ringmischers werden Dämpfungsglieder verwendet, um Fehlanpassungen zu vermindern.

Das Ausgangssignal des Ringmischers wird dann durch einen MMIC (U2) und eine UHF-Verstärkerbaugruppe (U3) verstärkt, die im Bereich 440 bis 450 MHz etwa 0,39 Watt produziert. Das Ausgangsspektrum des Senders (vor dem Bandpassfilter Z2) wurde in Bild 21a gezeigt.

Etwa 90 % der Ausgangsleistung liegen zwischen den ersten beiden Nullstellen, die sich bei 443,2125 MHz (446 MHz – 2,7875 MHz) bzw. 448,7875 MHz (446 MHz + 2,7875 MHz) befinden. Deshalb beeinflusst die Verwendung eines Bandpassfilters den Empfang des ausgestrahlten Signals nicht merklich. Zum Beispiel wurde bei einer Ausgangsleistung von 0,39 Watt mit einer horizontal polarisierten Viertelwellenantenne in einem ziemlich ebenen Gelände über eine Entfernung von fast 2 km eine zuverlässige Synchronisation erreicht.

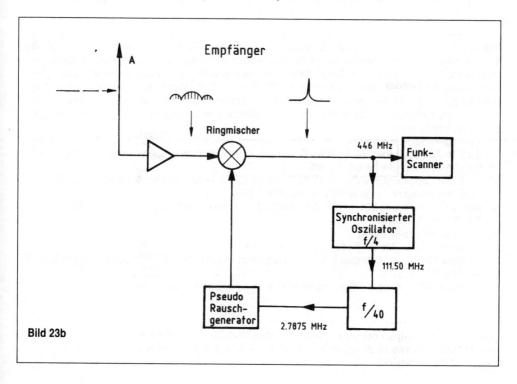

Bild 23b

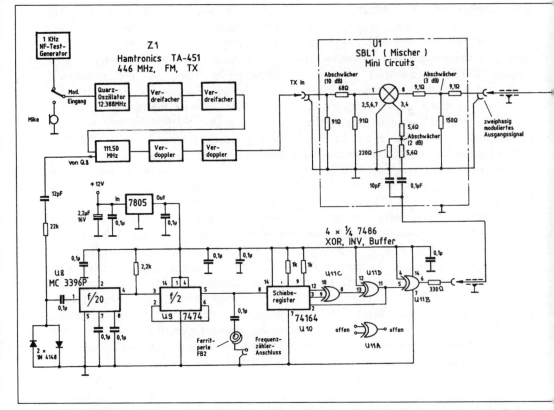

Bild 24a: Stromlaufplan des 440-MHz-Spreizspektrum-Senders. Alle Kondensatoren unter 0,001µF sind tauchverzinnte Glimmerkondensatoren; falls nicht anders angegeben sind die anderen Kondensatoren 50-V-Keramikkondensatoren. Die 0.1-µF-Kapazitäten sind monolithische Keramikkondensatoren. Die Widerstände sind Kohleschichtwiderstände mit 1/4 W oder 1/2 W Belastbarkeit, sie weisen eine 5%ige Toleranz auf. Q8 (im Z1-Bereich) ist eine Hamtronics-Bauteilbezeichnung. Der 1-kHz-Tongenerator, der enthalten ist, um die Überprüfung des Kommunikationssystem zu erleichtern, ist in dieser Bauanleitung nicht beschrieben.

L1: 10 enggewickelte Windungen aus KYNAR-isoliertem, (verdrilltem) verzinntem Kupferdraht Nr. 30 mit 1 mm Durchmesser. Dafür einen Bohrer mit 1 mm Durchmesser als entfernbare Form verwenden (Nr. 30 = 0,25 mm Durchmesser).

L2: 1 Windung aus KYNAR-isoliertem Draht Nr. 30 durch ein Ferritkügelchen Amidon FB-64-101 (ebenfalls geeignet: Palomar FB-1-64, RADIOKIT FB64-101)

U1: Mischer, Mini-Circuits SBL-1 (Mini-Circuits, PO Box 350166, Brooklyn, NY 11235-003, USA, Tel. 001-718-934-4500)

U2: MMIC, Mini-Circuits MAR-8

U3: Verstärkermodul TRW 2812 oder Motorola MHW 593

Z1: 446-MHz-FM-Sender Hamtronics TA-451 (Hamtronics Inc., 65 Moul Rd., Hilton, NY 14468-9535, Tel. 001-716-392-9430)

Z2: 440-bis 450-MHz-Bandpassfilter mit Wendelresonator, Hamtronics HRF-432

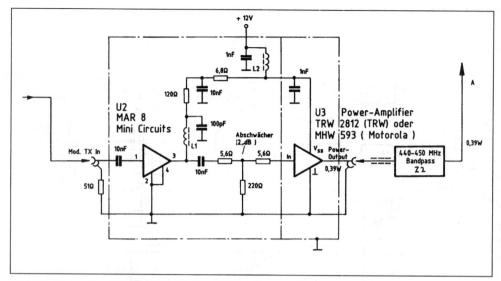

Bild 24b: Dieser Schaltungsteil komplettiert die Schaltung in Bild 24a.

Direktsequenz-Empfänger und -Synchronisator

Doch nun zum Empfänger. Die Schaltung ist in Bild 25a und 25b gezeigt. Die Signale von der Antenne werden in einen Vorverstärker (Z3) des Modells Hamtronics LNW-432 eingespeist, der von 430 bis 460 MHz einen linearen Frequenzgang aufweist. Diese Anordnung erhöht die Selektivität. Das Ausgangssignal des LNW 432 wird um weitere 20 dB durch einen MMIC (U4) des Typs Mini-Circuits MAR-8 verstärkt und dann an den Mischer U5 vom Typ Mini-Circuits SBL-1 gegeben. Das Ausgangssignal des Mischers wird durch einen zweiten MAR-8 verstärkt, dessen Ausgang den Eingang des synchronisierten Oszillators und den Z4 speist, einen 446-MHz-Schmalband-FM-Empfänger, in diesem Fall ein Yaesu FT-708R.

Der synchronisierte Oszillator ist eine verblüffend einfach aussehende Schaltung, die kaum bekannt ist. Q2 arbeitet in einem modifizierten Colpitts-Oszillator, der in dieser Anwendung bei ungefähr 111,5 MHz, einem Viertel der erwarteten Eingangsfrequenz, frei schwingt.

Über den Transistor Q1 wird der Oszillator synchronisiert. Im Prinzip stellt der synchronisierte Oszillator einen Phasenregelkreis (PLL) dar, wobei er einige Vorteile bietet. Der synchronisierte Oszillator, der nur zwei Transistoren verwendet, ist einfach zu implementieren. Außer diesem Vorteil kann der synchronisierte Oszillator mit sehr verrauschten Eingangssignalen arbeiten.

Das Ausgangssignal von Q2 ist folglich ein sinusförmiges Signal bei 111,5 MHz. Es wird mit einem Vorteiler MC 3396P durch 20 und mit einem 7474-Flipflop durch 2 geteilt. Der Ausgang des Flipflops liefert ein 2,7875-MHz-Rechtecksignal, welches das siebenstufige Schieberegister 74164 verarbeitet.

Der Ausgang des Pseudorausch-Generators ist mit dem ZF-Anschluss des Ringmischers verbunden. Zu dem Zeitpunkt, an dem die Pseudorausch-Sequenz des Empfängers mit der des Sendesignals übereinstimmt, findet im Ringmischer die Korrelation statt, wobei der Ringmischer ein entspreiztes Signal abgibt (Bild 21c). Dieses entspreizte Signal, das von dem Oszillator als eine gültige Eingabe erkannt wird, zwingt den Oszillator dauerhaft zum Mitlaufen (Synchronisation).

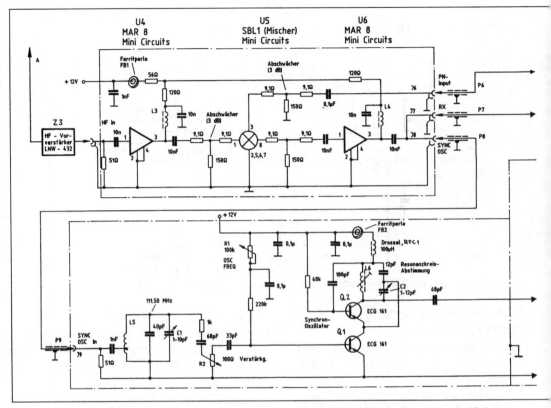

Bild 25a: Schaltungsanordnung für Mischer und PN-Generator für die 440-MHz-Spreizspektrum-Verbindung.
Außer den 0.1-µF-Kondensatoren sind, falls nicht anders angegeben, alle Kondensatoren 50-V-Keramik-Typen.
Die 0.1-µF-Kondensatoren sind monolithische 50-V-Keramikkondensatoren. Die Widerstände sind Kohleschicht-widerstände mit 1/4 W oder 1/2 W Belastbarkeit, sie weisen eine 5%ige Toleranz auf.

C1: 1-bis 10-pF-Kolben-Trimmerkondensator mit keramischem Dielektrikum
C2: 1-bis 12-pF-Lufttrimmerkondensator
FB1, FB2: Ferritkügelchen Amidon FB-64-101 (ebenfalls geeignet: Palomar FB-1-64 RADIOKIT FB64-101)
L3, L4: 10 enggewickelte Windungen aus KYNAR-isoliertem, (verdrilltem) verzinntem Kupferdraht Nr. 30 mit 1 mm Durchmesser. Dafür einen Bohrer mit 1 mm Durchmesser als entfernbare Form verwenden (Nr. 30 = 0,25 mm Durchmesser).
L5: 2½ Windungen aus verzinntem Kupferdraht Nr. 16 mit 6 mm Durchmesser, eine Anzapfung bei einer ¾-Windung von der Masseseite. Einen Bohrer mit 6 mm Durchmesser als Form verwenden. Nach dem Wickeln der Spule wird der Bohrer entfernt und die Windungen gespreizt, um die Spule 13 mm lang zu machen (Nr. 16 = 1,5 mm Durchmesser).
L6: 4 mit Abstand gewickelte Windungen aus Kupferlackdraht Nr. 20 auf einem ferritkernabgestimmten Wickelkörper aus Kunststoff mit 6 mm Durchmesser. Die Nenninduktivität beträgt etwa 0,2 µH (Nr. 20 = 1mm Durchmesser).
R1: linear veränderbarer 100-kOhm-Regler;
RFC1: vergossene 100-µH-Miniaturdrossel
U4, U6: MMIC, Mini-Circuits MAR-8;
U5: Ringmischer, Mini-Circuits SBL-1;
U7: Regler-IC 7805
U8: Vorteiler-IC im Verhältnis 1 : 20, MC3396P
U9: duale, durch positive Flanke gesteuertes D-Flipflop-IC 7474
U10: 8-Bit-Schieberegister-IC 74164 mit Parallelausgang und asynchronen Cleareingang
U11: Vierfach exclusiv-ODER-Gatter-IC 7486 mit je zwei Eingängen
Z3: Vorverstärker Hamtronics LNW-432, für einen linearen Eingangsfrequenzgang von 430 MHz bis 460 MHz abgestimmt;
Z4: 446 MHz-FM-Empfänger oder Scanner

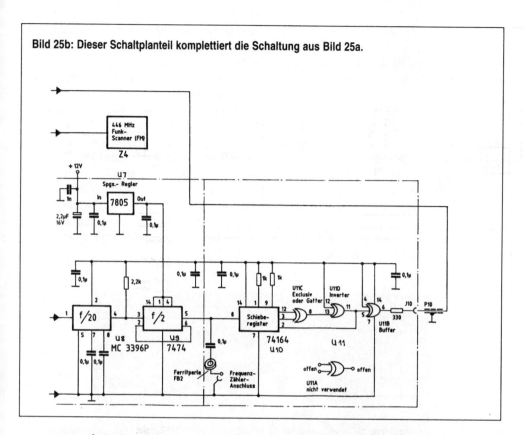

Bild 25b: Dieser Schaltplanteil komplettiert die Schaltung aus Bild 25a.

Erforderliche Einstellungen

Der Hamtronics-Sender TA 451 (Bild 24a) erfordert nur eine Einstellung, die für diese Anwendung wichtig ist: Seine Ausgangsleistung muss auf 10 mW vermindert werden.

Auf der Empfängerseite betreffen die einzigen notwendigen Einstellungen den synchronisierten Oszillator (Bilder 25a). Hier empfiehlt sich die Verwendung eines Dipmeters, das mit L5 gekoppelt ist, als Resonanzanzeige! Die Resonanz bei 111,5 MHz wird mit C1 (Abstimmung Oszillatoreingang) eingestellt. Weil R2 die abgestimmte Schaltung belastet, kann es vorübergehend erforderlich sein, dass der 68-pF-Kondensator vom Schleifer getrennt werden muss, um ein erkennbares Signal zu erhalten. Den Frequenzzähler an den Ausgang der Teilerkette anschließen und mit R1 (Oszillatorfrequenz) die Mitte des Abgleichbereichs einstellen! Den Schleifer von R2 (Verstärkungseinstellung) auf die Masseseite drehen und C2 (Abgleich Schwingkreis) in die Mitte des Abgleichbereichs stellen! Außerdem muss L6 so eingestellt werden, dass auf dem Frequenzzähler ein Wert von annähernd 2,78 MHz angezeigt wird. Hierbei ist zu beachten, dass diese Anzeige durch Einstellen der Oszillatorfrequenz variiert werden kann!

Nach dem Einschalten des Senders stellt man den Schleifkontakt von R2 (Bild 25a) auf etwa 30° von der Masseseite seines Abgleichbereichs ein. Ein weiteres Aufdrehen „übersynchronisiert" den Oszillator und erzeugt Verzerrungen an seinem Ausgang. Diese könnten zu einer falschen Funktion der Teilerkette führen. Einen Frequenzzähler anschließen und R1 so einstellen, dass der Zähler etwa 2,7875 MHz anzeigt! Unter der Voraussetzung, dass das empfangene Signal stark genug ist, zeigt der Zähler plötzlich genau 2,7875 MHz an, wenn R1 verändert wird. Wenn dies erfolgt, ist die Pseudorausch-Sequenz des Empfängers mit der Sendersequenz synchronisiert.

Der synchronisierte Oszillator sollte eine Synchronisation bei Freilauffrequenzen von etwa 2,7860 bis 2,7890 MHz erreichen können.

Laut Angaben des Entwicklers soll der Oszillator über Stunden synchronisiert laufen, wenn er 30 min nach dem Einschalten mit R1 justiert wird.

An dieser Stelle möchte der Autor dieser Bauanleitung noch Vasil Uzunoglu, dem Mitentwickler des Synchron-Oszillators, und dem „Aufmunterer" Chuck Phillips Dank sagen.

Bild 26 zeigt, wie die Elektronikindustrie auch hochkomplexe Spreizspektrum-Sender- und Empfänger in einem Minigehäuse unterbringen kann.

Industriemäßig hergestellte Spreizspektrum-Minispione können mit konventionellen Lauschabwehrgeräten, also auch mit Spektrumanalysatoren, nicht detektiert werden. Den extrem breiten und flachen Buckel auf dem Bildschirm zu erkennen, erfordert fast schon einen sechsten Sinn.

Bild 26: In den MicroStamp-Modulen ist ein nach der Spread-Spectrum-Technik arbeitender Sende-/Empfangs-Baustein zusammen mit einem HF-Teil, einer Antenne und einer nur 0,5 mm dicken Batterie untergebracht. (Foto: Micron Communications Inc.)

Applikationen rund ums Telefon

08/15-Telefon-Minispion

Der Telefon-Minispion entsprechend Bild 27 erfreut sich aufgrund seiner Einfachheit und Zuverlässigkeit großer Beliebtheit. Selbstverständlich arbeitet er nur am analogen Telefonanschluss.

Sobald der Telefonhörer des betroffenen Anschlusses abgehoben wird, fließt Strom über den 470-Ohm-Widerstand und erzeugt einen Spannungsabfall von 6-9 V. Je nach Durchflussrichtung des Telefonstroms kann die Polarität plus oder minus sein. Damit der FET immer die richtige Polarität bekommt, ist eine Graetzbrücke zwischengeschaltet. Zur Abstrahlung des HF-Signals reicht auf Entfernungen von 20-50 m die über die Telefonleitung vagabundierende Hochfrequenz.

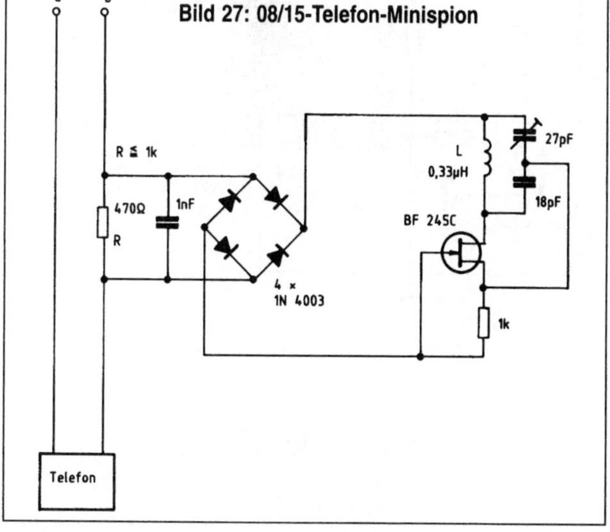

Zur Erzeugung des Spannungsabfalls in der Telefonleitung sollte kein höherer Widerstandswert als 1 kOhm gewählt werden. Es lassen sich bis zu 15 V Spannungsabfall erzeugen, ohne dass das Telefon seine Funktion einstellt.

Für den Widerstand R genügt eine 1/3- oder ½-W-Ausführung. Als Spule im UKW-Oszillator kann eine Festinduktivität, erhältlich z.B. bei Bürklin-Elektronik oder R+S-Electronic, verwendet werden.

Telefon-Microspion

Werden in der Schaltung nach Bild 27 SMD-Bauelemente verwendet und wird die Graetzbrücke weggelassen, kann mit einiger Fingerfertigkeit ein Telefonspion in Erbsengröße aufgebaut werden. Die entsprechende Schaltung in Bild 28 kommt mit sieben Bauelementen aus. Der 27-pF-Trimmer des Resonanzkreises muss in der endgültigen Ausführung natürlich durch einen Festkondensator ersetzt werden.

Selbstverständlich kann der Oszillator mit einer veränderlichen Spule inklusiv Ferritkern leichter abgestimmt werden, als mit einer vergossenen Spule.

Beim Anschluss des Telefon-Microspions an der a- oder b-Ader des Telefons muss natürlich auf die Polarität des Spannungsabfalls geachtet werden.

Bild 27: 08/15-Telefon-Minispion

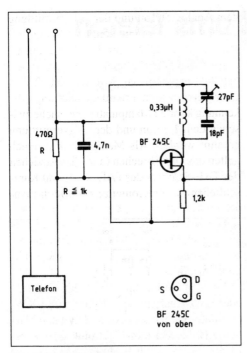

Bild 28: Telefon-Microspion

Eine Verpolung richtet keinen Schaden an, verhindert aber die Funktion.

Infrarot-Telefon-Minispion

Die in Bild 29 gezeigt Schaltung stammt aus dem Internet.

Im Unterschied zu den vorher gezeigten Schaltungen strahlt dieser Telefon-Minispion keine Funkwellen, sondern Infrarotlicht ab. Im Umkreis von 10-15 m kann die amplitudenmodulierte Infrarotstrahlung mit dem in Bild 61 gezeigten Empfänger detektiert werden.

Der Betriebsstrom wird wieder dem Telefonnetz entnommen und mit einer Graetzbrücke polaritätsrichtig dem Audioverstärker zugeführt. Mit dem 2,5-kOhm-Potentiometer kann der Modulationsgrad und mit dem 100-kOhm-Potentiometer der Infrarotdiodenruhestrom eingestellt werden.

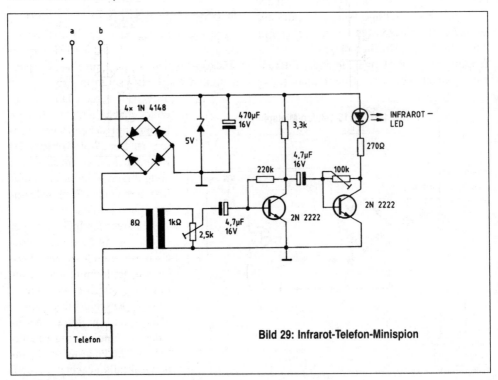

Bild 29: Infrarot-Telefon-Minispion

Laut Entwickler eignet sich als Infrarotdiode eine Feld-Wald-und-Wiesen-Ausführung mit Rundstrahlcharakteristik.

Ob die Schaltung auch am deutschen Telefonnetz arbeitet, geht aus den Angaben im Internet nicht hervor.

Fremdaufschaltungs-Erkennung FAE 1000 von ELV

Die in den Bildern 30 und 31 angegebene Schaltung zeigt durch einen akustischen Alarm einen Manipulationsversuch zwischen dem Analogtelefon und der Ortsvermittlung an. Falls die Telefonrechnung plötzlich immens hoch ausfällt, liegt der Verdacht nahe, dass ein Nachbar die Telefonleitung vorübergehend angezapft hat. Mit der von ELV in Leer vertriebenen Fremdaufschaltungs-Erkennung können Manipulationsversuche zwischen dem Telefon und der Ortsvermittlung erkannt werden. Als Manipulationsversuch gelten das Unterbrechen (auch das Abziehen des TAE-Steckers des FAE 1000) und Kurzschließen der Telefonleitung sowie das An-

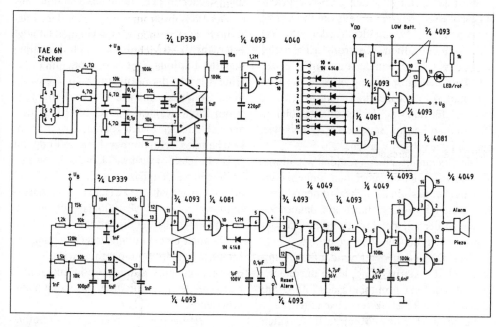

Bild 30: Telefon-Fremdaufschaltungs-Erkennung

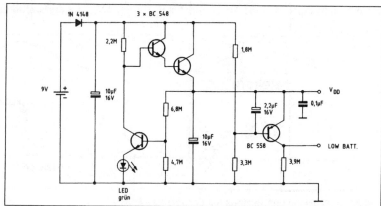

Bild 31: Stromversorgung für die Fremdaufschaltungs-Erkennung

schalten von einem Telefon vor dem FAE 1000. Nachgeschaltete Geräte können nicht überwacht werden. Diese Leitungen sollten deshalb überschaubar angeordnet werden.

Aus Bild 32 ist deutlich zu ersehen, wie der FAE 1000 (TLC 10) die Leitung zwischen sich selbst und der Ortsvermittlung überwacht.

Echte Profis können den FAE 1000 wohl überlisten – von denen gibt es aber verdammt wenige. Der Umgang mit der Fremdaufschaltungs-Erkennung ist nicht schwierig.

Wird das Gerät über den TAE-N-Stecker angeschlossen, beginnt bereits die Leitungsüberwachung. Die auf der Vorderseite des FAE 1000 befindliche Kontroll-LED leuchtet zweimal pro Sekunde kurz auf. Bei zu niedriger Batteriespannung erlischt die Bereitschafts-LED, wobei die Funktion des Geräts noch für ca. zwei Wochen erhalten bleibt. Dennoch sollte die Batterie so schnell wie möglich gewechselt werden.

Die Erkennung einer Fremdaufschaltung löst die Alarmierung über den eingebauten Signalgeber aus. Zusätzlich wird der Alarmzustand auch optisch durch ein dauerndes Leuchten der auf der Frontseite des Geräts angebrachten Leuchtdiode angezeigt.

Nach Behebung der Fremdaufschaltung lässt sich die Alarmierung durch die Betätigung des auf der Frontplatte des FAE 1000 angebrachten Reset-Tasters abschalten.

Sollte durch eine Störung (z.B. Arbeiten an der Telefonleitung) eine Ursachenabstellung nicht sofort möglich sein, lässt sich das Gerät für die Zeitdauer der Fremdaufschaltung auch komplett mit einem Schiebeschalter abschalten.

Ein Funktionstest der Schaltung kann einfach durch Herausziehen des TAE-Steckers erfolgen. Der FAE 1000 meldet kurz darauf die vermeintliche Fremdaufschaltung durch einen lauten Signalton. Nachdem der TAE-Stecker mit dem Telefonnetz verbunden ist, kann durch die Betätigung des an der Frontplatte angeordneten Reset-Tasters die Schaltung wieder in den Bereitschaftsmodus zurückversetzt werden.

Im Ruhezustand liegt eine Gleichspannung von mehr als 40 V an den a- und b-Anschlüssen des Telefons. Mit dem Abnehmen des Hörers bricht diese auf unter 20 V zusammen, wobei ein entsprechender Schleifenstrom fließt. Kann der FAE 1000 jetzt keinen Schleifenstrom detektieren, den ein nachgeschaltetes Telekommunikations-Endgerät (z.B. ein Telefon) verursacht, muss davon ausgegangen werden, dass es sich um eine nicht erlaubte Anschaltung zwischen der Ortsvermittlung und dem FAE 1000 handelt, die dieser mit einem lauten Signalton meldet.

Da auch eine Leitungsunterbrechung als Fremdaufschaltung angesehen wird, ist bei entsprechenden Wartungs- und Reparaturarbeiten an der Telefonleitung das Gerät abzuschalten.

Wie erfolgt der Anschluss an das Telefonnetz? Vor der ersten Inbetriebnahme des Ge-

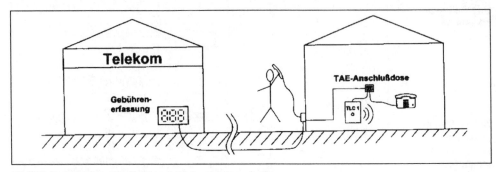

Bild 32: Verkabelung des Telefons mit der Telekom-Anlage

räts muss eine 9-V-Blockbatterie angeschlossen werden. Der Anschluss an das Telekommunikationsnetz erfolgt mit Hilfe des montierten TAE-Steckers an einem mit N bezeichneten Steckplatz. Dieser ist für Nicht-Fernsprecher vorgesehen. Der TAE-N-codierte Stecker ist einfach in die entsprechende Buchse des Telefonanschlusses zu stecken.

Falls die TAE-Anschlussdose mit zwei TAE-N-Steckverbindern ausgerüstet ist, so ist für den Anschluss des FAE 1000 der links angeordnete N-codierte Steckverbinder zu wählen. Weitere N-codierte Geräte, wie beispielsweise ein Anrufbeantworter, sind in den rechten Steckverbinder einzustecken.

Sollte die installierte TAE-Steckdose nur über eine F-codierte Buchse verfügen, so kann ohne weiteres ein TAE-Adapter Einsatz finden, der einen TAE-F-codierten Stecker und drei TAE-Buchsen besitzt (zwei N-codierte und eine F-codierte). In die links angeordnete N-codierte Buchse wird dann der Stecker des FAE 1000 gesteckt, während das Telefon mit der F-codierten Buchse zu verbinden ist.

Es würde zu weit führen, auch die Schaltung des FAE 1000 zu beschreiben. Wer sich dafür interessiert, kann von ELV die entsprechenden Informationen anfordern.

Noch ein paar Erläuterungen zur Inbetriebnahme: Ohne Verbindung zum Telefonnetz ist die erste Inbetriebnahme einfach. Nach dem Anlegen der Versorgungsspannung muss die rote LED aufleuchten und der Piezo-Signalgeber einen intermittierenden Ton abgeben. Durch die Betätigung des Tasters „Reset-Alarm" können der Signalgeber und die Leuchtdiode kurz ausgeschaltet werden.

Zur Überprüfung der Batterieüberwachungs-Schaltschwelle wird nun die Betriebsspannung von einem einstellbaren Netzteil zugeführt, wobei sie zunächst 9 V beträgt. Die Spannung wird langsam abgesenkt. Bei 7 V ±0,5 V sollte die LED erlöschen. Nach dieser Überprüfung kann das Netzteil abgetrennt und die Schaltung wieder durch eine 9-V-Blockbatterie versorgt werden.

Als nächstes ist der TAE-N-Stecker in die N-codierte TAE-Anschlussdose zu stecken. Nach Betätigung des Reset-Tasters sollte der Signalgeber verstummen und die Leuchtdiode nur noch zweimal pro Sekunde kurz aufblinken. Nach dem Abnehmen des Hörers ist zwar die Leuchtdiode aktiviert, der Signalgeber darf aber keinen Signalton abgeben.

Nach dem Abschluss der Inbetriebnahme kann die Schaltung in das dafür vorgesehene Gehäuse eingebaut werden.

In Bild 33 ist die komplette Platine des FAE 1000 zu sehen. ELV bietet sowohl Bausatz als Fertiggerät an.

Hinweis: Der Anschluss des FAE 1000 an das Telekom-Netz in Deutschland ist nicht gestattet.

Akustisch gesteuertes Diktiergerät als Telefonspion

Auch in der Minispiontechnik gibt es immer wieder verblüffend einfache Problemlösungen. In Bild 34 ist ein Telefonspion mit nur zwei Bauteilen zu sehen. Zusätzlich erforderlich ist natürlich ein akustisch gesteuertes Diktiergerät, z.B. von Olympus.

Sobald auf der Telefonleitung gesprochen wird, schaltet sich das Diktiergerät ein. Nach

Hier die technischen Daten:	
Grundfunktion:	Schleifenstromüberwachung
Schaltschwelle:	ca. ±10 mA/±19 V
Anschluss:	Kabel mit TAE-N-Stecker
Stromversorgung:	9-V-Blockbatterie
Stromverbrauch:	Standby ca. 25 mA/ aktiv ca. 5 mA Low-Bat-Erkennung
Batterielebensdauer:	bis zwei Jahre
Abmessungen (BxHxT):	98x33x133 mm

Bild 33: Platine der Telefon-Fremdaufschaltungs-Erkennung (ELV-Werkbild)

Modems, Telefontestgeräte und natürlich auch Minispione betrieben werden.

Der Strom, der sich bei abgehobenem Hörer aus der Telefonleitung gewinnen lässt, wird letztlich durch die Summe der Impedanzen, die an der Batterie der Telefonzentrale angeschlossen sind, sowie durch die Verluste in der dazwischen liegenden Telefonleitung begrenzt.

Dieser Leitungswiderstand kann stark variieren. (Er wächst mit dem Abstand von der Telefonzentrale und nimmt mit größeren Leiterdurchmessern ab.) Daher sind die üblichen Methoden für den Abgleich der Impedanz zum Erzielen maximaler Leistung in diesem Fall nicht anwendbar.

Ein wenig Schaltungsaufwand ist schon nötig – er lohnt sich aber. Für Leitungswiderstände bis 1 kOhm sowie unter ungünstigsten Bedingungen ergeben sich gute Abschlusswerte, die zur Entwicklung dieses Netzgeräts führten. Die Bedingung für den Leitungsstrom eines Telefonsystems, dass er bei abgenommenem Hörer mindestens 20 mA betragen muss, um die Aktivierung der Teilnehmer-Anschlussschaltung in einer Auflegen des Telefonhörers schaltet es sich selbst wieder ab. Selbstverständlich werden beide Gesprächspartner klar und deutlich aufgezeichnet.

Stromversorgung aus der Telefonleitung

Die Schaltung in Bild 35 kann 150 mW bei 5 V oder 3,3 V aus der Telefonleitung bereitstellen. **Achtung:** Dies ist nur an privaten oder firmeneigenen Nebenstellenanlagen zulässig!

Mit der angebotenen, von der Telefonleitung galvanisch getrennten Energie können

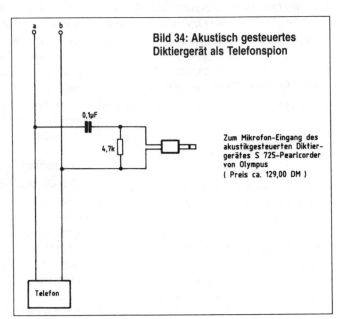

Bild 34: Akustisch gesteuertes Diktiergerät als Telefonspion

Zum Mikrofon-Eingang des akustikgesteuerten Diktiergerätes S 725-Pearlcorder von Olympus
(Preis ca. 129,00 DM)

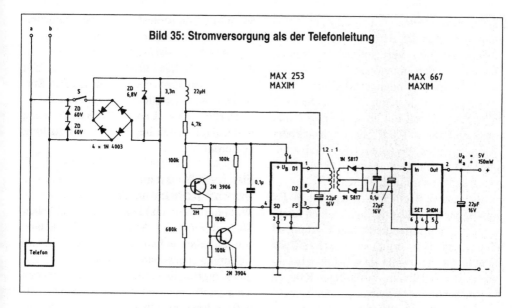

Bild 35: Stromversorgung als der Telefonleitung

Telefonzentrale zu gewährleisten, wird dann erfüllt.

Das Bild 35 zeigt die Schaltung für eine galvanisch isolierte Leistungsentnahme mit den Bausteinen MAX 253 und MAX 667. Erstgenannter Chip arbeitet als Treiber für RS232- oder RS485-Schnittstellen und befindet sich in einem achtpoligen DIL-, SO- oder µMAX-Gehäuse. Der MAX 667 ist ein programmierbarer Spannungsregler im achtpoligen DIL- oder SO-Gehäuse, der +5 V bei bis zu 250 mA erzeugen kann.

In dieser Konfiguration fließt ein maximaler Strom von 30 mA bei +5 V und von 45 mA bei +3.3 V.

Über die beiden Leitungen a und b ist der Brückengleichrichter der Schaltung mit dem Telefonnetz verbunden. Die beiden Z-Dioden für je 60 V verhindern, dass Störspitzen Schaden anrichten. Durch den Schalter wird die Stromversorgung ein- oder ausgeschaltet. Der positive Ausgang des Brückengleichrichters ist mit der Z-Diode verbunden. Damit steht eine Spannung von +6,8 V zur Verfügung, die der Trenntransformator auf seine Mittelanzapfung erhält. Die Transistorschaltung bringt den MAX 253 in den Shutdown-Zustand, wenn die 6,8 V am SD-Eingang des MAX 253 unterschritten werden.

Der MAX 253 verfügt intern über einen 400-kHz-Oszillator. Mit dessen Signal wird ein Flipflop angesteuert. Über die beiden Ausgänge liegen an dem Trenntrafo zwei entgegengesetzte 200-kHz-Rechtecksignale mit einem Puls-Pause-Verhältnis von 50 % an. Die internen Treibertransistoren an den beiden Ausgängen D1 und D2 können jeweils Spitzenströme bis zu 1 A schalten. Es besteht eine galvanische Trennung zwischen Telefonleitung und angeschlossenem Gerät. Die derart getrennte Spannung an der Sekundärseite wird durch die beiden Schottky-Dioden 1N5817 gleichgerichtet. Der Spannungsregler MAX 667, der mit einem geringen Spannungsabfall arbeitet, erzeugt daraus +5 V. Er ist nicht erforderlich, wenn das angeschlossene Gerät über eine eigene geregelte Stromversorgung verfügt.

Beachtung ist dem Transformator zu schenken: In dieser Schaltung stellt der Aufbau des Transformators das Hauptproblem dar. Das Windungsverhältnis sollte mindestens die notwendige Ausgangsspannung für die maximale Last erzeugen, auch wenn nur eine minimale Eingangsspannung zur Verfügung steht. Für die Berechnung sollten die höchstmöglichen Verluste in den beiden Schottky-Dioden angenommen werden.

Das optimale Windungsverhältnis für 5 V Ausgangsspannung beträgt 1,2:1,0. Der Kern sollte aus Material mit hoher Permeabilität, wie beispielsweise Typ W von Magnetics oder 76 von Fair-Rite, bestehen. Die Störabstrahlung lässt sich durch Verwendung eines Topf- oder Ringkerns minimal halten.

Nutzt man z.B. einen Ringkern 40603-TX von Magnetics (3,2 mm dick, Außendurchmesser 5,9 mm), hat die Primärwicklung 48 Windungen. Dies ergibt eine rechnerische Induktivität von 8 mH. Die Sekundärwicklung lässt sich dann im vernünftigen Rahmen für jede benötigte Ausgangsspannung anpassen, z.B. mit einer Windungszahl von 40. Damit kann der MAX 667-Ausgang 5 V auch bei 5,2 V Eingangsspannung liefern.

Auch 3,3 V sind kein Problem. Wenn man diese Spannung benötigt, darf die Eingangsspannung 3,5 V nicht unterschreiten. Das Windungsverhältnis des Trenntransformators kann in diesem Fall 2:1 betragen.

Über die Transistoren 2N3906 und 2N3904 wird der MAX 253 in den Shutdown-Zustand versetzt, bis seine Betriebsspannung einen regulären Betriebszustand aufrecht erhalten kann. Der Versorgungsstrom vom MAX 253 ist weitgehend konstant, so dass ein einfaches Filter mit einer Spule und einem Kondensator ausreicht, diverse Störungen zu vermeiden.

Der Beitrag stammt von H. Bernstein und wurde der Fachzeitschrift Elektronik 20/1998 entnommen.

Electret-Mikrofon ersetzt Kohlemikrofon

Wie eine Kohlemikrofonkapsel im Telefonhörer durch ein Electret-Mikrofon ersetzt werden kann, geht aus Bild 36 hervor. Die Schaltung stammt von Fritz Huber und zeigt einen dreistufigen, galvanisch gekoppelten Transistorverstärker, dessen Transistor BC 639 im Rhythmus der NF seinen Ausgangswiderstand ändert. Somit ist die Schaltung kompatibel zum Kohlemikrofon.

Die große NF-Bandbreite des Electret-Mikrofons wird nicht genutzt. Die untere Grenzfrequenz wird mit dem Kondensator 33 nF und dem Widerstand 68 kOhm auf 500 Hz begrenzt.

Die obere Grenzfrequenz wird durch das Tiefpassfilter 120 pF und 470 kOhm im Gegenkopplungszweig auf 4,2 kHz festgelegt.

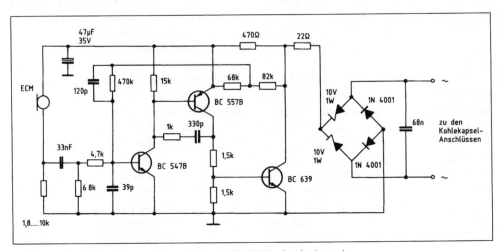

Bild 36: Electret-Mikrofonverstärker als Ersatz für Kohlemikrofonkapsel

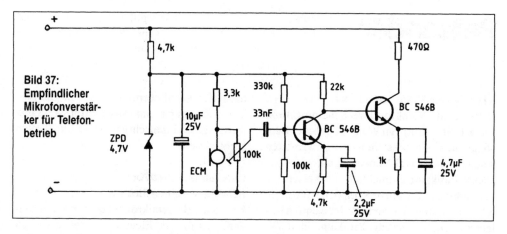

Bild 37: Empfindlicher Mikrofonverstärker für Telefonbetrieb

Der 39-pF- und der 47-µF-Kondensator sollen HF-Einstreuungen verhindern. Die Gegenkopplungs-Reihenschaltung aus 1 kOhm und 330 pF soll Schwingneigungen unterdrücken.

Die Graetzbrücke mit Z-Diodenstabilisierung sorgt für die polaritätsunabhängige Funktion der Electret-Mikrofonkapsel. Die Spannung ist vom Telefonstrom relativ unabhängig, der je nach Telefonsystem und Leitungslänge zwischen 15 mA und 150 mA liegen kann. In leitendem Zustand ist die Graetzbrücke für das NF-Signal quasi nicht vorhanden. Die beiden Z-Dioden begrenzen die Versorgungsspannung auf maximal 10 V.

Zur Inbetriebnahme eines Telefon-Minispions braucht nur noch ein HF-Oszillator zwischen Kollektor und Emitter des BC 639 geklemmt zu werden. Die der Betriebsspannung überlagerte Gesprächswechselspannung sorgt über die sich ändernden inneren Transistorkapazitäten für eine ausreichende FM des HF-Oszillators.

Eine weitere Kapselschaltung für diesen Verwendungszweck wird in Bild 37 gezeigt. Hier fehlt die Graetzbrücke, so dass auf polaritätsrichtigen Anschluss geachtet werden muss.

USA-Telefonschnittstelle:

Wer in den USA ein Endgerät an das öffentliche Telefonnetz anschließen will, muss das Interface gemäß FCC68 entsprechend Bild 38 zwischenschalten.

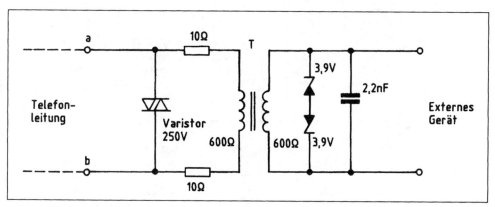

Bild 38: USA-Telefonschnittstelle

Peilsender

Kfz-Peilsender für UKW

Die in Bild 39 angegebene Schaltung kann 1 Watt Strahlungsleistung abgeben. Real hängt dies natürlich von der verwendeten Antenne und deren Anpassung ab.

Als Indikator eignet sich am besten ein Fahrradrücklichtbirnchen von 0,3-1 Watt. Ein 6/50-mA-Lämpchen verbraucht, wenn es hell leuchtet, 0,30 Watt und hat dann einen Widerstand von ca. 100 Ohm. Das Lämpchen wird zum Test des UKW-Oszillators zwischen dem variablen Antennenzapfpunkt und der 2.7 Meter langen Sendeantenne angeschlossen. Wenn die Antenne optimal angepasst ist, leuchtet das Lämpchen hell auf. Bei kürzeren Antennenlängen muss eine Verlängerungsinduktivität in den Fußpunkt der Antenne eingefügt werden.

Der bistabile Multivibrator gibt die Frequenz des Piep-Takts, d. h. dessen Ausgangstransistor BD 434 schaltet den FM-modulierten UKW-Oszillator rhytmisch ein und aus. Zur Erzeugung der Modulationsfrequenz dient ein Sägezahngenerator mit dem Unijunktion-Transistor 2N 2646.

Für die optimale Abstimmung des UKW-Oszillators sollten Emitter und Kollektor des BD 434 vorübergehend überbrückt und der 150-Ohm-Basiswiderstand unterbrochen werden. Mit dem 10-kOhm-Trimmer kann der optimale Arbeitspunkt des UKW-Oszillators eingestellt werden. Um eine Überhitzung des 2N 3553 zu verhindern, sollte er mit einem großflächigen Kühlstern versehen werden. Nach optimalem Abgleich des UKW-Oszillators sollte das Lämpchen im Antennenfußpunkt mit einem Minischalter kurzgeschlossen werden.

Minipeilsender für UKW

Die in Bild 40 wiedergegebene Peilsenderschaltung kann in der Kleidung oder in ei-

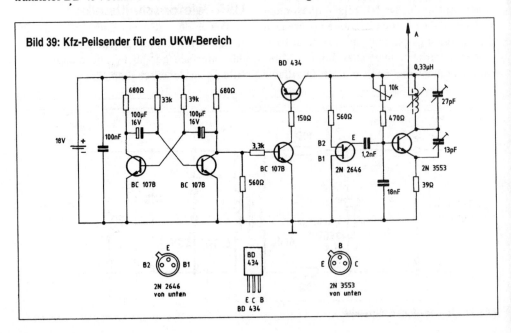

Bild 39: Kfz-Peilsender für den UKW-Bereich

nem Schuhabsatz versteckt werden. Die Schaltung sendet alle 10 s einen 250 ms langen Piepton, der mit einem einfachen UKW-Radio empfangen werden kann.

Zum HF-Abgleich wird der Kollektor des 2N2222 von der restlichen Schaltung abgetrennt. Dann wird am 12-pF-Trimmer solange gedreht, bis auf ca. 104 MHz im UKW-Radio ein Dauerton zu hören ist.

Nach dem Wiederanklemmen des Kollektors wird der UKW-Oszillator rhythmisch ein- und ausgeschaltet. Zeittakt und Modulationsfrequenz können mit C2/R2 und C1/R1 verändert werden.

08/15-Peilsender für UKW

Eine Peilsender-Standardschaltung, die einfach, billig und problemlos aufgebaut werden kann, zeigt Bild 41. Der Modulationsteil besteht wieder aus Takt- und NF-Generator. Hier wird jeweils ein Timer 555 verwendet. Dieser populäre Baustein ist günstiger als diskrete Transistoren.

Der UKW-Oszillator ist hingegen „Schnee von gestern". Größere Reichweiten sind sicherlich mit dem Plug+Spy-Oszillator aus Bild 1 zu überbrücken.

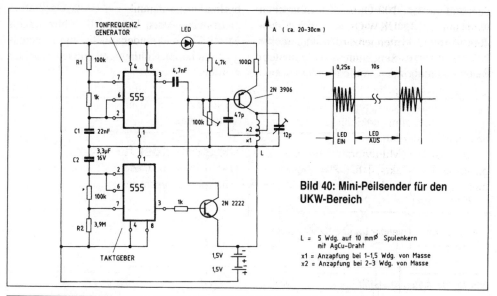

Bild 40: Mini-Peilsender für den UKW-Bereich

L = 5 Wdg. auf 10 mmØ Spulenkern mit AgCu-Draht
x1 = Anzapfung bei 1-1,5 Wdg. von Masse
x2 = Anzapfung bei 2-3 Wdg. von Masse

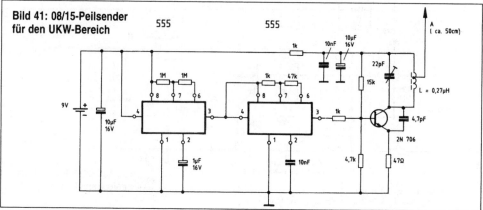

Bild 41: 08/15-Peilsender für den UKW-Bereich

Minispion-Netzstromversorgungen

08/15-Netzteil

Wann immer ein Minispion aus dem 230-V-Netz versorgt werden soll, eignet sich die in Bild 42 gezeigte Schaltung.

Nachdem die Abmaße von Kondensatoren in jüngster Vergangenheit dank der SMD-Technik immer kleiner geworden sind, ist eine Netzstromversorgung nun auf kleinstem Raum unterzubringen. Außerdem lassen sich die Kondensatorwerte noch etwas nach unten variieren. Je kleiner die Belastung durch den Betriebsstrom des Minispions, desto geringer ist die der Gleichspannung überlagerte Brummspannung.

Hinweis: Alles, was am 230-V-Netz hängt, ist mit Vorsicht zu behandeln. Die einschlägigen Schutzbestimmungen müssen beachtet werden.

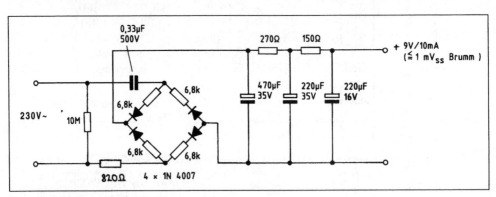

Bild 42: 08/15-230-V-Netzteil

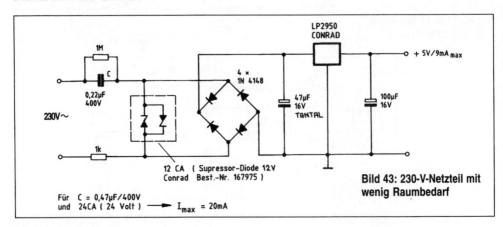

Bild 43: 230-V-Netzteil mit wenig Raumbedarf

Netzteil mit extrem geringem Raumbedarf

In der Schaltung nach Bild 43 wird die Netzspannung mit einer 12-V-Supressordiode auf ±12 V Rechteckspannung geclippt. Nun kann mit Standarddioden gleichgerichtet werden. Anschließen folgt ein 5-V-Festspannungs-Regler. Der 47-µF/16-V-Kondensator sollte unbedingt eine Tantal-Ausführung sein. Auf den LP 2950 folgt ein 100-µF/16-V-Elektrolytkondensator. Wird dieser weggelassen, schwingt die ganze Mimik wild auf 40 kHz.

Steigt der Laststrom nicht über 9 mA, ist eine Brummspannung von 5 mV$_{SS}$ überlagert. Mit einem Netzkoppelkondensator von 0,47 µF/400 V und einer 24-V-Supressordiode liefert das Netzteil maximal 20 mA.

Brummfreies 230-V-Netzteil

In Bild 44 sorgt ein kleines Schaltnetzteil für eine brummfreie Ausgangsspannung. Laut Entwickler, H. Ziemacki soll das Netzteil 1 Watt liefern.

Ein einfacherer RC-Generator mit einem Schmitt-Trigger-Gatter steuert einen Dreifach-Treiber an, der wiederum einen MOS-Transistor impulsartig durchschaltet. Wird die Impulslänge kurz gehalten, eignet sich ein bewickelter Ferritringkern niedriger Induktivität, wie er als Störfilter in Niederspannungs-Netzteilen Verwendung findet, im Ausgang. Um die gewünschte Ausgangsspannung zu erhalten, braucht man nur einige Windungen zusätzlich über den Kern zu wickeln.

Im Gegensatz zu den bisher beschriebenen Netzteilen ist die Netzspannung hier durchschlagsicher von der Niederspannungsseite getrennt.

Die Beschaltung der Sekundärseite ist für Minispion-Anwendungen nicht geeignet. Man sieht hier die üblichen Gleichrichterschaltungen und einen ausreichend großen Glättungskondensator vor.

Bei geringer Leistungsentnahme kann die Schaltung so optimiert werden, dass sie in ein 36-mm-Filmdöschen passt. Kleine bewickelte Ferritringkerne gibt es als Entstördrosseln in vielfältiger Ausführung. Die Schaltung sollte immer mit einer geringen Last versehen werden.

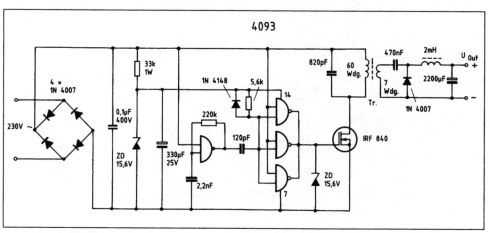

Bild 44: Brummfreies 230-V-Netzteil

Minispion-Detektoren

Detektoren mit LED-Feldstärkeanzeige

Die in Bild 45 wiedergegebene Schaltung überwacht die Frequenzbereiche 50-80 MHz und 110-900 MHz. Der UKW-Rundfunkbereich 88-108 MHz wird nur noch selten für Minispione verwendet, da die Entdeckungsgefahr sehr hoch ist. Wer in diesem Frequenzbereich einen Minispion vermutet, kann ihn mit einem beliebigen UKW-Radio ausfindig machen.

Der Detektor ist so empfindlich, dass er einen Minispion mit ein paar Milliwatt Sendeleistung noch auf 1-2 m Entfernung aufspüren kann. Selbstverständlich soll er auf Rundfunksender nicht ansprechen. Am Antenneneingang liegt deshalb ein Bandsperrpass, der die manchmal starken UKW-Ortssender ausblendet. Der darauf folgende Breitbandverstärker MAR 6 verstärkt Antennensignale im Frequenzbereich 20 MHz bis 1 GHz etwa zehnfach.

Da D1- und D2-Handys um 900 MHz arbeiten, zeigt der Detektor auch sie an.

Die verstärkten Signale am Ausgang des MAR 6 werden durch die Schottky-Dioden D1 und D2 gleichgerichtet. D1 liefert eine positive Spannung, die am invertierenden

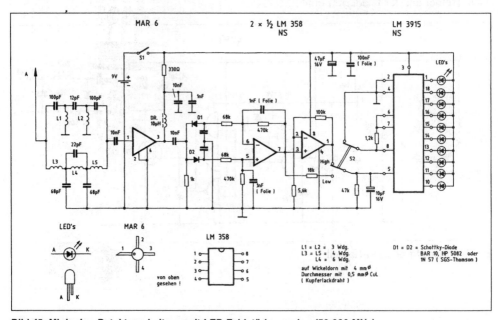

Bild 45: Minispion-Detektorschaltung mit LED-Feldstärkeanzeige (50-900 MHz)

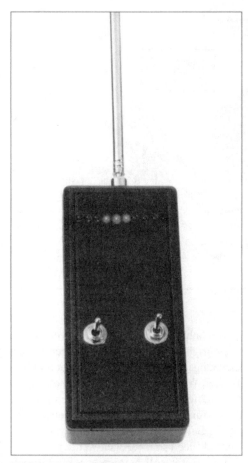

Bild 46: Minispion-Detektor (50-900 MHz)

nehmen und anzeigen, das von einem leistungsstarken Minispion in einigen Metern Entfernung gesendet wird. Die Anzeige hängt von der Stärke des gesendeten HF-Signals ab.

Steht des Schalter in der Stellung „Low", kann man Signale aus unmittelbarer Nähe aufnehmen.

Zum Betrieb benötigt der Detektor eine Spannung von 9 V, die eine Blockbatterie liefert. Wenn alle LEDs dunkel sind, verbraucht die Schaltung etwa 25 mA. Der Verbrauch steigt auf maximal 40 mA an, wenn eine LED leuchtet.

Der in Bild 46 und 47 gezeigte Minispion-Detektor kann als Bausatz über den beam-Elektronikversand in Marburg bezogen werden. Rechts unten ist der Ein/Aus-Schalter S1 und links unten der „Low/High"-Empfindlichkeitsumschalter S2 zu sehen. Oben ist die aus zehn LEDs bestehende LED-Zeile untergebracht. Als Empfangsantenne dient eine ausziehbare UKW-Radioantenne.

Eingang von ½ LM 358 liegt, während D2 eine negative Spannung erzeugt, die am nichtinvertierenden Eingang des gleichen Operationsverstärkers liegt.

Am Ausgang des ersten Operationsverstärkers entsteht eine Spannung, die gegenüber dem Eingangssignal ungefähr um den Faktor 7 größer ist. Sie wird dem nichtinvertierenden Eingang des zweiten Operationsverstärkers zugeführt, der 18-fach verstärkt.

Das Signal an den Ausgängen der beiden Operationsverstärker gelangt zum Umschalter S2 und von dort an den Eingang des LM 3915, einem logarithmischen Skalentreiber für zehn LEDs. Steht der Schalter in Stellung „High", kann man jedes beliebige Signal auf-

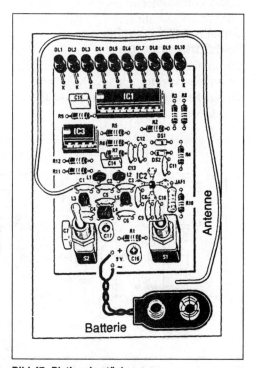

Bild 47: Platinenbestückung

Bild 48: Versteckmöglichkeiten für Minispione

Bild 48 zeigt Versteckplätze von Minispionen, die mit dem Minispion-Detektor abgetastet werden können.

Detektor mit akustischer Feldstärkeanzeige

Ein einfacher, aber gut funktionierender Minispion-Detektor mit ausschließlich akustischer Feldstärkeanzeige ist in Bild 49 wiedergegeben.

Die Schaltung besteht aus HF-Verstärker, Gleichrichter, Gleichspannungsverstärker, spannungsgesteuertem Multivibrator und NF-Treiber. Wird mit der Suchantenne ein Minispion detektiert, verändert sich der Ton des Piezo-Tongebers zu höheren Frequenzen hin.

Der Bausatz kann von LC-Electronic bzw. Conrad Electronic bezogen werden.

Das Gerät soll Minispione im Bereich zwischen 20 MHz und 1 GHz detektieren.

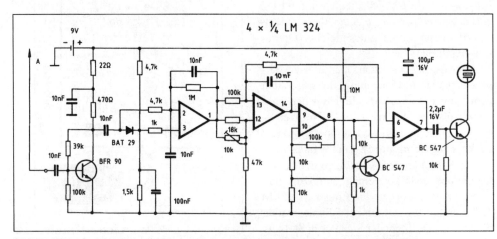

Bild 49: Minispion-Detektorschaltung mit akustischer Feldstärkeanzeige (20-1.000MHz)

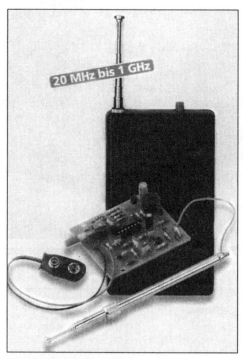

Bild 50: Gehäuse und Platine des Minispion-Detektors (20-1.000 MHz)

Bild 51: Minispion-Detektor mit Feldstärke-Anzeigeinstrument

Bild 50 zeigt die fertig aufgebaute Platine und das Gehäuse des Minispion-Detektors.

Ein etwas anspruchsvolleres Gerät mit eingebautem Anzeigeinstrument wird in Bild 51 gezeigt. Es stammt auch von der Firma LC-Electronic und kann als Fertiggerät bezogen werden. Es arbeitet ebenfalls im Bereich 20 MHz bis 1 GHz.

Wer die Minispionsuche etwas professioneller gestalten will, kann sich entsprechend Bild 52 einen kleinen Frequenzzähler zulegen, der nicht nur die Sendefrequenz, sondern mittels einer Balkenanzeige auch die relative HF-Feldstärke anzeigt.

Handy-Taschenvibrator als Minispion-Suchgeräte

Es ist es interessant, dass sich kleine Handy-Taschenvibratoren, welche diskret einen Anruf signalisieren, meist auch als Minispion-Detektoren eignen.

Bild 52: Frequenzzähler (1 MHz-3 GHz) mit Balken-Feldstärkeanzeige

In den Bildern 53 und 54 sind diskrete Handy-Anrufdetektoren zu sehen, die zerlegt und mit größeren Batterien versehen, zu Minispion-Detektoren umgebaut werden können.

Einen für Dauerbetrieb umgebauten Handy-Anrufdetektor zeigt Bild 55. Die Einzelteile eines zerlegten Detektors wurden auf eine Streifenleiterplatine montiert. Ein Anruf oder ein aktiver Minispion wird sowohl optisch als auch mittels eines kleinen Vibrationsmotors angezeigt.

Wird das Gerät in der Wohnung platziert, erhält man außerdem einen Eindruck von den Handy-Aktivitäten der Nachbarn.

Bild 53: Handy-Anrufdetektor mit Vibrationsalarm

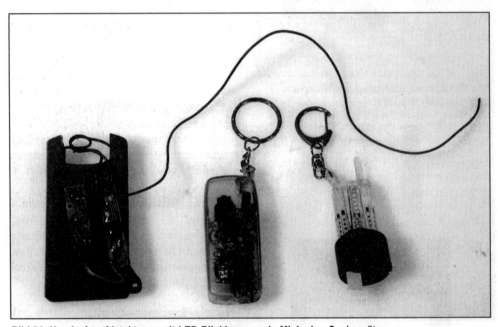

Bild 54: Handy-Anrufdetektoren mit LED-Blinklampen als Minispion-Suchgeräte

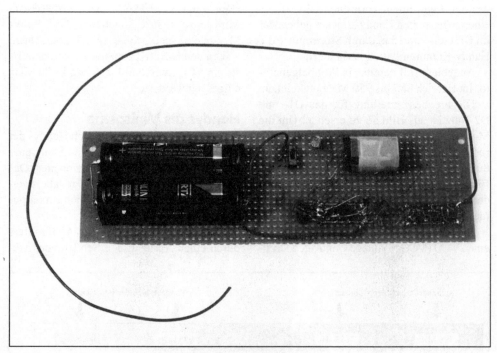

Bild 55: Langzeit-Anrufdetektor mit LED-Blinklampe und Vibratormotor

Handy-Applikationen

Handy-Blocker

Wer sich durch Handys oder deren Funkwellen gestört fühlt, könnte sich mit einem Gerät des israelischen Geheimdienstes dagegen wehren. Laut einem Fernsehbericht soll es einen sogenannten Handy-Blocker geben, der im Umkreis von 15 m durch Störimpulse die Handy-Kommunikation verhindert.

Angeblich soll bereits ein Wobbelgenerator im Bereich 885 bis 950 MHz ausreichen.

Die Frequenzzuteilung für das D1- und D2-Netz ist aus Bild 56 zu ersehen. Um die Mobilstation, also das Handy selbst, zu stören, müsste theoretisch das Frequenzband 890-915 MHz „dicht gemacht" werden. Bild 57 zeigt einen Schaltungsvorschlag für einen derartigen Störsender, dessen Inbetriebnahme natürlich verboten ist.

Ein kleiner Sägezahngenerator wobbelt einen VCO (VCO = Voltage Controlled Oscillator = spannungsgesteuerter Oszillator) über den zu störenden Frequenzbereich.

Der kleine Störsender bzw. „Jammer" soll die HF-Eingangsstufe des Handys dicht machen. Zum VCO MAX 2623, der auch im Mini-Dip-Gehäuse angeboten wird, liefert Maxim eine sechsseitige Applikationsschrift.

Um den E-Netz-Empfang zu stören, müsste ein VCO zwischen 1.710 und 1.880 MHz eingesetzt werden.

Handys als Minispione

Laut Presseberichten lassen sich Handys der Firmen Nokia und Ericsson mit ein paar Handgriffen zu Abhörgeräten umbauen. Das Handy kann angeblich durch Eingabe zweier Funktionsbefehle entsprechend manipuliert werden.

Dann könnte das Handy des Abhöropfers durch einen Anruf in den Sendemodus ver-

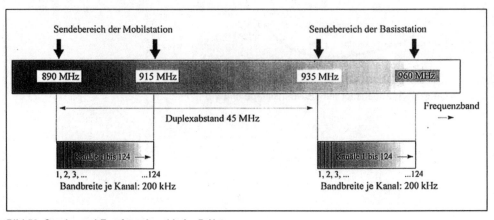

Bild 56: Sende- und Empfangsband beim D-Netz

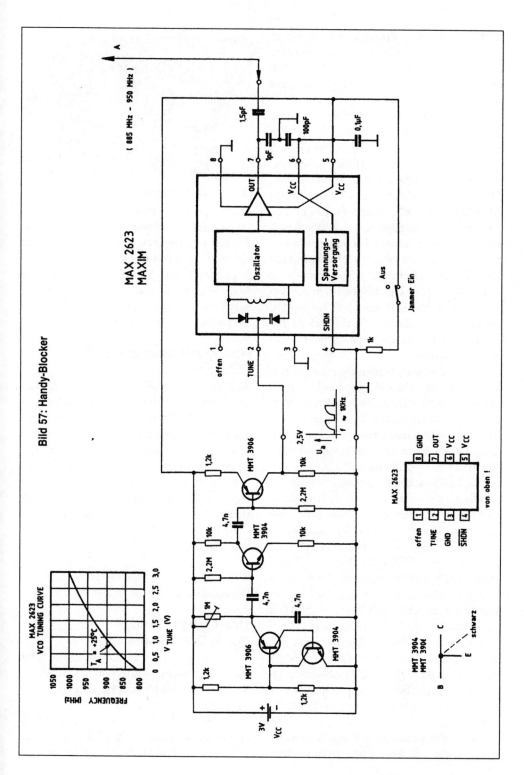

setzt werden. Der Sendemodus kann weder akustisch noch optisch erkannt werden. In diesem Zustand übermittelt das Handy alle in der näheren Umgebung geführten Gespräche.

Wer ein fremdes Handy manipulieren will, muss es zumindest kurzzeitig im Besitz haben. Der misstrauische Besitzer sollte deshalb sein Handy nie in fremde Hände geben und die unbefugte Funktionseingabe durch eine PIN verhindern. Wer an das Handy seines Abhöropfers nicht herankommt, jedoch Zugang zu dessen Wohnung oder Geschäftsräumen hat, kann sich für ca. 500 Euro ein Abhör-Handy bei einschlägigen Händlern kaufen oder selbst ein Handy präparieren.

Gut für Abhörzwecke eignen sich die Nokia-Handy-Typen 3210 und 5110. Beim 3210 kann die obere und untere Gehäuseschale und beim 5110 die obere Gehäuseschale abgenommen werden.

Damit das Handy beim Aktivierungsanruf keine verräterischen Klingelzeichen gibt, muss entweder der Tongeber abgeklemmt oder durch entsprechende Tastenprogrammierung für eine Stummschaltung gesorgt werden. Auch das beim Anruf aufleuchtende Display muss man abklemmen.

Zweifellos ist das Handy nicht so sprachempfindlich wie ein Minispion und nicht zuletzt wegen der hohen Gebühren auf Dauer sehr teuer. Jedoch lässt sich für das „Verlieren" oder „Vergessen" eines manipulierten Handys unterm Sofa oder Bett immer eine glaubwürdige Erklärung finden. Es sollte jedoch nie vergessen werden, dass die in jedem Handy eingesteckte SIM-Karte (Subscriber Identification Module = Identifikationsmodul) Aufschluss über den Besitzer gibt. Auf der SIM-Plastikkarte entsprechend Bild 58 sind Rufnummer, PIN und persönliches Telefonbuch elektronisch gespeichert. Ohne diese Chipkarte lässt sich das Handy nur für Notrufe nutzen.

Der größte Vorteil eines Handys als Minispion ist die weltweite Einsatzmöglichkeit.

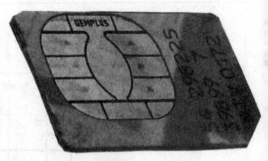

Bild 58: SIM-Plastikkarte

Man kann das manipulierte Handy von jedem Telefon aus anrufen, um seine Wohnung oder Geschäftsräume zu überwachen.

In allen Ländern der Welt mit GSM-Netz ist dieses Abhörverfahren zuverlässig einsetzbar. Selbstverständlich lässt es sich auch wie ein normales Handy nutzen!

Handy mit eingebautem Minispion

Wer das Handy seines Lebens- oder Geschäftspartners abhören will, hat ein echtes Problem. Da Spezialempfänger in der Preisklasse von 50.000 Euro liegen, bleibt nichts anderes übrig, als im Handy einen Minispion zu verstecken.

Dies ist jedoch infolge Platzmangels im elektronischen Teil nur sehr schwer möglich. Bleibt also nur das Batteriepack, wobei eine Zelle entsprechend Bild 59 gegen eine kleinere Zelle und den Minispion ausgetauscht wird.

Natürlich muss die Optik an den Ursprungszustand angepasst werden.

Ortung von Handys durch Dreieckspeilung

Dass Handys von den staatlichen Behörden nicht nur problemlos abgehört, sondern auch angepeilt werden können, hat sich noch nicht so sehr herumgesprochen.

Voraussetzung für die Abhör- und Anpeilerlaubnis ist natürlich das Vorliegen einer schweren Straftat. Doch die „Schwere" liegt

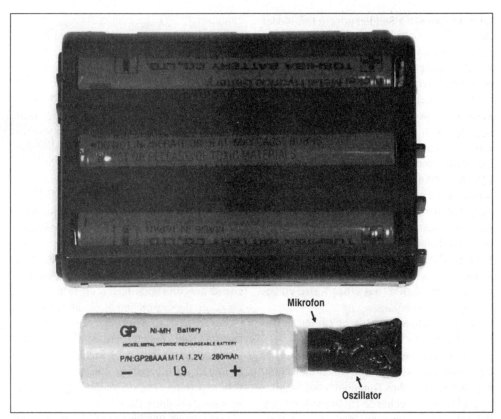

Bild 59: Minispion im Handy-Batteriepack

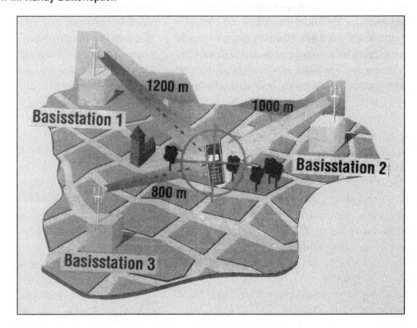

Bild 60: Handys durch Dreieckspeilung orten

49

im Ermessen des Staatsanwalts. In jedem Fall zählen hierzu Entführung, Mord, Rauschgifthandel und Erpressung. Der Betreiber des Funktelefonnetzes, der Provider, muss in einem derartigen Fall alle Gespräche zur Polizei weiterleiten. Außerdem erfährt die Polizei, mit welcher Basisstation das Handy kommuniziert hat. Dies erlaubt schon eine grobe Eingrenzung des Handy-Standorts.

Um den genauen Standort des Handys zu ermitteln, sind Daten von drei benachbarten Basisstationen entsprechend Bild 60 erforderlich. Aus der Laufzeit der Wellen kann auf etwa 10-20 m genau die Entfernung zwischen dem Handy und den Basisstationen ermittelt werden! Die Entfernungen zwischen den Basisstationen und dem Handy werden dann mittels eines Zirkels auf einer Karte eingetragen.

Im Kreuzungspunkt dieser Linien befindet sich das Handy.

Das Verfahren ist zwar zuverlässig, aber doch ziemlich aufwendig. Keine brauchbaren Ergebnisse liefert es, wenn sich der Straftäter zu Fuß oder per Fahrzeug bewegt. Ist dies der Fall, gibt es jedoch andere Möglichkeiten der direkten Handy-Verfolgung. Mit sogenannten IMEI- (International Mobile Equipment Identification = internationale Mobilgerätekennung) oder IMSI-Catchern können die Ermittler am Ball bleiben. Die Mobilgerätekennung ist eine spezielle Seriennummer, die jedes Handy ständig mit aussendet. IMSI bedeutet International Mobile Subscriber Identification (= internationale Mobilteilnehmerkennung). Dies ist quasi die Funktelefonnummer. Der englische Begriff „Catcher" steht für „Fänger".

Mit den Catcher-Geräten sind die Ermittler nicht mehr auf das Funktelefonnetz mit dessen Basisstationen angewiesen. Mit diesen Geräten wird das Handy direkt abgehört. Sobald die Telefonnummer (IMSI) der Zielperson oder die Seriennummer (IMEI) des Handys in das Gerät gespeichert ist, kann das Handy unmittelbar abgehört werden. Die Ermittler müssen allerdings noch wissen, wo das Handy ungefähr betrieben wird. Dann begeben sie sich mit einem technisch entsprechend ausgerüsteten Fahrzeug in diese Gegend, um die Gespräche direkt abzuhören.

Selbst wenn der Straftäter das Handy austauscht (IMEI ändert sich) oder eine andere Chipkarte einsteckt (IMSI ändert sich), kann er immer noch abgehört und angepeilt werden. Erst wenn er beide Maßnahmen ergreift, geht die Fahndung ins Leere.

Bei einem Entführungsfall konnten die Polizeikräfte mittels einer Dreieckpeilung genau die Wohnung in einem Hochhaus ermitteln, von der aus mit einem Handy telefoniert wurde. In dieser Wohnung wurde die Geisel festgehalten.

Sonstige interessante Schaltungen

Laserstrahl-Abhörverstärker

In Anlehnung an das Laserstrahl-Abhörverfahren aus „Minispione Schaltungstechnik" Teil 1 Seite 96, soll hier noch die Schaltung eines Laserstrahl-Abhörverstärkers aus dem Internet (www.ews.uiuc.edu/~nshin/PROJECTS/LASERSNOOPER/) vorgestellt werden. Bild 61 zeigt sie.

Der Abhörverstärker empfängt den vom Fenster gespiegelten Laserstrahl mittels eines Fototransistors und verstärkt die durch die Fenstervibrationen hervorgerufene Modulation. Mittels eines Kopfhörers können die hinter dem Fenster geführten Gespräche mitgehört werden. Um die Intensität des reflektierten Laserstrahls beurteilen zu können, wird die gleichgerichtete NF-Wechselspannung auf ein Anzeigeinstrument gegeben.

Bei Verwendung eines unsichtbaren Infrarot-Laserstrahls ist der Ausschlag des Anzeigeinstruments eine gute Orientierungshilfe für die optische Ausrichtung des Empfängers. Bei Verwendung eines Helium-Neon-Lasers oder eines Laser-Pointers ist diese Hilfe nicht zwingend erforderlich.

Wer sich für Details der Schaltung interessiert, sollte sich die Applikation ausdrucken.

Micro-NF-Verstärker für Knopfzellenbetrieb

Bild 62 zeigt eine vielseitig einsetzbare NF-Verstärkerschaltung, die mittels SMD-Bauelementen extrem klein aufgebaut werden kann. Mit ihrer etwa 100-fachen Verstärkung eignet sie sich im Besonderen als Mikrofonvorverstärker.

Aufgrund einer Emitterfolgerstufe kann das verstärkte NF-Signal niederohmig ausgekoppelt werden.

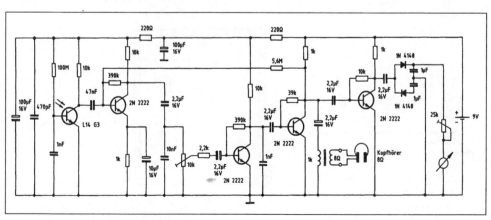

Bild 61: Laserstrahl-Abhörverstärker

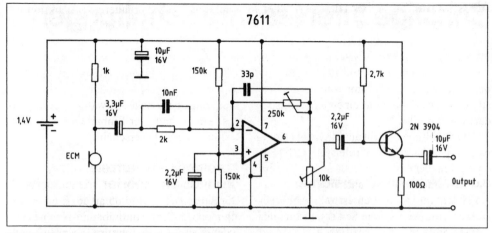

Bild 62: Micro-NF-Verstärker für 1,4-V-Knopfzellenbetrieb

Stethoskopsensor mit Electret-Mikrofon

Der Stethoskopsensor in Bild 63 besteht aus einer Blechdose mit eingebettetem Electret-Mikrofon. Wird die offene Seite der Dose gegen eine Wand gedrückt, lassen sich bei entsprechender Verstärkung Gespräche im Nebenraum verfolgen.

Als Vorverstärker eignet sich z.B. die Schaltung aus Bild 62. Leider muss mit einem ganzen Spektrum an Nebengeräuschen gerechnet werden: Toilettenspülung, laufende Waschmaschinen, gluckernde Heizkörper, Stühlerücken, Türenschlagen, Rumpelgeräusche beim Andrücken der Dose, das Eigenrauschen des Verstärkers bei extrem hoher Verstärkung, eingestreuter Netzbrumm usw.

Trotz aller Handicaps lassen sich mit rauscharmen Verstärkern und Brummfiltern gute Abhörergebnisse erzielen.

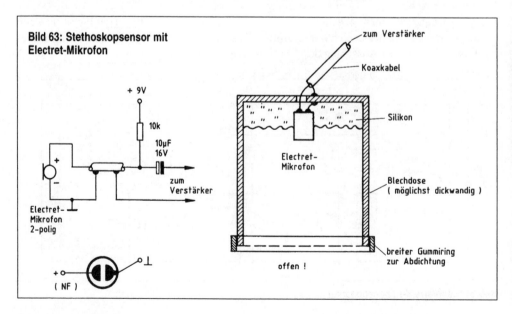

Bild 63: Stethoskopsensor mit Electret-Mikrofon

Akustischer Schalter mit geringer Leistungsaufnahme

Ein einfacher akustischer Schalter zur automatischen Steuerung von Tonbandgeräten oder Minispionen ist in Bild 64 wiedergegeben. Die Schaltung stammt von der University of Texas. Sie hat nur einen Leistungsbedarf von 0,6 mW.

Die Schaltung besteht aus einem als Komparator geschalteten Microleistungs-BiFET-Operationsverstärker TL 061 und einem CMOS-Gatter 4007, welches für die Zeitverzögerung verantwortlich ist. Mit dem 10-kOhm-Trimmer wird die Schaltschwelle des Komparators und mit dem 100-kOhm-Trimmer die Offset-Kompensation eingestellt. Die rechts angegebenen Spannungsverläufe als Funktion der Zeit erläutern die Funktion.

Die Eingangsspannung (NF-Spannung) wird in eine Rechteckspannung umgewandelt. Das Ausgangssignal an Anschluss 12 des 4007 geht erst nach einer Abklingzeitkonstante von $R_2C_2 = 1.7$ s wieder auf Null. Der schaltungstechnische Aufwand ist gering, so dass ein zusätzlicher Einbau in vorhandene Geräte problemlos erscheint.

Automatische Aufzeichnung drahtlos abgehörter Gespräche

Die Schaltung in Bild 65 arbeitet mit einem als monostabilen Multivibrator geschalteten 555. Die am Ohrhörerausgang anstehende NF-Spannung wird gleichgerichtet, verstärkt und auf den Triggereingang Pin 2 gegeben.

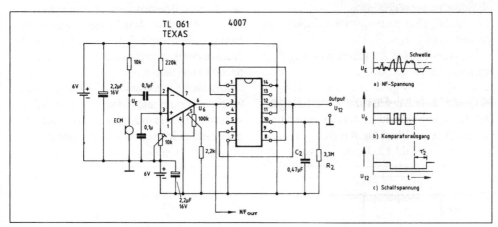

Bild 64: Akustik-Schalter mit geringer Leistungsaufnahme

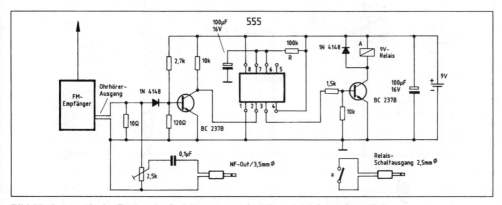

Bild 65: Automatische Tonbandaufzeichnung von drahtlos abgehörten Gesprächen

Statt der Diode 1N4148 kann zur Empfindlichkeitssteigerung eine Germanium- oder Schottky-Diode eingesetzt werden. Diese Typen haben geringere Schwellspannungen.

Die NF wird am 10-Ohm-Lastwiderstand direkt abgenommen und auf den Mikrofoneingang des Tonbandgeräts geführt. Da der Eingang Pin 2 des 555 sehr empfindlich auf Störimpulse reagiert, sollte er mit 1-10 nF nach Masse abgeblockt werden.

Im Übrigen ist es sinnvoll, die Schaltung in ein Metallgehäuse einzubauen.

Generator 1-50 kHz mit Unijunction-Transistor

Die Schaltung in Bild 66 nutzt den negativen Widerstand eines Unijunction-Transistors zur Schwingungserzeugung.

L_0 und C_0 sind die frequenzbestimmenden Bauelemente.

Die sinusförmige Ausgangsspannung liegt bei etwa 200 mV.

140-MHz-Mini-Pendelempfänger

Die Schaltung in Bild 67 stammt von Minispion-Chefentwickler Dr. Rabel.

Laut seinen Angaben soll der mit HF-Vorstufe ausgestattete Pendler gut funktionieren.

Der dreistufige, galvanisch gekoppelte NF-Verstärker arbeitet mit Gegenkopplung zur Erzielung eines stabilen Arbeitspunktes.

Außer sorgfältigem mechanischen Aufbau und Abgleich gehören gute Nerven zum Pendlerbau.

Hochempfindlicher magnetfeldabhängiger Multivibrator

Zur Registrierung geringster Magnetfeldschwankungen eignet sich die Schaltung in Bild 68.

Die magnetfeldsensitive Spule L entsprechend Bild 69 besteht aus einem 0,1 mm starken Blechstreifen aus Mu-Metall, auf den 800 Windungen 0,2-mm Ø-Kupferlackdraht gewickelt sind. Mu-Metall besteht aus Nickel, Eisen, Kupfer und Mangan. Es dient in der Audiotechnik zum Abschirmen von magnetischen Störfeldern.

Die vom Multivibrator erzeugte Frequenz ist proportional zum Magnetfeld in Längsachse zur Spule L. Ohne Einfluss eines Magnetfelds schwingt der Multivibrator auf

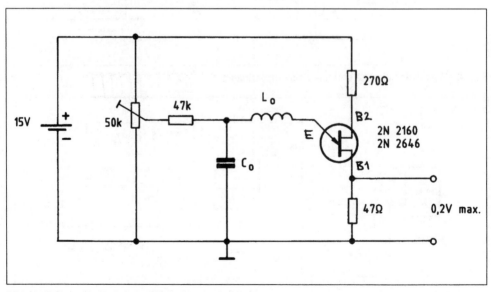

Bild 66: Unijunction-Transistor-NF-Generator (1-50 kHz)

11 kHz. Das Mu-Metall der Spule hat eine sehr hohe Permeabilität. Mit den isoliert aufgebrachten Windungen entsteht eine Induktivität von einigen Millihenry.

Wenn sich das externe Magnetfeld um ±0,4 Oersted ändert, steigt die Schwingfrequenz auf 14 kHz. Die Magnetfeldänderung ist so klein, dass sie bereits durch Positionsveränderung der Spulenlängsachse aus der Ost/West-Achse in die Nord/Süd-Achse erzielt werden kann.

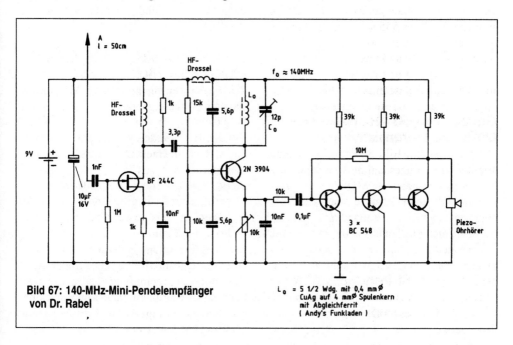

Bild 67: 140-MHz-Mini-Pendelempfänger von Dr. Rabel

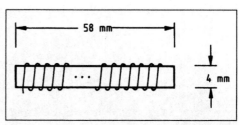

Bild 69: Spule mit Kern aus Mu-Metallblech

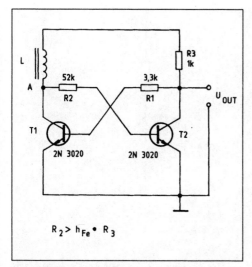

Bild 68: Hochempfindlicher magnetfeldabhängiger Multivibrator

Kfz-Ortung mit GPS

Abschließend soll noch auf ein interessantes Spionagethema eingegangen werden. Es betrifft die Ortung von Kraftfahrzeugen mit GPS (Global Positioning System).

Durch Satellitenortung kann heute jeder eifersüchtige Ehemann seine Angetraute überall im europäischen Straßennetz verfolgen. Er sieht seine Ehefrau quasi als Lichtpunkt auf einer Bildschirmlandkarte von ganz Europa. Auch ein Transportunternehmen ist durch Satellitenortung in der Lage, die momentane Position aller Lastwagen zu bestimmen.

Doch nun konkret die Anforderungen zur Ortung einer im Kfz unterwegs befindlichen Privatperson.

Vom Auftraggeber werden meist folgende Daten erwartet:
1. Wo hielt sich die Zielperson wann auf (Ort, Hotel, Zweitwohnung usw.)?
2. In welchem Hausnummernbereich wurde geparkt?
3. Bei welchen Adressen könnte jemand geparkt haben? (Es gibt Zugriff auf 5 Millionen Firmenadressen und 30 Millionen Privatadressen.)

Um diese Ermittlungen durchzuführen, muss unter der Kunststoff-Stoßstange oder einem ähnlich satellitenempfangsmäßig günstigen Platz ein GPS-Miniempfänger inklusive Speichermodul befestigt werden. Bild 70 zeigt die versteckte Montage eines Geräts.

Bild 70: Heimliche Montage des GPS-Empfängers

Die erhaltenen Daten zu Punkt 1 sagen z. B. Folgendes aus: Das Kfz fuhr am 20. Februar 1999, nach Rain, um für vier Minuten zu parken. Das Kfz hat sich westlich der Ortsmitte auf der Hauptstraße befunden. Ein Stadtplan mit Straßennamen könnte für genauere Angaben bei der Gemeinde angefordert werden. Für größere Städte gibt es digitale Karten.

Hier die Beschreibung der einzelnen Spalten in den folgenden Tabellen:

Zeit: atomgenaue Ortszeit
Ort/ Bezug: Entfernung und Richtung des Kfz zu Ortsbezugspunkten (z. B. Mittwoch, 14. 2., 10:40:42 Uhr 70 Meter von der Kirche Landsberg entfernt geparkt
km/h: aktuelle Geschwindigkeit
Koordinaten: Gauß-Krüger-Format

Tabelle 1 ab Seite 58 zeigt die Datenauswertung über sechs Tage. In Bild 71 wird noch ein Bildschirmausdruck von Landsberg wiedergegeben.

Für das GPS-Ortungssystem werden folgende Komponenten benötigt:
- Gerät vom Typ Star Track mit einer Speicherkapazität von 40.000 Positionen
- GPS-Satellitenantenne mit 5 m Anschlusskabel und Stecker
- Verbindungskabel Star Track – Akku
- Verbindungskabel Star Track – Autobatterie
- Verbindungskabel Star Track – Computer
- Akku 4 Ah
- Ladegerät
- PC
- Disketten mit Auswerteprogramm und Landkarten über einen Radius von ca. 100 km
- Systemdokumentation

Bild 71: Bildschirmausdruck Landsberg und Umgebung

Tabelle 1

Mittwoch 14.2

```
Start              : Bei Friesenstr. (0.142 km' 32')
Ziel               : Bei Friesenstr. (0.055 km 29')
Startzeit          : 14.02.96 Mittwoch 08:22:55
Ankunftzeit        : 14.02.96 Mittwoch 12:12:30
Dauer              : 03:49:35
Fahrzeit           : 02:59:19
Weitester Punkt    :    39.368 km 177' um 11:31:35 Bei :PÖRGEN
Km                 :   130.982 km
Max. Geschwindigk. : 127 Km/h um 11:40:04 Bei HAUNSTETTEN
Pause              : 00:50:13


EuroView  Observation  14.02.96 Mittwoch von 08:22:55 bis 12:12:30

Zeit       Ort         Bezug                       Km/h   Koordinaten
------------------------------------------------------------------------------
08:22:55  AUGSBURG-H                  (0.89/212')   35    48:21:38 Nord 10:56:23 Ost
08:28:12                              (1.34/268')   23    48:21:15 Nord 10:57:05 Ost
08:33:12                              (3.16/328')   45    48:19:47 Nord 10:57:22 Ost
08:39:06  KISSING     KIRCHE          (2.19/111')   21    48:18:14 Nord 10:57:41 Ost
08:44:55  BAIERBERG                   (1.69/153')   23    48:16:46 Nord 10:58:23 Ost
08:49:55  MERCHING    KIRCHE          (0.89/182')   50    48:15:16 Nord 10:59:06 Ost
08:54:55  ERUNNEN                     (1.66/252')   48    48:13:50 Nord 10:59:16 Ost
08:59:59                              (3.23/295')   34    48:12:49 Nord 11:00:21 Ost
09:05:01  ERESRIED                    (2.05/285')   48    48:11:51 Nord 11:02:36 Ost
09:10:52  MOORENWEIS  KIRCHE          (1.57/137')   39    48:10:01 Nord 11:03:58 Ost
09:15:53                              (1.60/ 24')   43    48:08:36 Nord 11:04:18 Ost
------------------------------------------------------------------------------
-> Gehalten 00:06:50 bei TÜRKENFEL  (2.06/160')    48:07:37 Nord 11:04:47 Ost
------------------------------------------------------------------------------
09:25:24  GREIFENBER  KIRCHE          (2.06/165')   53    48:05:27 Nord 11:04:43 Ost
09:30:50                              (0.19/146')   58    48:04:28 Nord 11:05:04 Ost
09:36:28  WINDACH     KIRCHE          (0.70/221')   34    48:04:22 Nord 11:02:43 Ost
------------------------------------------------------------------------------
-> Geparkt 00:29:56 bei WINDAC -   (0.70/221')    48:04:22 Nord 11:02:43 Ost
------------------------------------------------------------------------------
10:06:24  SCHÖNFELDI  STR KREUZ       (0.51/ 62')   26    48:03:52 Nord 11:01:28 Ost
10:14:06  CHRISTELSB  KIRCHE          (2.29/304')   50    48:02:10 Nord 10:59:58 Ost
10:19:42  FINNING     KIRCHE          (0.78/327')   37    48:01:00 Nord 11:01:07 Ost
------------------------------------------------------------------------------
-> Gehalten 00:05:53 bei FINNIN -   (0.78/327')    48:01:00 Nord 11:01:07 Ost
------------------------------------------------------------------------------
10:25:38  FINNING     KIRCHE          (1.14/331')   19    48:00:49 Nord 11:01:13 Ost
10:30:40  CHRISTELSB  KIRCHE          (4.40/  2')   39    48:00:29 Nord 10:58:19 Ost
10:35:42  PÖRGEN      KIRCHE          (0.37/300')   61    48:01:22 Nord 10:55:34 Ost
10:40:42  LANDSBERG   KIRCHE          (0.54/308')   34    48:02:50 Nord 10:52:58 Ost
------------------------------------------------------------------------------
-> Geparkt 00:15:12 bei LANDSB -    (0.07/184')    48:03:03 Nord 10:52:38 Ost
------------------------------------------------------------------------------
10:57:45  LANDSBERG   KIRCHE          (0.75/160')   39    48:03:23 Nord 10:52:25 Ost
11:02:49  KAUFERING   KIRCHE          (1.75/ 32')   35    48:04:38 Nord 10:51:50 Ost
11:08:01  HURLACH     KIRCHE          (2.50/284')   60    48:06:54 Nord 10:51:01 Ost
11:13:01  KLOSTERLEC  KIRCHE          (1.13/350')   51    48:09:02 Nord 10:50:03 Ost
------------------------------------------------------------------------------
-> Gehalten 00:09:58 bei KLOSTE -   (0.34/ 57')    48:09:32 Nord 10:49:39 Ost
------------------------------------------------------------------------------
11:26:18  KLOSTERLEC  KIRCHE          (0.23/163')   40    48:09:44 Nord 10:49:50 Ost
11:31:21  LAGER LECH  FLUGPLATZ       (1.43/ 60')   53    48:10:47 Nord 10:50:45 Ost
11:37:15  KÖNIGSBRUN  KIRCHE          (1.58/ 58')  113    48:15:28 Nord 10:52:04 Ost
11:42:19  MESSE  UGS                  (0.15/284')   56    48:20:24 Nord 10:53:36 Ost
11:47:25                              (1.59/211')   32    48:21:10 Nord 10:54:09 Ost
------------------------------------------------------------------------------
-> Geparkt 00:20:17 bei JAKOBE AUG (0.00/ 90')    48:22:01 Nord 10:54:36 Ost
------------------------------------------------------------------------------
12:11:22  JAKOBERTOR  AUGSBURG        (0.25/ 75')   27    48:21:59 Nord 10:54:24 Ost
12:12:30                              (0.23/ 86')   24    48:22:01 Nord 10:54:24 Ost
```

Donnerstag 15.2

```
Start             : Bei Friesenstr. ( 0.020 km  83')
Ziel              : Bei Friesenstr. ( 0.135 km 138')
Startzeit         : 15.02.96 Donnerstag 09:31:07
Ankunftzeit       : 15.02.96 Donnerstag 16:13:28
Dauer             : 06:42:21
Fahrzeit          : 02:07:05
Weitester Punkt   :    15.380 km 208' um 11 18:04 Bei :BOBINGEN
Km                : 97.713 km
Max. Geschwindigk.: 137 Km/h um 11 14:07 Bei :KÖNIGSBRUNN
Pause             : 04:35:13
```

EuroView Observation 15.02.96 Donnerstag von 09:31:07 bis 16:13:28

```
Zeit      Ort        Bezug              Km/h   Koordinaten
---------------------------------------------------------------------------
09:31:07  ZUGSPITZST AUGSBURG  (0.97/267')  29  48:22:53 Nord 10:55:53 Ost
09:36:22  FRIESENSTR LECHHAUSE (1.08/342')  40  48:21:43 Nord 10:56:29 Ost
09:41:23  JAKOBERTOR AUGSBURG  (1.27/352')  32  48:21:21 Nord 10:54:44 Ost
09:46:30  SINGOLD    KIRCHE    (1.19/268')  26  48:21:07 Nord 10:53:11 Ost
---------------------------------------------------------------------------
-> Gehalten 00:05:06 bei MESSE       (0.89/132')   48:20:45 Nord 10:52:57 Ost
---------------------------------------------------------------------------
09:53:16  MESSE   UGS          (0.67/143')  23  48:20:43 Nord 10:53:10 Ost
09:58:22                       (1.49/207')  42  48:21:08 Nord 10:54:03 Ost
10:03:23  JAKOBERTOR AUGSBURG  (0.63/353')  58  48:21:41 Nord 10:54:39 Ost
10:08:58  ZUGSPITZST AUGSBURG  (0.86/318')  27  48:22:30 Nord 10:55:34 Ost
---------------------------------------------------------------------------
-> Geparkt 00:22:35 bei FRIESE LEC (0.00/ 90')  48:22:16 Nord 10:56:12 Ost
---------------------------------------------------------------------------
10:50:30  FRIESENSTR LECHHAUSE (0.03/161')  29  48:22:17 Nord 10:56:12 Ost
---------------------------------------------------------------------------
-> Geparkt 00:04:56 bei FRIESE LEC (0.66/120')  48:22:27 Nord 10:55:44 Ost
---------------------------------------------------------------------------
10:59:16  AUGSBURG-H           (0.87/252')  27  48:21:22 Nord 10:56:40 Ost
11:04:17  JAKOBERTOR AUGSBURG  (1.46/  7')  19  48:21:14 Nord 10:54:27 Ost
11:09:17  MESSE   UGS          (0.30/313')  68  48:20:19 Nord 10:53:40 Ost
11:14:18  KÖNIGSBRUN KIRCHE    (1.42/103') 126  48:16:06 Nord 10:52:01 Ost
---------------------------------------------------------------------------
-> Geparkt  00:14:39 bei BOBING -  (0.51/ 22')  48:15:51 Nord 10:49:40 Ost
---------------------------------------------------------------------------
11:33:43  BOBINGEN   KIRCHE    (1.49/296')  87  48:15:45 Nord 10:50:54 Ost
11:38:43  HAUNSTETTE KIRCHE    (2.37/ 94')  98  48:18:37 Nord 10:52:53 Ost
11:43:44  MESSE   UGS          (1.43/178')  32  48:21:12 Nord 10:53:27 Ost
11:49:49  AUGSBURG   KIRCHE    (0.54/353')  21  48:22:00 Nord 10:53:57 Ost
---------------------------------------------------------------------------
-> Geparkt 01:08:20 bei JAKOBE AUG (0.24/ 78')  48:22:00 Nord 10:54:24 Ost
---------------------------------------------------------------------------
13:00:00  FRIESENSTR LECHHAUSE (0.76/126')  53  48:22:31 Nord 10:55:42 Ost
13:05:02                       (0.54/119')  21  48:22:25 Nord 10:55:49 Ost
---------------------------------------------------------------------------
-> Geparkt 03:04:18 bei ZUGSPI AUG (0.86/127')  48:23:08 Nord 10:54:32 Ost
---------------------------------------------------------------------------
16:11:22  ZUGSPITZST AUGSBURG  (0.89/127')  39  48:23:09 Nord 10:54:31 Ost
16:13:28  WERTACH    KIRCHE    (1.33/318')  10  48:23:29 Nord 10:54:06 Ost
---------------------------------------------------------------------------
```

Freitag 16.2

Der Wagen ist an diesem Tag vermutlich nur kurz gefahren (Unter 10 Minuten pro Fahrt). Und zwar ab 08:48, 09:30 und 18:10 Uhr. Das heist, daß der Empfänger durch den Temperatursensor am Auspuff nur kurz angeschaltet wurde.

```
samstag 17.2

Start              : Bei Friesenstr. ( 0.050 km 274')
Ziel               : Bei Friesenstr. ( 0.039 km  53')
Startzeit          : 17.02.96 Samstag 18:41:36
Ankunftzeit        : 17.02.96 Samstag 19:20:14
Dauer              : 00:38:38
Fahrzeit           : 00:34:31
Weitester Punkt    :    10.336 km    8' um 18:51:54 Bei :TODTENWEIS
Km                 :    42.658 km
Max. Geschwindigk.: 119 Km/h um 11:02:05 Bei : Bach


EuroView Observation  17.02.96 Samstag von 18:41:36 bis 19:20:14

Zeit       Ort           Bezug                  Km/h    Koordinaten
-------------------------------------------------------------------------------
18:41:36 AUGSBURG     FLUGPLATZ      (0.85/ 94')   90    48:25:36 Nord 10:55:17 Ost
18:47:14 GAMLING                     (0.58/263')   23    48:29:10 Nord 10:55:28 Ost
18:52:15 TODTENWEIS KIRCHE           (0.90/273')   61    48:31:02 Nord 10:56:43 Ost
-------------------------------------------------------------------------------
-> Gehalten 00:04:25 bei AINDLI -    (0.84/119')         48:30:55 Nord 10:56:57 Ost
-------------------------------------------------------------------------------
19:01:26 BACH                        (0.23/  5')   84    48:30:40 Nord 10:54:59 Ost
19:06:28 ANWALTING                   (0.05/247')   72    48:27:24 Nord 10:56:02 Ost
19:11:28 AUGSBURG     FLUGPLATZ      (1.19/ 56')   61    48:25:12 Nord 10:55:10 Ost
19:16:30 ZUGSPITZST AUGSBURG         (0.86/168')   45    48:23:18 Nord 10:54:57 Ost
19:20:14                             (0.06/171')   21    48:22:53 Nord 10:55:05 Ost
-------------------------------------------------------------------------------


sonntag 18.2

Start              : Bei Friesenstr. ( 0.011 km 213')
Ziel               : Bei Friesenstr. ( 0.071 km  83')
Startzeit          : 18.02.96 Sonntag 10:26:52
Ankunftzeit        : 18.02.96 Sonntag 15:39:56
Dauer              : 05:13:04
Weitester Punkt    :    11.599 km    5' um 10:53:25 Bei :TODTENWEIS
Km                 :    48.292 km
Max. Geschwindigk.: 129 Km/h um 10:34:28 Bei :Bach


EuroView Observation  18.02.96 Sonntag von 10:26:52 bis 15:39:56

Zeit       Ort           Bezug                  Km/h    Koordinaten
-------------------------------------------------------------------------------
10:26:52 AUGSBURG     FLUGPLATZ      (1.70/ 33')   35    48:24:47 Nord 10:55:13 Ost
10:33:52 ALLMERING                   (1.14/145')   87    48:29:47 Nord 10:55:28 Ost
-------------------------------------------------------------------------------
-> Geparkt 00:17:02 bei BACH         (0.48/324')         48:30:35 Nord 10:55:13 Ost
-------------------------------------------------------------------------------
10:51:42 AINDLING    KIRCHE          (0.08/155')   56    48:30:44 Nord 10:57:31 Ost
10:56:43 GAMLING                     (1.02/193')   32    48:29:40 Nord 10:55:11 Ost
11:02:01 BERGEN                      (0.59/ 61')   92    48:26:05 Nord 10:55:34 Ost
11:07:01 ZUGSPITZST AUGSBURG         (1.72/218')   64    48:23:35 Nord 10:55:57 Ost
-------------------------------------------------------------------------------
-> Geparkt 00:16:23 bei ZUGSPI AUG (0.78/317')           48:22:33 Nord 10:55:32 Ost
-------------------------------------------------------------------------------
11:27:28 ZUGSPITZST AUGSBURG         (0.61/327')   43    48:22:35 Nord 10:55:22 Ost
11:32:29 AUGSBURG                    (0.99/175')   27    48:23:11 Nord 10:52:56 Ost
11:39:47 AUGSBURG    KIRCHE          (0.88/183')   37    48:22:46 Nord 10:53:56 Ost
-------------------------------------------------------------------------------
-> Geparkt 03:52:09 bei ZUGSPI AUG (0.84/121')           48:23:05 Nord 10:54:30 Ost
-------------------------------------------------------------------------------
15:33:01 ZUGSPITZST AUGSBURG         (0.84/299')   19    48:22:38 Nord 10:55:41 Ost
15:38:06 AUGSBURG-H                  (1.19/249')   27    48:21:27 Nord 10:56:54 Ost
15:39:56                             (0.97/263')   14    48:21:17 Nord 10:56:46 Ost
-------------------------------------------------------------------------------
```

```
Dienstag 20.2.

Start             : Bei Friesenstr.( 0.057 km  56')
Ziel              : Bei Friesenstr.( 0.049 km  54')
Startzeit         : 20.02.96 Dienstag 10:38:16
Ankunftzeit       : 20.02.96 Dienstag 15:40:11
Dauer             : 05:01:55
Fahrzeit          : 03:08:09
Weitester Punkt   :    31.178 km   1' um 13:04:55 Bei Rain
Km                :   172.814 km
Max. Geschwindigk.: 143 Km/h um 12:35:40 Bei :AFFING
Durchnitt         : 62.35 km/h
Tacho             : 152.814 km
Pause             : 01:53:43


EuroView  Observation  20.02.96 Dienstag von 10:38:16 bis 15:40:11

Zeit      Ort         Bezug                           Km/h  Koordinaten
----------------------------------------------------------------------------
10:38:16 WERTACH      KIRCHE        (2.01/236')        58   48:24:38 Nord 10:54:43 Ost
10:43:35 GERSTHOFEN KIRCHE          (1.35/ 44')        31   48:24:57 Nord 10:52:01 Ost
10:48:54                            (1.26/121')        21   48:25:49 Nord 10:51:54 Ost
10:54:43 WERTACH      KIRCHE        (1.41/145')        37   48:24:39 Nord 10:52:43 Ost
10:59:54 GERSTHOFEN KIRCHE          (1.43/ 10')        48   48:24:43 Nord 10:52:34 Ost
11:05:21 AUGSBURG                   (1.29/178')        53   48:23:20 Nord 10:52:57 Ost
11:11:00 STADTBERGE KIRCHE          (0.74/251')        64   48:22:07 Nord 10:51:19 Ost
11:16:01 MESSE      AUGS            (0.12/ 70')        92   48:20:24 Nord 10:53:24 Ost
11:21:03 KÖNIGSBRUN KIRCHE          (1.67/ 63')        21   48:15:31 Nord 10:51:56 Ost
----------------------------------------------------------------------------
-> Geparkt  00:16:30 bei BOBING -   (0.77/341')             48:15:43 Nord 10:50:02 Ost
----------------------------------------------------------------------------
11:40:54 BOBINGEN    KIRCHE         (0.79/340')        37   48:15:42 Nord 10:50:03 Ost
11:47:55 MESSE      AUGS            (1.84/  8')       122   48:19:26 Nord 10:53:17 Ost
11:52:58 JAKOBERTOR AUGSBURG        (1.40/ 22')        19   48:21:19 Nord 10:54:10 Ost
11:57:58                            (0.90/331')        37   48:21:36 Nord 10:54:57 Ost
12:02:58 ZUGSPITZST AUGSBURG        (0.20/ 95')        19   48:22:52 Nord 10:54:56 Ost
----------------------------------------------------------------------------
-> Geparkt 00:20:48 bei ZUGSPI AUG (1.18/170')             48:23:29 Nord 10:54:56 Ost
----------------------------------------------------------------------------
12:25:17 ZUGSPITZST AUGSBURG        (1.23/170')        27   48:23:30 Nord 10:54:55 Ost
12:30:18 AUGSBURG   FLUGPLATZ       (0.78/121')        63   48:25:46 Nord 10:55:26 Ost
12:35:24 ALLMERING                  (0:83/ 28')        58   48:28:53 Nord 10:55:41 Ost
12:40:32 TODTENWEIS KIRCHE          (2.31/144')        80   48:32:04 Nord 10:54:54 Ost
12:45:34 ALTENBACH                  (1.95/190')        95   48:34:54 Nord 10:54:16 Ost
12:50:36 BAYERDILLI KIRCHE          (3.28/ 56')        87   48:38:17 Nord 10:54:59 Ost
----------------------------------------------------------------------------
-> Geparkt 00:04:04 bei RAIN        (0.00/ 90')             48:41:14 Nord 10:55:12 Ost
----------------------------------------------------------------------------
12:58:43 RAIN                       (0.08/342')        37   48:41:12 Nord 10:55:13 Ost
13:04:49                            (0.36/185')        24   48:41:25 Nord 10:55:13 Ost
13:09:52 BAYERDILLI KIRCHE          (2.79/ 51')        79   48:38:20 Nord 10:55:26 Ost
13:14:55 THIERHAUPT KIRCHE          (4.82/216')        66   48:35:54 Nord 10:57:05 Ost
13:19:57 OSTERZHAUS KIRCHE          (0.71/  4')        77   48:33:15 Nord 10:59:28 Ost
13:24:58 ABRUNN                     (0.92/302')        51   48:31:53 Nord 10:59:37 Ost
13:30:00 APP.    HAUS               (0.17/117')        26   48:30:42 Nord 11:00:52 Ost
13:35:25 AFFING       KIRCHE        (0.33/127')        42   48:27:38 Nord 10:58:41 Ost
13:40:27 BERGEN                     (1.54/280')        79   48:26:06 Nord 10:57:14 Ost
13:45:27 DERCHING                   (1.16/ 69')        74   48:24:08 Nord 10:57:07 Ost
13:50:28 ZUGSPITZST AUGSBURG        (0.71/235')        39   48:23:04 Nord 10:55:34 Ost
13:55:35 JAKOBERTOR AUGSBURG        (0.32/154')        50   48:22:11 Nord 10:54:29 Ost
14:00:36                            (0.40/182')        24   48:22:14 Nord 10:54:36 Ost
----------------------------------------------------------------------------
-> Geparkt  01:32:55 bei AUGSBU    (0.72/106')              48:21:20 Nord 10:55:26 Ost
----------------------------------------------------------------------------
15:37:10 JAKOBERTOR AUGSBURG        (0.80/223')        19   48:22:20 Nord 10:55:02 Ost
15:40:11 ZUGSPITZST AUGSBURG        (0.08/210')        27   48:22:53 Nord 10:55:07 Ost
----------------------------------------------------------------------------
```

Das System kann zum Preis von 4.900 Euro gekauft oder geleast werden.
Das Star-Track-Gerät hat die Größe einer Zigarettenschachtel. Nach dem Einsatz wird das Gerät demontiert und seine Daten mit dem PC ausgelesen. Die gespeicherten Daten enthalten in einstellbaren Zeitabständen die geografische Position einschließlich Uhrzeit, Geschwindigkeit und Höhe.
Die Stromversorgung erfolgt extern über Akkus oder die Autobatterie. Erstaunlich sind die geringen Abmaße der GPS-Satellitenantenne von 42x42x14 mm.
Die Anbringung am Fahrzeug hängt vom Fahrzeugtyp ab. Für den extrem kleinen Star Track lässt sich jedoch immer ein Platz finden. Zu beachten ist lediglich, dass die Satellitenantenne „Blick" zum Himmel hat, sie darf nicht von Metall abgeschirmt sein. Es reicht sogar aus, wenn die Antenne senkrecht zur Fahrbahnoberfläche eingebaut wird. Wenn ein Anschluss an das 12-V-Netz des Fahrzeugs erfolgt, ist eine zeitlich fast unbegrenzte Überwachung möglich. Lediglich der Speicher von Star Track begrenzt dann die Aufzeichnung. Star Track kann auch mit Akkus betrieben werden. Um die Stromaufnahme gering zu halten und damit die Zeit der Aufzeichnung zu verlängern, kann Star Track sich selbst abschalten, um in einstellbaren Zeitabständen „aufzuwachen", eine Position zu ermitteln und diese zu speichern.

Technische Daten des Star Track-GPS-Empfängers (Bild 77):
- Betriebsspannung: 9-16 V
- Stromaufnahme: je nach Betriebsart 1 mA – 200 mA
- Abmessungen: 120x60x25 mm
- Abmessungen der GPS-Empfangsantenne: 42x42x14 mm
- Antennenkabellänge: 5 m
- kürzester Speicherabstand: 1 s
- Speicherkapazität: 40.000 Positionen
- Die Aufzeichnungsdauer hängt von dem eingestellten Speicherzyklus und von der Kapazität der Stromversorgung ab
- Externer Akku: 1.2 Ah, Abmessungen 120 × 60 × 25 mm
- Externer Akku: 4 Ah, Abmessungen 270 × 80 × 40 mm

Auswertung der Daten:
Die Auswertung der gespeicherten Daten erfolgt mit Hilfe eine PCs im Büro. Es existieren zwei Auswertearten:
1. Listing aller an der Fahrtstrecke gelegenen Orte mit Angabe der Uhrzeit, Geschwindigkeit und Fahrtrichtung (Ortsdatenbank mit 30.000 Orten)
2. Die grafische Auswertung mit elektronischer Landkarte am Bildschirm. Stadtpläne oder Satellitenfotos sind beschaffbar. Möglich ist auch die Darstellung einer zeitgerafften Wiedergabe der Fahrt auf der elektronischen Landkarte

Verleihservice:
Star Track wird auch zum Verleih in zwei Varianten angeboten:
A: System bestehend aus Star Track, Akku und Ladegerät. Die Auswertung wird in diesem Falle vom Hersteller durchgeführt

Bild 72: Star-Track-System

und für den Auftraggeber dokumentiert.
B: Wie Variante A, jedoch zusammen mit Farb-Laptop, Auswerteprogramm und entsprechenden Landkarten

Tabelle 2 ab Seite 64 zeigt die Datenauswertung für den 29. 4. 1995 für den Startort Altomünster. Laut Datenauswertung ging die Fahrt bis Erding als weitest entfernten Ort und wieder zurück nach Altomünster.
Bild 74 zeigt einen Bildschirmausdruck der Landkarte bei Erding.

Bild 73: Datenauswertung am PC

Wer in dauerndem Kontakt zum Zielfahrzeug bleiben und nicht erst nach Rückkehr des Kfz den Speicher auslesen will, muss tief in die Brieftasche langen. Für eine simultane, permanente Verfolgung mit Leuchtpunkt auf der Bildschirmlandkarte à la James Bond muss ein Interessent zwischen 15.000 und 25.000 Euro berappen. Der Autor steht mit Rat und Tat gerne zur Verfügung.

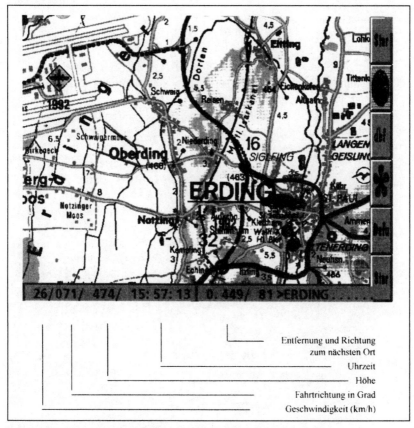

Bild 74: Bildschirmausdruck Erding und Umgebung

Tabelle 2

```
Objekt              : AUDI 100  M-XY 32
Datum               : 29.04.1995 von 12:59:01 bis 18:35:02 = 05:36:01
Startort            : Altomünster CT
Weitester Ort       : Erding
Zielort             : Altomünster CT
Gefahrene Kilometer : 143.754
Aufzeichnungszyklus : 60 Sekunden
Genauigkeit         : < 80 Meter
```

Uhrzeit	Meter	Richt	Ort	Kilometer	km/h	Kurs
12:52:45	336	237'	ALTOMÜNSTER CT	0.27	6	155'
12:53:01	267	234'		0.34	48	061'
12:54:02	339	18'		1.02	39	027'
12:55:03	818	61'	ALTOMÜNSTER	1.78	60	032'
12:56:00	1663	235'	PIPINSRIED	2.94	76	054'
12:57:02	474	246'		4.15	51	042'
12:58:03	638	133'		5.16	87	125'
12:59:01	1681	110'		6.49	60	084'
13:00:01	2229	291'	LANGENPETTENBACH	7.98	114	134'
13:01:01	654	275'		9.64	71	099'
13:02:03	348	158'		10.56	34	152'
13:03:01	1508	136'		11.79	80	121'
13:04:00	1099	326'	MARKT INDERSDORF	12.84	37	130'
13:05:02	1128	2'		13.67	55	046'
13:06:02	1479	240'	WEICHS	14.79	87	055'
13:07:01	334	228'		15.96	50	049'
13:08:03	587	77'		16.93	71	062'
13:09:00	1806	64'		18.18	55	059'
13:10:02	2222	221'	PETERSHAUSEN	19.46	80	062'
13:11:01	1014	217'		20.69	60	062'
13:12:00	439	206'		21.36	19	039'
13:13:02	474	155'		21.90	47	135'

Gehalten in PETERSHAUSEN von 13:13:02 bis 13:15:26 = 00:02:24

Uhrzeit	Meter	Richt	Ort	Kilometer	km/h	Kurs
13:15:26	810	152'	PETERSHAUSEN	22.28	13	051'
13:16:03	1143	150'		22.64	85	138'
13:17:01	486	241'	KOLLBACH	23.85	18	085'
13:18:04	1565	201'		25.11	76	206'
13:19:03	1421	67'	VIERKIRCHEN	26.35	58	177'
13:20:01	1044	86'		27.05	61	261'
13:21:01	149	109'		28.00	47	292'
13:22:03	658	192'		28.57	80	183'
13:23:01	1684	180'		29.65	58	181'
13:24:03	1406	16'	RÖHRMOOS	30.88	63	162'
13:25:01	685	80'		33.48	71	165'
13:26:03	1651	107'		34.70	98	137'
13:27:02	840	10'	AMPERMOCHING	36.10	60	182'
13:28:02	277	205'		37.24	26	168'
13:29:02	1100	171'		38.18	68	174'
13:30:03	1519	129'		39.32	84	072'
13:31:03	2440	103'		40.58	89	083'
13:32:02	1841	231'	HAIMHAUSEN	41.65	55	075'
13:33:02	1068	224'		42.50	58	061'
13:34:02	740	178'		43.42	71	117'
13:35:02	1578	135'		44.64	64	133'
13:36:03	2399	14'	UNTERSCHLEIßHEIM	45.71	68	160'
13:37:37	2047	21'		46.14	18	155'
13:38:01	2257	23'		46.43	58	022'
13:39:02	1555	177'	GÜNZENHAUSEN	48.62	153	054'
13:40:02	2039	93'		51.05	145	053'
13:41:01	1521	354'	NEUFAHRN BEI FREISIN	53.44	150	074'
13:42:00	2845	52'		55.84	122	084'
13:43:00	2448	305'	HALLBERGMOOS	58.14	142	040'
13:44:01	2173	351'		60.05	103	081'
13:45:00	2569	25'		61.52	95	083'
13:46:02	2487	185'	ATTACHING	63.01	84	000'
13:47:01	2449	152'		64.47	95	083'
13:48:00	3110	131'		65.70	60	082'

Uhrzeit	Meter	Richt	Ort	Kilometer	km/h	Kurs
13:49:02	2385	336'	SCHWAIG	66.99	55	136'
13:50:00	2177	4'		68.15	76	075'
13:51:01	2001	31'		69.55	108	183'
13:52:01	1558	91'		71.41	113	142'
13:53:02	2444	78'	OBERDING	73.40	101	145'
13:54:00	2273	306'	ERDING	74.69	16	065'
13:55:02	1330	309'		75.65	31	129'
13:56:00	817	292'		76.33	50	181'
13:57:01	514	262'		76.92	23	166'

Geparkt in ERDING von 13:57:01 bis 17:39:24 = 03:42:23

Uhrzeit	Meter	Richt	Ort	Kilometer	km/h	Kurs
17:39:24	453	253'	ERDING	77.11	18	223'
17:40:02	538	268'		77.35	37	004'
17:41:00	819	294'		77.87	53	358'
17:42:18	1042	312'		78.24	23	340'
17:43:02	1730	308'		78.94	63	289'
17:44:00	2478	313'		79.82	76	343'
17:45:03	2091	56'	OBERDING	81.37	90	306'
17:46:04	1415	79'	SCHWAIG	82.74	89	330'
17:47:01	1997	32'		84.22	58	013'
17:48:01	2166	5'		85.66	114	256'
17:49:03	2591	335'		87.08	79	312'
17:50:04	2951	133'	ATTACHING	88.37	79	264'
17:51:02	2376	154'		89.51	60	263'
17:52:05	2291	182'		90.63	68	255'
17:53:01	2870	34'	HALLBERGMOOS	91.81	74	260'
17:54:03	2156	4'		93.29	103	262'
17:55:00	2337	321'		95.03	111	226'
17:56:04	2624	286'		96.57	89	226'
17:57:02	2767	51'	NEUFAHRN BEI FREISIN	98.13	127	267'
17:58:01	1586	4'		100.17	121	257'
17:59:01	1940	293'		102.24	129	237'
18:00:03	1314	150'	GÜNZENHAUSEN	104.54	137	235'
18:01:02	2605	273'	ECHING	106.96	148	234'
18:02:02	1131	331'	UNTERSCHLEIßHEIM	109.23	124	228'
18:03:00	1850	255'		111.16	114	213'
18:04:02	1982	283'	OBERSCHLEIßHEIM	112.90	89	198'
18:05:02	2218	260'		113.89	21	338'
18:06:01	2232	262'		114.01	37	277'
18:07:03	3224	267'		115.02	66	277'
18:08:01	3003	67'	DACHAU ROTHSCHWAIGE FLUGPLATZ	116.09	68	275'
18:09:02	1976	51'		117.33	61	274'
18:10:02	1393	22'		118.35	60	275'
18:11:23	2000	8'		119.18	11	003'
18:12:00	1994	358'		119.56	45	293'
18:13:04	1490	82'	DACHAU	120.29	39	296'
18:14:03	846	58'		121.10	51	302'
18:15:01	691	20'		121.76	42	270'
18:16:02	1155	320'		122.78	71	302'
18:17:02	1773	313'		123.44	40	315'
18:18:03	2512	12'	GÜNDING	124.70	71	329'
18:19:03	3524	358'		125.97	85	305'
18:20:02	3311	195'	NIEDERROTH	127.37	77	307'
18:21:00	2977	211'		128.35	56	311'
18:22:02	2135	106'	OBERROTH	129.31	50	276'
18:23:03	1265	97'		130.28	64	273'
18:24:01	241	105'		131.34	64	301'
18:25:00	910	324'		132.47	69	335'
18:26:04	1326	145'	ERDWEG	133.55	79	333'
18:27:03	165	162'		134.74	50	297'
18:28:00	829	316'		135.76	71	270'
18:29:03	1357	164'	KLEINBERGHOFEN	136.96	79	299'
18:30:03	693	215'		138.18	56	341'
18:31:02	1079	277'		139.26	82	315'
18:32:01	1917	298'		140.34	66	312'
18:33:03	399	93'	OBERZEITLBACH	141.91	80	294'
18:34:03	788	38'		142.84	60	066'
18:35:02	676	256'	ALTOMÜNSTER CT	143.75	47	027'

Quellenverzeichnis

- Bild 16, 17, 18 und 19 aus dem Buch Bächtold, Mikrowellentechnik, 1999, Vieweg-Verlag
- das Kapitel „Direktsequenz-Spreiz-Spektrum-Kommunikationssysteme" ist ein Auszug aus dem Buch „THE SPREAD SPECTRUM SOURCEBOOK" von Andrè Kesteloot und C. L. Hutchinson, 1990, American Radio Relay League, Inc.
- das Kapitel „Kfz-Ortung mit GPS", entstand mit freundlicher Unterstützung der Firma Communication Technology

Minispione-Schaltungstechnik Teil 5

Hardwire-Abhörgeräte
Powerline-Minispion
Subcarrier-Minispion
Sonar-Minispione
Opto-Minispione
Netzadapter für Minispione
Timer à la James Bond
Handy als Minispion

Vorwort

Im Teil 5 finden Sie einfache, preiswerte und vor allem praxiserprobte Überwachungsschaltungen, die in ihrer Funktion kurz und verständlich beschrieben werden.

Sie erfahren z.B. wie Sie einen scheinbar harmlosen, unbenutzten, fest in einer abgehängten Decke eingebauten Lautsprecher in ein lauerndes Mikrofon verwandeln oder wie Sie einen Standard-Minispion mit einer Subcarrier-Modulationsstufe in einen Hightech-Minispion umrüsten.

Um mit diesen Schaltungen zu experimentieren, müssen Sie nicht unbedingt ein Profi sein, sondern nur ein neugieriger und begeisterungsfähiger Hobby-Elektroniker mit etwas Hochfrequenzerfahrung.

Bei manchen innovativen Schaltungsvorschlägen werden Sie sich ohnehin fragen, warum Sie nicht selbst darauf gekommen sind.

Sie sind jedenfalls auf dem besten Weg dem aus den James Bond-Filmen bekannten Mister Q Konkurrenz zu machen. Im übrigen erfahren Sie auch einige Dinge, die Sie von Amts wegen eigentlich nicht wissen sollten.

1 Inhaltsverzeichnis

1 Hardwire- (drahtgebundene) Abhörgeräte 9
- 1.1 Hintergrundmusik-Lautsprecher als Abhörmikrofon (Version 1) 9
- 1.2 Hintergrundmusik-Lautsprecher als hochempfindliches Abhörmikrofon (Version 2) 11
- 1.3 Unterputz-Hardwire-Abhörgerät 13
- 1.4 Abhörempfänger für Unterputz-Hardwire-Abhörgerät 15
- 1.5 Hardwire-Stereo-Abhörgerät 17
- 1.6 Körperschall-Abhörgerät für Safeknacker 19
- 1.7 Powerline (230 V)-Trägerfrequenz-Abhörgerät 22
- 1.8 Powerline (230 V)-Trägerfrequenz-Abhörempfänger 24
- 1.9 Telefonleitungs-Abhörsonde 26

2 Hilfs- und Peripheriegeräte 29
- 2.1 Akustischer Schalter 29
- 2.2 NF-Vorverstärker 31
- 2.3 Automatische FM-Tonbandaufzeichnung 31
- 2.4 UKW-Radio-Umbau 35
- 2.5 Kopfhöreranschluss 40
- 2.6 Minispion-Netzadapter 42
- 2.7 James Bond-Timer 45

3 Subcarrier-Abhöranlage (Subcarrier = Unterträger) 47
- 3.1 Standard-Minispion 47
- 3.2 Subcarrier-Minispion 50
- 3.3 Subcarrier-Minispion-Demodulator 52

Inhaltsverzeichnis

4 Sonar-Minispione (Sonar = Ultraschall) 55
    4.1   Sonar-Minispion (Low Power-Version) 55
    4.2   Sonar-Minispion-Empfänger (Version 1) 63
    4.3   Sonar-Minispion (High Power-Version) 65
    4.4   Sonar-Minispion-Empfänger (Version 2) 67

5 Opto-Minispione 69
    5.1   Opto-Blaster-Minispion 69
    5.2   Opto-Blaster-Minispion-Empfänger
            (Version 1) 71
    5.3   Opto-Minispion in der Aktentasche 73
    5.4   Micro-Opto-Minispion 77
    5.5   Opto-Minispion-Empfänger (Version 2) 79

6 Spielregeln für Abhörprofis 83

Anhang: Moderne Überwachungstechnik mit Handy's 87
    Kurzbeschreibung der drei Steckmodule 89

Hinweis:
Der Bau und die Inbetriebnahme von Hardwire-, Sonar und Opto-Minispionen zu Experimentierzwecken unterliegt keinen gesetzlichen Einschränkungen!

1 Hardwire- (drahtgebundene) Abhörgeräte

1.1 Hintergrundmusik-Lautsprecher als Abhörmikrofon (Version 1)

Die in *Abb.* 2 angegebene Schaltung kann den Lautsprecher einer Rundrufanlage oder einer Musikberieselungsanlage in ein hochempfindliches Mikrofon verwandeln. Solche Lautsprecher finden sich meist in den abgehängten Styropordecken von Konferenzräumen, Büros, Lobbys oder Kantinen. In den meisten Fällen bemerkt es niemand, wenn ein Lautsprecher vom System getrennt wird. Die nun freien Enden des Lautsprecherkabels werden mit der Schaltung aus *Abb. 1* verbunden. Wegen des geringeren Rauschens wird ein J-FET-Operationsverstärker vom Typ TL 082 verwendet.

Abb. 1: Küchenschabe mit Miniatursendern zur Übertragung der Laufmuskel-Aktivitäten (Quelle: Universität Konstanz)

Kapitel 1: Hardwire- (drahtgebundene) Abhörgeräte

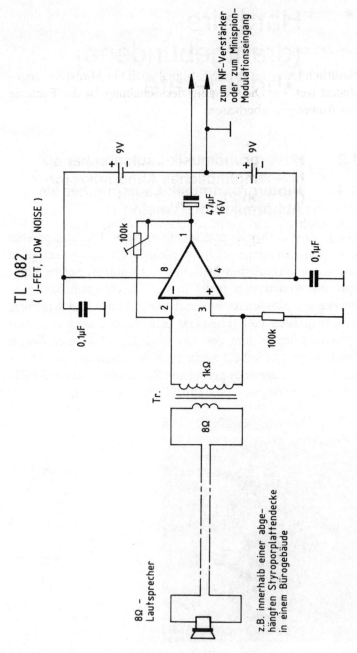

Abb. 2: Hintergrundmusik-Lautsprecher als Abhörmikrofon

Am Operationsverstärkerausgang kann entweder ein Kopfhörer oder ein Lautsprecherverstärker, wie zum Beispiel der LM 386 angeschlossen werden.

Natürlich kann mit dem NF-Signal auch ein Minispion angesteuert werden. Die Tarnung der Schaltung ist der Fantasie des Anwenders überlassen.

1.2 Hintergrundmusik-Lautsprecher als hochempfindliches Abhörmikrofon (Version 2)

Eine noch weitaus empfindlichere Abhörschaltung für PA (Public Address)-Lautsprecher ist in *Abb. 3* zu sehen. Der 100-kΩ-Trimmer dient zur Lautstärkeregelung. Der mit dem Schalter S zuschaltbare 10-µF-Kondensator erhöht den Verstärkungsfaktor. Der Ausgang des Verstärkers wird entweder auf einen Kopfhörer oder einen Lautsprecher gegeben. Das RC-Glied an PIN 5 unterdrückt wilde Schwingungen.

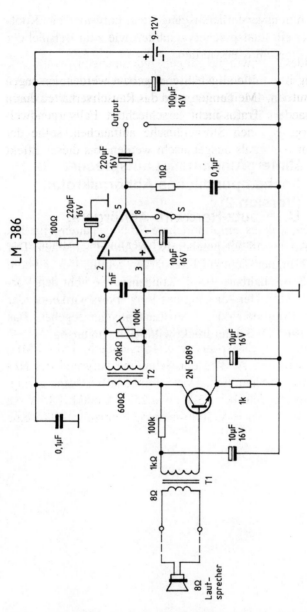

Abb. 3: Hintergrundmusik-Lautsprecher als hochempfindliches Abhörmikrofon

Die Verstärkung von 100–120 dB würde ohne den Einsatz der beiden NF-Trafos kaum erzielbar sein.

Um wilden Schwingneigungen vorzubeugen, sollte die Schaltung in ein Metallgehäuse eingebaut werden. Entgegen anders lautender Meinungen wird das Rauschverhalten durch den Einsatz der Trafos nicht verschlechtert. Falls irgendwelche unergründlichen Störgeräusche auftauchen, sollte der Transistor mehrmals ausgetauscht werden, bis dieser Effekt beseitigt ist.

1.3 Unterputz-Hardwire-Abhörgerät

Abfällige Bemerkungen über drahtgebundene Abhörgeräte sind eigentlich nicht zutreffend. Wer also im Unterputz ein totes Kabel findet oder bewusst unter der Tapete ein dünnes Adernpaar installiert, verfügt mittels einer geeigneten Elektronik über eine qualitativ hochwertige Abhöranlage. Das getarnt anzubringende Mikrofon inkl. Vorverstärker am Anfang des Kabels ist aus *Abb. 4* ersichtlich. Trotz SMD-Technik wird der Aufbau der Schaltung aufgrund des NF-Trafos etwas unhandlich. Der Strombedarf ist sehr gering. Die Schaltung zieht bei 1,5 V etwa 250 µA und bei 15 V ca. 2,2 mA. Mit einer 3-V/5000-mAh-Lithiumzelle sollte eine Betriebsdauer von einem Jahr erzielbar sein.

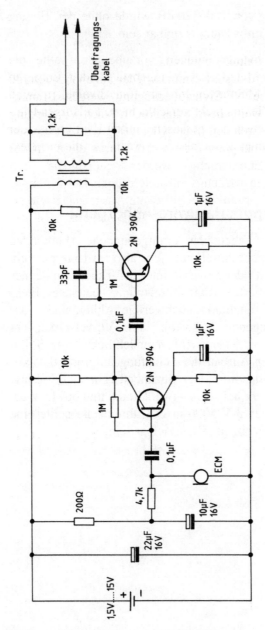

Abb. 4: Unterputz-Hardwire-Abhörgerät

1.4 Abhörempfänger für Unterputz-Hardwire-Abhörgerät

Die Empfangsschaltung geht aus *Abb. 5* hervor. Mit dem Eingangstrafo wird das NF-Signal wieder angehoben. Durch die symmetrische NF-Signalübertragung werden Brumm- und Störsignale weitgehend unterdrückt. Nach Verstärkung des NF-Signals durch den Max 410/TL 071 wird von dessen Ausgang ein Optokoppler angesteuert. Durch diese Art der gegenseitigen Entkopplung werden Störsignale und Schwingneigungen wirkungsvoll unterdrückt. Der Fototransistor-Ausgang führt auf zwei getrennte Ausgangsverstärker. Die Transistorstufe versorgt das Tonbandgerät und der LM 386 einen Kopfhörer oder Lautsprecher. Als Übertragungsleitung kann ein totes Telefonkabel oder ein überzähliges Adernpaar eines Telefonkabels verwendet werden. Oftmals beinhalten Telefonkabel zwei Reserveadern, die über viele Kilometer genutzt werden können. Für diese drahtgebundene Art des Abhörens kann jedes nicht abgeschirmte verdrillte oder parallele Adernpaar genutzt werden.

Im Gegensatz zum Abhören per Funk ist so ein Kabel sicher gegen unerwünschte Mithörer. So lassen sich zum Beispiel mittels fest verdrahteter Abhörgeräte Horchpfosten an taktischen Schwerpunkten großer Areale wie zum Beispiel Grenzverläufen einrichten. Es gibt kaum eine Übertragungstechnik mit größerer Tonqualität bei geringem Stromverbrauch.

Kapitel 1: Hardwire- (drahtgebundene) Abhörgeräte

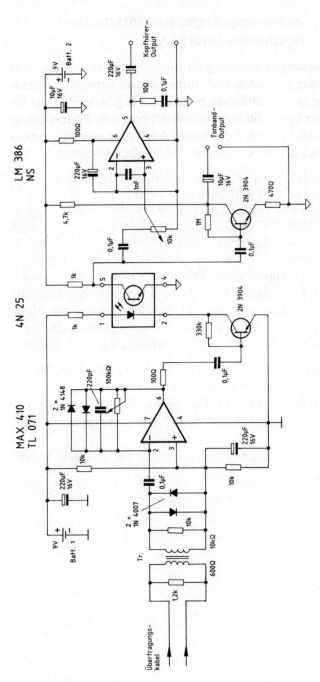

Abb. 5: Abhörempfänger für Unterputz-Hardwire-Abhörgerät

Eine sauber getarnte drahtgebundene Abhöranlage ist gegen Entwanzungsversuche ziemlich immun.

Zweifellos ist es schwierig und lästig, ein Übertragungskabel unauffällig über größere Entfernungen zu verlegen. Die Entdeckung der Abhöranlage beinhaltet ein gewisses Risiko für den Installateur. So kann der Abgehörte zum Beispiel einen Elektroschocker am freigelegten Adernpaar anschließen oder das Kabel einfach in eine 230-V-Netzsteckdose stecken.

Nicht zuletzt, um sich vor derartigen Überraschungen zu schützen, ist die Empfangsanlage in *Abb. 5* mit einem 3-kV-sicheren Optokoppler ausgerüstet. Durch diese Potenzialtrennung und die Verwendung von zwei Batterien wird die Gefahr des »Zurückschlagens« stark verringert, wenn auch nicht ganz beseitigt. So ist auch die Möglichkeit eines Blitzschlags nicht auszuschließen. Das Adernpaar sollte deshalb mit einem Überspannungsschutzableiter ausgerüstet werden. Das Stromschlagrisiko liegt bei einer über große Entfernungen betriebenen drahtgebundenen Abhöranlage beim Betreiber.

1.5 Hardwire-Stereo-Abhörgerät

Die Übertragungsqualität einer Hardwire-Abhöranlage kann durch Einsatz einer Stereoübertragung weiter gesteigert werden. *Abb. 6* zeigt die zugehörige Schaltung. Die Zuleitungen von den Mikrofonen zu den Verstärkern können natürlich nicht beliebig lang gemacht werden.

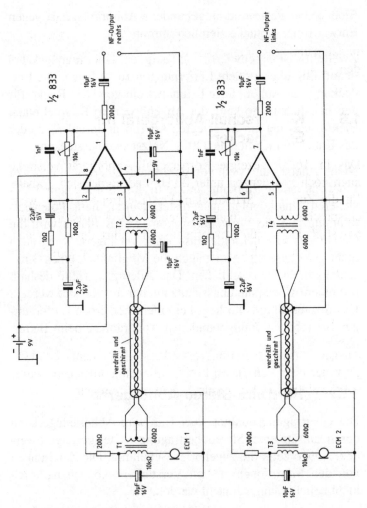

Abb. 6: Hardwire-Stereo-Abhörgerät

Durch die Abmaße der Tonfrequenztrafos sind der Miniaturisierung im Mikrofonbereich natürlich erhebliche Grenzen gesetzt. Zwei dünne zweiadrige Koaxkabel unauffällig zu verlegen dürfte außerdem besondere Schwierigkeiten bereiten. Die Verstärkerausgänge führen auf ein Stereotonbandgerät oder einen Stereokopfhörer.

Ohne Zweifel handelt es sich hier um eine Spezialanwendung, deren Nachteile nur aufgrund ihrer hohen Empfindlichkeit und Übertragungsqualität in Kauf genommen werden.

1.6 Körperschall-Abhörgerät für Safeknacker

Das in *Abb. 7* gezeigte Körperschall-Abhörgerät verstärkt auch noch Frequenzen unter 20 Hz und eignet sich deshalb für die Zunft der Safeknacker. Das Electret-Mikrofon wird entsprechend *Abb. 8* in einem Metall- oder Kunststofftrichter befestigt. Der heiße Mikrofonausgang führt direkt auf den nicht invertierenden Eingang eines Operationsverstärkers mit 100facher Verstärkung. Mit dem Kondensator Cx im Rückkopplungszweig können die Höhen abgedämpft werden. Um ab 1.500 Hz wirksam zu dämpfen, empfiehlt sich ein Wert von etwa 10 nF. Die galvanische Kopplung des Mikrofons an PIN 3 erzeugt eine hohe Offset-Spannung am Ausgang des Operationsverstärkers. Mit dem 100-kΩ-Trimmer lässt sich die an PIN 1 anliegende Gleichspannung auf die Hälfte der Versorgungsspannung einregeln.

Kapitel 1: Hardwire- (drahtgebundene) Abhörgeräte

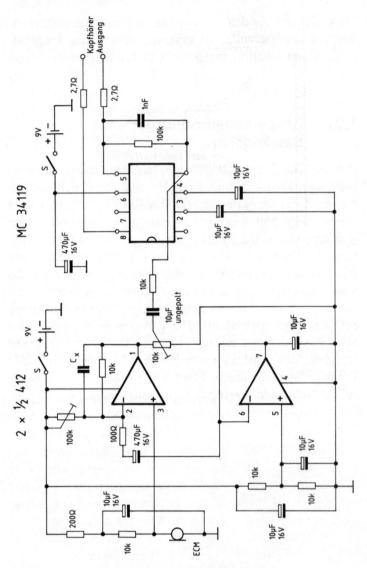

Abb. 7: Körperschall-Abhörgerät für Safeknacker

1.6 Körperschall-Abhörgerät für Safeknacker

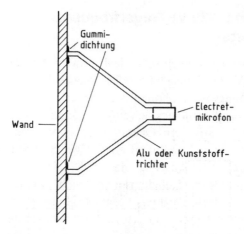

Abb. 8: Electretmikrofon im Lauschtrichter

Die zweite Hälfte des Operationsverstärkers 412 erzeugt einen virtuellen Nullpunkt.

Das NF-Ausgangssignal führt auf das NF-Leistungstreiber-IC vom Typ MC 34119. Dieses IC verstärkt die NF etwa 100fach. Mit dem 1-nF-Kondensator am Ausgang (PIN 4/5) können die Höhen weiter bedämpft werden.

Durch die hohe Gesamtverstärkung des Körperschall-Abhörgeräts ist auf exaktes Schaltungslayout und extrem kurze und falls möglich verdrillte Zuleitungen zu achten. Um wilde NF-Schwingungen zu vermeiden, werden die beiden ICs mit getrennten 9-V-Batterien versorgt. Durch die extrem niedrige NF-Grenzfrequenz, die unter 5 Hz liegt, und die hohe Verstärkung kann die Schaltung bei Verwendung einer gemeinsamen Batterie ins Schwingen geraten. Damit es zu keinen Rückkopplungen zwischen Kopfhörer und Mikrofon kommt, sollte ein hochwertiger niederohmiger, gut abgedichteter Qualitätskopfhörer verwendet werden. Das »Hören« extrem niederfrequenter Töne erfordert etwas Übung. Die »Töne« werden vom Ohr als Druckschwankung wahrgenommen. Zur Unterstützung des Hörtrainings kann am NF-Ausgang des Operationsverstärkers ein Oszilloskop angeschlossen werden. Angeblich eignen sich einige Safes der Firma Diebold (USA) für Abhörübungen.

1.7 Powerline (230 V)-Trägerfrequenz-Abhörgerät

Die Schaltung in *Abb. 9* eignet sich ideal zum Einbau in irgendwelche 230-V-Haushaltsgeräte oder Netzsteckdosen. Die 230-V-Netzleitung wird ähnlich wie bei Babysitter-Anlagen als »Datenübertragungsleitung« genutzt. Das Mikrofonsignal wird von einem Operationsverstärker verstärkt. Das verstärkte Signal moduliert einen CMOS-555 in seiner Taktfrequenz. Am Ausgang des 555 hängt ein Transistortreiber, in dessen Kollektorleitung sich ein auf 400 kHz abgestimmter Resonanzkreis befindet. Hinter jeder Steckdose kann sich entsprechend *Abb. 10* ein Minispion verstecken.

Durch ein niedriges L/C-Verhältnis verläuft die Resonanzkurve ziemlich flach, sodass der Resonanzkreis leichter zu modulieren ist. Die Verwendung eines 455-kHz-ZF-Kreises erfordert in jedem Fall ein Umwickeln. Um mit der 230-V-Wechselspannung nicht in Konflikt zu kommen, sind zur gegenseitigen Isolation zwei getrennte Wicklungskammern vorzusehen.

1.7 Powerline (230 V)-Trägerfrequenz-Abhörgerät

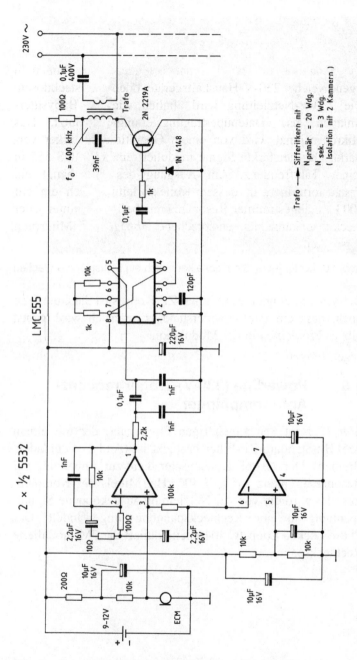

Abb. 9: Powerline (230 V) Trägerfrequenz-Abhörgerät

24 Kapitel 1: Hardwire- (drahtgebundene) Abhörgeräte

Abb. 10: Hinter jeder Steckdose kann sich ein Minispion verstecken

Bei Verwendung eines Original-ZF-Kreises ist die Güte Q so hoch, dass ein Parallelwiderstand erforderlich wird. Sonst gibt es Probleme mit der Modulation.

1.8 Powerline (230 V)-Trägerfrequenz-Abhörempfänger

Abb. 11 zeigt den zugehörigen Empfänger, der mit einem 455kHz-Standard-ZF-Filter bestückt ist (Andy's Funkladen, Bremen). Der 220-pF-Kondensator dient zur Anpassung der Resonanzfrequenz auf $f_0 = 400$ kHz. Mittels des Komparators 393 wird die von der Netzleitung ausgekoppelte Signalspannung in eine Rechteckspannung umgewandelt. Das Phase Locked Loop-IC 4046 demoduliert die FM-modulierte Rechteckspannung.

1.8 Powerline (230 V)-Trägerfrequenz-Abhörempfänger

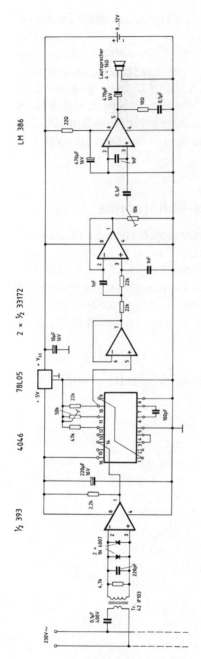

Abb. 11: Powerline (230 V) Trägerfrequenz-Abhörempfänger

Um die intern erzeugte Oszillatorfrequenz stabil zu halten, wird der 4046-Baustein mit einer auf 5 V geregelten Betriebsspannung versorgt. Auf den 4046 folgen eine Buffer-Stufe und ein Tiefpass, der den Träger eliminiert. Die NF-Spannung wird mittels des ICs LM 386 so weit verstärkt, dass ein Lautsprecher oder Kopfhörer angesteuert werden kann. Hier noch ein Warnhinweis für Unerfahrene: Der Anschluss der Geräte an die 230-V-Netzleitung birgt tödliche Gefahren.

1.9 Telefonleitungs-Abhörsonde

Analoge Telefonleitungen anzuzapfen ist auch im Zeitalter der ISDN-Telefone noch aktuell. In *Abb. 12* ist eine hochohmige Abhörsonde angegeben. Aufgrund des hohen Eingangswiderstands ist der Anschluss nicht zu detektieren. Im Übrigen braucht die Schaltung zu ihrer Funktion nicht mit der zweiten Telefonader massemäßig verbunden zu werden.

1.9 Telefonleitungs-Abhörsonde

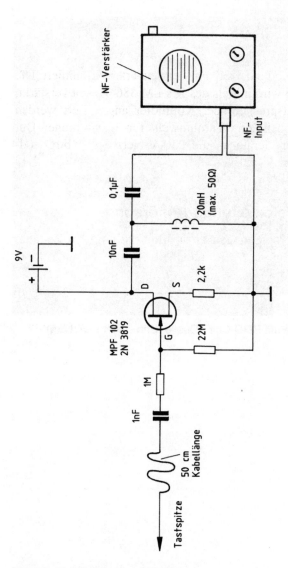

Abb. 12: Telefonleitungs-Abhörsonde

28 Kapitel 1: Hardwire- (drahtgebundene) Abhörgeräte

Abb. 13: Biene mit RFID-Chip (Quelle: Universität Würzburg)

2 Hilfs- und Peripheriegeräte

2.1 Akustischer Schalter

Mit dem in *Abb. 14* gezeigten akustischen Schalter kann durch Verwendung eines Relais alles Mögliche angesteuert werden. Am besten eignet sich ein Kassettenrekorder mit Remote-Eingang (Remote = fernsteuern). Wird die Schaltung inkl. Kassettenrekorder in eine Aktentasche eingebaut, können Gespräche im Umfeld vollautomatisch aufgezeichnet werden.

Mit dem 500-kΩ-Trimmer kann die Verstärkung des ersten Operationsverstärkers eingestellt werden. Der 10-kΩ-Trimmer dient zur Justierung der Ansprechschwelle des Komparators. Das Zeitglied am Gate-Eingang des MOSFET-Transistors sorgt mit seiner Zeitkonstante von 10 Sekunden für einen klapperfreien Betrieb des Relais.

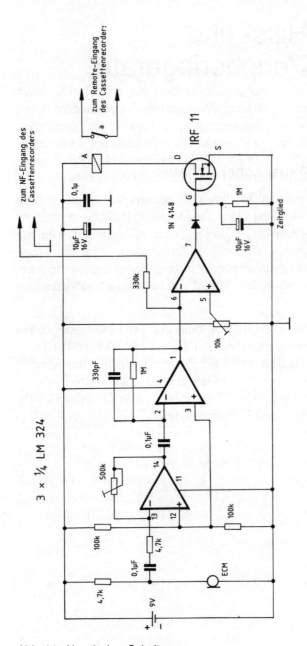

Abb. 14: Akustischer Schalter

2.2 NF-Vorverstärker

Die Schaltung in *Abb. 15* eignet sich zur Pegelanhebung kleiner NF-Signale bei hohem Eingangswiderstand. Die Stromaufnahme der Schaltung liegt bei etwa 1 mA. Durch die geringe Verstärkung der einzelnen Verstärkerstufen von 10 wird die Schwingneigung der Schaltung gering gehalten. Soll der Eingangswiderstand der Schaltung auf 1 MΩ angehoben werden, muss der 100-kΩ-Widerstand an PIN 2 gegen einen 1-MΩ-Widerstand und der Rückkopplungswiderstand auf 4,7 MΩ erhöht werden.

2.3 Automatische FM-Tonbandaufzeichnung

Zur automatischen Aufzeichnung abgehörter Gespräche eignet sich die Schaltung in *Abb. 16*. Wenn der FM-Empfänger nur den HF-Träger empfängt, ist am Ohrhörerausgang nur ein leises Rauschen zu hören. Wird in dem Raum, in dem der Minispion deponiert ist, gesprochen, erhöht sich die NF-Ausgangsspannung beträchtlich. Mit einem kleinen NF-Trafo wird das NF-Signal so weit angehoben, dass nach anschließender Gleichrichtung ein Transistor angesteuert werden kann. Wird in dem »heißen Raum« nicht mehr gesprochen, schaltet der Transistor den Kassettenrekorder zeitverzögert wieder ab. Um Strom zu sparen, sollte der Innenwiderstand des Relais bei 1–2 kΩ liegen. Bei Aktivierung der Schaltung liegt der Stromverbrauch dann bei einigen mA. Bei längeren Gesprächspausen braucht die Schaltung keinen Strom.

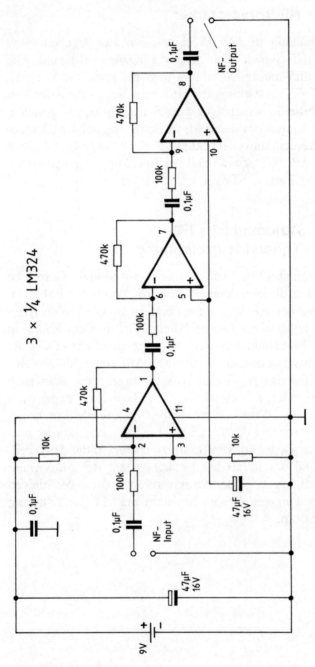

Abb. 15: NF-Vorverstärker

2.3 Automatische FM-Tonbandaufzeichnung

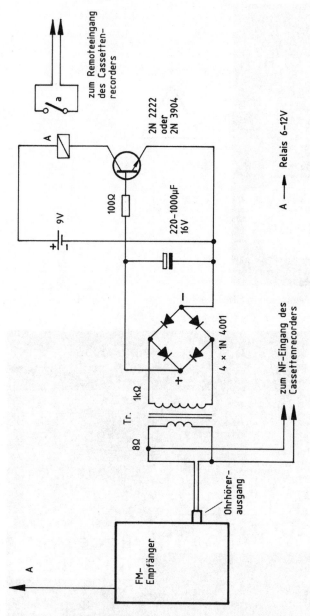

Abb. 16: Automatische FM-Tonbandaufzeichnung

Abb. 17: Minispion in SMD-Technik

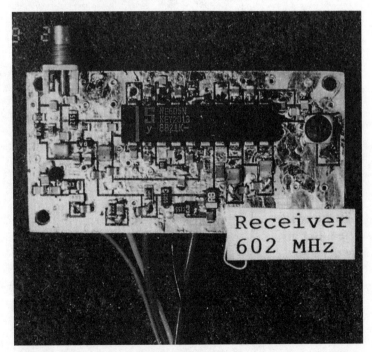

Abb. 18: Selbstbauempfänger mit NE 605 N

2.4 UKW-Radio-Umbau

Zum Empfang von Minispion-HF-Signalen eignen sich verschiedene Geräte:

- Scanner
- Professionelle Breitbandempfänger
- Handelsübliche FM-Radios
- Selbstbauempfänger
- Modifizierte FM-Radios

Scanner bieten ein gutes Preis-Leistungs-Verhältnis und programmierbare Empfangsfrequenzen. Außerdem können sie Amplituden-, Breitband- und Schmalbandfrequenzmodulation demodulieren. Der Frequenzbereich reicht von 100 kHz bis zu einigen Gigahertz. Einige Geräte verfügen über eine BNC-Buchse, an der externe Antennen oder HF-Vorverstärker angeschlossen werden können.

Der Erwerb eines Scanners kann außerdem anonym erfolgen, falls der Anwender bei seinem Einkauf gewisse Vorsichtsmaßnahmen treffen will. Sollte der Scanner im Anschluss an eine Abhöraktion beschlagnahmt werden, können die intern gespeicherten Daten wie zum Beispiel die Sendefrequenz des Minispions den Lauscher belasten. Dagegen hilft nur die Entfernung der Speicher-Sicherungsbatterie oder das Überschreiben der Wanzenfrequenz mit einer harmlosen Frequenz.

Professionelle Breitbandempfänger, sind meist Tischgeräte mit allen Schikanen, wie zum Beispiel einer einstellbaren Zwischenfrequenz und eingebautem Spektrum-Analysator. Wer einen derartig hochwertigen Empfänger besitzt, erweckt misstrauische Aufmerksamkeit.

Normale, **handelsübliche FM-Radios** erwecken keinerlei Aufmerksamkeit, da fast jeder eines besitzt. Diese befinden sich im Armaturenbrett eines Kfz, liegen als Kofferradio auf dem Rücksitz oder werden beim Joggen am Gürtel getragen. Diese offensichtliche Harmlosigkeit nutzen misstrauische Lauscher aus und spreizen das Empfangsband eines normalen FM-Radios um einige MHz nach oben oder unten.

Selbstbauempfänger können mit einem entsprechenden Chip, wie zum Beispiel TDA 7000, MC 3362, NE605N oder MC 3363 und einer Handvoll weiterer Bauteile kostengünstig im Bereich von 30–200 MHz aufgebaut werden. Ein echter Abhörprofi wird diesen Weg trotzdem nur selten gehen, obwohl ihm nicht mal 10 Euro Kosten entstehen. Mangelnde Empfindlichkeit, Trennschärfe und hohe Störstrahlung lassen ihn meist davor zurückschrecken. Echte Abhörprofis, die mobil arbeiten, beobachten ihr äusseres Erscheinungsbild mit kritischen Augen. Die einzigen Kommunikationsgeräte, die in ein Kfz passen, sind FM-Radios, CB-Funkgeräte und Handys.

Scanner erwecken bei einer zufälligen Verkehrskontrolle unerwünschte Aufmerksamkeit, sodass immer mit zusätzlichen Überprüfungen zu rechnen ist.

Ein anspruchsvoller Breitbandempfänger oder eine exotische Kfz-Antenne fordern Fragen nach dem Grund der Installation geradezu heraus.

So bleiben am Ende nur die **frequenzmodifizierten FM-Radios** übrig. Das Radio ist und bleibt für alle ein Standardgerät, dem keine besondere Aufmerksamkeit zuteil wird.

Die zur Bandspreizung erforderlichen Maßnahmen sind prinzipiell immer die gleichen. Trotzdem sind die zur Abänderung des Tuners notwendigen Schritte hersteller- und modellabhängig. Abhörprofis arbeiten meist mit quarzgesteuerten Schmalband-Minispionen.

Durch die schwache FM-Modulation sind FM-Radios, die mit Breitband-Frequenzdemodulation arbeiten, für den Empfang dieser Signale nicht geeignet. Ein zufälliger Mithörer müsste den Lautstärkeregler seines gespreizten FM-Radios bis zum Anschlag aufdrehen, um etwas zu hören.

Ein echter Abhörprofi veredelt sein gespreiztes FM-Radio mit einem Schmalbanddemodulator. Die hierfür erforderliche Schaltung ist in *Abb. 19* zu sehen. Angekoppelt wird an der letzten ZF-Stufe des FM-Radios. Die 10,7-MHz-Zwischenfrequenz wird mit der Frequenz 10,245 MHz gemischt. Die dabei erhaltene Differenzfrequenz von 455 kHz wird mit dem Schmalbanddemodulator-IC MC 3357, das auch als Quadraturdetektor bekannt ist, demoduliert. Ein Tiefpass am Ausgang (PIN 9) beseitigt den Träger. Nun ist nur noch L1 auf gute Tonqualität abzustimmen.

Die Zusatzelektronik für eine ZF von 455 kHz ist in *Abb. 20* zu sehen. Hier erübrigt sich der Mischvorgang. Auch in dieser Schaltung arbeitet das IC MC 3357 als Schmalbanddemodulator. An PIN 8 findet sich wieder die Phasenschieberspule L1, deren Abstimmung das NF-Signal optimiert. *Abb. 21* zeigt einen quarzgesteuerten Minispion mit Schmalbandmodulation.

Kapitel 2: Hilfs- und Peripheriegeräte

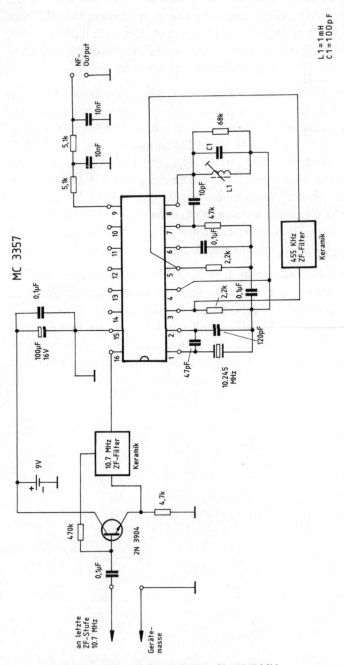

Abb. 19: FM-Schmalband-Demodulator für 10,7 MHz

2.4 UKW-Radio-Umbau

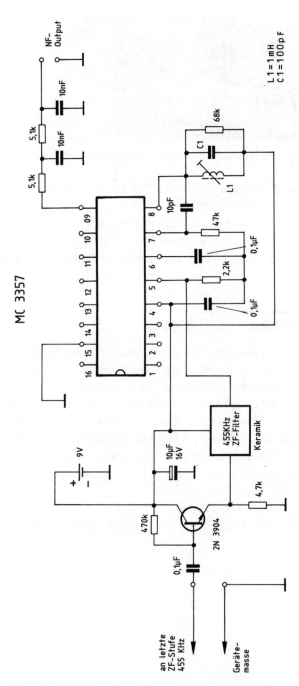

Abb. 20: FM-Schmalband-Demodulator für 455 kHz

Abb. 21: Quarzgesteuerter Minispion mit Schmalbandmodulation

Wer das Glück hat, ein FM-Radio mit bereits eingebautem Schmalbanddemodulator (MC 3357) zu besitzen, tut sich mit dem Umbau viel leichter. Er muss dann nur die Phasenschieberspule L1 gegen eine Spule höherer Güte austauschen oder den parallel geschalteten Dämpfungswiderstand entfernen.

2.5 Kopfhöreranschluss

Konzentriertes Lauschen erfordert qualitativ hochwertige Kopfhörer. Ideal geeignet sind Kopfhörer mit niedriger Impedanz, geringem Gewicht und hervorragender Dichtigkeit. Die das Ohr abdichtenden Kopfhörer neigen weniger zu akustischen Rückkopplungen. Niederohmige Stereokopfhörer gibt es überall zu kaufen. Qualitativ hochwertige Monokopfhörer sind selten. Am besten werden die Kabel der beiden Ohrmuscheln so verbunden, dass aus einem Stereokopfhörer ein Monokopfhörer wird. *Abb. 22* zeigt die normale Beschaltung eines Stereokopfhörers und *Abb. 23* den Umbau auf Monobetrieb durch Parallelschaltung beider Ohrmuscheln.

2.5 Kopfhöreranschluss

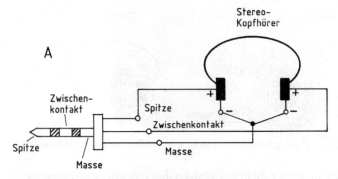

Abb. 22: Normale Beschaltung eines Stereo-Kopfhörers

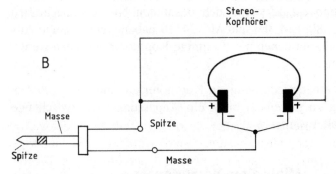

Abb. 23: Umbau auf Monobetrieb durch Parallelschaltung beider Hörmuscheln

Eine weitere Möglichkeit besteht entsprechend *Abb. 24* in der Hintereinanderschaltung der beiden Ohrmuscheln. Die Impedanzen handelsüblicher Lautsprecher liegen meistens im Bereich 4–16 Ω (Impedanz = Scheinwiderstand bei 1 kHz). Hi-Fi-Verstärker und andere Audiogeräte haben meist »High-Z«- und »Low-Z«-Ausgänge. Low-Z-Ausgänge haben einen Ausgangswiderstand von 4–16 Ω und High-Z-Ausgänge 300–2000 Ω.

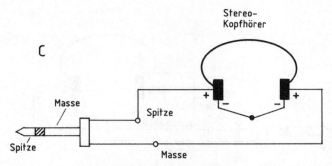

Abb. 24: Umbau auf Monobetrieb durch Hintereinanderschaltung beider Hörmuscheln

Eigenbauprojekte mit den bekannten NF-Leistungstreibern LM 380, LM 386 und MC 34119 haben niederohmige Ausgänge, mit denen niederohmige Kopfhörer betrieben werden können.

Um einen niederohmigen Kopfhörer an einem High-Z-Ausgang zu betreiben, muss ein Anpassungstrafo zwischengeschaltet werden.

2.6 Minispion-Netzadapter

Einen Minispion mit einem Steckernetzteil zu betreiben ist aufgrund der starken Welligkeit (Brummspannung) aussichtslos. Die Schaltung in *Abb. 25* beseitigt diesen Nachteil. In dieser Schaltung wird die Kapazität des 470-µF-Kondensators mit der Stromverstärkung ß des Transistors multipliziert. Die Stabilisierungsschaltung kann auf der Minispion-Platine mit untergebracht werden. Die Verbindungen sollten allerdings so kurz wie möglich gemacht werden. Die Stabi-Schaltung ist für Kleinleistungs-Minispione konzipiert. Wird zu viel Strom entnommen, kann der Transistor zu heiß werden. *Abb. 26* zeigt eine typischen Kleinleistungs-Minispion.

2.6 Minispion-Netzadapter

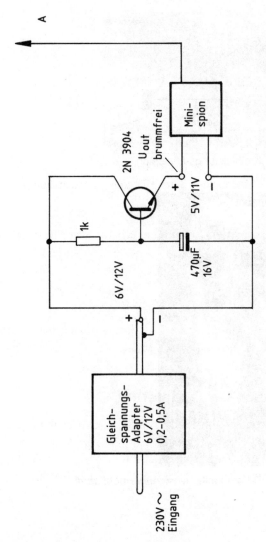

Abb. 25: Minispion – Netzadapter

44   Kapitel 2: Hilfs- und Peripheriegeräte

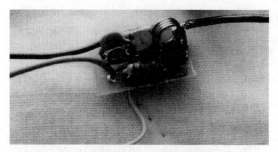

Abb. 26: Typischer Kleinleistungs-Minispion

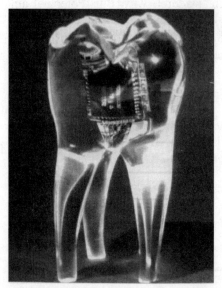

Abb. 27: Handy im Zahn (Quelle: *www.Augerment.com*)

2.7 James Bond-Timer

Ein Timer, mit dem nicht nur das Licht am Morgen eingeschaltet werden kann, ist in *Abb. 28* zu sehen. Timer piepsen meist mit einem Piezo-Summer. Dies ist eine kleine, häufig runde Kristallscheibe, auf die zwei Anschlüsse gelötet sind. Von besonderem Vorteil ist der geringe Stromverbrauch dieser Alarmgeber. Die Anschlüsse des Kristalls werden herausgeführt und mit einem Darlington-Optokoppler verbunden. Bei Alarm leuchtet die interne LED und schaltet den Darlington-Transistor ein. Dadurch wird Plus-Potenzial auf das Gate des Thyristors gelegt. Der Thyristor schaltet dann das Relais ein. Die LED dient zur Kontrolle des Einschaltzustands. Um den Thyristor wieder in den Ausschaltzustand zu versetzen, muss mit dem Schalter S kurz die Stromzufuhr unterbrochen werden. Falls die Schaltstufe nicht auf das Piezo-Signal anspricht, müssen die Zuleitungen zu PIN 1 und PIN 2 vertauscht werden. Unter Umständen kann es noch erforderlich sein, dass der (–)-Ausgang des Timers mit dem Minuspol der Batterie verbunden werden muss.

46 Kapitel 2: Hilfs- und Peripheriegeräte

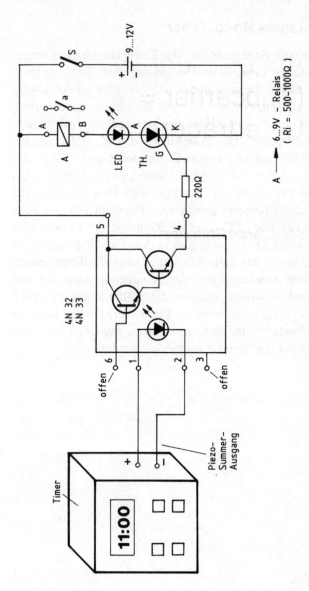

Abb. 28: James-Bond-Timer

3 Subcarrier-Abhöranlage (Subcarrier = Unterträger)

3.1 Standard-Minispion

Die Minispion-Standardschaltung in *Abb. 29* ist jedem Anfänger bekannt. Ein einstufiger Mikrofonverstärker moduliert einen UKW-Oszillator an der Basis des HF-Transistors. Die Rückkopplung erfolgt mit dem 4,7-pF-Kondensator zwischen Kollektor und Emitter.

Der Schwingkreis in der Kollektorleitung bestimmt die Oszillatorfrequenz.

Um aus diesem Standard-Minispion einen Subcarrier-Minispion zu machen, muss zwischen den mit A und B bezeichneten Punkten ein Subcarrier-Generator zwischengeschaltet werden.

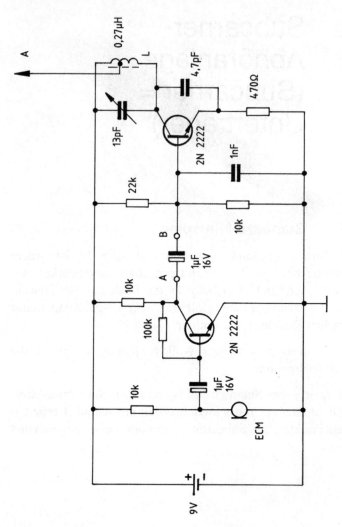

Abb. 29: Standard-Minispion

3.1 Standard-Minispion

Abb. 30: Minispion im Kugelschreiber

Abb. 31: Drahtlose Videokamera im Kugelschreiber
(Quelle: Conrad-Electronic)

3.2 Subcarrier-Minispion

Die Schaltung des zwischengeschalteten Subcarrier-Generators ist aus *Abb. 32* zu ersehen. Die verstärkte Mikrofonwechselspannung wird mittels eines Operationsverstärkers weiter verstärkt und dann auf das PLL-IC 4046 B gegeben. Mit dem PLL-IC wird der Subcarrier (Unterträger) erzeugt, der nun mit der NF-Frequenz moduliert wird. Ein mit Subcarrier-Modulation betriebener Minispion ist in *Abb. 33* dargestellt.

Mit dem FM-modulierten Subcarrier-Signal wird schließlich der UKW-Oszillator moduliert. Das PLL-IC ist in CMOS-Technik aufgebaut und verbraucht deswegen nur wenig Strom. Falls die NF-Verstärkung nicht zu hoch aufgedreht wird, ist an einem normalen FM-Radio kein NF-Signal zu hören.

Die Subcarrier-Frequenz kann mit dem 25-kΩ-Trimmer an PIN 11 und dem Kondensator zwischen PIN 6 und PIN 7 eingestellt werden.

3.2 Subcarrier-Minispion

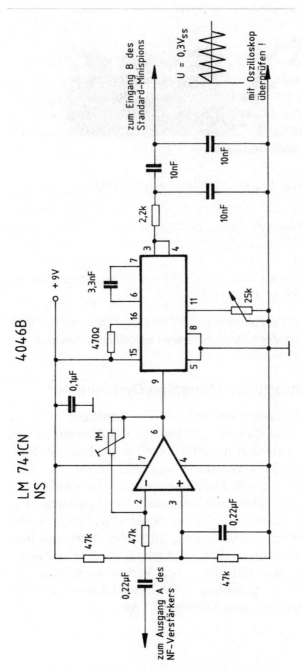

Abb. 32: Zwischengeschalteter Subcarrier-Generator

Abb. 33: Subcarrier-Minispion

Die Oszillatorfrequenz errechnet sich wie folgt:

$$f_0 = \frac{1{,}2}{4 \cdot R \cdot C}$$

Die Frequenz ist von 5–250 kHz einstellbar. Interessant ist der Bereich von 50–100 kHz.

Um das Nutzsignal, also das NF-Signal, hörbar zu machen, wird ein Decoder bzw. Subcarrier-Demodulator benötigt.

3.3 Subcarrier-Minispion-Demodulator

Die zur Demodulation erforderliche Schaltung wird in *Abb. 34* gezeigt. Das PLL-IC LM 565 CH demoduliert den Subcarrier und filtert die NF wieder heraus. Falls der Subcarrier am Ohrhörerausgang des FM-Radios zu stark gedämpft ist, muss der Diskriminatorausgang des Radios angezapft werden. Der 10-Ω-Widerstand am Ohrhörerausgang muss dann weggelassen werden. In den USA gibt es solche Subcarrier-Demodulatoren fertig zu kaufen. Dort wird mithilfe von Subcarriern Hintergrundmusik übertragen. Mitunter werden auch Aktienkurse und Verkehrsnachrichten gesendet. Die so genannten SCA-Demodulatoren arbeiten meist auf den Frequenzen 67 und 92 kHz.

3.3 Subcarrier-Minispion-Demodulator

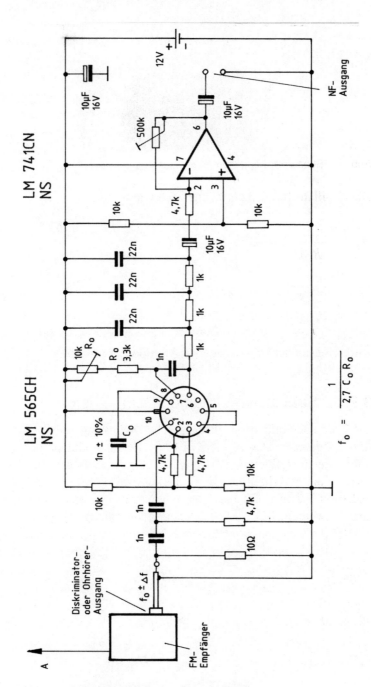

Abb. 34: Subcarrier-Minispion-Demodulator

4 Sonar-Minispione (Sonar = Ultraschall)

Sonar-Minispione können mit normalen Hochfrequenz-Suchgeräten nicht aufgespürt werden. Die Abstrahlung und der Empfang erfolgt mit Piezo-Ultraschallwandlern.

4.1 Sonar-Minispion (Low Power-Version)

Abb. 35 zeigt ein typisches Schaltungsbeispiel für einen Low Power Sonar-Minispion. Der nicht invertierende (+)-Eingang des Operationsverstärkers wird auf die Hälfte der Versorgungsspannung vorgespannt. Auf denselben Eingang wird die Mikrofonwechselspannung gegeben. Die Verstärkung ist frequenzabhängig dimensioniert. Oberhalb 4 kHz wird stark bedämpft. Die Dioden dienen zur Begrenzung der Ausgangsspannung bei etwa 0,7 V. Von PIN 6 wird das Signal über einen Tiefpass auf den FM-Eingang PIN 5 des 555-CMOS-Timers geführt. Der Timer ist als astabiler Multivibrator geschaltet. Die Oszillatorfrequenz wird mit dem 10-kΩ-Trimmer auf etwa 40 kHz abgestimmt. Der 5-V-Spannungsregler 78L05 macht die Frequenz batteriespannungsunabhängig. Die FM-modulierte Rechteckausgangsspannung an PIN 3 wird auf den Piezo-Ultraschallwandler gegeben. *Abb. 36* zeigt den kompletten Aufbau.

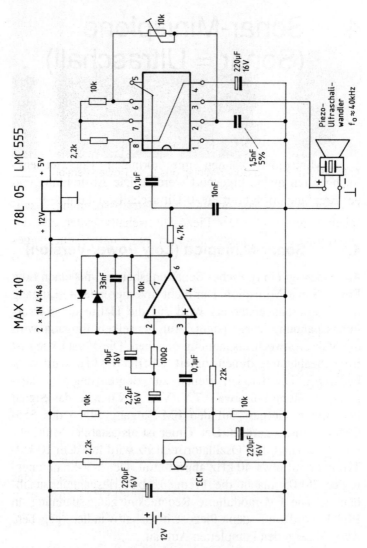

Abb. 35: Sonar-Minispion (Low Power-Version)

4.1 Sonar-Minispion (Low Power-Version)

Abb. 36: Aufbau des Sonar-Minispions (Low Power-Version)

Der Sonar-Minispion arbeitet mit Betriebsspannungen zwischen 6 und 15 V. Der Piezo-Ultraschallwandler und das Mikrofon können auch über ein maximal 50 cm langes zweiadriges Kabel betrieben werden. Ein typischer Piezo-Ultraschallwandler wird in *Abb. 37* gezeigt (Conrad-Electronic).

Abb. 37: Piezo-Ultraschallwandler (Conrad Electronic)

Um das Übertragungsprinzip besser zu verstehen, ist in *Abb. 38* das Blockschaltbild angegeben. Wie in der Senderschaltung in *Abb. 35* bereits gezeigt, wird sendeseitig das Mikrofonsignal verstärkt und damit ein 40-kHz-Generator in seiner Frequenz moduliert. Die Ultraschallübertragung findet mittels zweier Ultraschallwandler statt. Empfangsseitig wird das 40-kHz-Signal verstärkt, gleichgerichtet und auf einen Tiefpass geführt, um das NF-Signal wieder auszufiltern. Die Empfangsschaltung wird in *Abb. 39* noch einmal vereinfacht dargestellt.

Kapitel 4: Sonar-Minispione (Sonar = Ultraschall)

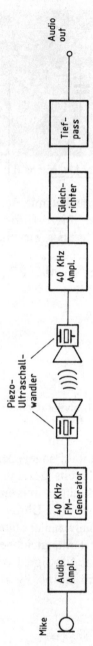

Abb. 38: Blockschaltbild zur Darstellung des Übertragungsprinzips

4.1 Sonar-Minispion (Low Power-Version)

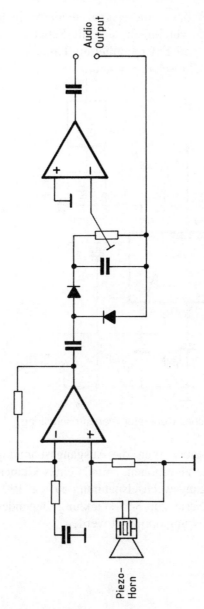

Abb. 39: Vereinfachte Darstellung der Empfangsschaltung

Steht das NF- bzw. Audiosignal senderseitig bereits fertig zur Verfügung, vereinfacht sich die Schaltung aus *Abb. 35*. *Abb. 40* zeigt den FM-modulierten Timer in seiner Grundschaltung als Ultraschallgenerator.

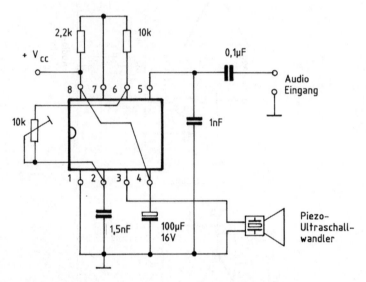

Abb. 40: Ultraschall-Generator-Standardschaltung

Abb. 41 zeigt einen Weg, die Ausgangsspannung und damit die Reichweite zu erhöhen. Mittels eines kleinen NF-Trafos wird die Ausgangswechselspannung auf ca. 100 V_{SS} erhöht. Mit dem in Serie zur 8-Ω-Wicklung liegenden RC-Glied kann die Anpassung optimiert werden.

4.1 Sonar-Minispion (Low Power-Version)

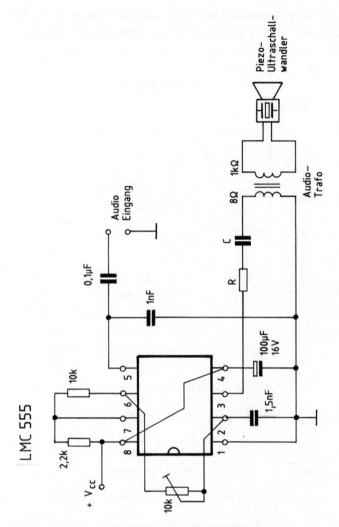

Abb. 41: Reichweitenerhöhung durch NF-Trafo

Doch nun noch ein paar Worte zu den Piezo-Ultraschallwandlern selbst. Die im Handel erhältlichen Wandler sind meist zylindrisch mit Durchmessern von 1,5–3 cm.

Fast alle Typen haben eine Resonanzfrequenz von 40 kHz. Aus *Abb. 42* ist das Resonanzverhalten zu entnehmen. Es ist deutlich zu erkennen, dass eine Frequenzmodulation des Empfangsträgers (Abb. 42a) zu Amplitudenschwankungen des Ausgangssignals (Abb. 42b) am Empfänger führt. Es handelt sich empfangsseitig also um eine Art FM-Flankendiskriminator.

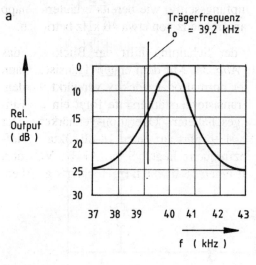

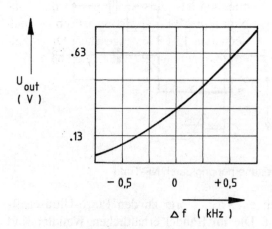

Abb. 42: Resonanzverhalten des Piezo-Ultraschallwandlers

4.2 Sonar-Minispion-Empfänger (Version 1)

Die Empfangsschaltung in *Abb. 43* ist wesentlich aufwendiger als die Senderschaltung. Beide Wandler werden sowohl sende- als auch empfangsseitig, wie bereits erläutert, knapp neben ihrer Resonanzfrequenz von etwa 40 kHz betrieben.

Zum Verständnis der Schaltung hilft ein Blick auf das Blockschaltbild in *Abb. 38*. Mit dem ersten Transistor kann das Signal entweder normal oder selektiv verstärkt werden. Auf eine zweite Transistorverstärkerstufe folgt ein als Einweggleichrichter geschalteter Operationsverstärker. Der Ausgang des MAX 439 führt auf einen 18-dB/Oktave-Tiefpass. Dessen Grenzfrequenz liegt bei ca. 3 kHz. Von dort wird das Signal auf einen 18-dB/Oktave-Hochpass gegeben, dessen Grenzfrequenz bei 700 Hz liegt.

Vom Hochpass-Ausgang geht das Signal auf einen weiteren LF 444-Operationsverstärker, der es 100fach verstärkt. Der 150-pF-Kondensator in der Rückkopplung eliminiert den Hochfrequenzanteil. Die beiden antiparallel geschalteten Dioden begrenzen die Ausgangsspannung auf ca. 1,4 V_{SS}. An PIN 7 steht schließlich das zum Anschluss an das Tonband vorgesehene Nutzsignal. Für Kopfhörerbetrieb ist noch der Leistungs-NF-Verstärker LM 386 vorgesehen. Die Schaltung arbeitet mit Betriebsspannungen zwischen 6 und 12 V.

Kapitel 4: Sonar-Minispione (Sonar = Ultraschall)

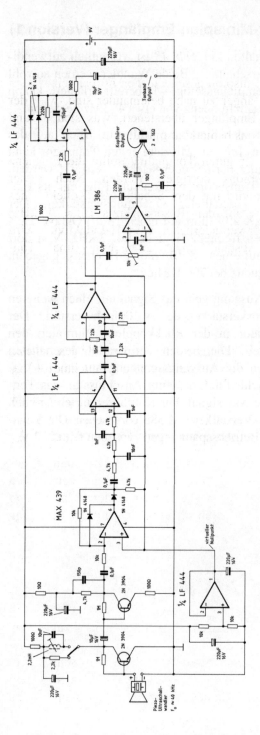

Abb. 43: Sonar-Minispion-Empfänger (Version 1)

Zum Abgleich ist ein Sonar-Minispion erforderlich. Der Schalter in der Kollektorleitung des ersten Transistors wird auf den 2,2-kΩ-Widerstand gestellt. Im Kopfhörer sollte nun der vom Sonar-Minispion gesendete Ton hörbar sein. Wenn Sender und Empfänger zu nahe beieinander sind, wird der Sonar-Minispion-Empfänger übersteuert, was sich anhand eines verzerrten Tons bemerkbar macht.

Zur Erzielung einer guten Tonqualität sollte die Frequenz des Sonar-Minispions korrigiert werden. Nach dieser Grundeinstellung wird mit dem Schalter der Kollektor des ersten Transistors auf den Resonanzkreis ($f_0 \approx 40$ kHz) geschaltet. Mit der veränderlichen 2,2-mH-Induktivität wird dann bei einem Abstand von ca. 20 m auf optimale Tonqualität abgestimmt. Sender- und Empfängerwandler sollten sich gegenseitig »sehen«. Bei größeren Entfernungen als 30 m wird die Tonqualität deutlich schlechter. Der Abgleich auf optimalen Empfang ist unter Mithilfe eines Assistenten leichter durchzuführen. Mehr als 50 m Reichweite sind nur zu erzielen, wenn der Empfangswandler im Brennpunkt eines Hohlspiegels von mindestens 50 cm Durchmesser betrieben wird.

4.3 Sonar-Minispion (High Power-Version)

Wie schon erwähnt, lässt sich durch Verwendung eines kleinen NF-Trafos die Ultraschallabstrahlung beträchtlich steigern. Prinzipiell zeigt die Senderschaltung in *Abb. 44* sonst keine Besonderheiten im Vergleich mit der Schaltung in *Abb. 35*.

Der untere Operationsverstärker (½ 833) erzeugt einen virtuellen Nullpunkt. Der obere Operationsverstärker (½ 833) arbeitet als nicht invertierender Mikrofonverstärker mit Höhenanhebung. Das Ausgangssignal an PIN 1 führt auf einen Tiefpass, um hochfrequente Störsignale abzublocken. Schließlich folgt wieder der als astabiler Multivibrator geschaltete CMOS-Timer-Baustein 555, dessen Schwingfrequenz mit dem 10-kΩ-Trimmer auf etwa 40 kHz eingestellt wird. Am Wandler können mit dem Oszilloskop bis zu

70 V_{SS} gemessen werden. Um die Schwingfrequenz des 555 stabil zu halten, befindet sich ein 8-V-Festspannungsregler-IC 7408 in der Stromversorgungszuleitung.

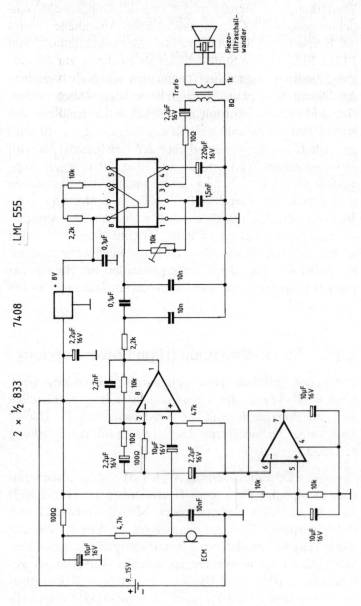

Abb. 44: Sonar-Minispion (High Power-Version)

4.4 Sonar-Minispion-Empfänger (Version 2)

In *Abb. 45* wird die 40-kHz-Wandlerspannung direkt auf den (+)-Eingang eines Operationsverstärkers geführt. Nach der Verstärkung des Signals folgen zwei als Doppelweggleichrichter geschaltete Operationsverstärker. Anschließend folgt ein Tiefpass mit 18 dB/Oktave und einer Grenzfrequenz von 7 kHz. Eine weitere Stufe arbeitet als Hochpass zur Beseitigung niederfrequenter Störspannungen, die sich bei Ultraschallübertragungen unangenehm bemerkbar machen können. Der LM 386-NF-Leistungsverstärker ist schließlich das letzte Glied in der Kette.

Für den Grobabgleich mit einem Abstand von etwa 1 m ist ein akustisch gut abgedichteter Kopfhörer erforderlich. Die beiden Wandler müssen sich zum Abgleich gegenseitig »sehen«. Der Feinabgleich über größere Entfernungen wird am besten im Freien durchgeführt.

Kapitel 4: Sonar-Minispione (Sonar = Ultraschall)

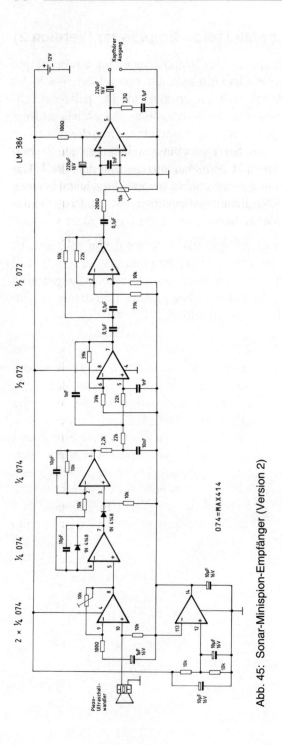

Abb. 45: Sonar-Minispion-Empfänger (Version 2)

5 Opto-Minispione

Das Hauptproblem bei Opto-Minispionen, die auch unter dem Begriff Infrarot-Wanzen bekannt sind, ist die 50/100-Hz-Brummüberlagerung, die von Glüh- und Leuchtstofflampen stammt. Da oft strahlend helles Licht im Spiel ist, kommt aus dem Empfänger außer lautem Brummen nicht viel heraus. Wie dem Problem beizukommen ist, wird im Folgenden gezeigt.

5.1 Opto-Blaster-Minispion

Die Senderschaltung in *Abb. 46* arbeitet als Intensitätsmodulator. Der Ausgang (PIN 5) des LM 386 liegt normalerweise, also ohne Ansteuerung, auf der halben Betriebsspannung. Der Ruhestrom, der in diesem Zustand durch die Infrarot-Diode fließt, hängt also nur von dem Wert des Widerstands R_X ab. Es können natürlich auch mehrere Infrarot-LEDs in Reihe geschaltet werden, sofern die Strom- und Spannungsgrenzen des LM 386 und der IR-LEDs eingehalten werden. Für die ersten Versuche empfiehlt sich ein Wert von $R_X = 100\,\Omega$. Falls die Empfindlichkeit sich als zu hoch erweist, kann der Kondensator zwischen PIN 1 und PIN 8 weggelassen werden. Die Verstärkung verringert sich dann um den Faktor 10. *Abb. 47* zeigt den Aufbau des Opto-Blaster-Minispions.

Kapitel 5: Opto-Minispione

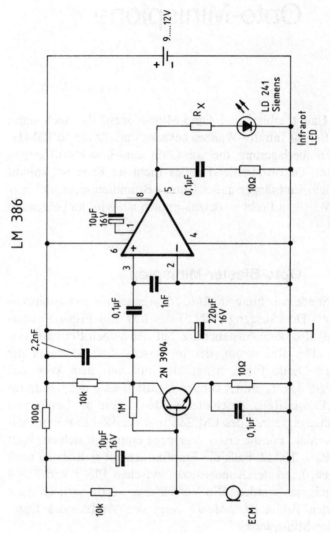

Abb. 46: Opto-Blaster-Minispion

Abb. 47: Aufbau des Opto-Blaster-Minispions

Mit dem im Folgenden beschriebenen Empfänger lässt sich eine maximale Reichweite von 10 m erzielen, wobei sich der Opto-Minispion in unmittelbarer Nähe einer 50-Watt-Glühlampe befinden kann. Mit einer zusätzlichen Optik versehen, lassen sich natürlich größere Reichweiten erzielen.

5.2 Opto-Blaster-Minispion-Empfänger (Version 1)

Wie schon hervorgehoben, liegt das Hauptproblem beim Opto-Empfängerbau in einer wirksamen Brummunterdrückung. Die Schaltung in *Abb. 48* arbeitet mit einem in Solid State-Technik aufgebauten 50-Hz-Kerbfilter.

72 Kapitel 5: Opto-Minispione

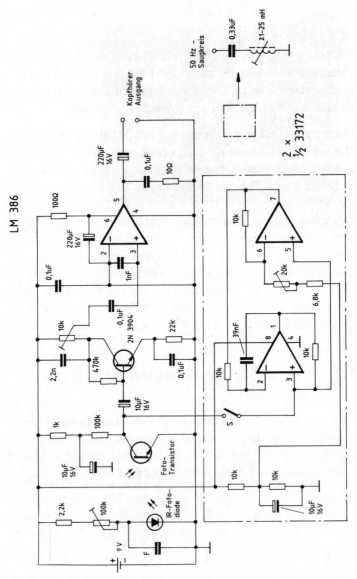

Abb. 48: Opto-Blaster-Minispion-Empfänger (Version 1)

Erfahrungsgemäß bringen Hochpässe und Sperrfilter herkömmlicher Bauart keine wesentliche Brummunterdrückung. Am besten wirkt ein Saugkreis bzw. ein Kerbfilter am Ausgang des Fototransistors. Die eingerahmte Teilschaltung in *Abb. 48* ist ein hochwirksamer elektronischer »Saugkreis«.

Ein echter Reihenresonanzkreis würde die Beschaffung einer veränderlichen Induktivität von 21–25 mH mit hoher Güte voraussetzen. Die zu erwartenden Abmaße dieser Induktivität lassen eine solche Lösung utopisch erscheinen.

Doch nun eine kurze Betrachtung der Schaltung in *Abb. 48*. Die erste Verstärkerstufe nach dem Fototransistor zeigt eine gewisse Frequenzabhängigkeit hinsichtlich der Verstärkung. Durch den 0,1-µF-Kondensator in der Emitterleitung nimmt die Verstärkung ab 50 Hz mit etwa 6 dB/Oktave zu. Durch den fallenden Blindwiderstand wird die Gegenkopplung im Emitterkreis mit zunehmender Frequenz immer geringer.

Der Brumm-Saugkreis bzw. das Kerbfilter mit den 33172-Operationsverstärkern kann mit dem 20-kΩ-Trimmer auf die Sollfrequenz von 50 Hz per Gehör abgestimmt werden. Mit dem Schalter S lässt sich der Unterschied mit und ohne Kerbfilter beurteilen. Als Fototransistor kann übrigens jeder Universal-Infrarot-Fototransistor verwendet werden. In der Nähe des Fototransistors ist eine Universal-Infrarot-Fotodiode platziert, deren Helligkeit mit dem 100-kΩ-Trimmer verändert werden kann. Dabei handelt es sich um eine Art Arbeitspunkteinstellung des Fototransistors zur Empfindlichkeitssteigerung.

Um die Dämpfung des Brummfilters zu beurteilen und einzustellen, wird in der Nähe des Fototransistors eine Glühlampe betrieben, deren Helligkeit den Fototransistor nicht blockiert, sondern nur mit Brumm beaufschlagt. Wie schon erwähnt, kann mit dem 20-kΩ-Trimmer die maximale Dämpfung justiert werden. Kontrolliert wird der Erfolg mit einem Kopfhörer am Ausgang des LM 386.

5.3 Opto-Minispion in der Aktentasche

In manchen Situationen ist es nicht sinnvoll, mit Hochfrequenz- bzw. Funk-Minispionen zu arbeiten, da die Entdeckungsgefahr durch HF-Suchgeräte immer mehr zunimmt.

So werden heutzutage viele Konferenzräume zu Beginn einer wichtigen Konferenz sorgfältig kontrolliert. Der Preisverfall der Minispion-Suchgeräte begünstigt diese Vorsichtsmaßnahme. Profis weichen in so einem Fall auf andere Übertragungsmedien wie zum Beispiel Infrarotstrahlung aus. Die Opto-Senderschaltung in *Abb. 49* ist so leistungsfähig, dass sie nicht auf die Empfängerschaltung ausgerichtet werden muss, sondern auch mit den an den Wänden zustande kommenden Reflexionen, also mit der Raumstrahlung, arbeitet. Aufgrund des relativ hohen Stromverbrauchs ist die Betriebsdauer auf einige Stunden begrenzt. Apropos Batterien: *Abb. 50* vermittelt ein eindrucksvolles Bild von der Leistungsfähigkeit verschiedener Fabrikate.

Doch nun kurz zur Schaltung des Opto-Minispions aus Abb. 49, der bequem in einer Aktentasche untergebracht werden kann. Nach dem Mikrofonverstärker führt dessen Ausgangssignal auf einen 555, der als astabiler Multivibrator geschaltet ist. Dessen Rechteckschwingung wird vom Mikrofonverstärker frequenzmoduliert. Der Kondensator zwischen PIN 2 und Masse bestimmt die Schwingfrequenz des Timer-ICs, die mit C = 1 nF bei etwa 60 kHz liegt. Die FM-modulierte Rechteckausgangsspannung wird auf die Gates von zwei Power-MOSFETs geführt. Die beiden in den Drain-Zuleitungen liegenden Widerstände begrenzen den Strom durch die IR-LEDs. Bei einer Batteriespannung von 12 V kann jeder MOSFET bis zu acht in Reihe geschaltete IR-LEDs ansteuern.

5.3 Opto-Minispion in der Aktentasche

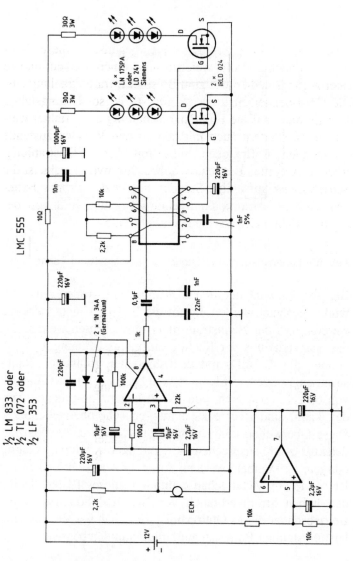

Abb. 49: Opto-Minispion in der Aktentasche

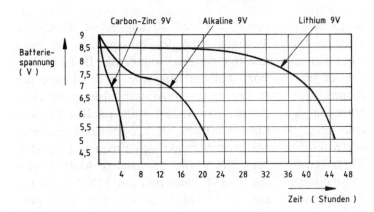

Abb. 50: Lebensdauer von Batterien unterschiedlicher Technologie

Bei der Auswahl der IR-LEDs muss auf großen Abstrahlwinkel geachtet werden. Damit die IR-LEDs nicht zu warm werden, darf der Nennstrom nicht überschritten werden. Da das Tastverhältnis der Rechteckausgangsspannung 1 : 1 ist, können die IR-LEDs mit dem doppelten zulässigen Nennstrom angesteuert werden. Obwohl bei einer Arbeitsfrequenz von 60 kHz noch nicht von Hochfrequenz gesprochen werden kann, sind Rechteckspannungen sehr oberwellenreich. Diese Oberwellen können unter Umständen einen Wanzendetektor zum Ansprechen bringen. Kurze interne Verbindungen, Koaxkabel zwischen Ansteuerelektronik und Strahler sowie ein Metallgehäuse mindern dieses Risiko. Durch den hohen Stromverbrauch von maximal 800 mA ist die Betriebsdauer dieses Opto-Minispions auch bei Verwendung leistungsfähiger Batterien auf einige Stunden begrenzt.

5.4 Micro-Opto-Minispion

Die Schaltung eines Micro-Opto-Minispions in Briefmarkengröße (2 x 2 cm) ist in *Abb. 51* angegeben. Durch die niedrige Abstrahlleistung muss der Minispion in der Ecke eines Fensters befestigt werden, sodass die IR-LED zum Fenster hinausschaut und das Mikrofon in das Innere des Raums. Um trotz der geringen Abstrahlleistung zu einer brauchbaren Reichweite zu kommen, sollte die IR-LED über eine integrierte Linse verfügen. Der 22-pF-Kondensator in der Mikrofonverstärkerstufe senkt den Frequenzgang über 7 kHz etwas ab. An PIN 5 wird der astabile Multivibrator FM-moduliert. Der 1-nF-Kondensator an PIN 2 stellt die Trägerfrequenz auf etwa 60 kHz ein. Der Opto-Minispion wird mit einer 3-V-Lithium-Knopfzelle betrieben. Bei einer Kapazität von 1000 mAh liegt die Lebensdauer des Minispions bei etwa 14 Tagen. Die Schaltung kann mit höherer Abstrahlung auch bei 6 V betrieben werden. Wird der Micro-Opto-Minispion mit einem bipolaren 555-Timer statt mit einem CMOS-555-Timer betrieben, steigt die Abstrahlung und natürlich der Stromverbrauch je nach LED auf 20–40 mA an. Die Lithium-Knopfzellen können diesen Strom nicht liefern, sodass kräftigere und damit größere Batterien verwendet werden müssen. Die Trägerfrequenz muss auf 60 kHz nachjustiert werden. Außerdem ist es sinnvoll, einen Strombegrenzungswiderstand vorzusehen. *Abb. 52* zeigt den Aufbau des Micro-Opto-Minispions.

Kapitel 5: Opto-Minispione

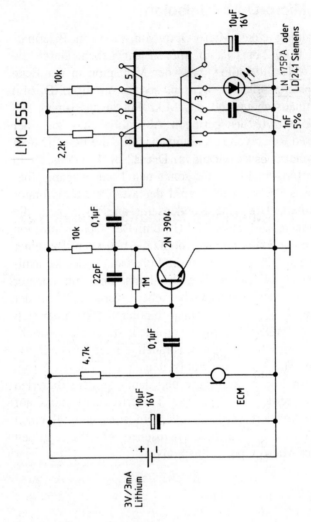

Abb. 51: Micro-Opto-Minispion

Abb. 52: Aufbau des Micro-Opto-Minispions

5.5 Opto-Minispion-Empfänger (Version 2)

In *Abb. 53* wird ein empfindlicher Opto-Minispion-Empfänger gezeigt. Die Demodulation findet hier an der Flanke eines 60-kHz-Resonanzkreises statt. Aus einem FM-Signal entsteht auf diese Weise ein AM-Signal.

Am Kollektor des relativ langsamen Fototransistors steht auch bei linearer Verstärkung ein beträchtlicher AM-Anteil. Mit dem darauf folgenden Operationsverstärker (½ 412) kann das entstandene AM-Signal maximal 1000fach verstärkt und mit einem weiteren Operationsverstärker (¼ 414) gleichgerichtet werden. Im weiteren Funktionsverlauf folgt ein Tiefpass (18 dB/Oktave) mit einer Grenzfrequenzvon 7 kHz und ein Hochpass (18 dB/Oktave) mit einer Grenzfrequenz von 700 Hz. Über einen Spannungsfolger geht das Signal schließlich auf den Tonbandeingang. Zur Ansteuerung der Kopfhörer ist noch ein Leistungs-NF-Verstärker vom Typ LM 386 vorgesehen. Der im unteren Teil von Abb. 38 dargestellte Operationsverstärker (½ Max 412) dient wieder zur Erzeugung eines virtuellen Nullpunkts, d. h., PIN 7 liegt auf ½ U_B bzw. +6 V.

Kapitel 5: Opto-Minispione

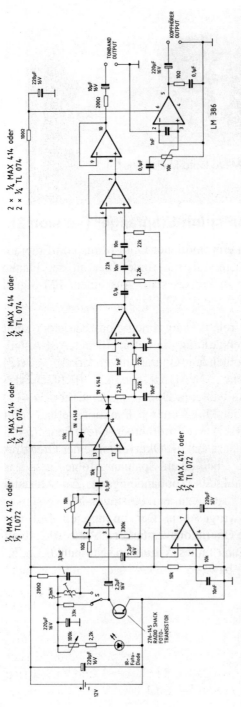

Abb. 53: Opto-Minispion-Empfänger (Version 2)

5.5 Opto-Minispion-Empfänger (Version 2)

Abb. 54: Micro-Peilsender (Quelle: *www.Rowalt.de*)

Abb. 55: Mini-Peilempfänger (Quelle: *www.Rowalt.de*)

Um den Fototransistor in den optimalen Arbeitspunkt zu steuern, wird in dessen unmittelbarer Nähe wieder eine IR-Fotodiode in Betrieb genommen. Damit der Empfänger nicht wild schwingt, sollte die Verstärkung nicht zu hoch eingestellt werden. Durch eine entsprechende Vorsatzoptik am Fototransistor kann eine noch höhere Empfindlichkeit erzielt werden. In vielen Fällen genügt es, eine plan- oder bikonvexe Linse mit 5–10 cm Durchmesser vor den Fototransistor zu setzen. Wenn die Abmaße nicht störend sind, eignet sich auch ein billiges Zielfernrohr. Im Übrigen muss darauf geachtet werden, dass die optische Achse nicht immer mit der mechanischen Längsachse des Fototransistors übereinstimmen muss.

Gute Ergebnisse bringt auch ein Parabol-Hohlspiegel, in dessen Brennpunkt der Fototransistor gesetzt wird. Hier geht Probieren über Studieren.

6 Spielregeln für Abhörprofis

Ein professioneller Abhörspezialist hält sich an folgende Regeln:

- Lege den Klienten niemals herein!
  Ein zufriedener Klient ist das beste Aushängeschild. Je besser der Ruf, umso höher das Niveau der Klienten und die Höhe des Honorars. Gute Aufträge werden nur an gute Profis vergeben.

- Hüte dich davor, übertriebene Versprechungen zu machen!

- Infos, die der Klient erwartet, die aber nicht auf Tonband sind, zählen nicht zu den Fehlern des Profis.

- Viele Aufträge gehen nach dem Motto »Schmieren und Salben hilft allenthalben« – also nicht an Geldgeschenken sparen!

- Es gibt nur drei Gründe, einen Auftrag zu übernehmen:

  - um Geld zu verdienen

  - um einem einflussreichen Menschen einen Gefallen zu tun, der sich irgendwann erkenntlich zeigt

  - um seinen Dank für ein besonderes Entgegenkommen auszusprechen

- Nur Bares ist Wahres!
  Von privaten Klienten nur Bargeld annehmen. Schecks nur von Behörden oder großen Firmen! Jeder Privat-Klient, der auf Scheckzahlung besteht, stellt eine Falle.

- Zahle korrekt deine Steuern!
  Es ist ein uralter Trick, bar zu zahlen und dann einen Steuerfahnder zu schicken.

- Lasse dich niemals nötigen, einen Auftrag durchführen zu müssen, um Repressalien aus dem Weg zu gehen!

- Erzähle niemandem Details über deine Vorgehensweisen. Offenbare dich niemals einem Reporter oder Journalisten über deine Arbeit!

- Widerspricht einer deiner Aufträge öffentlichen Sicherheitsinteressen, lehne den Auftrag besser ab oder informiere die zuständigen Behörden!

- Übernehme niemals Aufträge von Verwandten und Bekannten!

- Mache nichts, was mit deinem Abhörjob nichts zu tun hat, wie zum Beispiel die Aufforderung: »Schieben Sie bitte diesen Briefumschlag unter den Teppich.« (... es könnten Drogen sein!) Falls du einen solchen Job nur einmal gemacht hast, hat dich die Drogenmafia am Kragen.
  Es gibt dann nur noch zwei Möglichkeiten: Entweder wirst du wegen Drogenhandels verhaftet oder dein neuer Job als Dealer eskaliert. Passiert in diesem Zusammenhang ein Kapitalverbrechen, wirst du unter Umständen darin verwickelt. Dein Auftraggeber macht an diesem Punkt mit dir, was er will.

- Vertraue nur zwei Sorten von Menschen:

  - deinen Familienangehörigen, solange diese psychisch gesund, drogen- und vorstrafenfrei sind

  - Menschen, denen du dein Leben verdankst, oder umgekehrt Menschen, die dir ihr Leben verdanken. (normalerweise gibt es eine so tiefe Verbundenheit nur im Krieg oder im Katastrophenfall – der Rest der Welt sind echte oder mögliche Spitzel, mit denen du dich zwar verbrüdern kannst, denen du aber niemals vertrauen darfst)

- Biete niemals Unbekannten deine Dienste an, die Behörden haben überall ihre Strohmänner und verdeckten Mitarbeiter!
- Halte dich ausschließlich an die Regel: Reden ist Silber, Schweigen ist Gold! Verschwiegenheit ist ein Kind der Vorsicht.
- In einer Gesellschaft, die auf Lügen aufgebaut ist, braucht die Wahrheit einen besonderen Schutz!
- Was die Gerätetechnik betrifft: Es gibt keine »Eierlegende Wollmilchbuttersau«!
- Wer im Internet offiziell Wanzen kauft, wird von den Behörden registriert!
- Modernste Techniken haben nur die Militärs und die Geheimdienste. Japanische Billigware liegt Generationen zurück.
- Kommerzielle Abhörgeräte sind vielleicht nützliche Hilfsmittel in der Hand von Zuhältern und billigen Ganoven – wirklich anspruchsvolle kundenspezifische Lösungen sind diesem Kundenkreis verwehrt.

Anhang: Moderne Überwachungstechnik mit Handy's

Was mit dem Handy alles überwacht werden kann!
Kleine externe Steckmodule übernehmen folgende Aufgaben:

- Schutz- und Sicherheitsfunktion mit dem Handy
- Akustische Raumüberwachung per Babyfon
- Auswertung des Erdmagnetfelds bei Diebstahl
- Passiv-Infrarot-Detektor als stille Alarmanlage
- Jederzeit im Bilde, wo sich das Handy befindet

Das Handy wird zur vielseitigen Alarm- und Abhöranlage (Abb. 56).

88 Anhang: Moderne Überwachungstechnik mit Handy's

Abb. 56: Das Handy wird zur vielseitigen Alarm- und Abhöranlage

Funktion: Erweiterungsmodule für Siemens-Handys S25...SL45; Standortrückmeldung über Funkzellennummer

Eingang: Steckbuchse des Mobiltelefons

Ausgang: im Alarmfall SMS an die Gegenstelle oder Anruf mit Lauschfunktion

SAFE-BOY: akustische Überwachung
(39 x 24 x 15 mm), Preis: 39,95 Euro

SAFE-BAG: Erdmagnetfeld-Überwachung
(39 x 24 x 15 mm), Preis: 44,95 Euro

SAFE-MAN: PID-Wärmesensor und akustische Überwachung
(71 x 32 x 14 mm), Preis: 49,95 Euro

Die Steckmodule können über den Autor bezogen werden:
Günter Wahl
Handy: 0172 / 82 01 273

Kurzbeschreibung der drei Steckmodule

SAFE-BOY

Mit dem SAFE-BOY haben Sie endlich ein Babyfon der Mini-Extraklasse.

Ein hochempfindliches Mikrofon reagiert auf Schreitöne. Doch bevor es Alarm auslöst, kann eine beliebige Melodie aus dem Handyspeicher oder auch selbst komponiert, als so genannte Spieluhr, abgespielt werden. Sollte nach zweimaligem Einsatz der Spieluhr Ihr Baby immer noch schreien, wird Alarm ausgelöst: Sie erhalten eine SMS oder einen Anruf.

Weiter lässt sich SAFE-BOY als akustische Raumüberwachung im mobilen oder stationären Bereich einsetzen. Sie können sich auch in das stationäre Handy geräuschlos einwählen und in Lauschposition gehen.

Der kleine SAFE-BOY ist auch mit einer Standortauswertung ausgestattet und ist ideal im Personenschutz einsetzbar.

SAFE-BAG

SAFE-BAG, die neue Diebstahlsicherung für alle beweglichen Güter, zum Beispiel Kfz. SAFE-BAG meldet Ihnen sofort, wenn Ihr Fahrzeug unerlaubt in Bewegung gesetzt wird.

Er meldet auch den Ausfall von im Dauerbetrieb befindlichen Geräten und Anlagen. Der kleine SAFE-BAG ist ebenfalls mit einer Standortauswertung ausgestattet, die vielseitig einsetzbar ist.

SAFE-MAN

Der SAFE-MAN überwacht alle Objekte mithilfe seines Bewegungs- und Geräuschmelders. So überwachen und schützen Sie Wohnungen, Einfamilienhäuser, Ferienwohnungen, Wohnmobile, Hotelzimmer, Geschäfte, Büros, Lager und sonstige Gewerberäume gegen unbefugtes Betreten.

SAFE-MAN wird einfach an Ihr Handy gesteckt und am Einsatzort platziert. Um auf Langzeit- oder Dauerüberwachung zu gehen, stecken Sie zusätzlich das Handy-Ladegerät an die integrierte Schnittstelle.

Das Gerät SAFE-MAN bietet Ihnen verschiedene Einsatzmöglichkeiten. Sie können ein Objekt mit Bewegungsmelder und/oder Mikrofon überwachen. Sie können sich auch in das stationäre Handy geräuschlos einwählen und in Lauschposition gehen. Die integrierte einschaltbare Standortüberwachung lässt sich ideal zum Diebstahlschutz, Personenschutz oder für ein einfaches Logistikmanagement nutzen.

Die Reichweite des Bewegungsmelders ist ca. 7 m bei 160° Öffnungswinkel.

Noch mehr Infos: Das Innenleben der Steckmodule

Alle drei Module werden in die Buchse des Mobiltelefons eingesteckt (derzeit nur für Siemens-Handys S25...SL45 mit integriertem Fax- und Datenmodem erhältlich). Von dort bezieht die Elektronik ihre Energie, wobei die Kapazität des Handy-Akkus um ca. 25...30 % zurückgeht.

Die Elektronik basiert durchweg auf einem Mikrocontroller aus der populären PIC-Familie, und zwar handelt es sich hierbei um einen PIC 16C58 (-A bzw. -B), wobei der 16C58B eine Weiterentwicklung des PIC 16C58A darstellt (*Abb. 57*). Bei diesen Typen lässt sich unter anderem der Programmspeicher gegen unbefugtes Auslesen schützen.

Anhang: Moderne Überwachungstechnik mit Handy's

Abb. 57: Mikrocontroller aus der populären PIC-Familie

Dieser Controller verfügt über 12 I/O-Leitungen und besitzt einen Programmspeicher von 2 K x 12 Bit sowie einen Arbeitsspeicher von 73 Bytes. Er arbeitet bereits bei einer Versorgungsspannung ab 2,5 V und kommt mit einem Stand-by-Strom von nur 0,6 µA aus. Die Ausgangsleitungen haben eine bemerkenswert hohe Treiberleistung von 6 mA, sodass sich zum Beispiel Leuchtdioden direkt ansteuern lassen.

Die Programmausführung des Prozessors wird mittels *Watchdog* überwacht, sodass die Elektronik nicht infolge eines »Aufhängers« ausfallen kann. Alle drei Module ermöglichen eine Standortauswertung, indem sie die Nummer der jeweils eingeloggten Funkzelle übermitteln.

SAFE-BOY

Der SAFE-BOY ist mit einem empfindlichen Electret-Mikrofon ausgestattet; er eignet sich vorzugsweise zur akustischen Raumüberwachung im stationären oder mobilen Betrieb, wobei seine Leistungsmerkmale insbesondere auf den Einsatz als Babyfon gerichtet sind (*Abb. 58*).

Abb. 58: SAFE-BOY

Der Prozessor führt bei den ankommenden Signalen zunächst eine Plausibilitätsprüfung durch, das heißt, er untersucht sie hinsichtlich Frequenzspektrum und Wiederholrate, ehe er aktiv wird und eine von 49 möglichen Spieluhrmelodien abspielt. Erst wenn dies nach zweimaligem Versuch keinen Erfolg hat (wenn das Baby danach also noch nicht zur Ruhe gekommen ist), wird eine SMS an die Gegenstelle abgesetzt.

Die Lautstärke und die Spielzeit der Melodien sind per SMS in 5 bzw. 4 Stufen programmierbar (Spieldauer von 3...30 Sekunden).

SAFE-BAG

Die vorrangige Aufgabe des SAFE-BAG besteht darin, den Standort eines Objekts zu überwachen; dieses Modul eignet sich daher bevorzugt als Alarmanlage für Kraftfahrzeuge, Wohnwagen, Boote oder andere wertvolle Güter (*Abb. 59*).

Abb. 59: SAFE-BAG

Als Sensor fungiert ein magnetoresistentes Element, das Änderungen des Erdmagnetfelds auswertet. Die Empfindlichkeit ist so hoch, dass im aktiven Modus eine Ortsveränderung von 6 m erkannt wird. Der Alarm wird ebenfalls ausgelöst, wenn innerhalb von 16 Sekunden eine viermalige Richtungsänderung von mindestens einem Winkelgrad erfolgt. Damit wird jede ungewollte Bewegung des gesicherten Objekts zuverlässig erkannt.

Ein Vierfach-OpAmp LM 324 übernimmt die Verstärkung und Aufbereitung des Sensorsignals.

SAFE-MAN

Der SAFE-MAN verfügt über zwei unterschiedliche Sensoren, mit denen eine umfassende Überwachung im stationären und mobilen Bereich möglich ist (*Abb. 60* und *61*): Der Passiv-Infrarot-Detektor (PID) reagiert auf die Bewegung von Personen, die sich (unbefugt) im Überwachungsbereich aufhalten. Das Mikrofon übermittelt parallel dazu die Geräusche aus dem betreffenden Bereich, sodass man vor der Einleitung weiterer Maßnahmen erst einmal in den Raum »hineinhören« kann. Bevor die Gegenstelle mittels SMS informiert wird, erfolgt ohnehin eine doppelte Auswertung der Sensorsignale, um Fehlalarme weitgehend auszuschließen.

Anhang: Moderne Überwachungstechnik mit Handy's 95

Abb. 60: SAFE-MAN

Abb. 61: SAFE-MAN, geöffnet

Die Reichweite des PID beträgt ca. 7 m; der Öffnungswinkel überstreicht horizontal einen Winkel von 160°, wobei die aufgesetzte halbkugelförmige Fresnell-Linse eine partielle Bündelung der Wärmestrahlung vornimmt. IR-Detektoren reagieren auf die Wärmestrahlung des menschlichen Gewebes, deren Leistung ungefähr 1 W/kg Körpergewicht beträgt. Trotz der Abschirmung durch die Kleidung oder Ähnliches sind diese Sensoren so empfindlich, dass innerhalb der angegebenen Reichweite eine zuverlässige Erkennung erreicht wird.

Übrigens nutzt es nichts, wenn der Eindringling die Bewegungen im »Zeitlupentempo« ausführt, um die Elektronik auszutricksen. Die Signalbandbreite der Auswerteschaltung liegt bei 0,2...10 Hz, sodass ein »Vorbeischleichen« unmöglich ist.

Dieses Modul ist an der oberen Schmalseite mit einer zusätzlichen Schnittstelle ausgestattet, in die man das handelsübliche Ladegerät oder eine externe Batterie einstecken kann (*Abb. 60 unten*). Damit ergeben sich hinsichtlich der Einsatzdauer – zumindest im stationären Einsatz – keinerlei Einschränkungen mehr, weil der interne Akku höchstens beim Netzausfall beansprucht wird.

Zum Anschluss an diese Schnittstelle sind ferner ein Funkmodul und ein Schaltzusatz in Vorbereitung, sodass man damit ein komplettes Home-Managementsystem aufbauen kann.

Sicherheitsmaßnahmen

Außer der bereits angesprochenen automatischen Prozessorüberwachung durch eine Sicherheitsschaltung *(Watchdog)* werden die Sensordaten auf verschiedene Plausibilitätskriterien hin überprüft. So ist es beispielsweise ausgeschlossen, dass der Infrarot-Sensor auf ein im Nahbereich vorbeifliegendes Insekt anspricht oder dass das Babyfon durch ein vorüberfahrendes Auto aktiviert wird – und das friedlich schlafende Baby durch die Spieluhr möglicherweise weckt!

Nach einer Auslösung bleibt jede neue Alarmierung vorübergehend gesperrt; erst nach Ablauf von 15 Minuten ist ein Wiederholungsalarm möglich.

Als zusätzliche Sicherungsmaßnahme kann man jeden Zugang durch einen vierstelligen Zahlencode schützen. Diese Geheimzahl ist fernprogrammierbar und kann nicht ausgespäht werden, weil sie nicht im Handy gespeichert wird.

In jedem Fall empfiehlt sich die eingehende Beschäftigung mit der Betriebsanleitung, um Fehlfunktionen zu vermeiden. So werden zum Beispiel beim Anstecken eines Moduls alle Klingeltöne abgeschaltet. Diese müssen anschließend manuell wieder aktiviert werden, damit das Handy wie gewohnt funktioniert.

Für die nahe Zukunft plant der Hersteller, die Zusatzmodule auch an andere Fabrikate als nur die ausgewählten Siemens-Handys anzupassen.

Handhabung

Der Aufbau einer Rückmeldung soll am Beispiel des SAFE-MAN gezeigt werden (*Abb. 62*): Hier werden in neun Zeilen alle relevanten Informationen über den Systemzustand übermittelt.

Abb. 62: Aufbau einer Rückmeldung

In den beiden ersten Zeilen stehen das Datum, die Uhrzeit und die Telefonnummer des sendenden Handys. In Zeile 3 folgt die Meldung, ob der übermittelte Befehl in Ordnung oder ungültig ist oder ob inzwischen eine neue, aktualisierte Meldung vorliegt.

Da beim SAFE-MAN zwei Sensoren vorhanden sind, werden auch zwei Statusmeldungen gesendet: Im Beispiel wurde ein akustischer Alarm ausgelöst. Ein Hineinhören ist also auf jeden Fall angebracht. Der IR-Sensor wurde noch nicht aktiviert (passiv).

Unter »Code« wird die vierstellige Geheimzahl 0000...9999 eingegeben, und bei »Bat« erfolgt eine Zustandsmeldung über die Restkapazität des Akkus (1...6).

Der Standortcode (*Area*) dient zur (ungefähren) Ortsbestimmung über die Zellenidentifikation und bei »Net« erfährt der Anwender etwas über die Feldstärke am Sendeort.

Beim Beispiel des SAFE-MAN erfolgt schließlich noch eine Statusmeldung über den Zustand des angeschlossenen Zubehörs (Funkschalter und ähnliches).

Wenn der Anwender das Kommando »LST« an die Empfangsstelle übermittelt, ruft der SAFE-MAN lautlos zurück und schaltet für ca. 45 Sekunden auf Raumhören (Lauschfunktion).

Ortsbestimmung

Einer der großen Vorteile dieser Steckmodule ist die Möglichkeit der Ortsbestimmung. Bei einem eventuellen Diebstahl, aber auch bei der Verfolgung wertvoller Güter auf dem Versandweg, kann die Kenntnis des augenblicklichen Aufenthaltsorts von entscheidender Bedeutung sein.

Sofern die Standortüberwachung eingeschaltet ist, meldet das Mobiltelefon jede Änderung der eingecheckten Funkzelle. Dies geschieht über einen vierstelligen, hexadezimalen Code, aus dem die Nummer der betreffenden Zelle hervorgeht.

Dazu muss man Folgendes wissen: Jede Zelle verwendet zu ihrer Identifizierung einen individuellen *Scramblingcode*. Beim Einschalten des Handys muss dieses als Erstes diesen Code herausfinden, damit es diejenigen Zelleninformationen abhören kann, die für den Funkbetrieb notwendig sind.

Im *Downlink* (das heißt auf dem Weg von der Basisstation zum Endgerät) gibt es insgesamt 512 verschiedene primäre Scramblingcodes, die ihrerseits in 64 unterschiedliche Gruppen unterteilt werden. Jede Basisstation besitzt einen primären und 15 sekundäre Scramblingcodes, aus denen sich der Standort der Zelle rekonstruieren lässt. Dazu muss man in der Regel das Internet bemühen, um den Zusammenhang zwischen Zellen-ID und Standort herauszufinden (www.nobbi.com). Die betreffenden Informationen werden auf diversen Seiten angeboten und zahlreiche Querverweise (Links) sollten in jedem Fall zum Ziel führen (*Abb. 63*).

Informationen zu den deutschen Netzen

- VIAG Interkom : Liste der 190 bekannten Cityzonen mit Mittelpunktkoordinaten und Radius

Ort	rechts	hoch	r2	r [km]
Aachen	329645	563217	940900	9,70
Ahlen	342244	573856	640000	8,00
Amberg	370675	548136	774400	8,80
Aschaffenburg	351229	553958	902500	9,50
Augsburg alt	364016	536191	2220100	14,90
Augsburg neu	363823	535924	3422500	18,50
Bad Homburg	347143	556671	577600	7,60
Bad Oldesloe	358913	596584	810000	9,00
Baden-Baden	344314	540317	1368900	11,70
Bamberg	363620	553249	1322500	11,50
Bayreuth	368395	553767	893025	9,45
Bensheim	347121	550439	1000000	10,00
Bergheim	333636	564901	324900	5,70
Bergisch Gladbach	336999	565516	409600	6,40
Bergkamen	340730	571949	592900	7,70
Berlin	379492	582203	8122500	28,50
Bielefeld	346912	576432	1638400	12,80

Abb. 63: Zellenstandort-Bestimmung übers Internet
(www.nobbi.com)

Es ist dabei zu berücksichtigen, dass die Zellen unterschiedlich groß sind und man immer nur deren Mittelpunkt (das heißt den Standort des Sendemastes) erfährt. Dennoch lässt sich aus diesen Informationen schnell eine Fahrtroute rekonstruieren, auf der etwa ein gestohlenes Fahrzeug entlang fährt. Der Rest sollte dann nur noch reine Formsache sein.

Alles in allem bieten diese Module einen ausgeklügelten und umfassenden Schutz für Hab und Gut, der noch dazu sehr preiswert zu haben ist!

Piratensender & Minispione
Teil 6

Einfacher UKW-Piratensender
UKW-Piratensender mit Gegentaktendstufe
Stereo-UKW-Piratensender
FM-Störsender
UKW-Prüfsender
HF-Detektoren
Minispione

Inhalt

1 Einführung 7
2 UKW-Piratensender kleiner Leistung 13
3 Allgemeines zu Sendeantennen und deren Anpassung 16
4 Praktische Hinweise zum Aufbau des Senders 23
5 UKW-Piratensender mit Gegentaktendstufe für 2 Watt
  Ausgangsleistung 29
6 UKW-Piratensender mit Gegentaktoszillator für 1–2 Watt
  Ausgangsleistung 31
7 UKW-Piratensender mit Treiber und Gegentaktendstufe für 5 Watt
  Ausgangsleistung 33
8 UKW-Profi-Piratensender für 5 Watt Ausgangsleistung 35
9 UKW-Stereo-Piratensender kleiner Leistung 39
10 UKW-Stereo-Prüfsender mit BH 1416 F 43
11 UKW-Piratensender mit Stimmverzerrung 47
12 FM-Störsender für 230 V-Netzbetrieb 49
13 CB-Funk (27.12 MHz)-Störsender 51
14 UKW-Prüfsender mit MAX 2606 53
15 UKW-Prüfsender von EAM 55
16 Babysitter-UKW-Sender 58
17 Frequenzstabiler UKW-Sender 59
18 UKW-Telefon-Abhörsender 61
19 UKW-Oszillator mit ECL-Gattern 63
20 2.4-GHz-Oszillator 64
21 Mini-UKW-Empfänger mit TDA 7000 67
22 Pendelempfänger-Grundschaltung 71
23 Hochfrequenzdetektor für 20 MHz bis 1 GHz von LC-Electronics ..72
24 Hochfrequenzdetektor für 5 MHz bis 4 GHz von ELV 74
25 Doppler-Funkpeilempfänger von Ramsey Electronics 77
Anhang: Wolfgang Schüler, ein früherer Mitarbeiter des Funkkontroll-
  messdienstes und Buchautor (www.schwarzsender.tk) erzählt von
  seiner Fahndungsarbeit. 89
Bauteil- und Fertiggerätelieferanten. 127

Vorwort

Meinen ersten UKW-Piratensender baute ich als Jugendlicher in den fünfziger Jahren.
Es war ein Röhren-Gegentaktsender mit den Wehrmachtsröhren vom Typ LD 2 sowie Anodenbatterien vom Schrottplatz der US-Besatzungsarmee.
Seitdem sind viele Jahre vergangen und ich erinnere mich immer noch gerne an diese Pionierzeit als Senderbastler und Rundfunkmoderator, als ich die Nachbarschaft mit Elvis Presley und Bill Haley zudröhnte..
Meine Sendeaktivitäten blieben damals nicht lange geheim. Ich weiss nicht, ob mich ein boshafter Nachbar hingehängt hatte oder ob ich angepeilt wurde. Jedenfalls stand plötzlich ein Postbeamter vor der Tür, der die sofortige Herausgabe des Senders forderte.
Nach einem relativ freundlichen Fachgespräch und einer ernsten Ermahnung meiner Eltern liess er sich jedoch erweichen und verzichtete auf Beschlagnahme und Anzeige.
Ich musste ihm allerdings hoch und heilig versprechen, den Sender niemals mehr einzuschalten.
Dieses Versprechen habe ich gehalten.
Als jedoch kurz darauf die ersten UKW-Transistoren auf den Markt kamen, habe ich mit geringerem Entdeckungsrisiko mein Senderbau-Hobby weiter gepflegt.
Nach dem Studium der Hochfrequenztechnik an der Fachhochschule Augsburg arbeitete ich anschließend einige Jahre bei Telefunken/Ulm in der Sprechfunkgeräteentwicklung.
Hobby und Beruf gingen nun fließend ineinander über. In dieser Zeit entstand ein kleines Buch mit dem damals ungewöhnlichen Titel „Minispione", das sich mit Kleinstsendern beschäftigte.

1 Einführung

Die Piratensender und natürlich die Piraten selbst sind vom Schleier des Geheimnisvollen umgeben. Welche Technik benutzen sie und was treibt sie an, eigene Rundfunkprogramme auszustrahlen?

Seit der Verabschiedung eines neuen Telekommunikationsgesetzes am 25. Juli 1996 wird das Betreiben eines Piratensenders nur noch als Ordnungswidrigkeit eingestuft. Ordnungswidrigkeiten sind genauso wie Straftaten rechtswidrige Handlungen. Sie unterscheiden sich jedoch dadurch, dass sie einen weniger schwerwiegenden Verstoß gegen die Rechtsordnung darstellen und daher kein kriminelles Unrecht enthalten.

Ordnungswidrigkeiten werden deshalb nur mit Geldbuße geahndet, wobei es im Ermessen der Verwaltungsbehörde liegt, ob der Verstoß verfolgt oder das Verfahren eingestellt wird. Der Betreiber eines Piratensenders begeht also eine Ordnungswidrigkeit – ähnlich wie beim Überfahren einer roten Ampel – was normalerweise mit einem Bußgeld geahndet wird.

Die zur Zeit verhängten Bußgelder liegen bei ca. 1.000,– €. Allerdings besteht in der Neufassung des Gesetzes keinerlei Anordnung, dass der Piratensender, für den keine Zulassung besteht, eingezogen werden muss. Bei einer trotzdem vorgenommenen Beschlagnahme muss das Gerät später wieder herausgegeben werden.

Allerdings können die Behörden weiteren finanziellen Druck durch in Rechnung gestellte Funkmesseinsätze ausüben. Damit können nochmals 1.000,– € fällig werden.

Bei dieser Bußgeldhöhe wird den meisten Piratensender-Betreibern in spe der Appetit gründlich vergehen. Wer sich auf diesem Gebiet trotzdem aktiv betätigen will, wird seine Radiostation wohl nur im liberalen Ausland in Betrieb nehmen können.

Wenn in diesem Buch von Piratensendern gesprochen wird, handelt es sich ausschließlich um UKW-Sender im Leistungsbereich zwischen einigen Milliwatt und ein paar Watt. Um mit derart geringen Leistungen größere Distanzen zu überwinden, muss der Sender bzw. die Sendeantenne an einem erhöhten Standort wie z. B. auf dem Dach eines Hochhauses positioniert werden. Unter derart günstigen Bedingungen können mit 5 Watt Senderleistung durchaus Reichweiten von bis zu 20 km erzielt werden.

Wer in Deutschland die Inbetriebnahme eines Piratensenders riskieren will, sollte wissen, dass die Telekommunikationsbehörde nicht mehr als 5 bis 10 Minuten braucht, um eine Feststation anzupeilen und einzukreisen. Eine echte Chance, nicht ertappt zu werden, hat nur eine bewegliche Sendestation, die laufend ihre Position ändert und über eine unauffällige Sendeantenne verfügt. Die sicherste Lösung ist somit nur der getarnt im Kfz-Kofferraum eingebaute Piratensender, der seine Sendeenergie direkt über die Standard-UKW-Autoantenne abstrahlt. *Abb. 1-1* und *Abb. 1-2* zeigen die typische Abstrahlcharakteristik einer UKW-Einbauantenne.

Wer sich bei dieser Betriebsart immer noch nicht sicher genug fühlt, sollte den Sender nur fünfminutenweise eingeschaltet lassen und sich dann wieder einen neuen Sendestandort suchen. Dabei müssen verdächtig langsam fahrende Autos im Auge behalten werden. Moderne Peilwagen brauchen heutzutage keine komplexen Dachantennenaufbauten mehr, um einen Piraten zu erwischen. Besonders auffällig sind immer zwei männliche Insassen im Auto, von denen einer an irgendetwas herumschraubt.

Auch frei herumlaufende Personen mit unmotivierten Richtungsänderungen und ständigem Auf-die-Uhr-Schauen können höchst verdächtige Wellen-Fahnder sein.

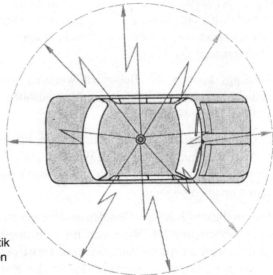

Abb. 1-1: Abstrahlcharakteristik einer in Dachmitte eingebauten UKW-Antenne

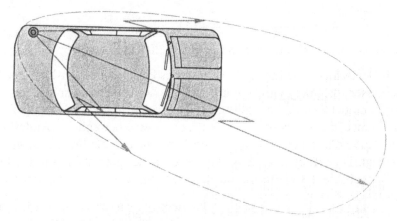

Abb. 1-2: Abstrahlcharakteristik einer am Heck eingebauten UKW-Antenne

Wer sich diesen Verfolgungsstress nicht antun will, sollte also seinen Piratensender besser in einem toleranten Urlaubsland betreiben.

Doch nun ein paar einführende Worte zu den Grundlagen der Funktechnik. Im Zeitalter von Handy und Satellitenfunk sind diese leider etwas abhanden gekommen. Elektromagnetische Schwingungen bzw. Wellen breiten sich ähnlich wie Schallwellen aus. Allerdings haben Schallwellen nur eine sehr begrenzte Reichweite. Elektromagnetische Wellen können auf der Erde Tausende von Kilometern zurücklegen oder sich im Weltall Millionen von Kilometern ausbreiten. Die dafür erforderlichen hochfrequenten Schwingungen eignen sich als Träger niederfrequenter Informationen wie z. B. Sprache oder Musik. Dazu müssen die Schwingungen im Sender entsprechend beeinflusst bzw. moduliert werden. Im Empfänger wird die Information durch Demodulation wieder zurückgewonnen, d. h., die Sprache bzw. Musik ist wieder ganz normal hörbar. Wie eine Welle beeinflusst werden kann, wird in *Abb. 1-3* gezeigt.

Ganz oben wird das niederfrequente Signal gezeigt, das der hochfrequenten Schwingung aufgedrückt wird.

In der Bildmitte ist das so genannte amplitudenmodulierte Hochfrequenzsignal zu sehen. Wie der untere Bildteil zeigt, lässt sich mit der Niederfrequenz nicht nur die Amplitude, sondern auch die Frequenz beeinflussen bzw. modulieren. Lang-, Mittel- und Kurzwellen werden normalerweise amplitudenmoduliert, während die Ultrakurzwellen frequenzmoduliert werden. Diese Modulation klingt viel reiner, da Störimpulse abgeschnitten werden können. Die in diesem Buch aufgeführten Senderschaltungen arbeiten

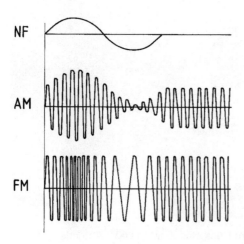

Abb. 1-3: Beeinflussungsmöglichkeit einer elektromagnetischen Welle

alle mit Frequenzmodulation. Um den kommerziellen, behördlichen und militärischen Funkverkehr nicht zu stören, ist es grundsätzlich nicht erlaubt, auf x-beliebigen Frequenzen zu funken. Der normale Bürger darf nur auf den ihm zugewiesenen Frequenzbändern wie z. B. dem CB-Funkbereich senden. Die Regulierungsbehörde für Post und Telekommunikation (RegTP) kontrolliert sorgfältig die nicht freigegebenen Frequenzbänder.

Allen Vorschriften und Verboten zum Trotz gibt es immer wieder „Idealisten", die sich die eingebildete Freiheit des freien Senderbetriebs nicht nehmen lassen wollen. *Abb. 1-4* zeigt drei beschlagnahmte antike Piratensender, die vermutlich noch aus den 60er-Jahren stammen.

Der links im Bild gezeigte Sender strahlt im UKW-Rundfunkband. Er arbeitet mit einer Röhre und wird mittels eines Aufputz-Lichtschalters ein- und ausgeschaltet. In der Bildmitte ist ein „Nähkästchen"-Sender zu sehen, der im UKW-Rundfunkbereich sendet und bereits mit Transistoren ausgerüstet ist. Im rechten Bildteil ist ein besonders nostalgischer Mittelwellensender abgebildet. Er wird offenbar mit einer „Volksempfänger"-Röhre aus den 40er-Jahren betrieben und benutzt als Mikrofon eine Kopfhörermuschel.

In *Abb. 1-5* sind drei UKW-Röhrensender im Gegentaktbetrieb zu sehen, die einen professionelleren Eindruck machen. Der rechts im Bild gezeigte Sender arbeitet sogar mit edlen Scheibentrioden.

In *Abb. 1-6* wird schließlich ein moderner Piratensender mit mehreren HF-Stufen in Transistortechnik gezeigt. Diesem Sender sind 10–20 Watt Ausgangsleistung zuzutrauen.

Abb. 1-4: Drei beschlagnahmte antike UKW-Piratensender vermutlich aus den 60er-Jahren

Abb. 1-5: Drei im Gegentakt betriebene UKW-Piratensender mit Röhren

Abb. 1-6: Moderner UKW-Piratensender mit Transistoren

2 UKW-Piratensender kleiner Leistung

Es ist fast ein bisschen übertrieben bei der in *Abb. 2-1* angegebenen Schaltung, von einem Piratensender zu sprechen. Es handelt sich hier eigentlich mehr um einen Experimental- bzw. Heimsender, der ein Mehrfamilienhaus mit einem selbstgemachten UKW-Rundfunkprogramm versorgen kann.

Der Sender reicht bestenfalls noch bis in die Nachbarhäuser. In ländlichen Gebieten Amerikas sind solche UKW-Sender mit ein paar Milliwatt Ausgangsleistung nicht verboten.

Wer also zu Hause oder in der Schule erste Erfahrungen mit UKW-Sendern sammeln will, ist mit dieser Schaltung gut beraten.

Zur weiteren Risikominderung kann die Sendeantenne gegebenenfalls weggelassen werden.

Wer von einer Karriere als Rundfunkmoderator träumt, kann mit diesem Sender schon mal üben.

Zusammenfassend verfügt der Experimentalsender über folgende Eigenschaften:

- 50 Meter Reichweite
- mit 4 x 1.5 V Mignon-Alkali-Magnan-Zellen oder einer 9-V-Blockbatterie betreibbar
- zwei regelbare Mikrofoneingänge und ein Hilfseingang verfügbar
- mit Aussteuerungsmessgerät ausgerüstet
- Frequenzhub mit 5-k-Potentiometer einstellbar

Noch ein paar Worte zur Schaltung in *Abb. 2-1*: Der Feldeffekttransistor BF 245 arbeitet als Mischer, d. h., alle drei Signalquellen werden je nach Potentiometereinstellung gemischt, sodass z. B. Zwiegespräche von zwei „Rundfunkreportern" unterlegt mit Musik aus dem Kassettenrekorder ausgestrahlt werden können. Die Aussteuerungskontrollschaltung im unteren rechten Bildausschnitt ist nicht unbedingt erforderlich. Es sieht allerdings irgendwie professioneller aus, wenn ein Zeiger eines Anzeigeinstruments je nach Lautstärke des „Rundfunksprechers" hin und her zappelt. Zur optimalen Justierung des Endausschlags empfiehlt sich anstelle des 10-kΩ-Festwiderstands ein Potentiometer. Bei dem UKW-Oszillator mit dem HF-Transistor BF 494 handelt es sich um eine schwingfreudige Standardschaltung, die einem immer wieder begegnet. Mit dem 40-pF-Resonanzkreis-Trimmkondensator kann eine freie Stelle im UKW-Rundfunkbereich gesucht werden. Als Sendeantenne eignet sich ein ca. 70 cm langer Draht oder eine Teleskop-Stabantenne.

Bevor wir zur leistungsstärkeren Sendern übergehen, hier noch ein paar Infos zur Antennenfrage.

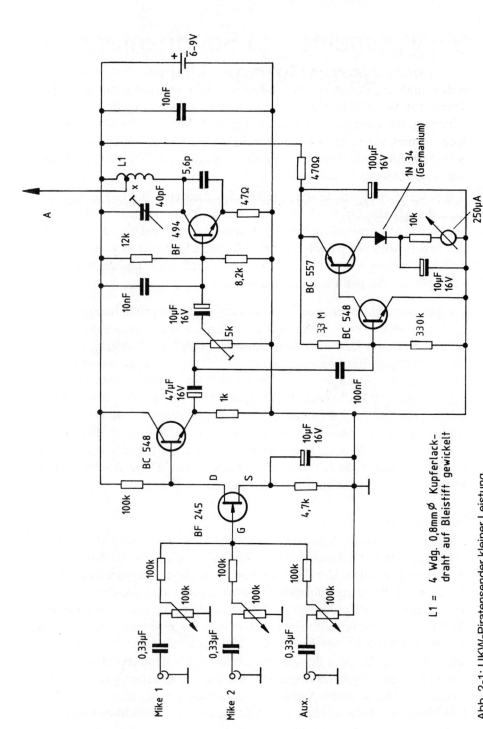

Abb. 2-1: UKW-Piratensender kleiner Leistung

3 Allgemeines zu Sendeantennen und deren Anpassung

Am besten eignen sich für den Funkbetrieb Antennen, die eine Länge von $\lambda/2$ oder $\lambda/4$ der Gesamtwellenlänge haben. Dann nämlich ist die Spannungs- und Stromverteilung auf der Antenne optimal und die Leistung wird voll in den Äther abgestrahlt. Ist die Antenne zu lang oder zu kurz, wird ein Teil der Leistung wieder in den Sender zurückreflektiert und dann im Endtransistor, der das gar nicht mag, vernichtet.

Die günstigste und auch teuerste Notlösung ist die Magnethaftantenne. Der Sockel dieser Antenne besteht, wie schon der Name sagt, aus einem starken Magneten. Damit lässt sich diese Antenne überall am Fahrzeug provisorisch befestigen. Bei höherer Fahrgeschwindigkeit wird es zumindest auf dem Dach kritisch; hingegen auf dem Kofferraum montiert, sind Geschwindigkeiten bis 180 km/h möglich. Der größte Nachteil liegt aber in dem mangelnden Kontakt zur Fahrzeugmasse bzw. zum Gegengewicht. Die nächste Notlösung, die so genannte Fensterklemmantenne, kommt in dieser Hinsicht noch schlechter weg. Diese Antenne wir auf eine Seitenfensterscheibe gesetzt und durch Hochdrehen der Scheibe fixiert. Diese Antenne sollte wirklich nur als Notlösung angesehen werden.

Sendeantennen

Aufgabe der Sendeantenne ist es, die vom Sender gelieferten elektrischen Schwingungen mit möglichst hohem Wirkungsgrad als elektromagnetische Wellen auszustrahlen. Um dies zu erreichen, muss die Antenne, wie schon erwähnt, auf die auszustrahlende Frequenz abgestimmt sein. Zum besseren Verständnis dieser Forderung sei darauf hingewiesen, dass – ähnlich wie die Saite eines Musikinstruments – ein gerade ausgespannter Draht auch in elektrischer Hinsicht eine genau definierte Eigenschwingung besitzt. Zwischen der Wellenlänge λ der ausgestrahlten elektromagnetischen Wellen und der Länge l einer frei ausgespannten Antenne besteht die einfache Beziehung $l = \lambda/2$, wenn die Antenne in der Grundschwingung erregt ist. (Wie jede Musiksaite kann nämlich eine Antenne auch in Oberschwingungen erregt werden.) Zwischen der Wellenlänge λ und der Frequenz f der ausgestrahlten Schwingung besteht dabei die bekannte Gleichung

λ= c/f,

wobei c = 300.000 km/sec die Ausbreitungsgeschwindigkeit der elektromagnetischen Wellen bedeutet. Bekanntlich ist c auch gleichbedeutend mit der Lichtgeschwindigkeit.

Wird eine λ/2-Antenne von einem Sender erregt – beispielsweise durch eine induktive Kopplung mittels einer Kopplungsspule in der Mitte des Antenne (*Abb. 3-1*) – so ist einzusehen, dass der hochfrequente Strom längs des Drahtes nicht in konstanter Stärke fließen kann, da die Bewegung der Elektronen nach den Enden zu ja schließlich aufhören muss. An den Enden der Antenne kann daher nur eine Stauung der Elektronen eintreten. Stauung von Elektronen ist aber gleichbedeutend mit elektrischer Spannung. So haben wir an den Enden einer λ/2-Antenne immer die höchste Spannung („Spannungsbauch"), während in der Mitte der Strom einen Höchstwert hat („Strombauch"). Dafür ist hier die Dichte der Elektronen am geringsten; die Spannung ist Null („Spannungsknoten"). Abb. 3-1 gibt in schematischer Weise die sinusförmige Strom- und Spannungsverteilung einer solchen auch *Dipol* genannten Antenne wieder.

Die angegebene Forderung $l = λ/2$ verlangt für die Frequenz von ca. 100 MHz eine Antenne von etwa 1,5 Metern Länge. Im Allgemeinen wird

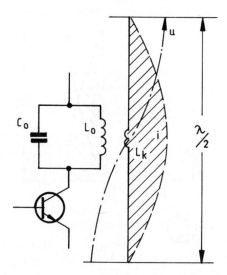

Abb. 3-1: Strom- und Spannungsverteilung auf einem Dipol

eine λ/4-Antenne verwendet, obwohl die Leistungsgabe nicht so gut ist wie die eines λ/2-Dipols. Die λ/4-Antenne – in Fachkreisen auch als *Marconi-Antenne* bekannt – ist gegenüber dem λ/2-Dipol dadurch charakterisiert, dass die eine Seite der Ankopplungsspule auf dem kürzesten Wege geerdet ist. An dieser Erdungsstelle liegt ein Strombauch; nach oben hin ist die Strom- und Spannungsverteilung jedoch unverändert (*Abb. 3-2*).

Anstelle der Erdverbindung kann auch ein so genanntes *Gegengewicht* verwendet werden. Es bringt vielfach eine Verbesserung der Antennenwirkung, falls die Erdverbindung schlecht oder überhaupt keine Erdverbindung möglich ist, z. B. im Auto oder bei tragbaren Sendern. Ein solches Gegengewicht besteht im Idealfall aus einem Leiter ausreichender Kapazität, der unter der Antenne ausgespannt und von der Erde gut isoliert ist. Beim Auto kann die Metallmasse des Fahrzeugs als Gegengewicht dienen, während man bei tragbaren Sendern sich mit der Metallmasse des Chassis und des Gehäuses zufrieden geben muss.

Stimmt die Antennenlänge nicht genau mit der ausgestrahlten Frequenz überein, so kann man eine zu kurze Antenne mittels einer kleinen Spule künstlich verlängern bzw. eine zu lange Antenne mittels eines kleinen Kondensators verkürzen (*Abb. 3-3a und 3-3b*).

Bei Piratensendern möchte man gern mit einer recht kurzen Antenne auskommen. Dabei ist es jedoch nicht gleichgültig, wo die Verlängerungsspule sitzt. Da sie ein organischer Bestandteil der Antenne ist und zur Abstrahlung beiträgt, wäre es sehr unzweckmäßig, sie im Sendergehäuse unterzu-

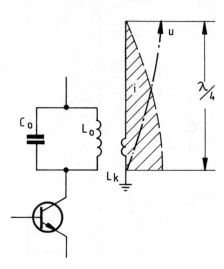

Abb. 3-2: Strom- und Spannungsverteilung auf einer λ/4-Antenne

3 Allgemeines zu Sendeantennen und deren Anpassung

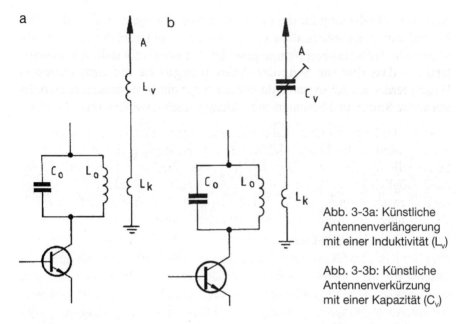

Abb. 3-3a: Künstliche Antennenverlängerung mit einer Induktivität (L_v)

Abb. 3-3b: Künstliche Antennenverkürzung mit einer Kapazität (C_v)

bringen. Die Erfahrung zeigt, dass es am besten ist, wenn sie in der Mitte des Antennenstabes liegt.

Die genaue Einstellung der Antennenlänge lässt sich mithilfe einer kleinen Glühlampe, wie sie in den Taschenlampen benutzt wird (z. B. 2,5 V; 0,3 W), leicht kontrollieren. Dieses Lämpchen wird zwischen Kopplungsspule und Stabantenne geschaltet. Die Antenne hat dann ihre richtige Länge, wenn das Lämpchen die größte Helligkeit anzeigt. Man wird in diesem Falle außerdem feststellen, dass der Kollektorstrom der Sender-Endstufe um den 1,5- bis 2fachen Wert größer ist als ohne Antenne – ein Zeichen für den Energieentzug durch die Antenne. Je stärker der Kollektorstrom durch die angeschlossene Antenne ansteigt, umso besser ist die Strahlung des Senders – vorausgesetzt, dass die Antenne auf die auszustrahlende Frequenz genau abgestimmt ist. Damit eine Kontrolle jederzeit möglich ist, kann man die Lämpchenfassung direkt am Gehäuse des Senders montieren. Nach Abschluss des Antennenabgleichs wird die Fassung durch eine Kurzschlussfassung oder durch einen Kurzschlussstecker überbrückt.

Da dieser Antennenabgleich auf einer reinen Strommessung beruht, ist es gleichgültig, welcher Spannungswert dem Lämpchen aufgedrückt ist. Wichtig ist nur der aufgedruckte *Stromwert*. Er muss der vom Sender erzeugten Hochfrequenzleistung angepasst sein. Normalerweise wird man mit Lämpchen von 0.1 bis 0.2 A auskommen.

Von großer Bedeutung für die maximale Leistungsabgabe des Senders sind bei induktiver Kopplung die richtige Windungszahl und der richtige Abstand der Antennen-Kopplungsspule zur Schwingkreisspule der Sender-Endstufe. Wie man durch Änderung des Abstands zwischen diesen beiden Spulen leicht feststellen kann, gibt es einen optimalen Abstand, bei dem der Antennenstrom ein Maximum hat. Diese so genannte kritische Kopplung ist mit etwas Geduld genau einzuregulieren; in Zweifelsfällen wähle man den Abstand zwischen den beiden Spulen lieber etwas zu groß, als dass man durch zu enge Kopplung Gefahr läuft, den Endtransistor durch Überlastung zu zerstören. Aus dem gleichen Grund wird man der Antennenspule auch nicht mehr Windungen geben, als zur kritischen Kopplung erforderlich sind; 2 bis 3 Windungen werden im Allgemeinen genügen.

Oberwellenunterdrückung
Wie fast jedes Musikinstrument erzeugt auch jeder HF-Oszillator außer der Grundwelle eine mehr oder minder große Zahl von Oberwellen; das sind meist ganzzahlige Vielfache der Grundfrequenz. Kommen diese Oberwellen zur Abstrahlung, so können sie den Funkverkehr im zugehörigen Wellenbereich erheblich stören..

Als einfaches und doch wirksames Mittel zur Oberwellenunterdrückung hat sich das so genannte *Collinsfilter* – in Fachkreisen auch als Pi-Filter bekannt – bewährt. Es besteht aus einer Spule und zwei mit Masse verbundenen Kondensatoren und es wird, wie *Abb. 3-4 und 3-5* zeigen, zwischen Ausgangskreis des Senders und Antenne geschaltet; Abb. 3-4 zeigt die induktive, Abb. 3-5 die kapazitive Kopplung. Ist das Filter mit Hilfe von C_1 und C_2 auf die Sendefrequenz abgestimmt, wird die Grundwelle auf die Antenne ohne Verlust übertragen, während alle unerwünschten Oberwellen gesperrt und über die Kondensatoren zur Erde abgeleitet werden.

Ohne Schwierigkeiten kann man das Collinsfilter auch direkt als Ausgangskreis des Senders verwenden und erhält dadurch eine Schaltung gemäß *Abb. 3-6*. Die Betriebsspannung gelangt über eine Hochfrequenzdrossel an den Kollektor des Endtransistors; der Kopplungskondensator C_k stellt die hochfrequente Verbindung zum Collinsfilter her. Man kann C_k auch weglassen und führt dann die Hf-Drossel bei A oder B zum Collinsfilter. Dass zwei Kondensatoren bedient werden müssen, erschwert die Abstimmung nur wenig. Resonanz ist erreicht, wenn ein in die Antenne geschaltetes Glühlämpchen maximal aufleuchtet.

Beim Sendebetrieb muss ein solches Abstimmlämpchen natürlich wieder entfernt werden, da es elektrische Sendeleistung unnütz verbraucht.

3 Allgemeines zu Sendeantennen und deren Anpassung

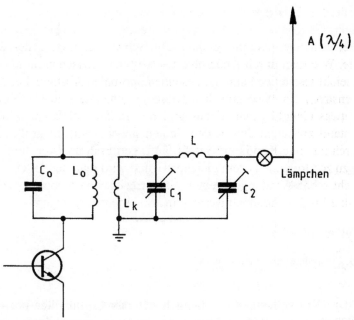

Abb. 3-4: Induktiv gekoppeltes Collinsfilter

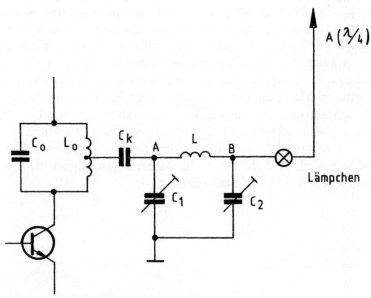

Abb. 3-5: Kapazitiv gekoppeltes Collinsfilter

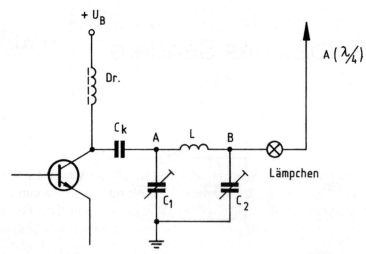

Abb. 3-6: Collinsfilter als Ausgangskreis

Außer der Oberwellenunterdrückung bietet das Collinsfilter noch einen weiteren wertvollen Vorteil. Man kann den Schwingungskreis, da zwei Drehkondensatoren vorhanden sind, auf verschiedene Weise in Resonanz bringen. Wählt man C_1 groß, so muss man entsprechend C_2 klein nehmen und umgekehrt. Hat beispielsweise C_1 eine kleine Kapazität, so bedeutet dies, dass die Hochfrequenz bei A hohe Spannungswerte hat, während bei B wegen der entsprechend höheren Kapazität nur niedrige Wechselspannungen auftreten. Die hochfrequente Wechselspannung bei A wird in diesem Fall also durch das Collinsfilter herabtransformiert, es wirkt somit als Transformator. Man kann daher das Filter dazu benutzen, den hohen Ausgangswiderstand des bei A angeschlossenen Endverstärkers auf den niedrigen Eingangswiderstand der bei B angeschlossenen Stabantenne anzupassen. Die günstigste Stellung der beiden Kondensatoren ist aber dann erreicht, wenn ein in Abb. 3-6 in die Antenne geschalteter Strommesser (Glühlämpchen) maximalen Strom anzeigt.

4 Praktische Hinweise zum Aufbau des Senders

Der wichtigste Teil des Senders ist neben den Transistoren der Schwingungskreis. Die Schwingkreisspule sollte aus mindestens 0.8 mm Durchmesser starkem versilberten Kupferdraht gefertigt sein. Die Forderung nach elektrischer Stabilität verlangt eine ausreichende mechanische Festigkeit. Hier wickelt man zweckmäßig einen versilberten Kupferdraht von etwa 0,8 mm Durchmesser fest auf einen Spulenkern (Bleistift oder Schraube) von etwa 5 bis 10 mm Durchmesser. Die Anzahl der Windungen kann nur annähernd angegeben werden, da die inneren Kapazitäten der Transistoren ebenfalls einen Beitrag zur Eigenfrequenz des Schwingungskreises liefern. Für die erste Inbetriebnahme des Senders versuche man es zunächst mit 4–6 Windungen bei einem Windungsabstand, der annähernd gleich der Drahtstärke ist. Im Zweifelsfall wähle man die Windungszahl immer eher etwas zu hoch, da eine Verkürzung der Spule am leichtesten durchzuführen ist. Beim Einbau der Spule in den Sender und in den Empfänger ist auf diese Verkürzungsmöglichkeit zu achten.

Für den Abgleich der Spule sei daran erinnert, dass die Windungszahl verkleinert werden muss, wenn die Frequenz sich als zu niedrig erweist. Umgekehrt muss die Windungszahl erhöht werden, wenn die Frequenz trotz völlig hineingedrehten Schwingkreiskondensators zu hoch ist. Ist die Differenz nur gering, kann man gegebenenfalls bei freitragender Spule versuchen, die Induktivität der Spule dadurch zu vergrößern, dass man den Windungsabstand durch Zusammendrücken etwas verringert (Achtung, Kurzschluss der Windungen untereinander ist zu vermeiden!).

Als Abstimmkapazität der Schwingungskreise verwendet man zweckmäßig einen kleinen keramischen Scheibentrimmer von etwa 5 bis 50 pF. Durch Verstellen der Abgleichschraube kann man mit seiner Hilfe den Sender in einfacher Weise auf die genaue Arbeitsfrequenz legen. Beim praktischen Aufbau der Schwingungskreise ist besonders darauf zu achten, dass Spule und Schwingkreiskondensator möglichst eng beieinander liegen.

Der Antennenabgriff x (siehe Abb. 2-1) befindet sich im Allgemeinen bei 1 bis 2 Windungen.

Die sowohl in Sendern als auch in Empfängern häufig anzutreffenden Hochfrequenzdrosseln (HF-Dr.) sind in ihren Abmessungen wenig kritisch. Ihre Aufgabe ist es, dafür zu sorgen, dass die HF-Energie nicht über die Batterie abfließen kann. Zu diesem Zweck genügt es, dass ihr Wechselstromwiderstand für die Arbeitsfrequenz einen ausreichend hohen Wert hat. Der gesamte Sender selbst ist in gedrängter Anordnung bei möglichst kurzer Leitungsführung aufzubauen.

Der Kasten für die Unterbringung des Senders sollte möglichst aus Metall bestehen, damit der Sender nur über die Antenne seine Energie abstrahlen kann. Behälter aus Holz oder anderen nicht leitenden Materialien sind nicht empfehlenswert. Weiterhin kommt es auf eine einwandfreie elektrische Verbindung zwischen dem Metallgehäuse und der Masseleitung des Senders an. Durch diese Masseverbindung erst wird das Gehäuse zum Gegengewicht der Antenne, wodurch eine wirkungsvolle Abstrahlung der Sendeenergie gewährleistet wird.

In der Praxis bedeutet dies, dass man die Antenne isoliert an dem Sendergehäuse befestigt und mittels eines möglichst kurzen Drahtes mit dem Senderausgang verbindet. Als Massepunkt der gesamten Senderschaltung bringt man zweckmäßig eine Lötöse neben dem Antennenisolator an, die dann über eine dicke Drahtverbindung mit der „Masse" der Senderplatine verlötet wird. Der Sender darf dann nirgends noch eine weitere Masseverbindung mit dem Sendergehäuse haben.

Es ist immer zweckmäßig, wenn man während des Betriebs des Senders die richtige Arbeitsweise kontrollieren kann. Am einfachsten geschieht dies durch ein Amperemeter, das den Versorgungsstrom misst. Änderungen der Betriebsbedingungen machen sich dann sofort durch eine Stromänderung bemerkbar. Da die Spule des Messinstruments eine zusätzliche Induktivität darstellt, muss sie durch eine entsprechende Kapazität kompensiert werden. Es genügt erfahrungsgemäß die Parallelschaltung eines Kondensators von etwa 10 nF.

Zum Abschluss dieses Kapitels über den Sender ein Hinweis, wie man in überschlägiger Weise dessen Ausgangsleistung bestimmen kann. Nach einer bekannten Formel lässt sich die in einem Verbraucher umgesetzte elektrische Leistung N nach der Gleichung

$N = I^2 \cdot R$ [Watt]

berechnen, wobei der Strom I in Ampere und der Widerstand R in Ohm einzusetzen sind.

Als Verbraucher wirkt bei jedem Sender die Antenne. Benutzen wir eine $\lambda/4$-Antenne, so stellt diese aufgrund der physikalischen Untersuchungen einen Widerstand von etwa 35 Ω dar. Der Strom I wird durch das eingeschaltete Glühlämpchen angezeigt. Um seine Größe messtechnisch ermitteln zu können (Hochfrequenzströme können nicht mit den üblichen Messinstrumenten gemessen werden!), speist man ein gleichgroßes Lämpchen mit Gleichstrom und reguliert mittels eines veränderbaren Vorwiderstands die Stromstärke so ein, dass beide Lämpchen – also die des Senders und die des Vergleichsstromkreises – gleich hell brennen. Dann muss die Stärke des Antennenstroms genauso groß sein wie die des Gleichstroms und man kann mit dessen Wert in die obige Gleichung gehen.

Beispiel: Die Vergleichsmessung ergibt einen Gleichstrom von 0.15 A. Dann ist die HF-Leistung des Senders

$N = 0{,}15^2 \cdot 35 \, \Omega \approx 0{,}8$ Watt.

Abstrahlung – Schattenzone

Misst man in dem Raum um einen Sender herum die elektrische Feldstärke, so wird man im Allgemeinen feststellen, dass die Antenne nicht gleichmäßig nach allen Seiten strahlt, sondern dass bestimmte Richtungen besonders stark ausgeprägt sind, während andere wiederum ganz ausfallen. Wie eine genaue Untersuchung zeigt, erfolgt die stärkste Abstrahlung senkrecht zur Antenne. Weniger stark ist sie schräg hierzu, und in Richtung des Antennendrahtes selbst erfolgt theoretisch überhaupt keine Abstrahlung. Hierdurch entstehen so genannte *Schattenzonen*, in denen die Feldstärke sehr gering wird.

Grundsätzliches zum Oszillator

Damit ein Sender elektromagnetische Schwingungen abgeben kann, muss er ein System (den Oszillator) enthalten, das durch leistungsabgebende Bauelemente (Röhren, Transistoren) zu Schwingungen angefacht wird. Alle Schwingkreisschaltungen entnehmen grundsätzlich dem Schwingsystem einen kleinen Teil der ihm innewohnenden Energie, verstärken diese und führen sie phasenrichtig dem System wieder zu. Die entstehende Schwingung entspricht der Resonanzfrequenz des Schwingkreises. Diese Resonanzfrequenz f_0 wird bei LC-Oszillatoren durch den Wert der Kapazität C

und der Induktivität L bestimmt. Sie errechnet sich nach der Thompsonschen Schwingkreisformel zu

$$f_0 = \frac{1}{2\pi\sqrt{LC}}$$

Man kann die Resonanzfrequenz nicht beliebig verringern, weil den Größen L und C technologische Grenzen gesetzt sind. Um eine Schwingung von 500 Hz zu erzeugen, sind beispielsweise eine Induktivität $L = 20$ H und eine Kapazität $C = 5$ nF erforderlich.

Nach oben ist die Frequenz von LC-Generatoren dadurch begrenzt, dass sich Induktivität und Kapazität des Systems nicht unter einen bestimmten Wert verringern lassen. Um z. B. eine Frequenz von 380 MHz zu erzeugen, sind eine Kapazität von nur 10 pF und eine Induktivität von 0,02 µH erforderlich. Dieser Wert von L entspricht etwa einem Draht von 2 cm Länge! Die Schaltkapazitäten sowie die Zuleitungsinduktivitäten des Systems liegen jedoch in der gleichen Größenordnung. Es gelingt daher nur durch besondere Gestaltung der Schwingkreise (Schmetterlingskreise, Bandleitungen, Leitungskreise, Topfkreise), Schwingungen derart hoher Resonanzfrequenz zu erzeugen.

Bei der Prüfung eines Senders interessieren im Allgemeinen folgende Größen:

1. HF-Leistung des Oszillators
2. Ausgangsleistung der Endstufe
3. abgestrahlte Leistung
4. Frequenzhub

Um die Ausgangsleistung des HF-Oszillators und der Endstufe überschlägig zu bestimmen, bedient man sich meist kleiner, am Antennenausgang angeschlossener Glühlämpchen (4 V, 0.1 A), deren unterschiedlich helles Aufleuchten als Maß der Leistung angesehen wird. Diesem Verfahren haften einige Mängel an, was besonders für die Messung der Ausgangsleistung an der Endstufe gilt. In den seltensten Fällen wird der Widerstand des Lämpchens mit dem Strahlungswiderstand der Antenne übereinstimmen. Außerdem stellt die Drahtwendel des Lämpchens eine Induktivität dar, deren Auswirkung man daran erkennt, dass das π-Filter bei Belastung durch das Lämpchen anders einzustellen ist, als bei der normalen Belastung durch die Antenne.

4 Praktische Hinweise zum Aufbau des Senders

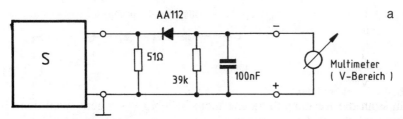

Abb. 4-1a: Prüfung der Senderausgangsleistung am 51-Ω-Lastwiderstand für Kleinleistungssender

Begnügt man sich mit der Kontrolle der am Antennenfußpunkt vorhandenen Spannung bei einem Lastwiderstand von 50 Ω, so leistet die Schaltung nach *Abb. 4-1a* gute Dienste. Da dieses Überwachungsgerät nur wenige Bauelemente erfordert und zum Leistungsvergleich auch die kleinsten Mikroamperemeter genügen, kann man das Gerät fest in den Sender einbauen, sodass per Antennenumschalter eine dauernde Leistungskontrolle ermöglicht wird.

Wer auf einen Festeinbau keinen Wert legt, kann sich auch einen kleinen Tastkopf entsprechend *Abb. 4-1b* oder *Abb. 4-2* bauen. Mit der in Abb. 4-2 gezeigten Schaltung können Hochfrequenzsignale von 100 kHz bis 1.000 MHz zur Anzeige gebracht werden. Zur Gleichrichtung sollte eine

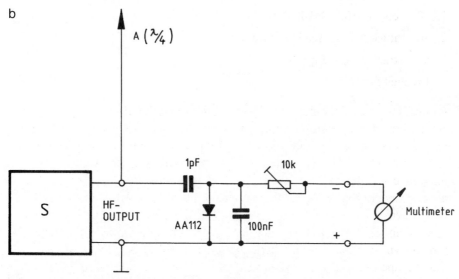

Abb. 4-1b: Tastkopf bzw. Ausgangsleistungsmonitor

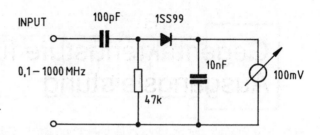

Abb. 4-2: Tastkopf bzw. Ausgangsleistungsmonitor mit Schottky-Diode

Germanium- oder Schottky-Diode mit einer geringen Schwellspannung verwendet werden. So gehen für die relative Messung nur etwa 100 mV verloren. Als Messinstrument eignet sich jedes Multimeter mit einem Messbereich von 100 mV oder 1 V. Für den Abgleich eines HF-Ausgangssignals auf Maximum ist ein altes Analog-Multimeter natürlich besser geeignet als ein digitales.

Doch nun zu weiteren konkreten Schaltungsbeispielen leistungsfähiger Piratensender.

5 UKW-Piratensender mit Gegentaktendstufe für 2 Watt Ausgangsleistung

Die in *Abb. 5-1* gezeigte Senderschaltung ist in der Lage, bis zu 2 Watt HF-Leistung abzustrahlen. Mit dieser Leistung können unter optimalen Bedingungen, also bei freier Sicht, mehrere Kilometer überbrückt werden. Erstaunlich ist die Tatsache, dass sich die NF-Leistungstransistoren BD 135 für den Einsatz im UKW-Bereich eignen. Als Überlastungsschutz sollte in die gemeinsamen Emitterzuleitung gegebenenfalls ein 5- bis 10-Ω-Widerstand mit parallelgeschaltetem 10 nF-Kondensator eingefügt werden. Bei einer Versorgungsspannung von 12 V müssen die Endstufentransistoren gekühlt werden.

Mit dem 250-kΩ-Potentiometer der Audiovorstufe kann der optimale Arbeitspunkt für saubere Modulation justiert werden.

5 UKW-Piratensender mit Gegentaktendstufe für 2 Watt Aus-

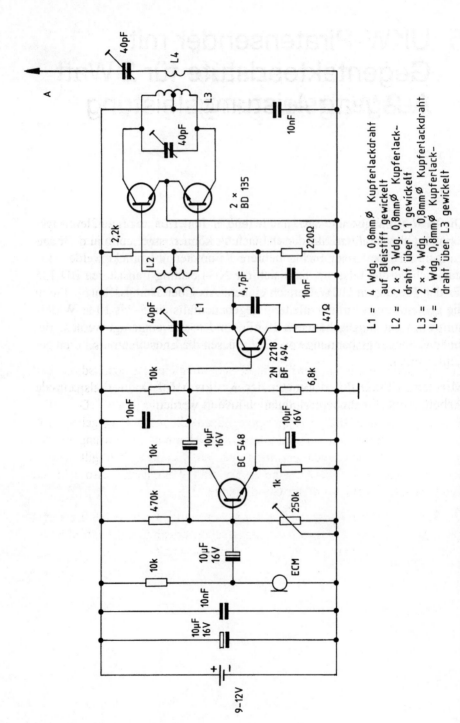

Abb. 5-1: UKW-Piratensender mit Gegentaktendstufe für 2 Watt Ausgangsleistung

6 UKW-Piratensender mit Gegentaktoszillator für 1–2 Watt Ausgangsleistung

Die UKW-Piratensenderschaltung in *Abb. 6-1* arbeitet mit einem leistungsfähigen Gegentaktoszillator, der je nach Versorgungsspannung in der Lage ist, bis zu 2 Watt Leistung zu generieren. Wenn die Schaltung mit den Transistortypen 2N2218 betrieben wird, sollte die Versorgungsspannung 12 V nicht überschreiten. Unter diesen Bedingungen ist 1 Watt Leistung zu erwarten. Bei Verwendung der 2N3553-Typen kann die Versorgungsspannung auf 18 V angehoben werden. Dann ist mit 2 Watt Ausgangsleistung zu rechnen. Die Transistoren sind dann mit Kühlsternen zu versehen.

Zur Frequenzmodulation wird in dieser Schaltung eine Kapazitätsdiode benutzt. Die von einer Transistorstufe verstärkte Mikrofonwechselspannung moduliert den schwingfreudigen UKW-Gegentaktoszillator. Die HF-Leistung wird über die Ankoppelspule L2 auf die Antenne gegeben. Mit dem 40-pF-Trimmer im Fußpunkt der Antenne kann die Anpassung an verschiedene Antennenlängen optimiert werden. Grundsätzlich gilt jedoch auch hier wieder für die Antenne eine viertel Wellenlänge, also 3 Meter dividiert durch 4 ist 0.75 Meter Gesamtlänge.

Um sich eine Vorstellung von der in die Sendeantenne fließende Leistung machen zu können, kann, wie eingangs schon erwähnt, ein Fahrradlämpchen zusätzlich in den Fußpunkt der Antenne geschaltet werden.

6 UKW-Piratensender für 1–2 Watt Ausgangsleistung

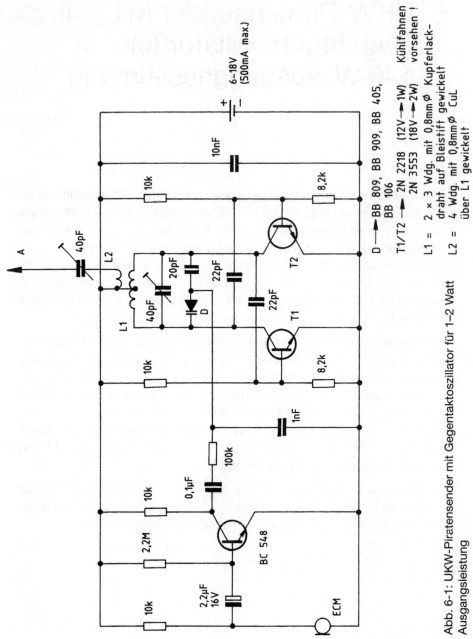

Abb. 6-1: UKW-Piratensender mit Gegentaktoszillator für 1–2 Watt Ausgangsleistung

7 UKW-Piratensender mit Treiber und Gegentaktendstufe für 5 Watt Ausgangsleistung

Der in *Abb. 7-1* gezeigte UKW-Leistungssender erzeugt Ausgangsleistungen bis zu 5 Watt. Die Versorgungsspannung kann bis 15 V bei einem Strom von maximal 1.5 A betragen. Zur FM-Modulation wird wieder eine Kapazitätsdiode benutzt. Der Sender besteht aus einer Oszillatorstufe, einer Treiberstufe und einer Gegentaktendstufe. Am Audioeingang sind zur Erzeugung eines ausreichenden Frequenzhubes etwa 1 V Spitze/Spitze erforderlich. Bei Mikrofonbetrieb ist also noch ein einstufiger Vorverstärker erforderlich.

Wer nur Musik aus einem Kassettenrekorder übertragen will, braucht keinen zusätzlichen Aufwand zu treiben.

7 UKW-Piratensender für 5 Watt Ausgangsleistung

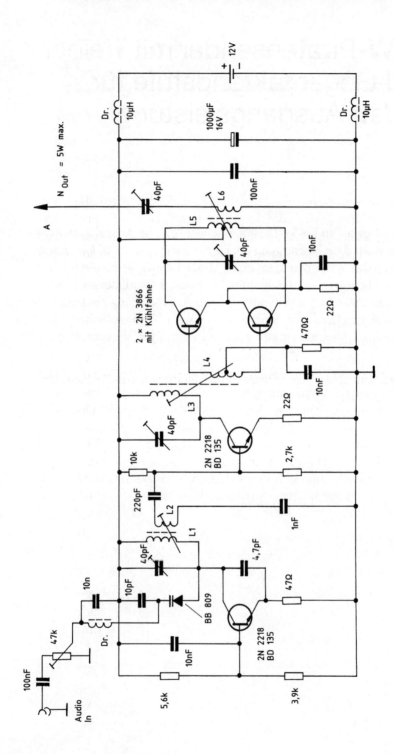

Abb. 7-1: UKW-Piratensender mit Treiber und Gegentaktendstufe für 5 Watt Ausgangsleistung

8 UKW-Profi-Piratensender für 5 Watt Ausgangsleistung

Der in *Abb. 8-1a und 8-1b* dargestellte Piratensender hat ebenfalls 5 Watt Ausgangsleistung und kostet komplett nicht mehr als 50,– €. Er erreicht durch eine eingebaute Höhenanhebung (Preemphasis) eine bessere Klangqualität. Die 5 Watt Ausgangsleistung reichen aus, um von einem hoch gelegenen Sendestandort 5 Kilometer und mehr zu überbrücken. Dies gilt auch für den Betrieb in einer Großstadt, wenn der Sender auf der Dachterrasse eines Hochhauses steht. Doch nun eine kurze Schaltungsbeschreibung: Die erste Stufe ist ein Mikrofonverstärker. Die zweite und dritte Transistorstufe dient zur Anhebung der hohen Töne. Dadurch kommt ein besserer „Sound" zustande. Mit den beiden 100-kΩ-Potentiometern kann die gewünschte Aussteuerung bzw. der Frequenzhub individuell eingestellt werden. Der Schalter S dient zur Umschaltung von Mikrofon auf Tonband und umgekehrt. Die erste Transistorstufe in Abb. 8-1b arbeitet als UKW-Oszillator. Der Schwingkreis besteht aus der Spule L1 und dem 20-pF-Trimmer. Parallel zum Schwingkreis befindet sich die Kapazitätsdiode BB 105 G. Deren Arbeitspunkt, also die wirksame Eigenkapazität, wird mit dem 5-kΩ-Potentiometer eingestellt. Damit sich die Sendefrequenz bei einem Absinken der Versorgungsspannung nicht verändert, sorgt der Spannungsregler 78L08 aus Abb. 8-1a für stabile Verhältnisse.

Das Modulationssignal wird ebenfalls über einen 100-kΩ-Widerstand auf die Kapazitätsdiode gegeben. Die Kapazität und damit die Schwingfrequenz ändert sich also im Rhythmus des Audiosignals.

Im Anschluss an den UKW-Oszillator mit dem schwingfreudigen FET BF 245 B folgt eine trafo-gekoppelte Kaskadenschaltung. Die Senderschaltung ist breitbandig ausgelegt, sodass die Sendefrequenz mit dem 20-pF-Trimmer ohne besondere Leistungseinbuße irgendwo zwischen 87.5 und 104 MHz eingestellt werden kann. Eine Nachstimmung von Treiber und Endstufe kann bei Frequenzwechsel somit entfallen.

Aus *Abb. 8-2* ist zu ersehen, wie der Ferritperlen-Trafo gewickelt wird. Die einzelnen Spulen jeder Verstärkerstufe sollten immer im rechten Winkel zu-

8 UKW-Profi-Piratensender für 5 Watt Ausgangsleistung

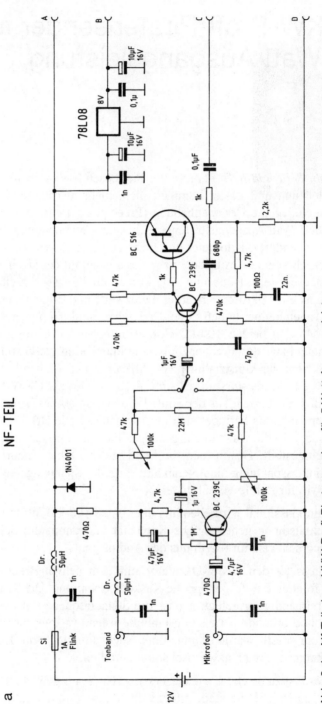

Abb. 8-1a: Nf-Teil eines UKW-Profi-Piratensenders für 5 Watt Ausgangsleistung

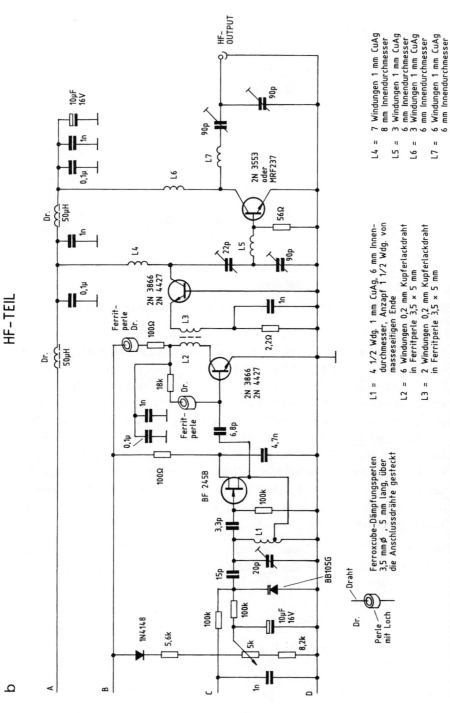

Abb. 8-1b: Hf-Teil eines UKW-Profi-Piratensenders für 5 Watt Ausgangsleistung

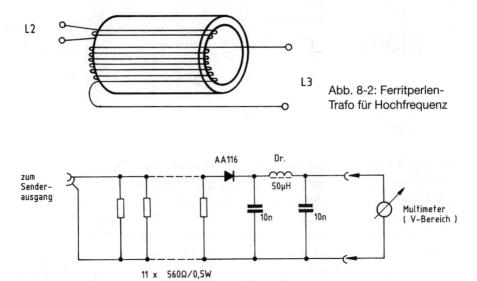

Abb. 8-2: Ferritperlen-Trafo für Hochfrequenz

Abb. 8-3: 50-Ω-Ersatzlast mit Anzeigeinstrument für den UKW-Profi-Piratensender

einander angeordnet werden, da es sonst eventuell zur Selbsterregung bzw. wilden Schwingungen kommen kann. Für den mechanischen Aufbau des Senders empfiehlt sich die Verwendung einer gedruckten Platine. Diese sollte beidseitig kaschiert sein, wobei die nicht geätzte Seite auf Masse liegen muss. Bei der Inbetriebnahme ist darauf zu achten, dass die Endstufe nie ohne Last betrieben wird. In *Abb. 8-3* wird die Schaltung einer Ersatzlast gezeigt. Wer sich noch nie mit Hochfrequenz beschäftigt hat, sollte besser die Finger von dieser Schaltung lassen. Bei voller Ausgangsleistung hat der Sender eine Stromaufnahme von etwa 700 mA. Es ist darauf zu achten, dass der Endstufentransistor nie ohne Kühlstern bzw. ohne ausreichende Kühlung betrieben wird.

Wer sich für eine ausführliche Bau- und Abstimmanleitung interessiert, kann sich gerne an den Autor wenden.

9 UKW-Stereo-Piratensender kleiner Leistung

In *Abb. 9-1* ist eine Stereo-Senderschaltung angegeben. Die Schaltung erfordert einen bescheidenen Aufwand und hat eine Reichweite von maximal 100 Meter. Bei einem Stereo-Signal kommt zum Hörerlebnis eine Richtungsempfindung hinzu. Dies wird durch die Übermittlung von zwei Kanälen ermöglicht, d. h., zwei Schallquellen werden separat über zwei Kanäle übermittelt. Zur Übermittlung zweier Audio-Signale steht aber beim UKW-Rundfunk nur ein Kanal bzw. ein HF-Trägersignal zur Verfügung. Es ist also eine spezielle Modulationsschaltung erforderlich. Ein derartiger Modulator wird Multiplexer genannt. Die Schaltung in Abb. 9-1 kann Stereo-Signale aussenden, die von beliebigen Stereo-Quellen wie z. B. zwei Mikrofonen, Kassettenrekordern oder CD-Playern stammen können. Mit dem gemultiplexten Stereo-Signal können auch leistungsfähigere Senderschaltungen angesteuert werden. Aus *Abb. 9-2* ist das Blockschaltbild des Stereo-Senders zu ersehen.

Der Multiplex-Oszillator arbeitet auf der genormten Frequenz von 76 kHz. Es handelt sich dabei um das Synchronisationssignal für den Multiplex-Prozess. Entsprechend Abb. 9-1 wird dieses Rechtecksignal mit dem CMOS-Schmitt-Trigger-IC 4093 erzeugt. Der 10-kΩ-Trimmer dient zur Einstellung des Oszillators auf 76 kHz. Nach Invertierung des Signals wird ein Dual-JK-Flip-Flop (4013) angesteuert. Dieses teilt die Oszillatorfrequenz durch 2 und 4 in ein 38-kHz- und ein 19-kHz-Signal. Der Multiplexer arbeitet mit dem CMOS-Schalter-IC 4066 oder 4016. In *Abb. 9-3* wird die Funktionsweise der Schalter gezeigt.

Beim ersten Takt kann das A-Signal passieren, während das B-Signal blockiert wird. Beim zweiten Takt ist das A-Signal blockiert, während das B-Signal passieren kann. Dies bedeutet, dass die Signale A und B hintereinander gereiht übertragen werden.

Wenn dieser Vorgang im Empfänger auf umgekehrte Weise rückgängig gemacht wird, werden die ursprünglichen Signale A und B wieder zurückge-

9 UKW-Stereo-Piratensender kleiner Leistung

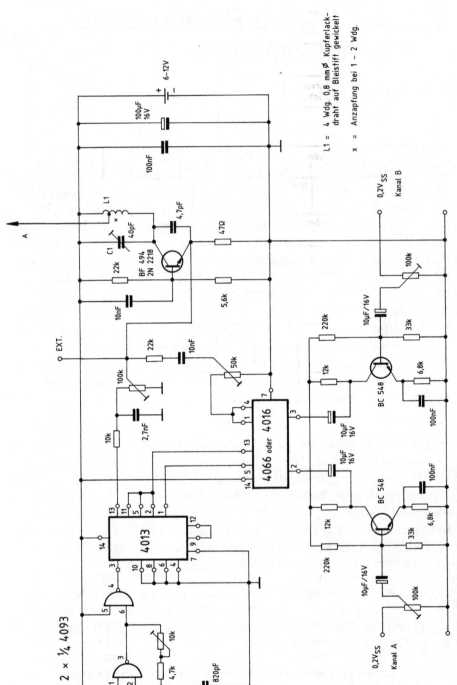

Abb. 9-1: UKW-Stereo-Piratensender kleiner Leistung

9 UKW-Stereo-Piratensender kleiner Leistung

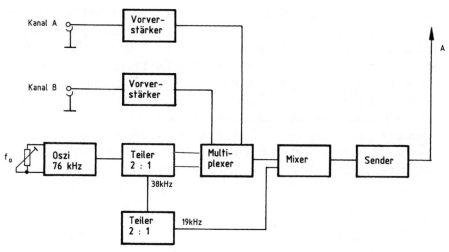

Abb. 9-2: Blockschaltbild des UKW-Profi-Piratensenders

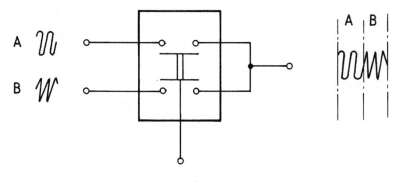

Abb. 9-3: Funktionsweise des Kanalumschalters

wonnen. Das Ausgangssignal des Multiplexers muss zur Synchronisation des Empfängers noch mit dem 19-kHz-Signal aus dem Dual-JK-Flip-Flop 4013 gemischt werden. Am Punkt „EXT" steht dann die zum HF-Teil führende Modulationsspannung. Sobald der Empfänger das 38-kHz-Pilotsignal detektiert, leuchtet die Stereo-Anzeige-LED auf.

Zum Abgleich des Stereo-Senders sollte ein Stereo-Empfänger mit Stereo-Anzeige-LED zur Verfügung stehen. Zunächst muss an der Empfangsskala eine Stelle gesucht werden, an der keine UKW-Rundfunkstation zu hören ist. Nun muss der Stereo-Sender auf diese Stelle hingetunt werden, dann werden die im oberen Bildausschnitt gezeigten 100-kΩ- und 50-kΩ-Trimmer auf Mittelstellung gebracht. Anschließend wird der 10-kΩ-Trimmer so justiert, dass die Stereo-LED im Empfänger aufleuchtet. Nun wird mit dem 50-kΩ-Trimmer die Pilotsignal-Amplitude langsam reduziert. Die optimale Einstellung ist erreicht, wenn die LED in einem schmalen Skalenbereich leuchtet. Anschließend kann ein Stereo-Signal aus einem Kassettenrekorder an die Audioeingänge gelegt werden. Je nach Stellung der 100-kΩ-Trimmer an den Audioeingängen kann die Qualität der Stereo-Übertragung optimiert werden. Wer einen stärkeren Sender ansteuern will, kann das Modulationssignal am Punkt „EXT." in Abb. 9-1 abgreifen. Die Verbindung zum Oszillator sollte dann unterbrochen werden.

10 UKW-Stereo-Prüfsender mit BH 1416 F

In *Abb. 10-1a* ist ein interessanter Stereo-Prüfsender wiedergegeben, der mit dem Schaltkreis BH 1416 F von ROHM arbeitet. Die Schaltung ist für den Frequenzbereich 75 bis 110 MHz ausgelegt. Laut Hersteller kann an Pin 5 das Stereo-Signal für die Ansteuerung anderer Sender abgenommen werden. Wer nur am „Inhouse"-Betrieb interessiert ist, kann das Stereo-Signal mit dem integrierten UKW-Oszillator abstrahlen. Durch die Stellung der Schalter an Pin 15 bis 18 lässt sich die gewünschte UKW-Sendefrequenz programmieren.

Abb. 10-1b zeigt das Datenblatt der ROHM-ICs BH 1416/17F.

10 UKW-Stereo-Prüfsender mit BH 1416 F

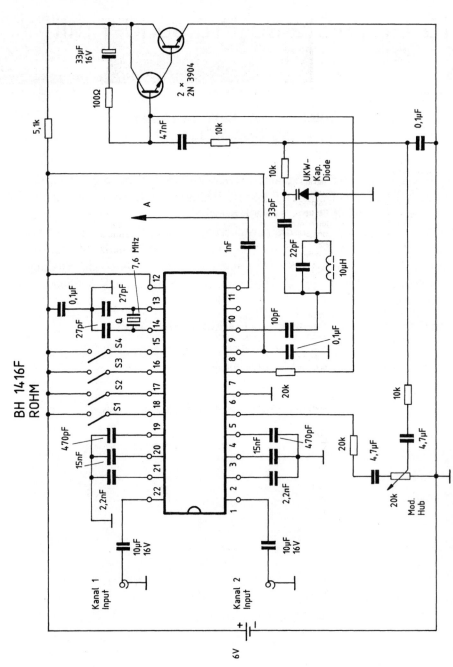

Abb. 10-1a: UKW-Stereo-Prüfsender mit BH 1416 F

Product News

No. 01W024A

Wireless Audio Link IC series
BH1417F

● Description
Wireless audio link IC series are FM stereo transmitter ICs that use simple configuration. This series of BH1417F consists of a stereo modulator for generating stereo composite signals and a FM transmitter for broadcasting a FM signal on the air. Stereo modulator generates composite signal that is composed of MAIN SUB and pilot signal from 38kHz oscillator. FM transmitter generates carrier of FM band and transmits FM wave that is made with FM modulation by the composite signal on the air. Frequency is set for North America.

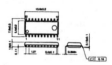

SOP22

● Features
1) The audio quality is improved because the pre-emphasis circuit, limiter circuit and low pass filter circuit are integrated.
2) Pilot tone method FM stereo modulation circuit is integrated.
3) The transmission frequency is stable because the PLL system FM transmitter circuit is integrated.
4) PLL data input is parallel control. (4bit, 14ch) for North America.

● Applications
Wireless speaker, PC (Sound board), Game machine, CD changer, Car TV, Car navigation

● Series table	BH1415F *	BH1416F *	BH1417F	BH1414K *
FM stereo modulator	○	○	○	○
FM transmitter	○	○	○	○
Electric volume	—	—	—	○
Audio limiter	Fixed level	Fixed level	Fixed level	Variable level
Audio LPF	15kHz 2nd order LPF	15kHz 2nd order LPF	15kHz 2nd order LPF	19/38kHz LPF
Monaural operation	○	—	—	○
Audio muting	○	—	—	○
Transmission frequency control method	Serial data	4bit switch	4bit switch	Serial data
Transmission frequency	70~120MHz Step 100kHz	76.8~78.0MHz 88.0~89.2MHz Step 200kHz	87.7~88.9MHz 106.7~107.9MHz Step 200kHz	75~110MHz Step 100kHz

* The BH1414K, BH1415F, and BH1416F are not printed in this catalog, but they are products which have the same basic performance as these products shown above.

Abb. 10-1b: Datenblatt der ROHM-ICs BH 1416/17 F

10 UKW-Stereo-Prüfsender mit BH 1416 F

● Absolute Maximum Ratings (Ta=25°C)

Parameter	Symbol	Limits	Unit
Supply voltage	V_{CC}	+7.0	V
Power dissipation	Pd	450 *1	mW
Storage temperature range	Tstg	−55 ~ +125	°C

*1 Derating : 4.5mW/°C for operation above Ta=25°C

● Recommended Operating Conditions (Ta=25°C)

Parameter	Symbol	Min.	Typ.	Max.	Unit
Operating supply voltage	V_{CC}	4.0	−	6.0	V
Operating temperature range	Topr	−40	−	+85	°C
Transmission frequency (200kHz step)	f_{TX}	87.5 / 106.7	−	88.9 / 107.9	MHz

● Electrical Characteristics (Unless otherwise noted; Ta=25°C, Vcc=5.0V, Signal source: f_{IN}=400Hz)

Parameter	Symbol	Min.	Typ.	Max.	Unit	Conditions
Circuit current at no signal	I_Q	14	20	28	mA	
Channel separation	Sep	25	40	−	dB	V_{IN}= −20dBV L->R, R->L
Total harmonic distortion	THD	−	0.1	0.3	%	V_{IN}= −20dBV L+R
Channel balance	C.B	−2	0	+2	dB	V_{IN}= −20dBV L+R
Pilot modulation	Mp	12	15	18	%	V_{IN}= −20dBV L+R
Sub carrier rejection	SCR	−	−30	−20	dB	V_{IN}= −20dBV L+R
Pre-emphasis time constant	τPRE	40	50	60	μsec	V_{IN}= −20dBV L+R
Limiter input level	$V_{IN(LIM)}$	−16	−13	−10	dBV	1dB of output is limited.
LPF cut-off frequency	$f_{C(LPF)}$	12	15	18	kHz	Vo= −3dB Pin2, 21 open
Transmission output level	V_{TX}	96	99	102	dBμV	f_{TX}=107.9MHz

● Application Circuit

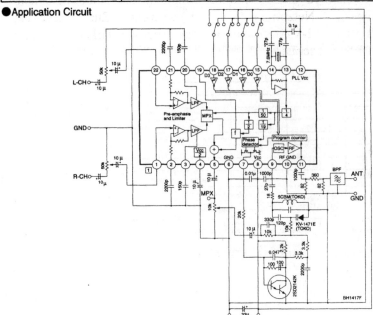

Abb. 10-1b: Fortsetzung Datenblatt der ROHM-ICs BH 1416/17 F

11 UKW-Piratensender mit Stimmverzerrung

Wer sich am Sendermikrofon nicht zu erkennen geben will, kann die Schaltung in *Abb. 11-1* benutzen. Es handelt sich hierbei um einen UKW-Piratensender kleiner Leistung, dessen Modulationsspannung künstlich verzerrt wird.

Durch diese Stimmverzerrung ist z. B. eine geheime Kommunikation mit Freunden oder Nachbarn möglich. Auch Musik lässt sich mit dieser Schaltung auf originelle Weise verzerren. Die Oszillatorstufe kann durch ein leistungsfähigeres Sendeteil ersetzt werden. Zur Verzerrungserzeugung wird die hochtransformierte Audiospannung mit einem Graetz-Gleichrichter gleichgerichtet und damit in ihrer Frequenz verdoppelt. Zusätzlich wird die Kurvenform verändert. Zur Hochtransformierung der Audio-Spannung wird ein kleiner USA-Netztrafo (110 V/12 V) verwendet. Zur Ansteuerung der niederohmigen 12-V-Trafoseite ist der Audioverstärker mit einer Leistungsendstufe ausgerüstet.

11 UKW-Piratensender mit Stimmverzerrung

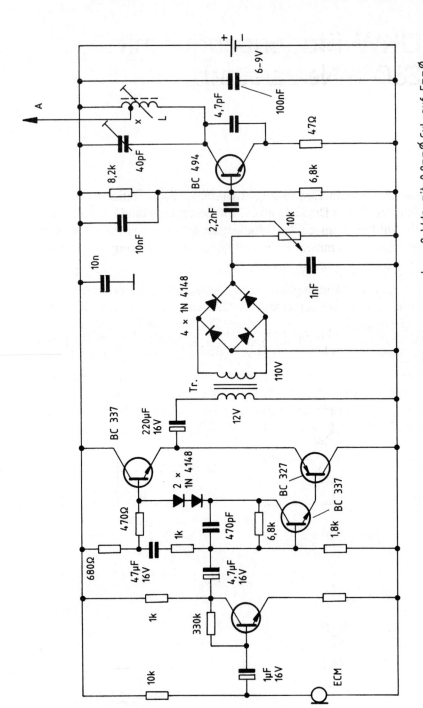

Abb. 11-1: UKW-Piratensender mit Stimmverzerrung

12 FM-Störsender für 230 V-Netzbetrieb

Ein Störsender soll den Empfang unerwünschter Radiostationen zunichte machen. Eine auf kurze Distanz von ca. 100 Metern wirkende Senderschaltung ist in *Abb. 12-1* angegeben. Außer der Störung des Empfangs von UKW-Rundfunkprogrammen kann z. B. auch der Empfang von UKW-Minispionen zunichte gemacht werden.

Mit der angegebenen Dimensionierung des Senders kann der Empfang im Frequenzbereich von 60 bis 120 MHz gestört werden.

Die untere Graetz-Gleichrichterbrücke steuert mit einem 100-Hz-Störsignal die Kapazitätsdiode BB 809 an. Im UKW-Radio ist dann auf kurze Entfer-

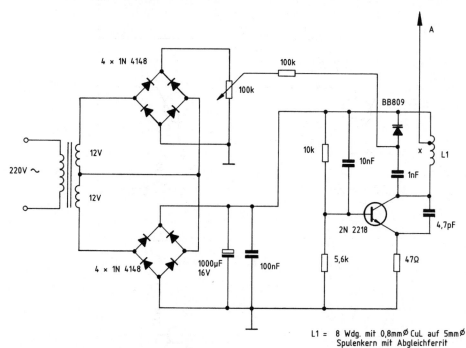

Abb. 12-1: FM-Störsender für 230-V-Netzbetrieb

nung zum Störsender nur ein lästiges Brummsignal zu hören. Wird der UKW-Oszillator durch einen UHF-Oszillator im Frequenzbereich von 800 bis 900 MHz ersetzt, lassen sich damit Handy-Verbindungen im nahen Umfeld des Senders stören.

13 CB-Funk (27.12 MHz)-Störsender

Wer in unmittelbarer Nähe von etwa 100 bis 500 Meter den CB-Funk stören will, kann den Störsender in *Abb. 13-1* verwenden. Die Schaltung besteht aus einem Unijunktion-Sägezahn-Oszillator, dessen NF-Schwingfrequenz mit dem 10-kΩ-Trimmer einstellbar ist. Mit dessen Ausgangsspannung wird wieder eine Kapazitätsdiode gewobbelt. Der Gegentakt-Oszillator bringt es mit den 2N2219A-Transistoren auf etwa ein halbes Watt Ausgangsleistung. Mit dem unteren 60-pF-Schwingkreistrimmer kann die Arbeitsmittenfrequenz des CB-Störsenders eingestellt werden. Der obere 60-pF-Schwingkreistrimmer ist für den Frequenzhub von ca. 2–3 MHz zuständig. Zur besseren Anpassung an die Sendeantenne wird die HF-Energie über ein Collinsfilter ausgekoppelt.

Wenn das 6-V/50-mA-Lämpchen im Fußpunkt der Antenne hell aufleuchtet, arbeitet der Störsender unter optimalen Bedingungen. Wer weitere Infos zu CB-Gegentaktoszillatoren sucht, wird im Buch „Experimente mit Teslaenergie" des Franzis' Verlags fündig. Zur Vermeidung von vagabundierender Hochfrequenz sind die Betriebsspannungszuführungen sauber verdrosselt und abgeblockt.

13 CB-Funk (27.12 MHz)-Störsender

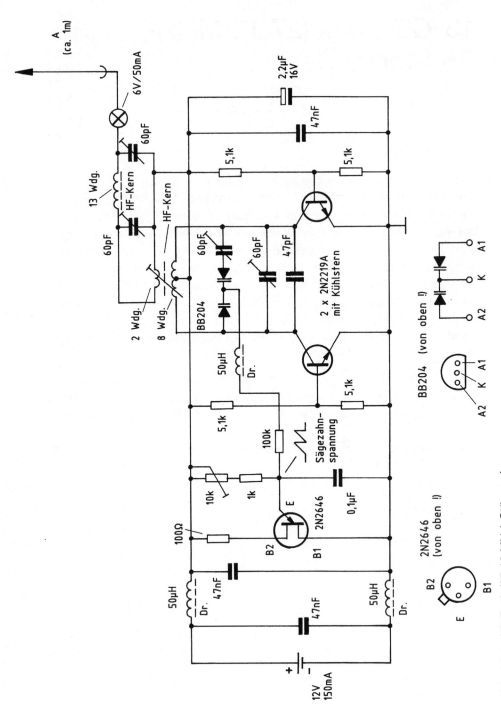

Abb. 13-1: CB-Funk (27.12 MHz)-Störsender

14 UKW-Prüfsender mit MAX 2606

Die in *Abb. 14-1* gezeigte UKW-Prüfsenderschaltung stammt von Gregor Kleine und wurde in der Fachzeitschrift „Elektor" 7–8/2001 veröffentlicht.

Wer beim Test von UKW-Empfängern nicht nur auf die lokalen Radiostationen angewiesen sein will, braucht einen frequenzmodulierbaren Oszillator im Frequenzbereich 89,5...108 MHz, der aber schwierig im diskreten Aufbau zu realisieren ist. Jetzt gibt es von Maxim (www.maxim-ic.com) mit dem integrierten Oszillator MAX 260X fünf Bausteine, die den Frequenzbereich von 45...650 MHz abdecken. Lediglich eine externe Spule muss passend zur Mittenfrequenz dimensioniert werden. Der MAX 2606 deckt den UKW-Bereich ab, kann aber über die TUNE-Spannung nur etwa ±3 MHz um die mit der Spule L eingestellte Mittenfrequenz variiert werden. Folgende Spulenwerte können als Ausgangspunkt für eigene Experimente dienen:

f/MHz	89...95	93...99	97...103	100...106	103...109
L/nH	500	470	420	390	350

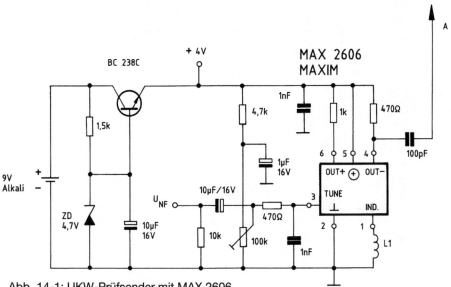

Abb. 14-1: UKW-Prüfsender mit MAX 2606

Geeignete Spulen sind die SMD-Typen der Stettner-Baureihe 5503, die bei Bürklin (www.buerklin.de) mit Werten zwischen 12 nH und 1.200 nH zu bekommen sind. Aus zwei passenden Spulen kann man so jeden gewünschten L-Wert zusammenschalten. Wer selbst eine Spule wickeln möchte, probiere es mit 8...14 Windungen versilbertem Kupferdraht mit 0,5 mm Durchmesser auf einem 5-mm-Dorn. Durch Strecken bzw. Stauchen der Spule kann die Induktivität fein eingestellt werden.

Die Schaltung wird aus einer 9-V-Blockbatterie versorgt. Der BC 238C stabilisiert die Spannung auf etwa 4 V. Der MAX 2606 arbeitet zwar zwischen +2,7 V und +5,5 V, jedoch ist mit dieser Spannungsstabilisierung die Frequenzstabilität des frei laufenden Oszillators besser. Der Betriebsspannungsanschluss Vcc (Pin 5) und die TUNE-Spannung (Pin 3) sind so nah wie möglich an den IC-Pins mit 1-nF-Kondensatoren entkoppelt. Die Abstimmspannung TUNE an Pin 3 darf zwischen +0,4 V und +2,4 V liegen. Mit OUT+ und OUT- steht ein symmetrischer Ausgang zur Verfügung, der im einfachsten Fall einpolig (single ended) benutzt wird. Dazu liegen an beiden Ausgängen Pull-up-Widerstände. An einem der beiden Widerstände kann über einen Kondensator das HF-Signal abgegriffen werden. Es stehen einige Milliwatt zur Verfügung. Am NF-Eingang reichen 10 mV bis 20 mV schon für den im UKW-Bereich üblichen Frequenzhub von ±40 kHz aus.

15 UKW-Prüfsender von EAM

Die Prüfsenderschaltung in *Abb. 15-1* hat eine Reichweite von etwa 50–100 Meter. Die Schaltung wurde in der Zeitschrift „Electronic actuell" Special Nr. 12 (EAM 3/01) veröffentlicht. Der Bausatz ist über EAM bzw. die Firma Velleman beziehbar. In *Abb. 15-2* sind die aufgedruckten Spulen erkennbar. Ohne Zugriff auf die Platine müssen die Spulen selbst gewickelt werden.

Damit die Schaltung für möglichst alle NF-Quellen tauglich ist (unterschiedliche Mikrofone, Verstärker- oder Mischpultausgänge), besitzt sie eine sehr hochohmige Eingangsstufe. Dafür sorgt der Feldeffekttransistor, dessen Gatewiderstand die Eingangsimpedanz von ca. 1 MΩ bestimmt. Der 100-pF-Kondensator dient zur Unterdrückung von HF-Einstrahlung. Der BC 557 arbeitet hier als Impedanzwandler, an dessen Emitterwiderstand das aufbereitete NF-Signal mit dem 4.7-µF-Tantal niederohmig ausgekoppelt wird. Die Empfindlichkeit dieser Eingangsstufe ist so hoch, dass man nahezu jedes Mikrofon direkt anschließen kann.

Auch im Oszillator wird ein FET verwendet, um eine bessere Frequenzstabilität zu erreichen. Als Schwingschaltung wird ein Hartley-Oszillator verwendet. Mit dem zur Schwingkreiskapazität parallel liegenden 15 pF-Trimmer erfolgt der Frequenzabgleich. Um den Abstimmbereich zu vergrößern, muss der 15-pF-Kondensator vergrößert werden. Der 15 pF-Kondensator am Gate des BF 245 trennt den Schwingkreis gleichspannungsmäßig vom FET-Eingang ab.

Die eigentliche Modulation erfolgt in klassischer Weise über die in Sperrrichtung betriebene Kapazitätsdiode, die ebenfalls parallel zum Schwingkreis liegt und über den 220-kΩ-Widerstand vom NF-Signal angesteuert wird. Je nach Amplitude des NF-Signals variiert die Kapazität dieser Diode, sodass sich damit die gewünschte Frequenzmodulation einstellt. Der unerwünschte Oberwellenanteil ist extrem gering, weil die Kapazitätsdiode im linearen Bereich ihrer Kennlinie betrieben wird. Damit sind ungewollte Störungen anderer Frequenzbereiche ausgeschlossen.

15 UKW-Prüfsender von EAM

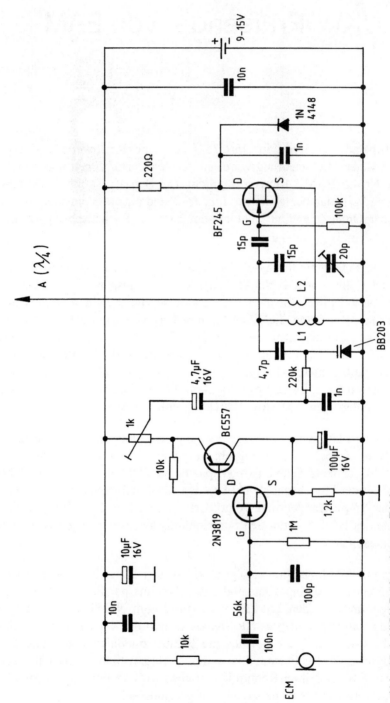

Abb. 15-1: UKW-Prüfsender von EAM

15 UKW-Prüfsender von EAM   57

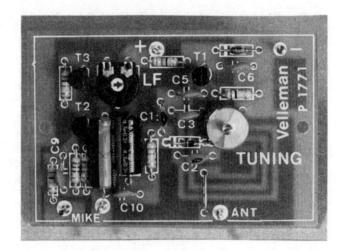

Abb. 15-2: Platine des UKW-Prüfsenders von EAM

Als Antenne eignet sich ein einfaches Stück Draht von mindestens 10 cm Länge. Ein längerer Draht verbessert die Reichweite, die im freien Gelände bis zu 100 Meter betragen kann.

16 Babysitter-UKW-Sender

Aus einer amerikanischen Quelle stammt der Babysitter-UKW-Sender aus *Abb. 16-1*. Bemerkenswert ist die in *Abb. 16-2* gezeigte Netzstromversorgung, mit der der Sender angeblich brummfrei arbeiten soll.

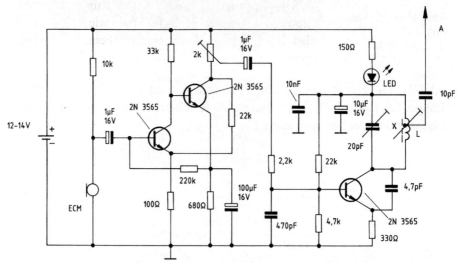

Abb. 16-1: Babysitter-UKW-Sender

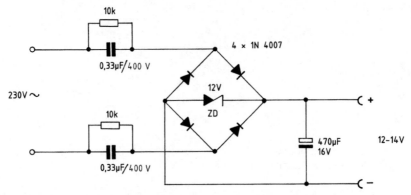

Abb. 16-2: Brummfreie Netzstromversorgung für den Babysitter-UKW-Sender

17 Frequenzstabiler UKW-Sender

Ebenfalls aus den USA stammt die Senderschaltung aus *Abb. 17-1*. Außer dem schaltungstechnischen Mehraufwand zur Erzielung einer hohen Frequenzkonstanz bietet der UKW-Sender nichts sonderlich Neues. *Abb. 17-2* zeigt eine originelle Art, UKW-Spulen zu wickeln. Der Kupferlackdraht wird auf eine Schraube gewickelt. Danach kann die Spule wie eine Mutter heruntergeschraubt werden. Im Anschluss daran kann zur Feinabstimmung auf die gewünschte Frequenz ein Ferritkern in die Spule hineingeschraubt werden.

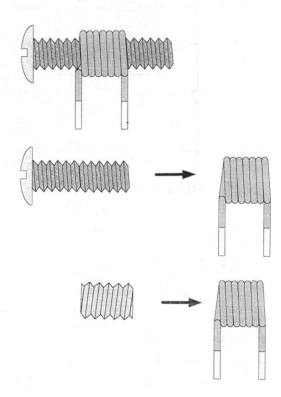

Abb. 17-2: UKW-Spulen wickeln mit Hilfe von Schrauben

17 Frequenzstabiler UKW-Sender

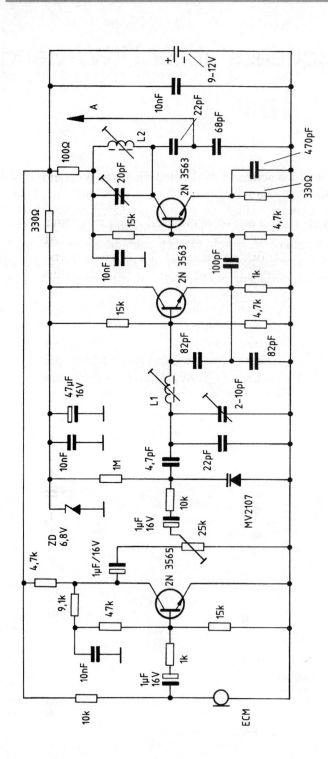

Abb. 17-1: Frequenzstabiler UKW-Sender

18 UKW-Telefon-Abhörsender

In *Abb. 18-1* ist die amerikanische Version eines UKW-Telefon-Abhörsenders für Analog-Telefone zu sehen.

Wie in Deutschland wird auch in den USA der Betriebsstrom aus dem Telefonnetz entnommen. Der Sender schaltet sich erst beim Abnehmen des Telefonhörers ein. Die Betriebsspannung des Telefonsenders wird mit der Zenerdiode auf etwa 9 V stabilisiert. Die Telefongesprächswechselspannung wird am 22-Ω-Widerstand abgegriffen und über einen 1-µF-Kondensator zur Frequenzmodulation auf die Basis des Transistors geführt. Die Telefonwanze kann von einem Telefontechniker leicht detektiert werden. Durch das Zwischenschalten der Wanze ist nämlich die Gleichspannung über der a/b-Ader bei abgenommenem Hörer fast doppelt so groß wie normal. Die Schaltung hat den Vorteil, dass kein regelmäßiger Batteriewechsel erforderlich ist.

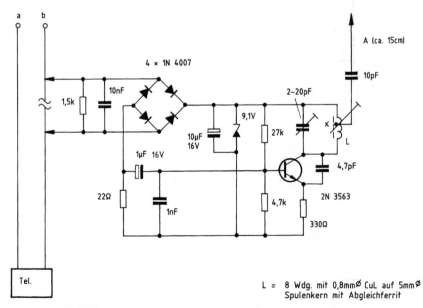

Abb. 18-1: UKW-Telefonabhörsender aus den USA

Moderne Telefonwanzen für analoge Telefone sind heutzutage quarzstabilisiert und werden mit Scannern empfangen.

ISDN-Telefone arbeiten digital und können mit althergebrachten Analog-Wanzen nicht abgehört werden.

19 UKW-Oszillator mit ECL-Gattern

Wie mittels dreier ECL (= Emitter Coupled Logic)-Gatter ein 100-MHz-Ringoszillator aufgebaut werden kann, geht aus *Abb. 19-1* hervor.

Wer sich mit High-Speed-ECL-Schaltkreisen näher auseinander setzen will, sollte sich das Motorola-Handbuch „MECL High Speed Integrated Circuits" beschaffen. Dort sind z. B. Schmitt-Trigger mit Schaltzeiten kleiner 10 ns zu finden.

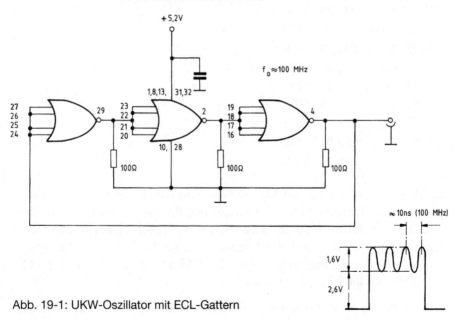

Abb. 19-1: UKW-Oszillator mit ECL-Gattern

20 2.4-GHz-Oszillator

Die in *Abb. 20-1* gezeigte Schaltung stammt von Gregor Kleine, einem Fachzeitschriften-Autor, der immer wieder durch interessante Schaltungsapplikationen im HF-Bereich auffällt. Hier beschäftigt er sich mit einem IC von der Firma Maxim, welches als 2.4-GHz-Quelle benutzt wird.

Da immer mehr Kommunikationssysteme im 2.4-GHz-Bereich arbeiten, lassen sich mit diesem Oszillator 2.4-GHz-Empfänger im ISM-Bereich (= Industrial, Scientific, Medical) testen (siehe Tabelle der ISM-Frequenzen).

Tabelle: ISM-Frequenzen

6,765	MHz....	6,795	MHz	
13,553	MHz..	13,795	MHz	
26,957	MHz..	27,283	MHz	
40,66	MHz..	13,795	MHz	
433,05	**MHz .**	**434,79**	**MHz**	
2,4	**GHz......**	**2,5**	**GHz**	
5,725	GHz	5,875	GHz	
24,00	GHz	24,25	GHz	
61,0	GHz	61,5	GHz	
122,0	GHz ..	123,0	GHz	
244,0	GHz ..	246,0	GHz	

Solch ein Oszillator ist von Maxim (www.maxim-ic.com) in einem einzigen IC erhältlich: Der MAX 2750 deckt den Frequenzbereich 2.4 GHz bis 2.5 GHz mit einem internen LC-Kreis ab, der durch ebenfalls integrierte Kapazitätsdioden über das Band abgestimmt werden kann. Ein Ausgangspuffer liefert einen Pegel von –3 dBm an 50 Ω. Der Baustein ist im 8-poligen µMAX-Gehäuse untergebracht.

Die Schaltung wird aus einer 9-V-Blockbatterie gespeist. Der BC 238C-Transistor stabilisiert deren Spannung auf etwa 4 V. Der MAX 2750 arbeitet zwar zwischen +2.7 V und +5.5 V, jedoch ist mit einer Spannungsstabilisierung die Frequenzstabilität des frei laufenden Oszillators besser. Alle

20 2.4-GHz-Oszillator

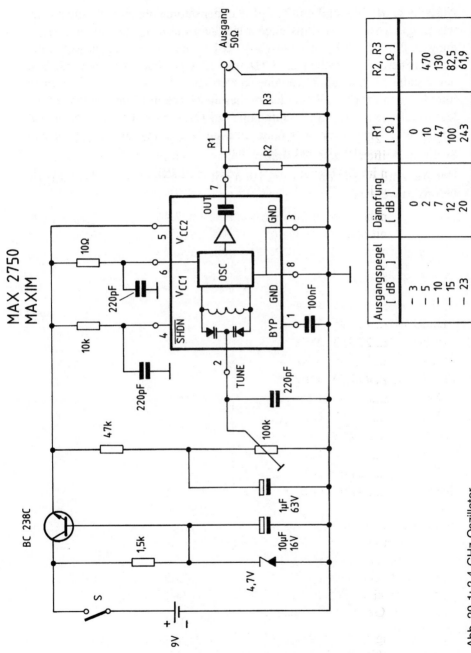

Abb. 20-1: 2.4-GHz-Oszillator

Anschlüsse des ICs sind mit 220-pF-Kondensatoren abgeblockt, die so nah wie möglich an den IC-Pins angeordnet sein müssen. Die Abstimmspannung an Pin 2, TUNE, darf zwischen +0.4 V und +2.4 V liegen, wobei der Frequenzbereich zwischen 2.3 GHz und 2.5 GHz überstrichen wird. Soll der Oszillator geschaltet werden, so verfügt der MAX 2750 über einen Shutdown-Eingang (SHDN), der zu diesem Zweck auf Massepotenzial gelegt werden muss. Die Stromaufnahme des Oszillator-ICs sinkt dann auf etwa 1 µA. Hier ist er über einen Pull-up-Widerstand auf V_{CC}-Potenzial gebracht, sodass der Oszillator schwingt.

Der Ausgangspegel von −3 dBm kann mit dem gezeigten π-Abschwächer verringert werden.

21 Mini-UKW-Empfänger mit TDA 7000

Wer sich einen Mini-UKW-Empfänger für Reichweitentests von Piratensendern selbst bauen will, kann die Schaltung in *Abb. 21-1* verwenden.

Der Empfangsbereich reicht von 80 MHz bis 110 MHz. Die HF-Empfindlichkeit für guten Empfang liegt bei ca. 1.5 µV. Der NF-Ausgang eignet sich nur für einen Kristallohrhörer. Zum Anschluss eines niederohmigen Ohrhörers muss ein kleiner NF-Verstärker nachgeschaltet werden. Der Bausatz für den UKW-Mini-Empfänger kann über die Firma LC-Elektronik bezogen werden.

Abb. 21-2 zeigt die komplett bestückte Platine.

Der FM-Empfänger TDA 7000 enthält sämtliche Stufen, die zum Aufbau eines kleinen UKW-Radios erforderlich sind. Das beginnt bei der HF-Mischstufe mit spannungsgesteuertem Oszillator (VCO) und reicht über die ZF-Stufe mit Filter und Begrenzer bis zum Demodulator. Ebenfalls integriert sind eine Stummschaltung (Mute) und die NF-Vorstufe.

Unter 88 MHz ist sogar noch ausreichend „Luft" für den Empfang anderer Dienste wie z.B. Polizei- oder Feuerwehrfunk.

In der Schaltung sind Eingangs- und Oszillatorkreis mit einer gleich aufgebauten Spule bestückt. Diese Induktivitäten L1 und L2 können problemlos selbst hergestellt werden, indem der im Bausatz mitgelieferte Draht (Durchmesser ca. 0.5...0.8 mm) über einen 5-mm-Bohrer gewickelt und die fertige Spule auf ca. 8 mm Länge auseinander gezogen wird.

Die Abstimmung erfolgt über die Kapazitätsdiode BB 329, die in Sperrrichtung betrieben wird. Mit der Höhe der über den 10-kΩ-Trimmer zugeführten Abstimmgleichspannung verändert sie ihre Kapazität und damit die Frequenz des Oszillatorkreises. Um eine gute Frequenzstabilität zu erreichen, wird die Schaltung an stabilisierter 5-V-Versorgung betrieben. Zur Speisung genügt ein 9-V-Block oder ein einfaches Steckernetzteil.

21 Mini-UKW-Empfänger mit TDA 7000

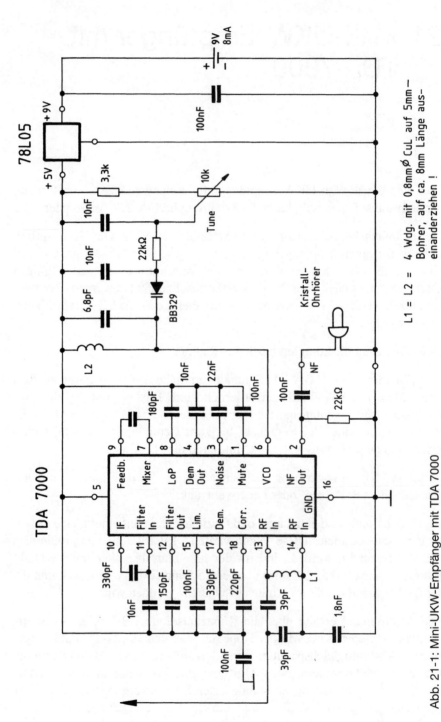

Abb. 21-1: Mini-UKW-Empfänger mit TDA 7000

21 Mini-UKW-Empfänger mit TDA 7000   69

Abb. 21-2: Aufbau des Mini-UKW-Empfängers mit TDA 7000

Der spanische Elektronikentwickler José-Miguel Lopez hat die TDA 7000-Schaltung entsprechend *Abb. 21-3* mit einer Feldstärkeanzeigevorrichtung erweitert. Das modifizierte UKW-Radio wurde in der Fachzeitschrift „Electronics World" im November 2002 veröffentlicht.

21 Mini-UKW-Empfänger mit TDA 7000

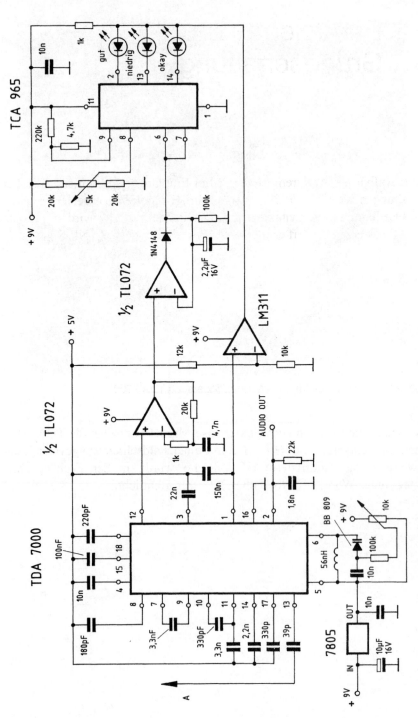

Abb. 21-3: Mini-UKW-Empfänger mit Feldstärkeanzeigevorrichtung

22 Pendelempfänger-Grundschaltung

Zum Aufbau eines extrem kleinen Mini-Empfängers eignen sich Pendlerschaltungen wie in *Abb. 22-1* dargestellt. Hier arbeiten zwei Transistoren als Oszillator im Gegentaktbetrieb. Die Pendelfrequenz wird mittels des RC-Gliedes erzeugt. Dort erfolgt auch die Auskopplung des NF-Signals.

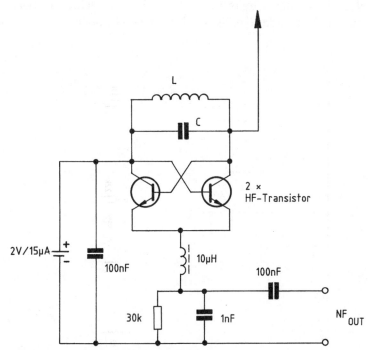

Abb. 22-1: Pendelempfänger-Grundschaltung

23 Hochfrequenzdetektor für 20 MHz bis 1 GHz von LC-Electronics

Zum Aufspüren von Piratensendern im Nahbereich benutzen auch die Telekommunikationsbehörden handliche kleine Geräte, mit denen unter anderem auch Minispione aufgespürt werden können. Ein typisches Schaltungsbeispiel eines solchen Geräts ist in *Abb. 23-1* angegeben. Hinweise zum Bezug und Selbstbau des Geräts wurden im EAM-Sonderheft Nr. 11 veröffentlicht.

23 Hochfrequenzdetektor für 20 MHz bis 1 GHz von LC-Electronics

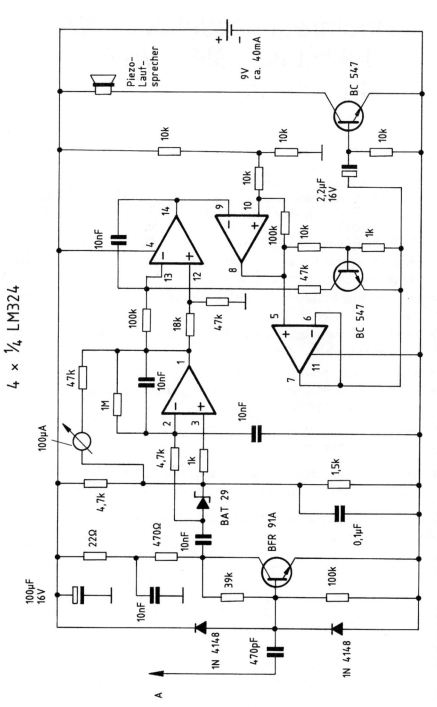

Abb. 23-1: Hochfrequenzdetektor für 20 MHz bis 1 GHz von LC-Electronics

24 Hochfrequenzdetektor für 5 MHz bis 4 GHz von ELV

Der Hochfrequenzdetektor in *Abb. 24-1* ist ein Geradeausempfänger, der schaltungstechnisch einfach, aber doch leistungsfähig ist. Der HF-Detektor zeichnet sich durch folgende Eigenschaften aus:

- großer Frequenzbereich: 5 MHz bis 4 GHz
- einfache Bedienung, keine Abstimmung erforderlich, da der gesamte Bereich gleichzeitig empfangen wird
- hohe Empfindlichkeit (typ. 30 µV), auch sehr schwache Sender können aufgespürt werden
- Empfindlichkeit zusätzlich einstellbar, um auch ungewollte Signale ausblenden zu können
- LED-Anzeige für die Signalstärke
- Zusätzliche akustische Anzeige: man braucht während des Suchens nicht unbedingt auf die LED-Anzeige zu achten
- ausziehbare Teleskopantenne
- handliches Gehäuse

In *Abb. 24-2* ist die fertig bestückte Platine von ELV zu sehen, während in *Abb. 24-3* der komplette HF-Detektor bzw. Wanzenfinder gezeigt wird.

Ein weiterer moderner HF-Detektor von der Firma WETEKOM ist in *Abb. 24-4* dargestellt.

24 Hochfrequenzdetektor für 5 MHz bis 4 GHz von ELV

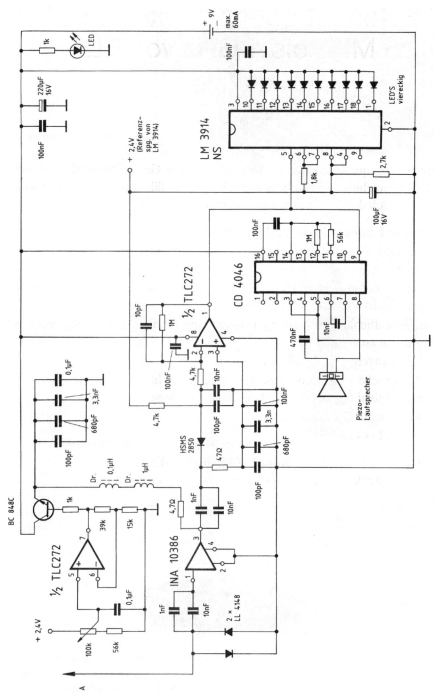

Abb. 24-1: Hochfrequenzdetektor für 5 MHz bis 4 GHz von ELV

24 Hochfrequenzdetektor für 5 MHz bis 4 GHz von ELV

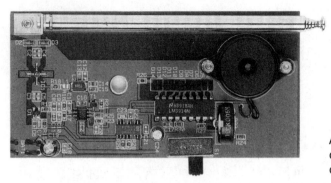

Abb. 24-2: Aufbau des Hochfrequenzdetektors von ELV

Abb. 24-3: Der komplette Hochfrequenzdetektor von ELV

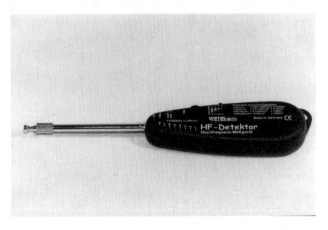

Abb. 24-4: Moderner HF-Detektor von der Fa. WETEKOM

25 Doppler-Funkpeilempfänger von Ramsey Electronics

Über den Beam-Verlag in Marburg ist der Bausatz eines Doppler-Funkpeilempfängers vom Typ DDF-1 beziehbar (siehe Anzeige im Anhang). Der Bausatz stammt aus den USA und wird dort von der Firma Ramsey Electronics vertrieben. Er ist zum Anschluss an einen Funkscanner gedacht und für den Frequenzbereich von 144 MHz bis 440 MHz konzipiert. Das Peilgerät wurde von dem amerikanischen Funkamateur mit dem Rufzeichen WA 2 EBY entwickelt.

Das Gerät vermittelt dem Piratensender-Interessenten einen Eindruck, mit welch geringem Geräteaufwand ein Piratensender angepeilt und damit lokalisiert werden kann.

Abb. 25-1 zeigt den kompletten Aufbau des Doppler-Funkpeilempfängers, während in *Abb. 25-2* nur das Bediengerät zu sehen ist.

Der Bausatz für den Funkpeiler umfasst nicht nur die Elektronik und das zugehörigen Gehäuse mit LED-Richtungsanzeige, sondern auch die gesamte Hardware zum Aufbau der erforderlichen $\lambda/4$-Antennen, die mit Magnetfüßen auf dem Autodach befestigt werden können.

Die englische Bauanleitung für den DDF-1 ist sehr umfangreich und erklärt ausführlich die Wirkungsweise, die Schaltung und den praktischen Einsatz des Peilers. Der gesamte Aufbau erfolgt in einzelnen einfachen Schritten (zum „Abhaken"), die ausführlich erklärt werden, sodass der Nachbau damit gelingen sollte. Jedoch ist der Peiler kein Anfängerprojekt! Wegen der sehr umfangreiche Anleitung werden hier nur die wichtigsten Erläuterungen zum Prinzip und der Arbeitsweise des Geräts wiedergegeben.

Was bietet der DDF-1?
Gegenüber älteren Funkpeilgeräten, bei denen die zugehörige Peilantenne in die Richtung des Senders oder Störers gedreht werden musste, dessen Standort bestimmt werden sollte, zeigt das DDF-1 auf einem kompassähnlichen LED-Display mit einer Auflösung von 22,5° direkt die Richtung an.

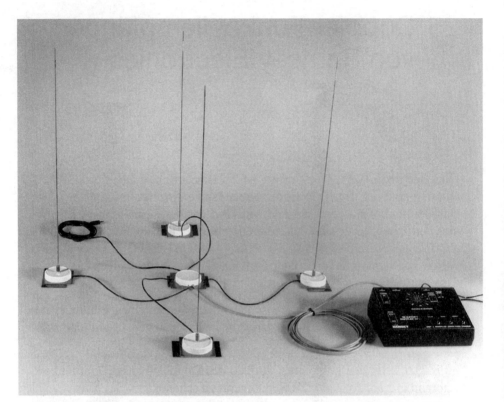

Abb. 25-1: Aufbau des Doppler-Funkpeilempfängers von Ramsey Electronics (ohne Scanner)

Zum Peilen werden vier kurze Antennen verwendet, die für Mobilbetrieb mit Magnethalterungen auf dem Pkw-Dach befestigt werden können. Als einziges zusätzliches Gerät wird ein VHF/UHF-EMF-Empfänger, Transceiver oder Scanner benötigt, der auf das Signal abgestimmt wird, dessen Richtung bestimmt werden soll. Dieser Empfänger wird mit den Antennen des Peilers verbunden und liefert ein NF-Ausgangssignal, das von der Elektronik des DDF-1 ausgewertet wird.

Der Doppler-Effekt

Der DDF-1 nutzt den bekannten Doppler-Effekt aus, mit dem wohl jeder schon einmal konfrontiert worden ist. Das typische Beispiel ist z. B. die Sirene eines sich nähernden und vorbeifahrenden Krankenwagens: Solange sich das Fahrzeug nähert, hat der Signalgeber scheinbar einen Ton mit einer höheren Frequenz. Er wird niedriger, wenn das Fahrzeug vorbeigefahren ist

Abb. 25-2: Bediengerät des Doppler-Funkpeilempfängers von Ramsey Electronics

und sich entfernt. Dies ist physikalisch darauf zurückzuführen, dass sich durch das Nähern des Fahrzeugs die akustische Wellenlänge des von ihm abgestrahlten NF-Tonsignals scheinbar verkürzt, entsprechend einer größeren Frequenz, während sie sich beim Entfernen scheinbar verlängert, d. h., die Frequenz wird niedriger. Das Ohr des Beobachters erreichen in dem Fall weniger Schallwellen pro Sekunde, entsprechend einer tieferen Frequenz.

Ein ähnlicher Effekt ist auch bei elektromagnetischen Wellen zu beobachten, wenn sich eine Antenne auf einen Sender zu bewegt oder sich von ihm entfernt. Im ersten Fall scheint das von der Antenne aufgenommene Signal eine höhere Frequenz als der Sender zu haben, während die Frequenz bei sich entfernender Antenne niedriger ist. Stellen wir uns jetzt gedanklich eine Antenne vor, die sich auf einer Kreisbahn mit dem Radius R bewegt (*Abb. 25-3a*). Nehmen wir an, die Antenne befindet sich in der Position A, also am nächsten zum Sender. Im Punkt A entspricht die mit der Antenne aufgenommene Sendefrequenz momentan genau der tatsächlichen Frequenz, da sich die Antenne in diesem Punkt dem Sender weder nähert noch entfernt. Die Frequenz des empfangenen Signals verringert sich jedoch, sobald sich die Antenne vom Punkt A zum Punkt B und von dort zum Punkt C weiterdreht. Die empfangene Frequenz im Punkt C ist dann wieder gleich der Sendefrequenz, da sich die Antenne in Bezug auf die Senderposition nicht bewegt (wie bei A).

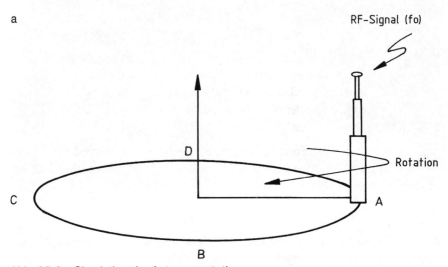

Abb. 25-3a: Simulation der Antennenrotation

Dreht sich die Antenne jedoch weiter von C zu D und von dort zurück zum Punkt A, steigt die Frequenz des empfangenen Signals erneut an. Die maximale Frequenzabweichung tritt dann auf, wenn die Antenne den Punkt D passiert. Den zeitlichen Verlauf der Doppler-Frequenzverschiebung als Funktion der Antennenrotation verdeutlicht *Abb. 25-3b*. Sie kann mit folgender Formel berechnet werden:

$$dF = \omega \cdot r \cdot f_c/c$$

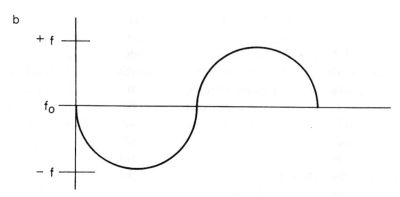

Abb. 25-3b: Doppler-Frequenzverschiebung als Funktion der Antennenrotation

Darin ist:

dF = Spitzenwert der Frequenzänderung (Doppler-Verschiebung in Hertz)
ω = Winkelgeschwindigkeit der Rotation in Radian pro Sekunde
(= 2π · Rotationsfrequenz)
r = Radius der Antennenkreisbahn (in Metern)
f_c = Frequenz des gesendeten Signals (Hz)
c = Lichtgeschwindigkeit

Mit der nachfolgenden Formel kann man berechnen, wie schnell die Antenne rotieren muss, um eine geforderte Doppler-Frequenzverschiebung zu erzeugen:

fr = dF · 1879,8/(R · f_c)

Darin sind:

fr = Frequenz des empfangenen Signals in MHz
dF = Doppler-Verschiebung in Hz
R = Radius der Antennenbahn in Zoll
f_c = Trägerfrequenz des empfangenen Signals im MHz

Wie schnell die Antenne rotieren muss, um eine Dopplerverschiebung von 500 Hz bei 146 MHz und einem Drehradius von 13,39 Zoll zu erzeugen, kann man leicht aus obiger Formel ermitteln. Die Rotationsfrequenz ergibt sich zu:

fr = 500 · 1879,8/146 · 13,39

Eine Rotationsfrequenz von 480 Hz entspricht einer mechanischen Drehzahl von 480 · 60 = 28.800 oder nahezu 30.000 U/min. Das ist so hoch, dass eine mechanische Rotation der Antenne natürlich völlig unmöglich ist. Einen Ausweg bietet eine „elektronische Rotation" der Antenne, die den gleichen Effekt hat. Dazu werden in diesem Bauprojekt vier $\lambda/4$-Antennen für den VHF/UHF-Bereich kreisförmig angeordnet. Ihre Signale werden über einen breitbandigen Antennenumschalter sequenziell an den Eingang des Empfängers gelegt, von dessen NF-Ausgang dann das mit der Dopplerverschiebung beeinflusste Signal zur Auswerteschaltung weitergeleitet wird. Da immer nur eine Antenne „aktiv" ist, hat dies den gleichen Effekt, als würde die Antenne rotieren.

Wie der Peiler arbeitet

Zum besseren Verständnis der elektronischen Arbeitsweise des Peilers dient das Blockdiagramm in *Abb. 25-4*. Hier steuert ein 8-kHz-Taktoszillator einen Binärzähler, dessen Ausgangssignal drei Funktionen des Peilers synchronisiert: „Rotation" der Antenne, Ansteuerung des LED-Displays und Takten des Digital-Filters zur Auswertung des Doppler-Signals. Der Zähler steuert einen 1-aus-4-Multiplexer, der die Antennen scheinbar dreht, indem er sequenziell eine Antenne nach der anderen 500-mal pro Sekunde für kurze Zeit einschaltet.

Der Zähler steuert auch einen 1-aus-6-Multiplexer, der zur Synchronisation des LED-Displays mit der Antennenrotation dient. Das von der Drehantenne empfangene Signal wird mit dem HF-Eingang eines VHF- oder UHF-FM-Empfängers verbunden, dessen NF-Signal vom Lautsprecher wiederum der Auswerteelektronik zugeführt wird.

Die elektronisch rotierende Antenne bewirkt eine 500-Hz-Modulation bei einem auf 146 MHz empfangenen Signal. Ein angeschlossener FM-Empfänger, der auf 146 Hz abgestimmt ist, demoduliert diese 500 Hz und liefert ein entsprechendes NF-Signal. Das normale Empfänger-NF-Signal, einschließlich des 500-Hz-Doppler-Tons, wird durch eine Reihe von Audiofiltern aufbereitet. Zunächst unterdrückt ein Hochpass-Filter alle Nf-Frequenzen unterhalb 500 Hz. Ein nachfolgendes Tiefpass-Filter dämpft dann die Frequenzen oberhalb von 500 Hz, und schließlich filtert ein Digital-Filter mit sehr schmaler Bandbreite nur das gewünschte 500-Hz-Signal heraus.

Das Ausgangssignal dieses digitalen Filters repräsentiert dann die tatsächliche Doppler-Frequenzverschiebung, wie sie in Abb. 25-3b dargestellt ist. Die Nulldurchgänge des Doppler-Frequenzverschiebungs-Verlaufs entsprechen den Antennenpositionen, die entweder dem jeweiligen Sender am nächsten (Position A) oder am entferntesten liegen (Position C). Das Nulldurchgangssignal durchläuft eine einstellbare Verzögerungsschaltung, be-

25 Doppler-Funkpeilempfänger von Ramsey Electronics

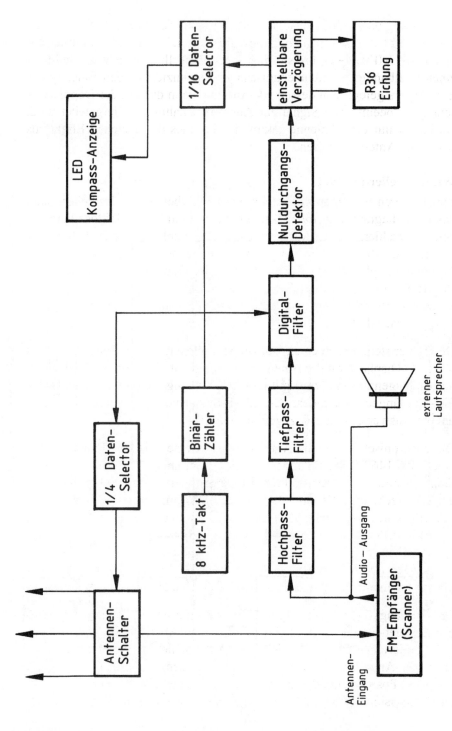

Abb. 25-4: Blockdiagramm des Doppler-Funkpeilempfängers von Ramsey Electronics

84 25 Doppler-Funkpeilempfänger von Ramsey Electronics

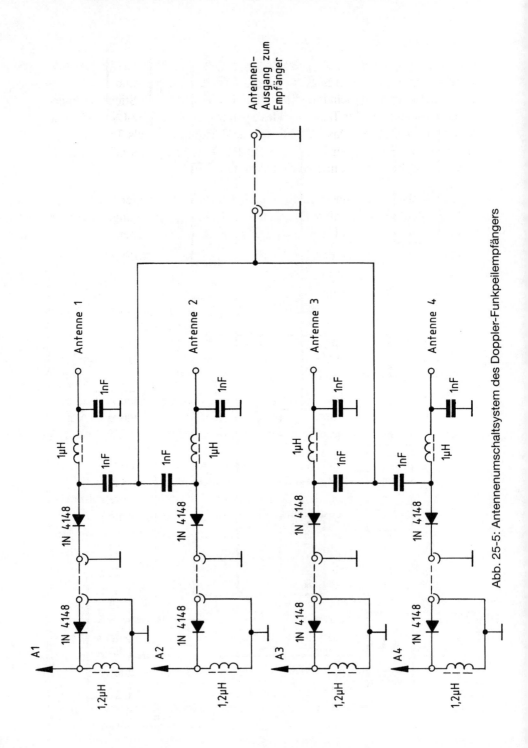

Abb. 25-5: Antennenumschaltsystem des Doppler-Funkpeilempfängers

vor die entsprechende Richtung per LED gespeichert wird. Die einstellbare Verzögerung dient dazu, die LED-Richtungsanzeige mit der tatsäch-lichen Richtung zum jeweiligen Sender zu kalibrieren. *Abb. 25-6a* und *Abb. 25-6b* zeigen die komplette Schaltung des DDF-1, die hier nur in Stichworten erläutert werden soll. Der Taktgeber des Systems ist ein 8-kHz-Oszillator mit dem Timer U4 (555). Das von ihm erzeugte Signal dient als Taktfrequenz für den 4-Bit-Binärzähler U7. Der 3-Bit-BCD-Ausgang von U7 wird zum Betrieb von drei synchronisierten Funktionen verwendet:

1. Elektronische Antennenrotation durch Erzeugung von vier aufeinander folgenden Schaltsignalen, die nacheinander an den Ausgängen der vier Puffer U12A, U12B, U12C und U12D zur Verfügung stehen.
2. Die Weiterschaltung des LED-Displays ist die zweite Synchronisierfunktion von U7. Dazu wird mit dem binären Ausgang von U7 nacheinander einer der 16 Datenausgänge von U11 selektiert, über die jeweils eine rote LED für die Richtungsanzeige und eine grüne LED (D16) in der Mitte aktiviert werden. Während eine Antenne ausgewählt ist, leuchten auf dem Display nacheinander vier Richtungs-LEDs auf, dann wird auf die nächste Antenne umgeschaltet. Jede LED repräsentiert einen Winkelschritt von 22,5 Grad.
3. Die dritte Funktion besteht im Betrieb des digitalen Bandpass-Filters, das den Doppler-Ton herausfiltert. Das Filter hat eine etwas ungewöhnliche Schaltung und besteht aus dem analogen Multiplexer U5.

Bei dem digitalen Filter handelt es sich um ein Filter 8. Ordnung mit einer Mittenfrequenz von 500 Hz, die durch die Taktfrequenz von 8 kHz festgelegt wird. 500 Hz ist die exakte Frequenz, mit der sich die Antenne dreht, sodass dies auch der Doppler-Ton ist, der von dem an der Antenne angeschlossenen Empfänger geliefert wird. Durch diese Kopplung wird sichergestellt, dass Filtermittenfrequenz und Frequenz des Doppler-Tons immer gleich bleiben. Wenn sich daher die Taktfrequenz geringfügig ändert, ist dies ohne Einfluss auf das einwandfreie Arbeiten des Geräts. Die Reaktionszeit des Filters kann durch ein Dämpfungs-Potentiometer geändert werden. Eine Dämpfung des Filters ermöglicht es, plötzliche Sprünge in der Doppler-Frequenz auszugleichen, die durch reflektierte Mehrwege-Signale, Rauschen oder hohe NF-Spitzen, die mit Sprache verbunden sind, verursacht werden. Der Doppler-Ton steht am Ausgang des digitalen Filters in Treppenform quantisiert zur Verfügung. Ein zweipoliges Tiefpass-Filter mit U2B beseitigt die Treppen im Signalverlauf und liefert ein nahezu sinusförmiges Ausgangssignal, das der Darstellung in Abb. 25-3b entspricht.

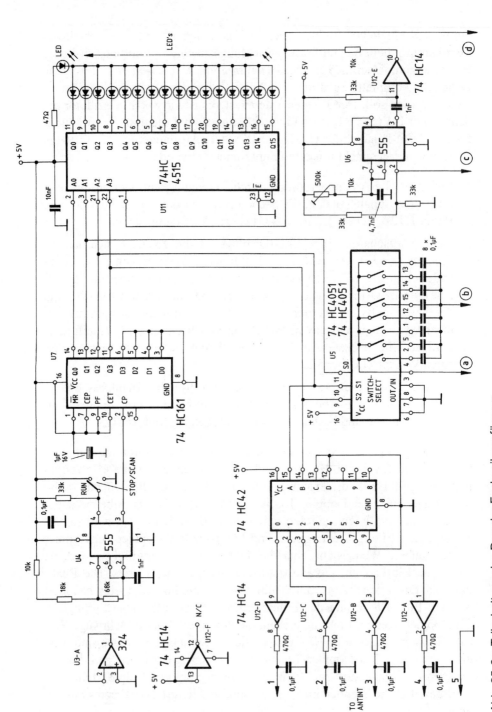

Abb. 25-6a: Teilschaltung des Doppler-Funkpeilempfängers

25 Doppler-Funkpeilempfänger von Ramsey Electronics

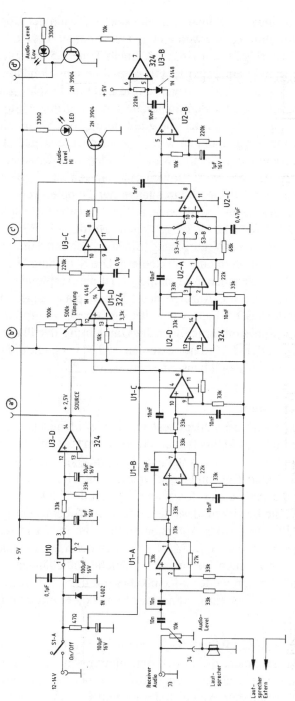

Abb. 25-6b: Teilschaltung des Doppler-Funkpeilempfängers

Die Nulldurchgänge des Signals zeigen exakt an, wann der Doppler-Effekt null ist. Die Nulldurchgänge werden von U2C erkannt und dazu verwendet, ein Monoflop zu triggern (U6), das mit einem Timer 555 arbeitet. Der Ausgang von U6 schickt ein Latch-Enable-Signal an den Skalenbaustein U11, das bewirkt, dass die gerade aktivierte rote LED im Display, die der Richtung des empfangenen Senders in Bezug auf die grüne Mitten-LED entspricht, gespeichert wird. Durch die Kalibrierung der Skala, die beim Abgleich des Geräts vorgenommen wird, wird der Unterschied zwischen der tatsächlichen Richtung des empfangenen Senders und der Anzeige auf dem Display korrigiert. Dazu wird einfach eine einstellbare Verzögerung zwischen dem Zeitpunkt des Nulldurchgangs der Doppler-Verschiebung und der Erzeugung des Latch-Impulses eingefügt. Sie ist zum Ausgleich aller in der Schaltung auftretenden Verzögerungen erforderlich. R36 und R37 bestimmen die Höhe dieser Verzögerung. Sie lässt sich mit dem Potentiometer R36 (DELAY) vergrößern oder verkleinern. Die Schaltung überwacht übrigens ständig den vorhandenen Signalpegel. Ist die Amplitude des Doppler-Tons zu gering, wird die Anzeige des LED-Displays angehalten. Umgekehrt leuchtet die LED D3 auf, wenn der Signalpegel zu groß ist. Eine weitere Bedienungsfunktion ermöglicht die Umkehrung der Phase des Doppler-Signals. Der DDF-1 wird mit externen +12 V versorgt, die durch einen Regler auf die für die Logikbausteine benötigten +5 V stabilisiert werden.

Das Antennensystem

Das Antennensystem des Peilers besteht aus vier identischen, kurzen Stabantennen mit Fuß und Magnethalter sowie einem Antenneninterface (siehe *Abb. 25-5*), an dem alle vier Antennen angeschlossen werden. Alle für die Antennen benötigten Teile und Kabel werden mitgeliefert. Die sequenzielle Ansteuerung der Antennen erfolgt über die von der Elektronik generierten Steuersignale, die bewirken, dass die Antennen nacheinander eingeschaltet werden. Die Platine für das Antenneninterface ist in einem Kunststoffgehäuse untergebracht, das in der Mitte zwischen den vier Antennen befestigt wird, sodass sich zu allen Stabantennen gleiche Kabellängen ergeben. Das Interface wird über ein weiteres Koaxkabel mit dem Antenneneingang des Empfängers sowie über ein mehradriges Steuerkabel mit dem Bediengerät verbunden.

Der Funktionstest des Peilers nach erfolgtem Aufbau wird in mehreren Schritten vorgenommen, die in der Bauanleitung ausführlich erklärt werden. Ein weiterer sehr ausführlicher Abschnitt befasst sich mit der Erprobung des Geräts und dem Abgleich des Displays.

Anhang:

Wolfgang Schüler, ein früherer Mitarbeiter des Funkkontrollmeßdienstes und Buchautor (www.schwarzsender.tk) erzählt von seiner Fahndungsarbeit.

Gesendet wurde meist mit selbstgebauten UKW-Transistorsendern, die damals im Handel unter der Bezeichnung HF 65 angeboten wurden und je nach Versorgungsspannung eine Leistung von ca. einem Watt erzeugen konnten. Mit einer geeigneten Hochantenne konnten Reichweiten von einigen Kilometern erzielt werden.

Leider produzierte dieser einstufige Sender in Ermangelung entsprechender Filter erhebliche Ober- und Nebenwellen, die oft für die Störung von Fernseh- und Radiogeräten, aber auch für die Beeinträchtigung von anderen Funkdiensten verantwortlich war. Gesendet wurde fast ausnahmslos im damals noch wenig belegten Bereich des UKW-Rundfunkbandes oberhalb von 100 MHz. Der Inhalt der Sendungen bestand meist aus Schallplattenmusik oder kurzen Ansagen an Verwandte und Freunde. Die Sendezeiten waren meist abends oder am Wochenende. Bevorzugt gesendet wurde am Volkstrauertag und am Buß- und Bettag, weil das damalige Rundfunkprogramm den Betreibern zu trist war.

Ein Teil der Schwarzsender war jedoch mit einem HF 65 nicht zufrieden. Es mußte einfach mehr Leistung her, denn Leistung bedeutete Reichweite. Daher wurden auch Röhrensender eingesetzt, die bis zu 10 Watt oder in Einzelfällen auch mehr leisteten. Die Sender waren selbst gebaut und teilweise in mehrstufiger Ausführung fast schon kommerziell konstruiert.

Diese Sender konnten oft eine zeitlang unentdeckt bleiben, weil ihr Auftreten zunächst einfach nicht bekannt wurde. Erst wenn neue Sendungen angekündigt wurden oder die Presse berichtete, konnte der Funkkontrollmeßdienst sich auf die notwendigen Einsätze vorbereiten. Bei den Betreibern entstand daher mit zunehmender Anzahl der unbehelligten Sendungen der Eindruck, daß für sie offensichtlich keine Gefahr bestünde.

Besonders im Raume Gronau und weiter entlang der niederländischen Grenze kam noch eine Schwierigkeit hinzu: die Betreiber sprachen holländisch, und es war schwierig herauszufinden, ob der Standort wirklich in Holland war, oder ob der jeweilige Sprecher seinen auf dem Bundesgebiet liegenden Standort nur verschleiern wollte.

Da jedoch einige Kollegen im Grenzgebiet groß geworden sind, war diese Tarnung kein Garant für die Nichtentdeckung. Es ist vorgekommen, daß die Besatzung der Peilwagen den Schlagbaum näher vor Augen hatte als die 80dB, die das Nahfeld ankündigten.

Aber Ortskenntnis ist fast ebenso wichtig, wie die Ortung des Senders. Wenn man weiß, von wo aus man unauffällig peilen kann und wie man ungesehen zum Zugriff anfahren kann, sind das Informationen, die schon den halben Erfolg ausmachen. Diese Kenntnisse waren z.B. bei der Ermittlung eines Schwarzsenders in Vreden Anfang der 80er von entscheidendem Vorteil. Da man wußte, daß die Straße (Sackgasse) ständig von ihm, aber auch den Nachbarn beobachtet und die Haustüre nicht geöffnet wurde, entschloß man sich zu einer anderen Vorgehensweise: Die Straße wurde mit dem Telefunkenpeiler unter dem Parka zu Fuß abgegangen.

Das in der Uhr am Handgelenk verborgene Feldstärkemessgerät zeigte genau vor dem Haus das Nahfeld an. Die in einer Plastiktasche versteckte Wendeldipolantenne konnte unauffällig gedreht werden und zeigte mit der Minimumpeilung exakt auf das verdächtige Haus. Bei der Aushebung wurde nicht an der Haustüre geklingelt, sondern das Grundstück durch eine Gartenpforte betreten. Die dort anwesende Ehefrau konnte sich schon denken, warum der Besuch da war und wies in den ersten Stock. Dort saß der

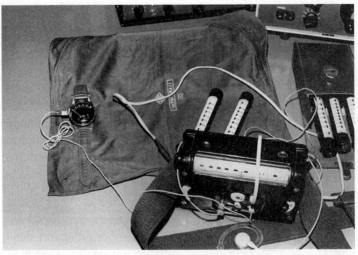

Abb. A1: So wurden nicht genehmigte Sender verdeckt ermittelt. Der Taschenpeiler von Telefunken wurde am Körper getragen, die Feldstärkeanzeige war in einer Uhr versteckt.

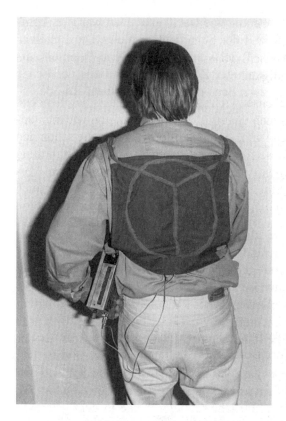

Abb. A2: Die Peilantenne war in Stoff eingenäht und wurde auf den Rücken geschnallt.

Funker vor seinem Sender und hatte von der Angelegenheit nichts bemerkt, weil er einen Kopfhörer trug. Nachdem sich die Beamten hinter ihm im Halbkreis aufgestellt hatten, reichte ihm einer von hinten vorsichtig seinen Dienstausweis über die Schulter, der seine Wirkung nicht verfehlte. Auch diese Aktion endete mit der Sicherstellung des Senders, der übrigens bis heute der einzige war, der in ein kleines Schatzkästlein eingebaut war.

An einem anderen Sommertag im etwa gleichen Zeitraum wurde von der Besatzung eines im Raume Gronau eingesetzten Funkmeßwagens bei ca. 103 MHz die Aussendungen eines offensichtlichen Schwarzsenders aufgenommen. Merkwürdig war, daß nur Musik gesendet wurde und keine Ansagen erfolgten. Einige Minuten später stand der Ursprungsort der Aussendungen fest: Es handelte sich um einen Bungalow, der sich noch auf deutschem Gebiet befand. Da auf Klingeln nicht geöffnet wurde, sahen sich die Beamten auf dem Grundstück um. Eine Türe zu einer Garage stand offen. Eine Leiter führte nach oben in eine Dachlucke. Dort war alles komplett: der Sender, die Antenne und der Schallplattenspieler. Die Betreiber waren gerade unterwegs, um die Reichweite zu testen. Die Beamten entschlossen sich zu warten. Nach einiger Zeit wurden am Fuße der Leiter Stimmen laut. Langsam kamen zwei Personen die Leiter hinauf. Die Beamten verhielten sich zunächst ruhig. Nachdem beide Personen den Boden betreten hatten, und ihr Kofferradio, mit dem sie soeben die Reichweite des Senders getestet hatten, ausschalteten, gaben sich die Besucher zu erkennen. Leider war die Freude nicht groß. Die Aussicht, den schönen, selbstgebastelten Sender gegen eine simple Quittung im Rahmen der Sicherstellung einzutauschen, war eben nicht der Hit. Aber immerhin wurde dieser Einsatz ohne Polizeiunterstützung erledigt und das war auch gut so.

Anders verhielt es sich in dem kleinen Örtchen Havixbeck, das sich zwischen Nottuln und Münster befand. Warum ausgerechnet dort eine wahre Hochburg der Schwarzsendertätigkeit entstand, wird wohl für immer ein Rätsel bleiben. Die ersten Hinweise auf diese Sender kamen Mitte der 70er herein. Daraufhin wurde beschlossen, dieses Phänomen einmal gründlich in Form von gezielten Funkbeobachtungen vor Ort zu untersuchen. Es wurde ein getarntes Funkmeß- und Peilfahrzeug nach Havixbeck entsandt. Leider hatte die Sache ein Handicap: Die beiden eingesetzten Kollegen waren an diesem Abend nur begrenzt einsatzfähig. Einer war gerade nonstop aus Brasilien eingeflogen, der andere war den ganzen Tag mit seinem Hausbau beschäftigt. Ergebnis: Gegen 22:00 Uhr schliefen beide in dem getarnten OPEL Rekord, der versteckt auf einem abgemähten Kornfeld stand, ein. Gegen 24:00 Uhr kam Leben in die Jungs. Radio Starlight sendete bei 103 MHz. Die Musik und die Moderation war professionell. Der Sender war frequenzstabil und hatte eine Menge Dampf.

Doch wo war er? Zum Glück waren die Bürgersteige hochgeklappt und niemand auf der Straße. Gepeilt wurde mit der selbstgebauten „Harke", einer schwarz angestrichenen Richtantenne nach HB9CV mit etwa 6 dB Antennengewinn. Doch es wollte und wollte nicht klappen. Aufgrund von Reflektionen kurz vor Erreichen des Nahfeldes war eine präzise Ortung einfach nicht möglich. Es war zum Verzweifeln. Der Meßbeamte nahm Deckung an einer Hauswand. Doch was war das? Nachdem er den Ohrhörer aus dem Ohr nahm, war Radio Starlight viel deutlicher zu hören und zwar aus dem Fenster im ersten Stock. Der Streifenwagen aus Münster kam nach einer Stunde. Radio Starlight war längst im Bett, als die Türklingel betätigt wurde. Recht erbost öffnete die Hausbesitzerin, die Parterre wohnte, die Haustüre. Die Frage nach dem Radiobastler war schnell geklärt. Der erste Stock war der richtige. Dort wurde jedoch nicht geöffnet, obwohl das Klopfen an der Türe diese fast in Resonanz versetzte. Schließlich machte ein genervter junger Mann die Türe auf und hatte mit der Sache natürlich nichts zu tun. Der Hinweis auf eine gründliche Hausdurchsuchung zeigte Wirkung. Der Sender, ein Röhrensender, lag noch handwarm im Wohnzimmerschrank.

Doch Rache ist süß. Radio Starlight hatte eine gute Rückendeckung bei seinen Fans. Kaum waren die eingesetzten Kräfte wieder beim getarnten Funkmeßwagen, der etwas abseits geparkt war, wurden die Gesichter lang. Alle vier Reifen waren platt. Dazu noch merkwürdige Geräusche in den angrenzenden Büschen. Die Polizei mußte schnell her. Doch das Autotelefon zeigte auf allen Kanälen keine Feldstärke. Ein verschärfter Verdacht kam auf und bestätigte sich durch einen Blick auf das Wagendach. Die Funkantenne hatte einen Freund gefunden. Sicher hat sie bald als Trophäe im Shack eines Schwarzsenders ihren würdigen Platz gefunden. Doch die Jungs von der Post wären keine Funkamateure gewesen, wenn sie den ollen „Snackkasten" nicht zum Laufen gebracht hätten. Ein Stück Klingeldraht aus dem Kofferraum, provisorisch an den Antennenfuß angeschlossen, ermöglichte das Funkgespräch zur Polizei Münster und so zogen die beiden Meßbeamten „hoch zu Roß" auf der Plattform von Charly Rumps Abschleppwagen so gegen fünf Uhr wieder in Nottuln ein. Die Nacht hatte sich langsam verabschiedet, und der Tag kündigte sich bereits an. Langsam wurde es hell im Münsterland. Die Wiesen lagen im Nebel, und es sah von oben aus, als ob sie dampften. Sie hatten eine lange Nacht hinter sich, die es in sich hatte. Aber sie waren erfolgreich, und das zählte. Als die Wirtin vom Hotel Dunkel und Steinhoff gegen elf Uhr zaghaft an die Zimmertüre klopfte und fragte, ob sie das Frühstück abräumen könne, kamen ihnen die Ereignisse der letzten Nacht vor wie ein schlechter Film.

Obwohl die Presse damals über den Fall berichtete, kam Havixbeck, was das Schwarzsenderunwesen anging, nicht zur Ruhe. Es dauerte nicht lange, und weitere Meldungen über Schwarzsender und damit verbundene Funkstörungen gingen in der Funkkontrollmeßstelle Krefeld ein. Die Ermittlungen gestalteten sich diesmal außerordentlich schwierig, da die Sendungen nur unregelmäßig erfolgten und sich das Nahfeld offensichtlich in unmittelbarer Nähe einer Hauptdurchgangsstraße befand. Der Betreiber war ein Jugendlicher, der völlig unbekümmert seine Grüße in den Äther schickte. Da hier auf funktechnischem Gebiet keine weiteren Erkenntnisse gewonnen werden konnten, war guter Rat teuer. Die Beamten besorgten sich Vermessungsstangen, die sie auf der Rückseite der in Frage kommenden Häuser, an die ein Parkplatz angrenz-

Abb. A3: War ein enormer Fortschritt gegenüber der HB9CV-Antenne im 3-m-Bereich: die Dipol-Peilantenne (Gummiantenne). Sie wurde nach einem Verbesserungsvorschlag eines Beamten der Funkkontrollmessstelle Krefeld bundesweit eingeführt und von der Fa. Käferlein, Darmstadt, gefertigt. Gepeilt werden konnten damit jedoch nur horizontal polarisierte Aussendungen.

te, in den Boden steckten. Bald kamen sie mit den Anwohnern ins Gespräch. Geschickt leiteten sie das Gespräch auf das Thema Radiobastler.

Die dadurch gesprächsweise erlangten Hinweise wiesen auf ein in der Nähe stehendes Einfamilienhaus, das aufgrund der Untersuchungen des Feldstärkeverlaufs im Nahfeld des gesuchten Senders, durchaus in Frage kam.

Mit der Polizei Münster wurden die Modalitäten für einen Zugriff während einer erneuten Sendung abgesprochen. Es wurde vereinbart, daß die weiteren Einsätze nicht über Funk gesteuert wurden, um nicht unnötig den oder die Täter zu warnen. Abends gegen 21:00 Uhr ging der Sender erneut in Betrieb. Eine Fahrt mit dem Peilwagen durch die bereits bekannte Straße bestätigte das bisher bekannte Nahfeld. Nun wurde das Haus von hinten unter die „funktechnische" Lupe genommen. Auf dem hinter dem Hause gelegenen freien Platz konnte im Dunkeln ohne Probleme mit der Richtantenne mittels einer Kreuzpeilung das betreffende Haus lokalisiert werden. Es handelte sich um das bereits verdächtige Haus, in dem der Radiobastler wohnte.

Abb. A4: Auf die Dauer hilft nur Power: Leistungsstarke Röhrensender, die von der Funkkontrollmessstelle Itzehoe in Norddeutschland ermittelt wurden

Nun wurde die Polizei aus einer Telefonzelle verständigt. Das Codewort reichte und wenige Minuten später bog ein Streifenwagen auf den kleinen Parkplatz in der Ortsmitte ein. Man war sich einig: Diesmal mußte der Schwarzsender auf frischer Tat erwischt werden. Das Haus wurde umstellt.

Ein Beamter bemühte sich, schnell die Rückseite des Gebäudes zu erreichen. Dabei prallte er im vollen Lauf gegen ein geschlossenens Gartentor, das aufgrund der Dunkelheit nicht zu sehen war. Der Lärm war erheblich. Doch der Sender sendete weiter, als ob nichts geschehen wäre. Nun war es geschafft.
Ein Zimmer auf der Rückseite war hell erleuchtet. Jäger und Gejagter waren nur durch eine Glasscheibe getrennt. Zum ersten Mal konnte ein Schwarzsender bei seiner „Arbeit" beobachtet werden. Es war ein junger Mann, so Anfang bis Mitte zwanzig, der sich über einen Röhrensender beugte, der ohne Gehäuse vor ihm auf dem Schreibtisch lag. Leise drang die gesendete Musik durch die Fensterscheibe, als über 2 Meter das Signal zum Beginn der Aktion gegeben wurde. Die Türklingel wurde betätigt, und das nicht gerade dezent. Der Betreiber, der immer noch beobachtet wurde, schreckte hoch und versuchte, den Sender abzubauen. Dabei erlitt er offensichtlich einen Stromschlag, denn er fiel mit dem Senderchassis in der Hand nach hinten hinüber. Da ging das Licht aus. Jetzt mußte alles ganz schnell gehen. Die Beamten schellten Sturm. Nach einigen Minuten wurde geöffnet. Der Vater stand da im Nachthemd und mit einem verwundertem Ausdruck im Gesicht. Im Zimmer des Sohnes war mittlerweile klar Schiff gemacht worden. Weit und breit war kein Sender zu finden. Inzwischen kam die Mutter hinzu. Und plötzlich merkten es alle: der feine Geruch nach etwas Angebranntem. Die Mutter ahnte die Quelle: der Wäschekorb. Hier lag der Sender zwischen der Wäsche und gab Rauchzeichen. Das kommt davon, wenn man soviel Spannung auf die QQE03/12 gibt, daß sie „rote Bäckchen kriegt" und richtig heiß wird. Leistung hat eben ihren Preis. Das Verfahren wurde durch Gerichtsurteil beendet.

Doch Havixbeck war nicht der einzige Ort im Münsterland, der dem Funkkontrollmeßdienst Sorgen bereitete. In Münster selbst flammte neben der politischen Szene („Radio Fledermaus") immer mal wieder die Piratensenderszene auf. Gesendet wurde oft mit Röhrensendern oberhalb von 100 MHz im UKW-Rundfunkband. Die Sendungen waren aber recht unregelmäßig und wurden selten im Voraus bekannt. Entsprechend schwer waren die Ermittlungen. Anfang der 80er erschien ein neuer Schwarzsender in der

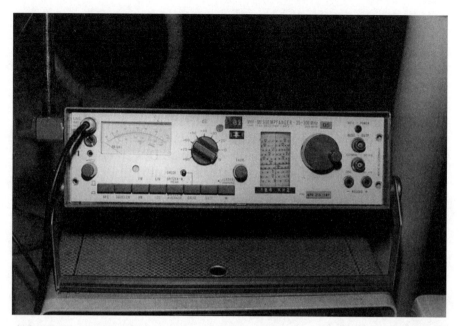

Abb. A5: Dieses Gerät befand sich im Fußraum des Opel: VHF-Messempfänger von Rohde & Schwarz mit einem Empfangsbereich von 25–300 MHz. Das Gerät besaß ein gut ablesbares Instrument für lineare und logarithmische Pegelanzeige. Es neigte jedoch sehr zur akustischen Rückkopplung und war sehr instabil, was dazu führte, dass es später mit einem Frequenzzähler ausgerüstet wurde.

Szene. Mit einem „Rufzeichen" aus dem Micky Maus Umfeld versuchte er meist spät abends, mit anderen Illegalen aus dem Münsterland oder dem holländischen Grenzgebiet Funkverbindungen herzustellen. Die Funkkontrollmeßstelle Krefeld bekam Wind davon und schickte einen getarnten Wagen, der tatsächlich während der Sendungen das Nahfeld feststellte. Es handelte sich um ein Haus, in dem sich mehrere Studentenappartements befanden. Leider klopften die Ermittler an die falsche Türe, was dem tatsächlichen Betreiber natürlich nicht entgangen war. Daraufhin wurde er vorsichtiger. Einige Wochen später stellte ein im Raume Münster eingesetzter Peilwagen, es handelte sich um den alten Opel Rekord Caravan, erneut Aussendungen dieses Senders fest. Es war ein Samstagnachmittag, die Innenstadt von Münster war nur leicht frequentiert. Das Wetter war einfach zu gut. Schnelle Stellungswechsel konnten daher ohne Schwierigkeiten durchgeführt werden. Dies war die Voraussetzung für eine erfolgreiche Ermittlung, wenn nur ein Fahrzeug zur Verfügung standt. Die Aussendung

war eindeutig vertikal polarisiert. Dies warf bei den eingesetzten Kollegen die ersten Fragen auf. Ortsfeste Sender in diesem Metier sendeten meist horizontal polarisiert. Die Peilung wies in das Gebiet des Allwetterzoos in Münster. Dieser etwas höher gelegene Bereich bot sich wegen seiner topografisch exponierten Lage als Sendestandort gut an.
Nach wenigen Minuten hatte der Opel den Höhenrücken erreicht. Schon gut 60 dB zeigte das im Fußraum vor dem Beifahrersitz eingebaute Pegelmeßgerät Typ HFV. Doch was war das? Man brauchte nur dem Straßenverlauf zu folgen und die Feldstärke wurde automatisch stärker. Sollte sich der Sender in einem der dort geparkten PKW befinden? Der Zeiger der Pegelanzeige schnellte auf 100 dB/µV hoch. Das bedeutete, daß sich der Sender in unmittelbarer Nähe befinden mußte. Doch da stand nur ein Golf auf dem Parkstreifen. Um nicht aufzufallen, fuhr der Funkmeßwagen einfach weiter. Der Sender schwieg in diesem Moment. War man aufgefallen? Hatte er etwas bemerkt? Nach einigen Minuten wurde weiter gesendet. Gott sei Dank! Die Besatzung beschloss, alles auf eine Karte zu setzen. Zulange hatte man in der Vergangenheit bei derartigen Fällen auf einen Streifenwagen gewartet.
Der nächste Sendedurchgang wurde in ca. 200 m Entfernung abgewartet. Man wollte ohne Polizeiunterstützung den Überraschungseffekt ausnützen. Langsam, ohne aufzufallen, kam der getarnte Opel Rekord, der mittlerweile aufgrund seines Alters und seiner Einsätze aussah, wie zur Verschrottung freigegeben, in Fahrt. Mit ca. 50 km/h zog er nach links auf den Standstreifen und fuhr frontal auf den Golf zu. Nun ging alles rasend schnell. Nur 2 Meter vor dem verdächtigen Fahrzeug kam der Meßwagen zum Stehen. Sekunden später waren beide Türen des Golfs geöffnet. Der Sender, ein selbstgebauter Transistorsender in einem Metallgehäuse, lag auf dem Beifahrersitz. Der junge Mann, der ihn gebaut hatte und auf dem Fahrersitz saß, war sichtlich überrascht. Mit einer derartigen Aktion hatte er nicht gerechnet und gab die Beweismittel im Rahmen der Sicherstellung freiwillig heraus. Das eingeleitete Ermittlungsverfahren wurde später nach § 153a eingestellt, was die damals eingesetzten Kräfte bis heute nicht nachvollziehen können. Aber eine Gleichbehandlung von Straftätern ist wohl eher die Theorie in der Rechtssprechung. Im Nachhinein muß man sich gerade in diesem Fall aber auch den Vorwurf gefallen lassen, was den passiert wäre, wenn der Golf einfach weggefahren wäre oder die Wagentüren verriegelt gewesen wären? Die Meßbeamten haben nur wenig Rechte. Sie dürfen gerade mal genehmigte Funkanlagen überprüfen. Durchsuchungen oder Beschlagnahme, wenn Gefahr im Verzuge ist, wie im vorliegenden Fall, dürfen nur von Hilfsbeamten der Staatsanwaltschaft durchgeführt werden. Bei

Anhang 99

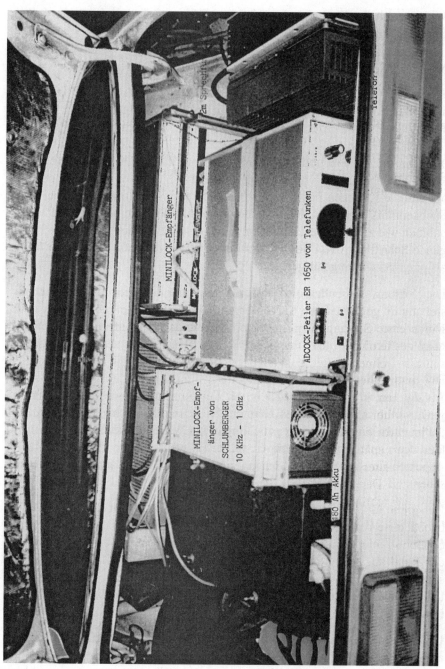

Abb. A6: Der Kofferraum des Monitor Fünf Vier von innen – vollgestopft mit Elektronik

Widerspruch der Betroffenen muß innerhalb von 3 Tagen ein richterlicher Beschluß beantragt werden.

Der erfolgreiche Abschluß einer Fahndungsaktion ist oft in großem Maße von der Bereitschaft der zuständigen Polizeiorgane zur Mitarbeit abhängig. Wenn man den Gesetzestext des § 15 des damaligen Fernmeldeanlagengesetzes zugrunde legt, war die Polizei beauftragt, nichtgenehmigte Sendefunkstellen außer Betrieb zu nehmen. Die Ermittlungsbeamten der Post hätten sich demnach darauf beschränken können, der Polizei ihr Ermittlungsergebnis mitzuteilen und sich danach auszuklinken. Dies ist, soweit bekannt, jedoch niemals vorgekommen. In der Regel liefen die Aktionen so ab, daß die Kollegen bei den Durchsuchungen im Auftrag der Polizei ihre Sachkenntnis einsetzten und von den eingesetzten Polizeibeamten die Maßnahmen wie z.B. die Beschlagnahmen angeordnet wurden. Da der nachfolgende Schriftkram von den Postlern erledigt wurde, hatte sich dieser Weg als pragmatisch eingebürgert.

Die „Lösung" bei Fällen ohne Polizeibeteiligung lief meist auf eine Sicherstellung im gegenseitigen Einvernehmen hinaus. Auch im münsteraner Fall wurde eine Quittung ausgestellt und der Sender wanderte in den Kofferraum des Opel.

Der Sender des Pfarrers
Als der Hinweis im Juni 1983 in der Funkkontrollmeßstelle Krefeld einging, wollte ihn keiner ernst nehmen. Es fiel einfach schwer, zu glauben, daß in einer Kirche ein nicht genehmigter UKW-Sender arbeitete, der sonntags den Gottesdienst übertragen sollte. Es wurde daher mehr aus Alibi-Aspekten für den nächsten Sonntag ein getarnter Meßwageneinsatz vorgesehen.

Der grüne Granada plazierte sich gegen neun Uhr unweit der Kirche und beobachtete den Frequenzbereich oberhalb von 100 MHz. Dort sollte der Sender strahlen. Unaufhörlich scannte die Minilock in 10-KHz-Schritten das Band ab. Nichts geschah; nicht einmal ein Radiooszillator störte die sonntägliche Ruhe. Das kommt davon, wenn man einer Ente aufsitzt, dachten die beiden eingesetzten Kräfte, die den Sonntag eigentlich anders verbringen wollten.

Doch es sollte anders kommen! Genau fünf Minuten vor Beginn des Hochamtes geschah das, was im Grunde niemand im Ernst erwartet hatte: Die Minilock blieb bei ca. 103 MHz stehen. Die Peilauswertung in Form der LED-Kompaßrose blieb stabil bei 300 Grad stehen und zeigte genau auf die Kirche in dieser kleinen Stadt im südlichen Münsterland. Der Träger war nicht moduliert; er hatte jedoch einen leichten Brumm, was auf ortsfesten Betrieb schließen ließ. Die Feldstärke lag über 60 dB/µV und zeigte an, daß man nicht weit weg vom Nahfeld war. Dieser stille Sonntagmorgen sollte es in sich haben. Der Motor des Granada war längst gestartet worden. Langsam drehte der getarnte Meßwagen eine Runde um die Kirche. Die Peilungen wiesen stabil auf den Glockenturm. Es war wie im Lehrbuch: Keinerlei Reflektionen, die eine Unsicherheit beim Peilergebnis hervorgerufen hätten. Der Sender mußte vertikal polarisiert sein, was bei Schwarzsendern im UKW-Rundfunkbereich nicht unbedingt die Regel war. Nun kam auch die Modulation. Es handelte sich eindeutig um eine Messe, die von dem Sender übertragen wurde.

Nun war der Moment gekommen, wo einer der Meßbeamten den Nahfeldpeiler unter dem Parka klar machte und die Kirche betrat. Nach wenigen Sekunden war alles klar: Das, was der ältere nette Pastor vorn im Kirchenschiff in das Mikrofon spach, kam klar und deutlich im Ohrhörer des Peilers an. Nun war guter Rat teuer. Mit der Polizei in die Kirche einzudringen, kam einfach nicht in Frage. Also versuchte man es auf eigene Faust. Ein Meßbeamter betrat die Sakristei und traf dort auf einige Meßdiener und den Küster. Dieser stritt den Betrieb des Senders auch gar nicht ab. Er war mit der Beschallungsanlage der Kirche gekoppelt und konnte über einen Schalter, der mit einem roten Stern gekennzeichnet war, eingeschaltet werden. Schnell war man sich einig. Der Sender sollte herausgegeben werden. Er befand sich oben im Glockenturm. Dazu mußte aber der Pfarrer sein OK geben. Der saß aber im Kirchenschiff und feierte das Hochamt. Doch der Küster wußte Rat. „Sssst, sssst, lautete der Lockruf aus der Sakristei. Unwillig drehte sich der Pfarrer nach einiger Zeit herum und wußte nicht, warum der Küster ihn ausgerechnet jetzt sprechen wollte. Als er die Sakristei betrat und den Beamten erblickte, wechselte er die Farbe, denn er wußte genau, worum es ging. Da er mit der Sicherstellung sofort einverstanden war, begannen der Küster und der Postler mit dem Aufstieg zum Glockenturm. Oben angekommen, ging es über einen schmalen Steg, der über die dünne Stuckdecke des Kirchenschiffes führte, zum Standort des Senders. Allein das Bewußtsein, den Steg im Halbdunkeln zu verfehlen und durch die Stuckdecke zu brechen, verlieh dem Kollegen Flügel.

Der Sender war ein Prachtstück. Saubere Modulation, ausreichender Hub für UKW-Rundfunkempfänger sowie quarzgesteuert und hohe Leistung wiesen den Erbauer als absoluten Profi aus. Doch dieser wurde nie ermittelt, denn der Pfarrer hielt dicht. Die damalige Oberpostdirektion Münster

Freitag, 15. Juli 1983

Gutgläubig übertrug er seine Messe für Alte und Kranke

Kirchturm-Sender des Pfarrers störte Magazin-Sendung des WDR

Postautos kamen nicht zur Segnung: Kabel wurden gekappt

Von KURT BEIN waz HERTEN/WESTERHOLT

Nicht nur der Vatikanstaat hat einen eigenen Sender. Auch die katholische Pfarrgemeinde St. Martinus in Westerholt hat einen – gehabt. Pfarrer Ewald Stratmann (55) beglückte seine über 8000 Seelen zählende katholische Gemeinde – wie erst jetzt bekannt wurde – ein Jahr lang mit der Übertragung der Heiligen Messe, sonntags zwischen 10 und 11 Uhr. Just zu dem Zeitpunkt, da auch eine der beliebtesten Unterhaltungsmagazine des Westdeutschen Rundfunks, „Von A – Z", ausgestrahlt wird. Dabei benutzte der sendebewußte Pfarrer die Frequenz der Kölner Anstalt, was vielen jungen WDR-Hörern in Westerholt überhaupt nicht gefiel. Jetzt schweigt der Sender im Kirchturm.

Es war am 19. Juni, 10.55 Uhr, als Hochwürden eine traditionelle Fahrzeug-Segnung vornehmen wollte. Da rückten Spezialfahnder der Bundespost und die Polizei an. Erst, so Augenzeugen, dachte der Pfarrer, auch Post und Polizei seien mit ihren Wagen vorgefahren, um den Segen zu erhalten, und freute sich schon.

Strafanzeige

Bis sich herausstellte, daß dem Schwarzsender im Kirchturm die Kabel gekappt werden sollten. Mittlerweile erstattete die Oberpostdirektion Münster Strafanzeige bei der Staatsanwaltschaft Bochum.

Über die regelmäßige Verbreitung des Gotteswortes war man im Stadtteil geteilter Meinung. Verärgerte junge Bürger informierten die Post. In einem Gespräch mit der WAZ stritt Pfarrer Stratmann die Existenz eines solchen Senders zunächst ab. Er wisse von nichts, war die Antwort.

Eine Nachfrage bei der Oberpostdirektion Münster brachte dann mehr Licht in das Dunkel um den Sender im „Glockenturm. Hans Schmitz, Pressesprecher der OPD Münster, bestätigte die Beschlagnahme des Schwarzsenders und die unerlaubte Benutzung der WDR-Frequenzen. Eine rechtliche Würdigung überlasse man der zuständigen Staatsanwaltschaft Bochum, bei der die Anzeige auch einging.

Kilometerweit

Das Wissen um die Reichweite des Kirchturm-Senders steigerte sich von Meter zu Meter – bis die hartnäckig nachfragenden Hertener erfuhren: mehrere Kilometer weit waren die Predigten des Pfarrers noch gut zu verstehen.

Bei der Existenz des Senders soll es sich um ein offenes Geheimnis gehandelt haben. Selbst die Polizei habe davon gewußt, heißt es. Dies wurde jedoch vom Hertener Polizeichef dementiert.

Bei den katholischen Gläubigen war der Sender des Pfarrers offenbar sehr beliebt. Auch eine hochgestellte Persönlichkeit

NEBEN DEN GLOCKEN im 68 Meter hohen Turm der St.-Martinus-Kirche soll der Sender des Pfarrers Ewald Stratmann (im Bild) installiert gewesen sein.
waz-Bilder: Birgit Schweizer

des Ortes soll sich auf die sonntägliche Übertragung der vertrauten Meßfeier aus der Heimatkirche direkt ans Krankenbett geradezu gefreut haben.

Um so mehr ärgerten sich Hertens WDR-Hörer, denen jeden Sonntag bei „Von A bis Z" die Predigten und Kirchenlieder „dazwischenkamen" – bis der Kragen platzte.

Bei der vorgesetzten Dienststelle des Pfarrers, dem Generalvikariat Münster, erklärte Domkapitular Paul Ketteler nach Rücksprache mit dem Geistlichen in Herten: „Der Pfarrer hat wohl in gutem Glauben gehandelt. Er wollte die Gläubigen in benachbarten Altenheim und im Krankenhaus an der Messe teilnehmen lassen. Es war ein Fehler. Nun muß er dazu stehen."

Abb. A7: Die Presse hatte damals reges Interesse an dem „Kirchturmsender" des Pfarrers, der wochenlang innerhalb des Städtchens an den Stammtischen Ortsgespräch war.

erstattete Anzeige und es kam zur Gerichtsverhandlung, in der eine Geldstrafe ausgesprochen wurde.

Vom Hocker fielen die beteiligten Beamten jedoch, als sie die Presseberichte zu diesem Fall lasen. Die „WAZ" und der „Stern" berichteten übereinstimmend (falsch) über diesen Vorgang. Danach waren die Beamten mit der Polizei zur Fahrzeugsegnung erschienen und hatten dem Pfarrer das Kabel gekappt. Wer für diese Falschmeldung verantwortlich war, konnte nie geklärt werden. Ebenfalls frei erfunden waren die angeblichen Störungen der WDR-Frequenzen. Diese hatten nie stattgefunden und WDR-Hörer hatten sich auch nicht beschwert. Offensichtlich war hier die Phantasie eines Journalisten zur Höchstform aufgelaufen.

Schwarzsender am Wiehengebirge
Es ist kaum zu glauben, aber wahr. In den kleinen Örtchen entlang des Wiehengebirges wurde seit Anfang der 70er fleißig schwarz gefunkt. Der Frequenzbereich war wieder das UKW-Rundfunkband oberhalb 100 MHz. Benutzt wurden fast immer selbstgebaute Transistorsender und das hatte seinen Grund: Die meisten wurden mobil betrieben, machten relativ kurze Durchgänge und waren entsprechend schwer zu orten. Dazu kamen häufige Standortwechsel, die die Ermittlungen auch nicht gerade einfacher machten.

Doch durch wochenlange Beobachtungen kristallisierten sich gewisse Verhaltensmuster der Leute mit den Rufzeichen wie „Timex", „Grauer Kater" oder „Hydra" heraus. So wurde ermittelt, daß in den Orten Bad Oeynhausen, Löhne, Mennighüffen und auch Bergkirchen die Bastelleidenschaft der Jugendlichen außerordentlich auf das radiotechnische Gebiet fixiert war.

Die Funkkontrollmeßstelle Krefeld war zwar örtlich zuständig aber relativ weit vom Schuß. Bei einer Anfahrtszeit von ca. 2 ½ Stunden konnte man nicht zeitnah reagieren und beschränkte die Einsätze auf Tage, an denen jeder Schwarzsender mit hoher Wahrscheinlichkeit in der Luft war: Buß- und Bettag und Totensonntag. Das Problem war, möglichst nicht aufzufallen. Deshalb war die Ermittlung in der Dunkelheit am erfolgversprechendsten. Das größte Hindernis war die „Harke", wie sie unter den Kollegen genannt wurde. Gemeint war eine Richtantenne Type HB9CV, die den Vorteil hatte einen ausreichenden Gewinn aufzuweisen und horizontale und vertikale Aussendungen peilen zu können. Die Antenne war durch die Werkstattkräfte selbst gebaut worden und konnte in der Mitte auseinandergeschraubt werden, was aber im Ernstfall viel zu lange dauerte. Aus Tarnungsgründen

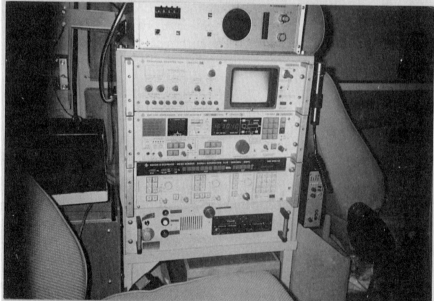

Abb. A8: Der Geländewagen Mercedes G und seine Innenausstattung: Peiler, Panoramagerät, Empfänger und Tonbandgerät

wurde sie schwarz angestrichen. Die Abmessungen von ca. 1 m x 1,5 m machte sie aber viel zu auffällig. Im Nahfeld ließ man sich damit besser nicht sehen. Es war auch sehr riskant, die Antenne, wie geschehen, bei der Gefahr des Entdecktwerdens einfach wegzuwerfen. Ein Kollege hatte anschließend Mühe, sie im Kurpark von Bad Oeynhausen im Dunklen wiederzufinden. Es konnte auch nur davor gewarnt werden, im Eifer des Gefechtes ausschließlich die Feldstärke des Nahfeldpeilers im Blick zu haben und alles andere um sich herum zu vergessen. Zu leicht war man zum Beispiel in den Bach gefallen, der sich durch den Kurpark von Bad Oeynhausen schlängelte. Aber der Kollege hat es überlebt und der Nahfeldpeiler auch, weil er geistesgegenwärtig über Wasser gehalten wurde.

Der Durchbruch kam, als einer der Meßbeamten eine neue Peilantenne entwickelte, die wesentlich kleiner und deshalb für die verdeckte Fahndung wie geschaffen war. Es handelte sich um einen Dipol, dessen Elemente durch Wendelantennen (Gummiantennen) stark verkürzt wurden. Leider war eine Seitenbestimmung nicht möglich, aber versteckt in einem Plastikbeutel konnte sie überall eingesetzt werden. Mit dieser Antenne, mit der später alle Funkkontrollmeßstellen ausgerüstet wurden, konnten an einem Buß- und Bettag vier Schwarzsender ermittelt und außer Betrieb genommen werden. Doch die Fahnder waren nicht zufrieden. Der letzte Schwarzsender, mit einem sehr starken Sender, schaltete im Nahfeld ab. War man aufgefallen oder würde er wiederkommen?

Nichts tat sich mehr in der ruhigen Sackgasse in dem Einfamilienhausgebiet in Bad Oeynhausen. Nach einer gewissen Wartezeit machten die Beamten Feierabend. Es ging zurück ins IPA-Haus, das freundlicherweise von der internationalen Polizeiorganisation zur Verfügung gestellt wurde. Das Besondere an diesem Haus war, daß dort viele Polizeiuniformen aus aller Welt ausgestellt waren. Ein Kollege probierte gerade eine amerikanische Uniform aus den dreißiger Jahren und sah mit dem hohen Helm und dem rotierenden Gummiknüppel aus wie Charlie Chaplin. Der andere nahm das Dampfradio in der Ecke des großen Ausstellungsraumes in Betrieb. Langsam zeigten die Röhren ihre roten Bäckchen und der Empfänger wurde auf die einzig interessante Frequenz von 103 MHz eingestellt. Charlie Chaplin versuchte gerade seine ruckartigen Gehbewegungen, als das Rauschen einem starken, leicht angebrummten Träger wich. Und dann folgte sie, die Erkennungsmelodie des letzten Schwarzsenders: Je t'aime.

Er war wieder da. Man war also nicht aufgefallen. Die Jungs starteten los. Der alte Opel direkt vor der Türe des IPA-Heimes wußte nicht, wie ihm geschah.

Abb. A9: Der Bruder des Monitor Fünf Vier: Der Monitor Fünf Vier war technisch identisch ausgerüstet. Beide Fahrzeuge waren ideal für die Schwarzsenderfahndung geeignet.

Da waren die Verrückten wieder, die ihn schon den ganzen Tag mit hohen Drehzahlen gequält und von Nahfeld zu Nahfeld gehetzt hatten. Kriegten die denn keine Ruhe? Mit hoher Geschwindigkeit fuhr der Opel die kurvenreiche Straße bis in den Außenbezirk von Bad Oeynhausen hinein. Das alte B-Netz Autotelefon stellte die Verbindung zur Polizeiwache her, die sofort Unterstützung signalisierte. Es dauerte keine zehn Minuten und die Sackgasse lag wieder vor ihnen. Nur diesmal blieb der Sender in der Luft. Zur Sicherheit wurden erneut zwei Peilungen genommen und der Feldstärkeverlauf im Nahfeld untersucht. Das Ergebnis war eindeutig. Es handelte sich wieder um das gleiche Haus, das schon am Nachmittag in Erwägung gezogen wurde. Ein Blick in den Garten zeigte, daß noch ein Zimmer erleuchtet war. Jetzt oder nie.

Die Polizeibeamten betätigten die Türklingel. Dieses Geräusch hatte aber nur eine Wirkung: Das Licht ging aus. Wenn der Sender jetzt beiseite geschafft wurde, sah man alt aus. Man mußte irgendwie die Eltern wach kriegen. Und es klappte. So eine Türklingel kann schon nerven. Besonders ist das nachts der Fall. Kurz darauf öffnete der Vater und fiel aus allen Wolken, als er hörte, daß in seinem Haus ein illegaler Sender arbeiten sollte. Sein Sohn sah das schon etwas gelassener, denn er wußte, daß die Kollegen richtig lagen.

Nach kurzer Diskussion wurde der Sender präsentiert. Er war wirklich sehenswert und nicht umsonst viele Jahre in der Fernmeldeschule der DBP in Hamburg–Bergedorf, wo die Nachwuchskräfte des Funkkontrollmeßdienstes ausgebildet wurden, ausgestellt. Es handelte sich um einen mehrstufigen Röhrensender, der mit viel Sachkenntnis gebaut worden war. Der Fall wurde mit gemeinnütziger Arbeit geregelt.

A2 Politische Schwarzsender

Der erste Erfolg: „Radio Fledermaus"
In den späten Siebzigern kam eine neue Herausforderung auf den FuKMD zu: Die ersten Schwarzsender im UKW-Bereich, die Sendungen mit politischem Inhalt ausstrahlten. Als Betreiber traten nicht mehr einzelne Personen auf, sondern politische Gruppen, die sich meist entweder einer meist linksgerichteten politischen Strömung verbunden fühlten oder aktuelle Probleme der jeweiligen Region aufgriffen. Ein Themenschwerpunkt lag im Bereich der Atomenergie. Auch die Interessen von Minderheiten wurden aufgegriffen.

Abb. A10: Auch im Osten gab es Schwarzsender, die angepeilt wurden. Hier ein Gürtelpeiler der Stasi

„Alternative Radios" prägten nun für eine gewisse Zeit die bundesdeutsche Schwarzsenderszene. Der FuKMD mußte umdenken. Diese Sender stellten, was die Ermittlungstätigkeit anging, ganz neue Anforderungen. In nur ca. 30 Minuten einen Sender, der in einem Stadtgebiet sendete, zu orten und außer Betrieb zu nehmen, stellte an die zur Verfügung stehende Hardware, aber auch an die Erfahrung und Entschlossenheit der eingesetzten Kräfte, die höchsten Anforderungen.

Die erste Bewährungsprobe stand im November 1979 an. Der Sender „Radio Fledermaus" hatte bereits zweimal in Münster gesendet. Die Sendungen wurden jedesmal durch Flugblätter angekündigt. Der Funkkontrollmeßdienst war jedoch nur stiller Beobachter. Er sammelte seine Kräfte für den entscheidenden Schlag. Die dritte Sendung sollte die letzte sein. Die Strategie dafür sah folgendermaßen aus: Am Stadtrand von Münster waren drei quasistationäre Funkmeßwagen mit ausfahrbaren Richtantennen stationiert. Sie hatten die Aufgabe, beim Auftreten des Senders die Polarisationsebene der Aussendung festzustellen und den Peilwert an die Einsatzleitung zu übermitteln. Die Fahrzeuge nahmen erst 30 Minuten vor Sendebeginn ihre Standorte ein.

„Bloß nicht auffallen" war die Devise. Der gute alte Opel mit seinem Schrottdesign durfte natürlich nicht fehlen. Die „Harke" lag auf dem Dach und konnte mit dem daran befestigten Besenstiel ca. 1m aus dem Schiebedach herausgehoben werden. Zusätzlich wurde noch ein schneller BMW angemietet.

Gegen 19:00 Uhr waren alle auf ihrem zugewiesenen Platz. Die Minuten liefen in Zeitlupe ab. Würde es heute gelingen, diesem „alternativen Radio" Einhalt zu gebieten? Die Jungs mit den umgeschnallten, teils selbstgebauten Peilern waren bis aufs höchste motiviert. Nicht, weil sie dadurch Vorteile erwarteten, nein, es war einfach das Jagdfieber, das sie erfaßte. Hier hatte jemand eine Aufgabe gestellt und neue Randbedingungen festgeklopft.

Die Spannung stieg, obwohl jeder wußte, wie seine Aufgabe lautete.

Die Peilfahrzeuge machten beim Auftreten des Senders zunächst keine Aktionen. In der ersten Phase war wichtig, daß die Besatzung der Quasi-Stationären spurte. Innerhalb von wenigen Sekunden mußten über UKW-Sprechfunk die Peilwerte sowie die Pegelwerte durchgegeben werden.

Dazu wurde eine 2-Meter-Relaisfunkstelle errichtet. Der Einsatzleiter sollte die ersten zwei Peilungen nur grob auslegen und sofort das Planquadrat des

Abb. A11: Peilfahrzeug auf VW LT 28-Basis – wurde ebenfalls häufig zur Schwarzsenderfahndung eingesetzt

Abb. A12: Mit diesem „Logo" wurden die Sendungen von Radio Fledermaus mittels Flugblättern angekündigt.

Stadtplans an die Fahndungsfahrzeuge übermitteln, die dann sofort losfahren sollten, denn die große Unbekannte, gegen die gekämpft werden mußte, war die kurze Sendezeit.

18:25 Uhr, der Opel und die anderen PKW wurden gestartet. Pausenlos wurde der Bereich oberhalb von 100 MHz durchgestimmt. Das laute Empfängerrauschen dröhnte in den Ohren. Jetzt bloß nichts überhören.

18:29 Uhr und dreißig Sekunden. Da war ein Träger bei ca. 101 MHz und jetzt auch Modulation: „Liebe Peiler. Tut uns leid, daß ihr heute abend arbeiten müßt. Uns wäre es auch lieber, wenn Ihr die Sendung bei Euch zu Hause verfolgen könntet..." Nach diesen beiden Sätzen waren bereits die ersten Peilwerte übermittelt und ausgewertet worden. Das betreffende Planquadrat kam postwendend. Der Sender mußte in der Nähe des Aasees sein. Der blaue Opel mit der schwarzen Harke auf dem Dach und dem unauffälligen nachfolgendem Kleinwagen, dessen Sprit von der Polizei Münster bezahlt wurde, hatten schon auf Tiefflug umgeschaltet. Sie standen eigentlich viel zu weit nördlich, um noch eine ernsthafte Chance zu haben, bei dem Verkehr in der verbleibenden Zeit noch den Aasee zu erreichen.

Das erste große Problem ergab sich bereits an der ersten Ampel, die rot zeigte und vor der in Zweierreihe ca. 20 Autos standen. Da keine Sondersignale zur Verfügung standen, mußte fahrtechnisch sehr vorsichtig vorgegangen werden, um niemanden zu gefährden. Am Ende der Schlange angekommen, zog der Opel auf die Gegenfahrbahn, die Gott sei Dank frei war und überholte die Schlange. Als er gerade ihren Anfang erreicht hatte, sprang die Ampel auf gelb über.

Der Opel, der inzwischen die Ampel überfahren hatte, bog nun vor den anfahrenden Fahrzeugen rechts ab. Die trauten ihren Augen nicht und blieben wie festgenagelt stehen. Dies reichte dem Kripofahrzeug, um mit durchzuschlüpfen. Der Adrenalinspiegel hätte gereicht, um im Krankenhaus die Geräte zu eichen. Die nächste Kreuzung kam in Sicht. Nur ca. 30 dB zeigte das Pegelmeßgerät an. Der Sender war noch weit. Wenn nur die verdammten Reflektionen nicht wären. Selbst mitten auf der Kreuzung war die Peilrichtung nicht eindeutig zu ermitteln. Was nun?

Einmal verfahren und die Sache hatte sich erledigt. Und so kam es nun zu dem kuriosen Bild, daß mitten auf einer Kreuzung zweier Hauptverkehrsstraßen ein alter Opel Rekord steht, der Beifahrer aussteigt, ein merkwürdiges Gebilde an einem Besenstiel hin- und herdreht, wieder einsteigt und mit mörderischem Tempo entflucht. Gottlob gab es damals noch keine Handys. Die Polizeiwache Münster hätte etliche Anrufe bekommen. Inzwi-

Abb. A13: Innenleben des quasistationären Funkmesswagens (MKW1), der auch bei der Fahndung nach „Radio Fledermaus" in Münster eingesetzt war

schen hatte die Einsatzleitung die Peilauswertung präzisiert. Auch die Quasi-Stationären hatten ihre Peilergebnisse optimiert. Das Ortungsergebnis hatte sich jedoch nicht nennenswert geändert. Der südwestliche Rand des Aasees bzw. der Bereich der Westerholtschen Wiese war das Gebiet, wo der Sender sein mußte.

Der Opel war inzwischen ein gutes Stück Richtung Süden gekommen. Gute 15 Minuten war „Radio Fledermaus" jetzt in der Luft. Wie lange würden sie noch machen? Wiegten sie sich in Sicherheit, weil bisher nichts passiert war? Das Pegelmeßgerät des Opels zeigte nun fast konstant 60 dBµV an. Die Chancen, diesmal zu gewinnen, stiegen. Der erfolgreiche Abschluß dieser Operation war in greifbare Nähe gerückt. Bloß jetzt nichts vergeigen. Bei diesem Verkehr am Sender vorbeizufahren hätte das Aus bedeutet. Langsam und dann abrupt wanderte die Peilung nach rechts aus. Bei ca. 90 Grad Rechtsweisung blieb der Opel stehen. Er mußte jetzt abbiegen. Nur, da war kein Weg. Jetzt war man schon so weit gekommen und dann das. Sollte der Opel doch mal zeigen, was er drauf hatte. So eine Wiese mußte er einfach abkönnen. Und ob er das konnte. 70, nein fast 80 dB auf dem Pegelinstrument und die Peilung voraus; höchstens noch 100m. Ein kleines Denkmal kam in Sicht. Ein Pärchen fing an, sich abzuknutschen. Das war zu offensichtlich, das war oberfaul. 100 dB/µV zeigte der Empfänger. Man war am Ziel, aber wo war der Sender? Er strahlte zwar noch, aber das Programm war bereits zu Ende. Warum wurde er nicht abgeschaltet? Inzwischen flüchtete jemand mit dem Fahrrad, wurde aber gestoppt. Der Sender war immer noch in der Luft. Ein Meßbeamter, der Beifahrer des Opels, leuchtete mit einer Taschenlampe in einen Baum und rief: „Da ist er ja". Er meinte damit den Sender. Der Schwarzsender, der vor ihm im Busch saß, bezog das jedoch auf sich und glaubte sich entdeckt. Er sprang auf und flüchtete, gefolgt von Polizei und Post. Der Junge kannte sich gut aus. Er wußte z.B., daß in einiger Entfernung ein etwa kniehoher Stacheldrahtzaun in den Büschen verlief. Seine Verfolger wußten das nicht. Gott sei Dank blieb es bei zwei harmlosen Stürzen. Doch dieser Einsatz wurde trotzdem als Erfolg verbucht. Zum ersten Mal wurde ein politischer Sender voll funktionsfähig sichergestellt.

Er war in einer Aktentasche versteckt und bestand aus Sender, Tonband, Akku und einer Dipolantenne, die in der Baumkrone plaziert war. Das eingeleitete Ermittlungsverfahren wurde eingestellt. Es war niemandem etwas nachzuweisen. Aber die Szene hatte einen herben Schrecken bekommen und die Fahnder konnten stolz sein. Sie hatten an diesem Abend das bis dahin Unmögliche geschafft.

Abb. A14: Die Peilantenne nach HB9CV (Selbstbau) für 3 m: Antennengewinn bei 100 MHz ca. 4–6 dB. Sie konnte für horizontal und vertikal polarisierte Aussendungen genutzt werden. Bei der Fahndung nach Radio Fledermaus spielte sie eine entscheidende Rolle: Sie konnte durch das Schiebedach des Opels mit einem Besenstiel gedreht werden.

„Radio Freies Wendland"

Dieses „Freie Radio" hatte sich formiert, weil es die Atommüll-Lagerstätte in Gorleben bekämpfen wollte. Da ein Großteil der Bevölkerung diese Lagerstätte auch nicht wollte, hatte Radio Freies Wendland entsprechenden Rückhalt in der Bevölkerung. So kam es schon mal vor, daß heute der Bauer X und morgen der Bauer Y es zuließ, daß von seinem Hof gesendet werden konnte.

Radio Freies Wendland war im Großraum Gorleben ein Begriff. Fast jeder kannte damals im Sommer 1989 die Sendezeit und die Frequenz. Und wer es nicht wußte, brauchte nur einmal die Tageszeitung aufzuschlagen. Die Sendezeit lag ca. bei 30 Minuten, aber der Schwierigkeitsgrad, den Sender zu ermitteln, war wesentlich größer als bei Radio Fledermaus. Das in Frage kommende Gebiet war einfach zu groß. Mit einem Fahrzeug war es in der gegebenen Zeit nicht zu schaffen. Also mußte man sich etwas anderes überlegen. Ein Hubschrauber mußte her. Dies war die einzige Möglichkeit, diese Entfernungen zu überbrücken und dabei auch noch zu peilen. Also wurde am Tage vor dem nächsten Auftreten von Radio Freies Wendland an einen Polizeihubschrauber eine kleine UKW-Richtantenne montiert. Empfangen wurde mit dem Feldstärkemeßgerät Type HFV, das zwischen den Knien des Meßbeamten klemmte. Einen Tag später gegen 18:45 Uhr war der Quirl bereits in der Luft.

Die Verbindung zu den Peilfahrzeugen (Ford Granada und BMW) wurde über 2 Meter gehalten. Es war verblüffend, wieviele weitere Radiosender bereits bei wenigen 100 Metern Höhe zusätzlich empfangen werden konnten. Dies konnte einen schon aus der Fassung bringen, denn das war absolutes Neuland.
Doch pünktlich schaltete der gesuchte Sender ein. Die eingesetzten Kräfte in den Peilwagen ahnten es aufgrund der schwachen Feldstärke bereits. Sie würden heute nicht zum Zuge kommen. Der Sender war einfach zu weit weg. Unmöglich, da innerhalb von ca. 25 Minuten noch hinzukommen. Die Hoffnung ruhte nun ganz alleine auf dem Hubschrauber.
Der war einfach auf dem durch eine Selbstdrehung gefundenen Peilstrahl mit maximaler Geschwindigkeit entlanggeflogen und hatte nach einigen Minuten das Nahfeld erreicht. Doch genutzt hatte es ihm zunächst nichts. Wie ein undurchdringlicher grüner Teppich lag ein großes Waldgebiet unter ihnen.
Landen konnte man hier auch nicht. Der Sender sendete weiter. Was tun?

Noch einmal suchte die Hubschrauberbesatzung das in Frage kommende Gebiet mit Ferngläsern ab. Und da blitzte es in der untergehenden Abendsonne: Die aus verchromten Teleskopstäben gebaute Dipolantenne. Hätten

116 Anhang

```
Die Freien Wenden senden,
hört doch mal auf diesem Kanal!
Radio Freies Wendland
Heute um 19 Uhr UKW 101 Megahertz

Wir spitzen die Ohren:
Carla, Anke und Matthias Briesenick, Michael Henke,
Susanne Hiller, Norbert Messerschmidt, Christian Quis,
Gudrun Beerbohm, Helmut Koch, Gert Geffert
```

Abb. A15: Anzeigen wie diese waren im Wendland an der Tagesordnung.

die Betreiber nicht den gleichen Fehler gemacht, wie die von Radio Fledermaus, und ihre Antenne schwarz oder grün angestrichen, man hätte sie niemals aus der Luft entdecken können. So aber blinkte sie in den Abendhimmel wie ein geputzter Spiegel. Unauffällig wurden die zivilen Kräfte herangeführt. Die Peilwagen waren jetzt überflüssig und viel zu auffällig. Die OBS-Gruppe baute, nachdem man den Sender in einer Aktentasche geortet hatte, eine getarnte Videoüberwachung auf. Das Warten begann. Doch niemand wagte sich an den Sender heran. Inzwischen wurden zwei Personen festgenommen, die sich verdächtig gemacht hatten. Dies behauptete die Polizei zumindest und ließ die Personen erkennungsdienstlich behandeln. Inzwischen wurde der Einsatzleitung die Sache zu heiß. Getreu dem Grundsatz „Lieber den Spatz in der Hand als die Taube auf dem Dach" entschloß man sich, den Sender sicherzustellen und die Aktion abzublasen. Doch es dauerte nicht lange und Radio Freies Wendland war wieder „On Air", weil der Ausfall des Senders aufgrund der mittlerweile aufgelegten Kleinserienproduktion schnell verkraftet werden konnte. Radio Fledermaus hatte damit mehr Probleme. Das Ermittlungsverfahren mußte nach einiger Zeit eingestellt werden, weil der (die) Täter nicht zu ermitteln waren.

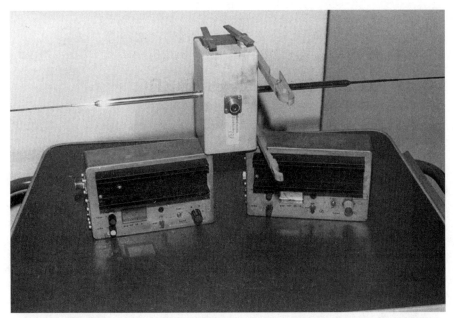

Abb. A16: Zweimal der Sender von „Radio Freies Wendland". Er wurde inzwischen in Kleinserie gebaut. Die Dipol-Antenne wurde mit den Wäscheklammern im Baum befestigt.

„Radio Zebra"
Radio Zebra trat erstmalig im Frühjahr 1980 in Bremen auf. Der Sender zog erstmalig Konsequenzen aus den Erfahrungen, die die Betreiber anderer „Freien Radios" mit der Post und Polizei gemacht hatten. Sie benutzten drei Sender auf 104 MHz, die alle einen anderen Standort hatten. Damit war der für die Ermittlung zur Verfügung stehende Zeitraum derart eingeschränkt, daß der Sender mittels Funkpeilungen kaum noch zu ermitteln war. Die Qualität der Aussendungen ließ jedoch sehr zu wünschen übrig. Die Sender waren offensichtlich nicht quarzgesteuert, denn nach den Umschaltungen wurde die vorher benutzte Frequenz oft nicht getroffen. Radio Zebra wurde nie ermittelt, aber irgendwann war dann bei den Betreibern „die Luft raus".

„Radio Freies Aachen"
Auch Aachen hatte einen illegalen, politisch motivierten Rundfunksender. Zumindest war dies kurzzeitig der Fall. Der Sender griff allgemeine Themen auf, die seiner Meinung nach nicht ausreichend von den Medien beachtet wurden. Was der Betreiber nicht wußte, war, daß er von der Funkkontrollmeßstelle aus

Abb. A17: Nicht überall, wo Radio Zebra draufsteht, ist auch Radio Zebra drin.

direkt über Richtantennen mit Vorverstärker zu hören und auch zu peilen war. Die Kripo Aachen hatte selbst ein Interesse an der Ermittlung des Täters, weil dieser in seinen Sendungen auch den Polizeipräsidenten nicht verschone. Da das Stadtgebiet von Aachen wesentlich größer als das von Münster war, konnte die dort angewandte Taktik nicht wiederholt werden.

Bald wurde klar, daß es am erfolgsversprechendsten war, Erkenntnisse zu sammeln, die auf den Stadtteil hinwiesen, aus dem die nächste Sendung zu erwarten war. Es lag auf der Hand, daß das Restrisiko besonders groß war. Was hinderte den Sender z. B. zweimal aus demselben Stadtteil zu senden? Aber dieses Risiko mußte einfach eingegangen werden. Die zur Verfügung stehenden Kräfte konnten in diesem Stadtteil taktisch günstig postiert werden. In den Fahndungsfahrzeugen der Funkkontrollmeßstellen (2 Ford Granadas) fuhr zusätzlich noch ein Polizeibeamter mit, der nur die Aufgabe hatte, über 4 Meter die an der langen Leine nachfolgenden Polizeikräfte nachzuführen.

Die Bestimmung des Stadtteils erfolgte direkt von Krefeld aus. Bei den taktischen Überlegungen war man davon ausgegangen, daß der Sender diesmal aus einem westlichen Stadtteil aus sendete. Monitor fünf vier postierte sich daher auf einer exponierten Stelle im äußerst westlichen Stadtbereich, schon fast an der Grenze in Richtung Holland bzw. Belgien. Monitor fünf fünf, der zweite Granada, stand etwas weiter zur Stadtmitte hin. Noch fünf Minuten bis

Anhang 119

Abb. A18: Der dilettantisch zusammengebaute Sender eines Trittbrettfahrers

zum Einsatzbeginn. Obwohl die Besatzung schon etliche dieser Einsätze mitgemacht hatten, ist es immer wieder ein besonderes Gefühl. Viele Gedanken gingen den Kollegen im Kopf herum in diesen Momenten. Würde man wieder erfolgreich sein? Wird alles gut gehen und die Strategie aufgehen? Es war jedesmal dasselbe Gefühl und einige von ihnen haben es auch gebraucht und brauchen es auch noch heute. Den Jungs mal zeigen, was 'ne Harke ist. Wollen doch mal sehen, wer hier zum alten Eisen gehört.
Aber eines war allen klar. Wenn es schief gehen sollte mit der Raserei und den roten Ampeln, keiner hätte ihnen später zur Seite gestanden, besonders nicht die Rechtsreferate der Oberpostdirektionen. Der erhobene Zeigefinger wäre ihnen sicher gewesen. Man muß es sich nur einmal vorstellen. Als die Beamten bei der Ermittlung von Radio Fledermaus Kopf und Kragen riskierten, war der zuständige Sachbearbeiter der OPD Münster in der Sauna (leider nicht verschiebbar). Wenn sich dann jedoch die Erfolge einstellten, wollten natürlich alle daran teilhaben. „Uns ist es gelungen, den Schwarzsender xy auszuheben" sagte seinerzeit ein Sachbearbeiter des Zentralbüros vor einem Lehrgang, obwohl er ansonsten seinen Hintern an der Heizung wärmte. Die kalte Wut kam dann in den Meßbeamten hoch, aber man mußte lernen, keinen

Abb. A19: Schlechte Karten für „Radio Freies Aachen": Der Sender war in der Funkkontrollmessstelle Krefeld zu empfangen und zu peilen. Damit konnten die jeweiligen Stadtviertel, aus dem die Sendungen kamen, festgestellt werden.

Dank zu erwarten. Die erkämpften Erfolge waren nichts anderes als die Selbstbestätigung, die man einfach hin und wieder mal brauchte.

Die sechs Zylinder des Granada summten bereits im Leerlauf. Der Empfänger scannte pausenlos den Bereich von 100 MHz bis 108 MHz durch.

Und dann glaubten alle nicht ihren Augen zu trauen. Der zunächst unmodulierte Träger bei 103 MHz hatte mehr als 40 dB/µV Pegel. Wenn das heute nicht klappen sollte, dann wohl nie. Längst schoß der Peilwagen die leicht abschüssige Straße in Richtung Stadtmitte hinab. Die LED der Kompassrose leuchtete aus Richtung Null Grad. Das bedeutete, der Sender kam genau von vorne. Eine Kreuzung kam in Sicht. Die Ampeln zeigten schon von weitem das rote Licht. Gebannt schaute der Beifahrer auf die LED. Würde sie nach einer Seite umschlagen?

Bei derartigen Ermittlungen war es eben nicht so, daß die Peilung bei schneller Fahrt wie festgenagelt einen Wert einnahm; es war mehr ein Herumtänzeln und Flackern der LEDs um die Hauptpeilrichtung. Man mußte halt immer den Trend im Auge haben, was unter Zeitdruck eine besondere Erschwernis darstellte. Nachdem der Fünf Vier die Kreuzung geradeaus bei Rot passiert hatte, sprang nach ca. 100 m die Peilung nach links zurück und änderte sich nicht. Das war ein Indiz dafür, daß man auf dem besten Wege war, die Sache in den Sand zu setzen. Erfahrungsgemäß würde der Sender nur noch wenige Minuten senden. Schon hatte der Granada gewendet und fuhr wieder auf die Ampel zu. Längst waren die Ampelfarben egal; wichtig war nur, ob sich ein anderes Fahrzeug näherte. Doch es waren um diese Zeit kaum Fahrzeuge auf der Straße. Der Wagen bog mit quietschenden Reifen rechts ab in die vierspurige Straße ein, die in der Mitte durch einen bewachsenen Grünstreifen getrennt war. Längst hatte sich „Radio Freies Aachen" zu erkennen gegeben und spulte sein Programm ab. Doch was jetzt passierte, war wahrscheinlich noch niemandem in der Geschichte des Funkkontrollmeßdiensts widerfahren. Die Feldstärke des Senders stieg nach kurzer Fahrtstrecke steil an. Die Beamten staunten Bauklötze. Wenn ihnen dies jemand versucht hätte, im Studium zu vermitteln, hätte er wohl nur Lacherfolge erzielt. Doch langsam dämmerte es ihnen:

„Radio Freies Aachen" war mobil und kam ihnen entgegen! Doch wo war der Sender?

Die Straße war menschenleer. Es waren auch keine Autos auszumachen. Da der Mittelstreifen mit Büschen bewachsen war, konnte man auch nicht die Gegenfahrbahn voll einsehen. Inzwischen wurden mehr als 90 dB/µV Pegel angezeigt. Die erwartete Sendezeit war vorbei. Wo war der Sender? Zwei Scheinwerfer tauchten auf der Gegenfahrbahn auf. Sie gehörten zu einem

Abb. A20: Dagegen hatte „Radio Freies Aachen" wenig Chancen. Bei dieser Aktion spielte der „Fünf Vier" alle seine Vorteile aus: Peiler, Empfänger, Geschwindigkeit und Straßenlage

VW-Bus, der stadteinwärts fuhr. Als er den Granada passierte, schnellte das Instrument auf ca.100 dB/µV hinauf und fiel sofort wieder ab. Es war das klassische Passieren eines Nahfelds. So sahen es auch die Jungs im Fünf Vier. Doch wo sollte man wenden? Die nächste offizielle Möglichkeit war nirgendwo in Sicht. Also entschloß sich der Fahrer, den Granada auf seine Geländetauglichkeit zu prüfen und versuchte, den Mittelstreifen zu überqueren. Der auf dem Rücksitz befindliche Kollege der Schutzpolizei hatte in seinem Leben sicherlich schon viel erlebt. Doch das, was diese beiden offensichtlich Verrückten von der Post da versuchten, ließ seinen Adrenalinspiegel doch erheblich nach oben schnellen. Fuhren die Burschen doch über den Grünstreifen und pflügten ohne Blaulicht und Sirene dort die ganze Botanik um.
Der Einsatzleiter mußte sich hinterher noch eine Menge anhören. Doch der Granada hatte Blut gewittert. Der VW-Bulli war schon außer Sichtweite.
Aber das war nur von kurzer Dauer. Schon wenige Minuten später sonnte sich der Granada in den satten 100 dB, die von dem Wagen vor ihm ausgin-

gen. Man hätte stundenlang dahinter bleiben können, so schön war das. Doch der Fahrer hatte jetzt etwas gemerkt. Man konnte von hinten sehen, daß er permanent hinter den Fahrersitz griff, um dort etwas auszuschalten. Panik kam auf. Der Mann im Bulli wußte, daß er reif war und versuchte zu flüchten. In rasender Fahrt bog er rechts ab; der Granada folgte ihm und versuchte ihn zu überholen und zu stoppen.

Die Kollegen im Granada bereiteten sich auf den Anhaltevorgang vor, als etwas eintrat, was Jäger und Gejagde bereits beim Abbiegen im Eifer des Gefecht übersehen hatten: Es handelte sich um eine Sackgasse, die nun zu Ende war. Radio Freies Aachen hatte sich ganz einfach verfahren und mußte stehenbleiben. Die Jagd war zu Ende. Der Betreiber und der Sender wurden dingfest gemacht. Nur knapp 20 Minuten hatte der Fünf Vier gebraucht, um ein fahrendes Fahrzeug in einem Stadtgebiet zu orten und zu stellen. Dieses Ergebnis konnte sich sehen lassen.

Freie Radios und kein Ende?
Ob Radio Fledermaus, Radio Verte, Radio Jessica, Radio Freies Wendland oder Radio Isnogut und viele andere, sie alle hatten ein Ziel: Ihre Botschaft unters Volk zu bringen. Heute muß man sagen, dies hat einfach nicht geklappt. Die Resonanz war damals mehr als steigerungsfähig und bald war bei allen Betreibern und Betreibergruppen doch der Zweifel entstanden, ob sich dieses hohe Risiko denn noch lohnt. Zuvor hatte die Deutsche Bundespost signalisiert, daß sie die Fahndung nach politischen Schwarzsendern erheblich einschränken würde. Dies hatte sicherlich mit den stark angestiegenen Ermittlungskosten zu tun, die jeder politische Schwarzsender verursachte. Langsam ebbte die Welle dieser Sender ab. Bundesweit war davon kaum noch die Rede. Schließlich machte noch ein einziger Sender von sich reden: Radio Bochum im Jahre 1988. Er hatte schon einige Male gesendet, als der FuKMD Krefeld auf ihn aufmerksam wurde.

Einige Meßwageneinsätze waren bereits erfolgt, allerdings ohne Ergebnis. Die Standorte lagen weit auseinander und die Sendezeit war mit ca. 20 Minuten äußerst kurz bemessen. Hier wurden einfach die Erfahrungen der bereits erwischten Sender berücksichtigt. In dieser Situation griff der FuKMD auf die Mitarbeit eines bereits vor Jahren ausgeschiedenen Kollegen zurück, der fit in der Fahndung nach derartigen Sendern war und sich sehr gut in Bochum auskannte.

Das Hauptproblem war folgendes: Nachdem der ungefähre Standort des Senders durch Funkpeilungen bekannt wurde, konnten die Peilfahrzeuge nicht schnell genug herangeführt werden. Die Überlegung ging dahin, daß die beiden Peilfahrzeuge, ein Ford Granada und ein Mercedes G, in unmittelbarer Nähe von Schnellstraßen, die einen raschen Standortwechsel in Nord-Süd sowie in Ost-Westrichtung erlaubten, plaziert wurden.

Es war der 8. Mai 1988. Monitor Fünf Vier befand sich auf dem Parkplatz eines großen Möbelhauses unmittelbar am Sheffieldring, der ein schnelles Verlagern in ost-westlicher Richtung ermöglichte. Der Mercedes G stand in Nähe der Hattinger Str. und hatte dort einen exponierten Standort eingenommen. Beide Peilfahrzeuge hatten ein ziviles Fahrzeug der Kripo Bochum im Kielwasser. Radio Bochum schaltete pünktlich ein. Die Fernpeilung der beiden Fahrzeuge wiesen auf das Gelände der Uni Bochum hin. Doch dies war groß und voller eisenarmierter Betonbauten. Sekunden später war der Fünf Vier schon auf dem Sheffieldring, um ihn an der Unistraße wieder zu verlassen. Als die Lichter der Hustadt und des Uni-Centers auftauchten, war aufgrund der gesunkenen Feldstärke klar: hier war es nicht. Man war in rasender Fahrt am Sender vorbeigeschossen und hatte sich im Uni-Bereich verzettelt.

Wertvolle Zeit verstrich. Die nächste Ampel zeigte Rot. Gewendet wurde trotzdem sofort. Mit Vollgas ging es wieder in Richtung Uni. Die Peilung

Fahndung nach politischen Schwarzsendern gebremst

Von unserem Redaktionsmitglied Rudolf Bauer

Münster — Die Bundespost schränkt offenbar die Fahndung nach politischen Schwarzsendern erheblich ein. Gegen die Betreiber unpolitischer Sender wird jedoch wie bisher vorgegangen. Damit unterscheidet die Post neuerdings nach Zweckmäßigkeitsüberlegungen, ob ein unerlaubter Sender ausfindig gemacht und stillgelegt werden soll oder nicht.

Auf Fragen der Rheinischen Post haben zwar das Fernmelde-Technische Zentralamt (FTZ) in Darmstadt und die Oberpostdirektion Münster, in deren Bereich der linke Schwarzsender „Fledermaus" jeden Mittwoch um 19 Uhr Texte ausstrahlt, bestritten, daß die Fahndung nach Polit-Sendern eingeschränkt worden sei. Tatsächlich aber sind Funkkontrollstellen der Bundespost angewiesen worden:

● Diese Sender stellten keine Bedrohung unserer freiheitlich-demokratischen Grundordnung dar;

● es handele sich „lediglich um ein Vergehen" gegen das Fernmeldegesetz (obwohl dieselbe Überlegung auch für nichtpolitische Schwarzsender gelten müßte);

● gezielte Fahndung solle durch stichprobenweises Beobachten ersetzt werden.

Bis gestern abend war nicht zu klären, ob hinter dem Verhalten der Postverwaltung eine „weiche Welle" der Bundesregierung (Postministerium) gegenüber den Betreibern von politischen Schwarzsendern steckt.

Die Bundespost ist auf Grund internationaler Fernmeldeverträge verpflichtet, den Betrieb von nicht genehmigten Sendern zu unterbinden. Bisher ist sie gegen politische wie gegen unpolitische Schwarzsender auf gleiche und entschiedene Weise vorgegangen.

Abb. A21: „Weiche Welle" bei der Fahndung?

Abb. A22: In diesem Baum hing die Groundplane-Antenne von Radio Bochum. Sie konnte an einem Seil schnell hochgezogen oder heruntergelassen werden.

wanderte abrupt nach rechts aus. Dies war bezeichnend dafür, daß der Sender unweit der Straße plaziert war. Monitor Fünf Vier versuchte in das dortige Buschgelände einzudringen, was nur aufgrund der Ortskenntnis des ehemaligen Kollegen gelang. Der Mercedes G hatte sich inzwischen über Stadtstraßen hinzugesellt, was eine enorme Leistung darstellte. Der Sender

war schon ca. 10 Minuten in der Luft. Die Zeit wurde knapp. Bereits 80 dB/µV zeigten die Empfänger als Pegel an. Nur noch wenige Meter trennte sie vom Sender. Doch wo war er? Nur einige Büsche und vereinzelte Bäume prägten das Gelände. Nun spielte der G seinen Vorteil aus: Er fuhr geradewegs auf den Sender zu und erreichte das Nahfeld. An dem Betreiber war längst niemand mehr interessiert. Der war bestimmt mit einem Heidenschreck in den Gliedern schon über alle Berge. Der Sender hatte sein Programm schon abgespult und strahlte nur noch einen Dauerträger ab, der nicht abgeschaltet wurde. Von wem auch nach diesem Theater. Es war längst stockdunkel und ohne Taschenlampe sah man nicht die Hand vor Augen.
Vorsichtig bewegten sich die Beamten auf eine nahe Baumreihe zu. Mit den Taschenlampen wurden die Baumkronen abgesucht. Aufgrund der beobachteten Reichweite mußte die Antenne einen exponierten Standort haben. Aber es war nichts zu entdecken. Also wurde der Waldboden unter die Lupe genommen. Irgendwo mußte der Sender doch sein. Er strahlte ja noch immer. Endlich fiel der Strahl der Lampe auf die richtige Stelle. Ein kleiner schwarzer Koffer, etwa so groß wie zwei Schuhkartons nebeneinander gestellt, lag da am Fuße des höchsten Baumes. Ein Reißverschluß hielt ihn verschlossen. Und nun war auch das dünne Koaxkabel sichtbar, das aus dem Koffer kam und sich den Baumstamm hochschlängelte.
Dort oben hing in ca. 5 Meter Höhe eine Ground-Plane-Antenne, die für die gute Reichweite des Senders gesorgt hatte. Sie konnte ohne großen Aufwand mit einem Seil, das dort oben über einen Ast geworfen wurde, hinaufgezogen und auch wieder herabgelassen werden. Auf dem Kofferdeckel waren zwei guterhaltene Fingerabdrücke sichtbar, die von der Kripo Bochum ausgewertet wurden. Leider führten diese Ermittlungen nicht zum Betreiber, was angesichts des Aufwands schade war. Aber eines wurde erreicht: Radio Bochum sendete nie wieder.

Hinweis: Der Anhang stammt als Textauszug aus dem Buch „Fünf Vier ruft Monitor" von Wolfgang Schüler. Das Buch ist über den Autor zum Preis von € 12,60 beziehbar.

Wolfgang Schüler
Ministerstraße 3a
44797 Bochum
Tel. 0234/79 78 78
Infos über: www.schwarzsender.tk

Bauteillieferanten:

Andy's Funkladen
Admiralstraße 119
D-28215 Bremen
Tel.: 04 21/35 30 60

Firma
Conrad Electronic
Klaus-Conrad-Straße 1
92240 Hirschau
Tel. 0180/5 31 21 11

Firma
Bürklin
Schillerstraße 40
D-80336 München
Tel.: 089/55 87 50

Firma
Strixner + Holzinger
Halbleitervertrieb GmbH
Schillerstraße 25–29
D-80336 München
Tel.: 089/55 16 50

Firma
RS-Components
Nordendstraße 72
D-64546 Mörfelden-Walldorf
Tel.: 061 05/401-234

Fertiggeräte:

Können über den Autor bezogen werden.

Anschrift des Autors:

Günter Wahl
Bahnhofstraße26
86150 Augsburg
Tel.: 08 21/15 35 28
Handy: 01 72/8 20 12 73
E-Mail: GWahl@Franzis.de

Von allen Firmen können umfangreiche Kataloge angefordert werden.

Waffentechnische Kuriositäten
Mini-Pistolen, Schalldämpfer, Mini-MPs, Narkosepfeil, Raketenpistole, schießende Kugelschreiber und Gürtelschnallen, Strahlenwaffen, magnetische Kanone.

€ 9,95

Kuriose Waffentechnik
Knife-Pistol, lautloses Pfeilgeschoß, schießendes KGB-Zigarettenetui, Schraubenschlüssel-Pistole, Explosiv-Geschosse, Booby-Traps.

€ 9,95

Anschrift des Autors:
Günter Wahl, Bahnhofstr. 26, D-86150 Augsburg,
Tel.: 0821 / 15 35 28, Handy: 0172 / 8 20 12 73,
E-mail: Gwahl@Franzis.de

In diesem Buch erfahren Sie, mit welchen konkreten Gefahren Sie rechnen müssen und wie Sie sich zur Wehr setzen können. Selbst Ihr Anrufbeantworter kann Ihnen Probleme bereiten, wenn er von unerwünschten Personen abgehört und manipuliert wird. Lauschangriffe und Datenspionage bei Behörden, Firmen und Privatpersonen haben bereits Besorgnis erregende Ausmaße angenommen. Millionen von Videokameras, Funkscannern und Überwachungscomputern liegen ständig auf der Lauer. Dazu kommen Attacken auf Telefonanlagen, Funkverbindungen und das Stromnetz. In diesem Buch werden zahlreiche Varianten elektronischer Angriffe vorgestellt.

Moderne Lausch und Störverfahren

Görrisch, Dieter; 2005; 192 Seiten

ISBN 3-7723-**4027**-X € **19,95**

Besuchen Sie uns im Internet – www.franzis.de

Dieses innovative Buch soll zum Experimentieren im Reich der Freien Energie anregen. Welches Geheimnis steckt hinter der Kalten Fusion? Was ist von der Raum-Quanten-Theorie zu halten? Sie werden staunen mit welch geringem Aufwand derartige Phänomene auf dem Küchentisch untersucht werden können. Begleiten Sie die Autoren auf ihrem Streifzug über die Anfänge der Elektrostatik über neuartige Motoren bis hin zu komplexeren Drehfeldstrukturen zur schrittweisen Annäherung an Freie-Energie-Maschinen.

Das große **Freie Energie** Experimentier Handbuch
Lay Peter; Chmela, Harald; Wiedergut-Burkhardt, Wolfgang; 2004; 420 Seiten
ISBN 3-7723-**5409**-2   **€ 19,95**

Besuchen Sie uns im Internet – www.franzis.de

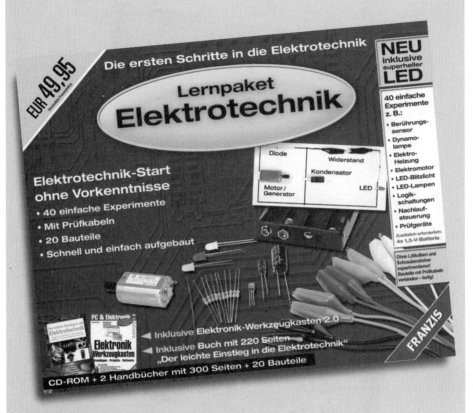

Die ersten Schritte in der Elektrotechnik! Neugier genügt! Mit diesem Lernpaket schafft jeder den ersten Einstieg in die Elektrotechnik. Ganz ohne Vorkenntnisse mit einfachsten Experimenten geht es los. Sie brauchen keinen Lötkolben oder anderes Werkzeug. Mit den Prüfkabeln bauen Sie Schaltungen schnell und bequem auf dem Küchentisch auf. Testen Sie einfache Grundschaltungen und überprüfen Sie Ihre eigenen Ideen. Learning by Doing!

Lernpaket Elektrotechnik 2005

2005; 20 Bauteile, Prüfkabel, 2 Handbücher, Buch

ISBN 3-7723-**5506**-4

€ **49,95** UVP

Besuchen Sie uns im Internet – www.franzis.de